高等学校计算机科学与技术项目驱动案例实践系列教材

人工智能导论

梁立新 王鑫 梁震戈 赵珩 李蒙 编著

清华大学出版社
北京

内容简介

本书通过大量实验系统地介绍人工智能的原理和技术。本书共13章，主要内容包括人工智能概述、计算智能、机器学习、视觉感知、自然语言处理、语音处理、知识认知与推理、机器人、人工智能伦理与安全、人脸识别的应用、智能家居、智能制造、无人驾驶的应用，其中实验内容包括蚁群算法实验、波士顿房价预测实验、基于模式识别的光学字符识别实验、基于深度学习的图像分类实验、基于深度学习的人脸识别实验、基于云服务的智能问答机器人实验、机械臂语音控制实验、知识图谱医疗问答系统实验、机械臂视觉分拣实验、基于深度学习的人脸替换视频伪造实验。

本书内容详尽，与时俱进，既有人工智能基础知识又有最新前沿技术，既有完整的理论体系又有大量的应用场景和实例，突出应用能力的培养。本书适合作为高等学校计算机相关专业本科、专科"人工智能"课程的教材，也可供从事人工智能研究与开发的专业人员参考。

图书在版编目（CIP）数据

人工智能导论/梁立新等编著. --北京：清华大学出版社，2025.4. --(高等学校计算机科学与技术项目驱动案例实践系列教材). -- ISBN 978-7-302-68956-0

Ⅰ. TP18

中国国家版本馆CIP数据核字第2025AC2820号

责任编辑：张瑞庆　战晓雷
封面设计：常雪影
责任校对：李建庄
责任印制：杨　艳

出版发行：清华大学出版社
　　网　　址：https://www.tup.com.cn，https://www.wqxuetang.com
　　地　　址：北京清华大学学研大厦A座　　**邮　　编**：100084
　　社 总 机：010-83470000　　**邮　　购**：010-62786544
　　投稿与读者服务：010-62776969，c-service@tup.tsinghua.edu.cn
　　质量反馈：010-62772015，zhiliang@tup.tsinghua.edu.cn
　　课件下载：https://www.tup.com.cn，010-83470236
印 装 者：三河市铭诚印务有限公司
经　　销：全国新华书店
开　　本：185mm×260mm　　**印　　张**：21　　**字　　数**：510千字
版　　次：2025年4月第1版　　**印　　次**：2025年4月第1次印刷
定　　价：59.90元

产品编号：093834-01

高等学校计算机科学与技术项目驱动案例实践系列教材

编写指导委员会

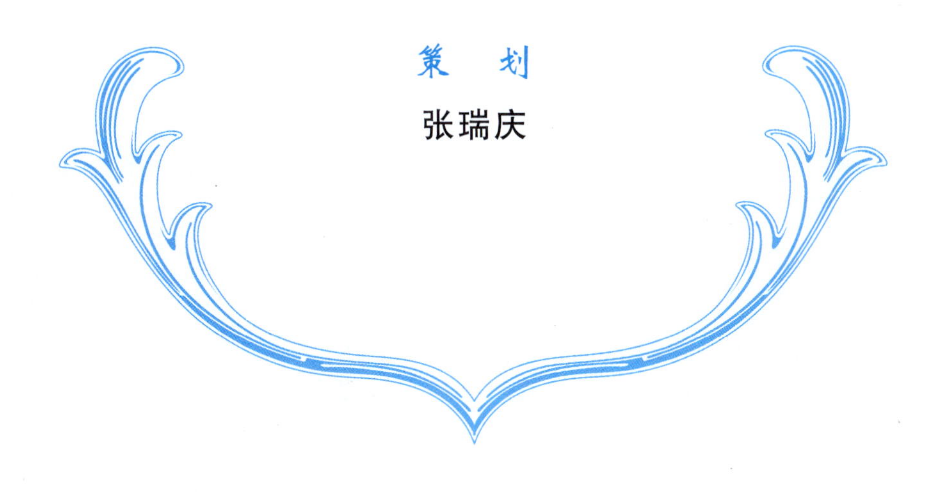

PREFACE

序 言

作为教育部高等学校计算机科学与技术教学指导委员会的工作内容之一，自从2003年参与清华大学出版社的"21世纪大学本科计算机专业系列教材"的组织工作以来，陆续参加或见证了多个出版社的多套教材的出版，但是现在读者看到的这一套"高等学校计算机科学与技术项目驱动案例实践系列教材"有着特殊的意义。

这个特殊性在于其内容。这是第一套我所涉及的以项目驱动教学为特色，实践性极强的规划教材。如何培养符合国家信息产业发展要求的计算机专业人才，一直是这些年人们十分关心的问题。加强学生的实践能力的培养，是人们达成的重要共识之一。为此，高等学校计算机科学与技术教学指导委员会专门编写了《高等学校计算机科学与技术专业实践教学体系与规范》(清华大学出版社出版)。但是，如何加强学生的实践能力培养，在现实中依然遇到种种困难。困难之一，就是合适教材的缺乏。以往的系列教材，大都比较"传统"，没有跳出固有的框框。而这一套教材，在设计上采用软件行业中卓有成效的项目驱动教学思想，突出"做中学"的理念，突出案例(而不是"练习作业")的作用，为高校计算机专业教材的繁荣带来了一股新风。

这个特殊性在于其作者。本套教材目前规划了十余本，其主要编写人不是我们常见的知名大学教授，而是知名软件人才培训机构或者企业的骨干人员，以及在该机构或者企业得到过培训的并且在高校教学一线有多年教学经验的大学教师。我以为这样一种作者组合很有意义，他们既对发展中的软件行业有具体的认识，对实践中的软件技术有深刻的理解，对大型软件系统的开发有丰富的经验，也有在大学教书的经历和体会，他们能在一起合作编写教材本身就是一件了不起的事情，没有这样的作者组合是难以想象这种教材的规划编写的。我一直感到中国的大学计算机教材尽管繁荣，但也比较"单一"，作者群的同质化是这种风格单一的主要原因。对比国外英文教材，除了Addison Wesley和Morgan Kaufmann等出版的经典教材长盛不衰外，我们也看到O'Reilly"动物教材"等的异军突起——这些教材的作者，大都是实战经验丰富的资深专业人士。

这个特殊性还在于其产生的背景。也许是由于我在计算机技术方面的动手能力相对比较弱，其实也不太懂如何教学生提高动手能力，因此一直希望有一个机会实际地了解所谓"实训"到底是怎么回事，也希望能有一种安排让现在教学岗位的一些青年教师得到相关的培训和体会。于是作为2006—2010年教育部高等学校计算机科学与技术教学指导委员会的一项工作，我们和教育部软件工程专业大学生实习实训基地（亚思晟）合作，举办了6期"高等学校青年教师软件工程设计开发高级研修班"，每期时间虽然只是短短的1～2周，但是对于大多数参加研修的青年教师来说都是很有收获的一段时光，在对他们的结业问卷中充分反映了这一点。从这种研修班得到的认识之一，就是目前市场上缺乏相应的教材。于是，这套"高等学校计算机科学与技术项目驱动案例实践系列教材"应运而生。

当然，这样一套教材，由于"新"，难免有风险。从内容程度的把握、知识点的提炼与铺陈，到与其他教学内容的结合，都需要在实践中逐步磨合。同时，这样一套教材对我们的高校教师也是一种挑战，只能按传统方式讲软件课程的人可能会觉得有些障碍。相信清华大学出版社今后将和作者以及教育部高等学校计算机科学与技术教学指导委员会一起，举办一些相应的培训活动。总之，我认为编写这样的教材本身就是一种很有意义的实践，祝愿成功。也希望看到更多业界资深技术人员加入大学教材编写的行列中，和高校一线教师密切合作，将学科、行业的新知识、新技术、新成果写入教材，开发适用性和实践性强的优秀教材，共同为提高高等教育教学质量和人才培养质量做出贡献。

李晓明

原教育部高等学校计算机科学与技术教学指导委员会副主任、北京大学教授

FOREWORD

前　言

21 世纪，什么技术将影响人类的生活？什么产业将决定国家的发展？信息技术与信息产业是首选的答案。高等学校学生是国家的后备力量，国家教育部门计划在高等学校中开展政府和企业信息技术与软件工程教育。经过多所院校的实践，信息技术与软件工程教育受到学生的普遍欢迎，取得了很好的教学效果。然而，其中也存在一些不容忽视的共性问题，最突出的是教材问题。

从近几年信息技术与软件工程教育来看，许多任课教师提出目前的教材不适合教学，具体体现在以下 3 方面：第一，来自信息技术与软件工程专业的术语很多，没有这些知识背景的学生学习起来有一定难度；第二，教材中的实例比较匮乏，与企业的实际情况相差太远，致使案例可参考性差；第三，教材缺乏具体的课程实践指导和真实项目。因此，针对高等学校"信息技术与软件工程"课程教学特点与需求，编写适用的规范化教材已刻不容缓。

本书就是针对以上问题编写的。本书将大量应用场景和实例，与人工智能的原理和技术相融合，使读者能够既概略又具体地掌握人工智能的基本知识和技能。本书主要内容包括人工智能概述、计算智能、机器学习、视觉感知、自然语言处理、语音处理、知识认知与推理、机器人、人工智能伦理与安全、人脸识别的应用、智能家居、智能制造、无人驾驶的应用。

本书具有以下特色：

（1）重实际应用。作者多年教学和科研工作的体会是"IT 是做出来的，不是想出来的"。理论虽然重要，但一定要为实践服务，通过实践带动理论的学习是最好、最快、最有效的方法。作者希望读者通过本书对人工智能的应用场景和技术体系有整体了解，消除对人工智能理论的神秘感，能够根据本书的体系循序渐进地动手做出自己的真实应用。

（2）重理论要点。本书着重介绍人工智能的原理和技术中最重要、最核心的部分以及它们之间的融会贯通，而不是面面俱到、缺乏重点。读者首先把握人工智能的概貌，然后深入局部细节，最后掌握行业应用，既有整体框架，又有重点理论和技术。一书在手，思路清晰，项目无忧！

FOREWORD

为了便于教学，本书配有教学课件，读者可从清华大学出版社的网站下载。

本书第一作者梁立新的工作单位为深圳技术大学，本书得到深圳技术大学的大力支持和教材出版资助。除封面署名者以外，牛悦萌、江旖旎、罗维伊、叶涌才、曾宪昕、刘锦润等参与了本书编写工作。

限于作者的水平，书中难免有不足之处，敬请广大读者批评指正。

梁立新
2025年1月

CONTENTS

目　录

C O N T E N T S

CONTENTS

CONTENTS

CONTENTS

CONTENTS

CONTENTS

CONTENTS

第1章 人工智能概述

学习目的与要求

本章对人工智能进行概述，包括人工智能的定义，以及人工智能的历史、研究内容和发展趋势。通过本章学习，读者能够了解人工智能的本质和不同类型，掌握人工智能的发展历史，熟悉人工智能的研究内容和多样性，了解人工智能的发展趋势和面临的挑战。本章将为读者后续深入学习人工智能理论与技术提供基础和指导。

人工智能（Artificial Intelligence，AI）又称机器智能（Machine Intelligence，MI）。要了解什么是人工智能，首先要知道什么是“人工”和“智能”。“人工”顾名思义就是使用人力工作和办事。在这里“人工”还有更深层的意思，就是人本身所能办到的事情，或者说是人的能力。古时候人们为节省力气发明了很多工具，这就是“人工”。那么“智能”又是什么呢？从字面看，智能是智力的能力，就是指人靠思维想出来的东西。简单来说，智能就是智力系统，但是实际上的智能不限于此，还涉及诸如意识（consciousness）、自我（self）、思维（mind）等问题。人对人类本身的智能的理解是非常有限的，对构成智能的要素的了解也非常有限，对人工智能的定义自然而然就很难了。那么，到底人工智能是什么呢？人工智能主要研究用人工的方法和技术开发智能机器或智能系统，以模仿、延伸和扩展人的智能、生物智能、自然智能，实现机器的智能行为。从某种意义上说，人工智能是一种让机器运行的技术，可以让机器变得像人一样进行工作，或具备人的行为特点。当前的某些技术，例如机器人，已经能达到这一效果。在更多的领域，例如医疗保健、传播营销、商业分析等，也已经开始应用人工智能技术。

人工智能是计算机科学的一个分支，20世纪70年代被称为世界三大尖端技术之一（另外两项是空间技术和能源技术），也被认为是21世纪三大尖端技术（另外两项是基因工程和纳米科学）之一。几十年来，它获得了迅速的发展，在很多学科领域广为应用，并取得了丰硕的成果。人工智能已逐步成为一个独立的学科，无论在理论上还是在实践上都已自成体系。

1956 年夏季，以麦卡锡、明斯基、罗切斯特和香农等为首的一批有远见卓识的年轻科学家共同研究和探讨用机器模拟智能的一系列问题，并首次提出了“人工智能”这一术语，它标志着人工智能这门新兴学科的正式诞生。

1956 年之后，人工智能快速发展，成为一门广泛的交叉和前沿科学。

总的来说，人工智能的目的就是让计算机能够像人一样思考。如果希望制造出一台能够思考的机器，那么就必须知道什么是思考，更进一步讲就是什么是智慧。什么样的机器才是智慧的呢？人类已经研制了汽车、火车、飞机、收音机等，它们模仿人类身体器官的功能，但是机器能不能模仿人类大脑的功能呢？到目前为止，人类对自身的大脑仍然知之甚少，模仿它或许是天下最困难的事情了。

当计算机出现后，人类开始真正有了一个可以模拟人类思维的工具。在以后的岁月中，无数科学家为这个目标努力着。如今，“人工智能”已经不再是少数科学家的专利，全世界几乎所有大学的计算机系都在研究这门学科，学习计算机科学的大学生也必须学习这门课程。在大家不懈的努力下，如今计算机已经变得十分聪明。例如，1997 年 5 月，IBM 公司研制的“深蓝”(Deep Blue)计算机战胜了国际象棋大师卡斯帕罗夫。人们或许不会注意到，在一些地方计算机在做着原来只属于人类的工作，计算机以它的高速和准确的特性为人类发挥它的作用。人工智能始终是计算机科学的前沿学科，计算机编程语言和其他计算机软件都因为有了人工智能的进展而得以迅速发展。

人工智能学习可以分为三大模块，即初步了解、深入了解和衍生学习。在初步了解模块，探讨人工智能发展的历史，以及人类究竟是如何让机器模拟人类大脑和思维的。这是学习人工智能技术的出发点。接下来，在深入了解模块，探讨人工智能领域的一些基本理论和方法，在此基础之上探讨更深层次的知识推理和预测，这也是人类希望机器能够完成的主要任务之一。最后，在衍生学习模块，探讨数据分析、深度学习、强化学习、机器学习等人工智能领域的前沿和热门技术。

1.1 什么是人工智能

1.1.1 人工智能的定义

人工智能是研究、开发用于模拟、延伸和扩展人的智能的理论、方法、技术及应用系统的一门学科。

人工智能是计算机科学的一个分支，它试图了解智能的实质，并生产出能以与人类智能相似的方式作出反应的新的智能机器，该领域的研究包括机器人、语音识别、图像识别、自然语言处理和专家系统等。人工智能从诞生以来，理论和技术日益成熟，应用领域也不断扩大。可以设想，未来人工智能带来的科技产品将会是人类智慧的“容器”。人工智能可以对人的意识、思维的信息过程进行模拟。人工智能不是人的智能，但它能让机器像人那样思考，它在未来也可能超过人的智能。

人工智能是一门极富挑战性的学科，从事相关工作的人必须懂得计算机科学、心理学和哲学。人工智能是研究内容十分广泛的学科，它由不同的领域组成，如机器学习、计算机视觉等。总的来说，人工智能研究的一个主要目标是使机器能够胜任一些人类才能完成的复杂工作。但不同的时代、不同的人对这种“复杂工作”的理解是不同的。

人工智能是指由人制造的机器所表现的智能，通常是指通过计算机程序呈现人类智能的技术。人工智能的一个简洁定义是“智能主体(intelligent agent)的研究与设计”，智能主体指一个可以观察周遭环境并作出行动以达成目标的系统。

人工智能是计算机科学、控制论、信息论、神经生理学、心理学、语言学等多种学科互相渗透而发展起来的一门综合性学科。从计算机应用系统的角度看，人工智能研究如何制造出智能机器或智能系统，以模拟人类智能活动，延伸人类智能。

1.1.2 人工智能的类型

人工智能的外延很广，所以人工智能也分很多种。按照人工智能实现的智能水平将其分为三大类，分别是弱人工智能、强人工智能和超人工智能。

弱人工智能仅在限定领域解决限定问题，可以代替人处理某一领域的工作。例如，AlphaGo 本质上是一个应用于围棋对战的智能机器，除了下围棋不具备其他智能。目前的人工智能其实都属于弱人工智能范畴，只能解决特定领域的问题，主要充当一种工具。弱人工智能建立在大数据和机器学习的基础上，也就是通过大量的标定数据和算法学习事物的模式规律，通过数据训练得到模型，然后利用模型实现决策和预测。

强人工智能具有人类的各种能力(例如独立思考、自我意识、推理归纳等)，拥有和人类一样的智能水平，能代替生活中大部分的生产劳动力，这也是所有人工智能技术公司目前要实现的目标。进入这一阶段之后，机器人将大量代替人类工作，机器人进入生活将成为现实。目前来看，强人工智能研究还没有实质性进展，不具备理论工程基础，更像是一种美好的幻想。

超人工智能是指人工智能发展到了远超人类智能的水平。它可以重新编程和改进自己，也就是“递归地自我改进”，正如人类智能可以实现生物进化一样。波斯特伦曾提到：生物神经元的工作频率峰值在 200Hz 左右，比现代微处理器慢了整整 7 个数量级，同时神经元在轴突上 120m/s 的传输速度也远远低于计算机通信速度。这样一来，人工智能的思维速度和自我提升速度将远远超过人类。当人工智能发展到强人工智能阶段的时候，其智能水平将超越人类。

1.2 人工智能的历史和未来

人工智能领域著名的图灵测试是由计算机科学和密码学先驱图灵提出的。其描述如下：在测试者(人)与被测试者(机器)隔开的情况下，测试者通过一些装置(如键盘)向被测试者随意提问。多次测试后，如果机器让测试者对被测试者是人还是机器做出超过 30% 的误判，那么这台机器就通过了测试，被认为具有人类智能。图灵测试一词出现于图灵写于 1950 年的论文“计算机器与智能”，其中 30% 是图灵对 2000 年时的机器思考能力的预测指标，人工智能的发展至今仍然远远落后于这个预测。

1.2.1 人工智能的历史

1. 人工智能的早期发展

1956 年 6 月，麦卡锡在美国发起并组织召开了用机器模拟人类智能的专题研讨会，邀请了包括数学、神经生理学、心理学、信息论和计算机科学等领域的学者参加。与会的科学家从不同的学科角度出发，展开了热烈的讨论。在本次研讨会上，麦卡锡提议用人工智能作为这一交叉学科的名称，这次会议也就成为人类历史上第一次人工智能学术会议，标志着人工智能学科的诞生，麦卡锡也因而被称为人工智能之父。

到了 20 世纪 70 年代，人工智能开始遭遇批评，随之而来的还有资金上的困难。人工智能研究者对其课题的难度未能作出正确判断：此前过于乐观的估计使人们期望过高。当承诺无法兑现时，对人工智能研究的资助就被缩减或取消了。同时，由于明斯基的批评，人工智能销声匿迹了一段时间。20 世纪 70 年代后期，人工智能在常识推理等一些领域有所进展。

2. 机器学习时期

20 世纪 50 年代，机器学习研究兴起。这个时期可以划分为 4 个阶段。

第一阶段是 20 世纪 50 年代中期到 60 年代中期，这个时期主要研究“有无知识的学习”。在这个阶段，主要通过对机器的环境及其相应性能参数的改变检测系统所反馈的数据。这就好比给系统一个程序，通过改变它们的自由空间作用，系统将会受到程序的影响而改变自身的组织，最后系统将会选择一个最优的环境生存。这个阶段最有代表性的研究就是下棋程序。但这种机器学习的方法远远不能满足人类的需要。

第二阶段从 20 世纪 60 年代中期到 70 年代中期。在这个阶段，主要研究将各个领域的知识植入系统，通过机器模拟人类学习的过程，同时采用图结构以及逻辑结构方面的知识进行系统描述。在这个阶段，主要用各种符号表示机器语言。研究人员在进行实验时意识到学习是一个长期的过程，从这种系统环境中无法学到更加深入的知识，因此研究人员将专家知识植入系统。实践证明，这种方法取得了一定的成效。

第三阶段从 20 世纪 70 年代中期到 80 年代中期。在这个阶段，研究人员探索了不同的学习策略和学习方法，开始把学习系统与各种应用结合起来，并取得很大的成功。同时，专家系统在知识获取方面的需求也极大地刺激了机器学习的研究和发展。在出现第一个专家学习系统之后，示例归纳学习系统成为研究的主流，自动知识获取成为机器学习应用的研究目标。1980 年，在美国的卡内基梅隆大学（CMU）召开了第一届机器学习国际研讨会，标志着机器学习研究已在全世界兴起。此后，机器学习开始得到了大量的应用。

第四阶段是 20 世纪 80 年代中后期。这个阶段的机器学习具有如下特点：

（1）机器学习已成为新的学科，它综合应用了心理学、生物学、神经生理学、数学、自动化和计算机科学等，形成了自己的理论基础。

（2）融合了各种学习方法，出现形式多样的集成学习系统。

（3）机器学习与人工智能各种基础问题的统一性观点形成。

（4）各种学习方法的应用范围不断扩大，部分研究成果转化为产品。

（5）与机器学习有关的学术活动空前活跃。

3. 深度学习时期

1986 年，深度学习之父杰弗里·辛顿提出了适用于多层感知器的反向传播（Back

Propagation,BP)算法。BP 算法在传统神经网络正向传播的基础上增加了误差的反向传播过程。利用反向传播过程不断地调整神经元的权值和阈值,直到输出的误差减小到允许的范围之内,或达到预先设定的训练次数为止。BP 算法完美地解决了非线性分类问题,使神经网络再次引起了人们的广泛关注。

2006 年,辛顿等提出了深度学习的概念。他们在世界顶级学术期刊《科学》上发表的一篇文章中给出了梯度消失问题的解决方案:通过无监督的学习方法逐层训练算法,再使用有监督的反向传播算法进行调优。该深度学习方法立即在学术界引起了巨大的反响,以斯坦福大学、多伦多大学为代表的众多世界知名高校纷纷投入深度学习领域的相关研究。随后,深度学习的热潮又迅速蔓延到工业界。

2016 年,随着谷歌公司基于深度学习技术开发的 AlphaGo 以 4∶1 的比分战胜了国际顶尖围棋高手李世石,深度学习研究的热度达到高峰。后来,AlphaGo 又接连和众多世界级围棋高手过招,均完胜,这也证明了在围棋界基于深度学习技术的机器人已经超越了人类。

1.2.2 人工智能的未来

1. 迈向真正的智能

人工智能将从"人工+智能"向自主智能系统发展。当前人工智能领域的大量研究集中在深度学习上,但是深度学习的局限是需要大量人工干预,例如人工设计深度神经网络模型、人工设定应用场景、人工采集和标注大量训练数据、人工适配智能系统等,非常费时费力。因此,研究人员开始关注减少人工干预的自主智能方法,提高人工智能系统对环境的自主学习能力。例如,AlphaGo 的后续版本 AlphaZero 通过自我对弈强化学习实现了围棋、国际象棋、日本将棋的通用棋类人工智能。在人工智能系统的自动化设计方面,2017 年谷歌提出的自动化机器学习系统 AutoML 通过自动创建机器学习系统降低了人工成本。

2. 跨学科发展

人工智能将加速与其他学科领域的交叉渗透。人工智能是一门综合性的前沿学科和高度交叉的复合型学科,研究范畴广泛而又异常复杂,其发展需要与计算机科学、数学、认知科学、神经科学和社会科学等学科深度融合。随着超分辨率光学成像光遗传学调控、透明脑、体细胞克隆等技术的突破,脑科学与认知科学的发展开启了新时代,能够大规模精细解析智力的神经环路基础和机制。人工智能随之将进入生物启发的智能阶段,依赖于生物学、脑科学、生命科学和心理学等学科的发现,将机理变为可计算的模型。同时,人工智能也会促进脑科学、认知科学、生命科学甚至化学、物理学、天文学等传统学科的发展。

3. 行业前景广阔

人工智能产业将蓬勃发展。随着人工智能技术的进一步成熟以及政府和产业界投入的日益增长,人工智能应用的云端化将不断加速,全球人工智能产业规模将进入高速增长期。例如,2016 年 9 月,埃森哲咨询公司发布报告指出,人工智能技术的应用将为经济发展注入新动力,可在现有基础上将劳动生产率提高 40%;到 2035 年,美、日、英、德、法等 12 个发达国家的年均经济增长率可以翻一番。2018 年,麦肯锡公司的研究报告预测,到 2030 年,约 70%的公司将采用至少一种形式的人工智能技术,人工智能新增经济规模将达到 13 万亿美元。

1.3 人工智能的研究内容

人工智能经历几波浪潮之后，在过去十年中基本实现了感知能力，但是无法实现推理、可解释等认知能力。因此，在下一波人工智能浪潮兴起时，将主要实现认知能力。2015年，张钹院士提出第三代人工智能体系的雏形。2017年，美国国防部高级研究计划局发起XAI项目，核心思想是从可解释的机器学习系统、人机交互技术以及可解释的心理学理论三方面全面开展可解释性人工智能系统的研究。2018年年底，第三代人工智能的理论框架正式公开提出，核心思想如下：

(1) 建立可解释、鲁棒的人工智能理论和方法。

(2) 发展安全、可靠、可信及可扩展的人工智能技术。

(3) 推动人工智能创新应用。

具体的实施路线如下：

(1) 与脑科学融合，发展脑启发的人工智能理论。

(2) 探索数据与知识融合的人工智能理论与方法。

Gartner研究表明，在2020年人工智能的30项技术中，有17项技术需要2～5年能达到成熟期，有8项技术需要5～10年才能达到成熟期，这些技术基本上处于"创新萌芽期""期望膨胀期"和"泡沫低谷期"，而处于"稳步爬升的光明期"和"实质生产的高峰期"的技术仅有Insight Engines(洞察引擎)和GPU Accelerators(GPU加速器)。人工智能未来10年的重点发展方向包括强化学习(reinforcement learning)、神经形态硬件(neuromorphic hardware)、知识图谱(knowledge graphics)、智能机器人(smart robotics)、可解释性人工智能(explainable AI)、数字伦理(digital ethics)、自然语言处理(natural language processing)等，这些技术目前多处于"期望膨胀期"，表明人们对其未来发展有很大期待，预计达到稳定期需要5～10年。

(1) 强化学习。该技术用于描述和解决智能体在与环境的交互过程中通过学习策略达成回报最大化或实现特定目标的问题。强化学习不受标注数据和先验知识的限制，而是通过接受环境对动作的奖励(反馈)获得学习信息并更新模型参数。由于智能体和环境的交互方式与人类和环境的交互方式类似，强化学习可以作为通用的学习框架解决通用人工智能的问题。

(2) 神经形态硬件。该技术旨在用与传统硬件完全不同的方式处理信息，通过模仿人脑构造大幅提高计算机的思维能力与反应能力。它采用多进制信号模拟生物神经元的功能，可将负责数据存储和数据处理的元件整合到同一个模块中。从这一意义上说，这样的系统与组成人脑的数十亿个相互连接的神经元颇为相似。神经形态硬件能够大幅提升数据处理能力和机器学习能力，能耗和体积非常小，能够为人工智能的未来发展提供强大的算力支撑。

(3) 知识图谱。要实现真正的类人智能机器，还需要掌握大量的常识性知识，以人的思维模式和知识结构进行语言理解、视觉场景解析和决策分析。知识图谱将互联网的信息表达成更接近人类认知模式的形式，提供了更好地组织、管理和理解互联网海量信息的能力，被视为从感知智能通往认知智能的重要基石。在从感知到认知的跨越过程中，构建大规模、高质量的知识图谱是一个重要环节，当人工智能可以通过更结构化的表示理解人类知识并进行互联时，才有可能让机器真正实现推理、联想等认知功能。清华大学唐杰教授在知识图谱的基础上提出的“认知图谱＝知识图谱＋认知推理＋逻辑表达”，为人工智能未来的发展提供了研究方向。

(4) 智能机器人。它需要具备 3 个基本要素：感觉要素、思考要素和反应要素。感觉要素是利用传感器感受内部和外部信息，如视觉、听觉、触觉等信息；思考要素是根据感觉要素所得到的信息决定采用什么样的动作；反应要素是对外界做出反应性动作。智能机器人的关键技术包括多传感器信息融合、导航与定位、路径规划、智能控制等。由于社会发展的需求和机器人应用领域的扩大，机器人可以具备的智能水平并未达到极限，目前面临的主要问题包括硬件设施的计算速度不够、传感器的种类不足以及智能机器人的思考行为程序难以编制等。

(5) 可解释性人工智能。虽然深度学习算法在语音识别、计算机视觉、自然语言处理等领域取得了令人印象深刻的进展，但是它们在透明度和可解释性方面仍存在局限性。深度学习的不可解释性已经成为计算机领域顶级会议(如 NeurIPS)争论最激烈的话题。一些方法尝试将黑盒的神经网络模型和符号推理结合起来，通过引入逻辑规则增强可解释性。此外，符号化的知识图谱具有形象、直观的特性，为弥补神经网络在解释性方面的缺陷提供了可能。利用知识图谱解释深度学习和高层次决策模型是当前值得研究的学术问题，可以为可解释的 AI 提供全新视角的机遇。张钹院士指出，当前人工智能最大的问题是不可解释和不可理解。他提议建立具有可解释性的第三代人工智能理论体系。

(6) 数字伦理。作为新一轮科技革命和产业变革的重要驱动力，人工智能的发展和应用已上升为国家战略，人工智能将会在未来几十年对人类社会产生巨大的影响，带来不可逆转的改变。人工智能的发展面临诸多现实的法律和伦理问题，如网络安全、个人隐私、数据权益和公平公正等。为了让人工智能技术更好地服务于经济社会发展和人民美好生活，不仅要发挥好人工智能的“领头雁”效应，而且要加强人工智能相关法律、伦理、社会问题等方面的研究。数字伦理将是未来智能社会的发展基石。只有建立完善的人工智能伦理规范，处理好机器与人的新关系，我们才能更多地获得人工智能红利，让技术造福人类。

(7) 自然语言处理。深度学习在自然语言处理领域取得了巨大突破，它能够高效学习多粒度语言单元间复杂的语义关联。但是，仅仅依靠深度学习并不能完成对自然语言的深度理解。对自然语言的深度理解需要从字面意义到言外之意的跃迁，这需要引入复杂知识的支持。丰富的语言知识能够提升模型的可解释性，可覆盖长尾低频语言单位的知识规则能够提升模型的可扩展性，而异质多样的知识与推理体系能够提升模型的鲁棒性。因此，有必要研究知识指导的自然语言处理技术，揭示自然语言处理和知识产生及表达的机理，建立知识获取与语言处理双向驱动的方法体系，实现真正的语言与知识智能理解。

1.4 人工智能的发展趋势

1.4.1 全球人工智能学术研究发展态势

1956 年人工智能概念被首次提出以来，人工智能的发展几经沉浮。随着核心算法的突破、计算能力的迅速提高以及海量互联网数据的支撑作用的呈现，人工智能终于在21世纪的第二个10年里迎来质的飞跃，成为全球瞩目的科技焦点。

2011—2020年发表的人工智能论文累计560 231篇。这10年间人工智能研究可分为两个发展阶段。2011—2015年全球人工智能研究处于较为活跃的水平，年发文量为3万多篇。2016年可视为人工智能发展的分水岭，标志性事件为谷歌公司的AlphaGo击败围棋世界冠军李世石，这一事件引发了深度学习这种革命性机器学习技术的研究热潮。此后，通过训练神经网络进行预测这一机器学习的重要分支得到了长足发展，相关论文数量总体呈现爆发式增长。据统计，2015年从事人工智能研究的学者为85 686人，发文量为37 902篇；2016年学者人数猛增至112 891人，到2020年已经达到惊人的245 072人，发文量则在2016年达到5万多篇，并在2020年猛增至将近10万篇。预计人工智能论文发表数量在未来还将继续迅速增长。可以认为，深度学习推动了人工智能从以专家系统为代表的第一代人工智能技术发展到以统计机器学习为代表的第二代人工智能技术，并深刻影响了科学、工业和社会的发展。

1.4.2 中外人工智能发展对比

20多年前，中美在人工智能研究方面差距较大。在美国公共机构和私营部门的研究工作持续增长的同时，中国仍在全球制造业中进行低附加值活动。但在近几年，中国迅速赶超。从研究的角度来看，中国已成为人工智能发文量和专利数量的世界领先者。这一趋势表明，中国也有望成为人工智能赋能业务的领导者，例如在语音和图像识别应用方面。

统计结果显示，当前已有159个国家和地区开展了人工智能研究并有文献发表。中国在发文量被引次数上已超越美国，位居世界第一，但是中国的FWCI（Field-Weighted Citation Impact，领域权重引用影响力）指数仅为1，美国则为1.73。英国紧随美国之后，总被引次数达到38万次。德国、印度、澳大利亚、法国、加拿大和西班牙处于相近的水平，总被引次数均在20万次以上。

FWVI（Field-Weighted Views Impact，领域权重查看影响力）是一个使用影响力指标，表示一个实体的出版物与世界平均水平相比所获得的相对浏览量。人工智能研究的FWVI指数平均为1.06，年度浏览量在2015年以前为85万次以下，而2016年以后均达到了100万次以上（仅2020年略低于100万次）。这说明人工智能研究论文被持续高频使用，该领域内的科学活动非常活跃。

1. 科技产出与人才投入

1）论文产出

中国在人工智能领域论文的全球占比在1997年为4.26％，至2017年猛增到27.68％，遥遥领先其他国家。高校是人工智能领域论文产出的绝对主力，在全球论文产出百强机构中，87家为高校。中国顶尖高校的人工智能领域论文产出在全球范围内都表现十分突出。不仅如此，中国的高被引论文快速增长，并在2013年超过美国，成为世界第一。但是，在全球企业论文产出排行中，中国只有国家电网公司的排名进入全球前20位。从学科分布看，计算机科学和自动控制系统是人工智能领域论文分布最多的学科。国际合作对人工智能论文产出的影响十分明显，高水平论文里中国通过国际合作而发表的论文占比高达42.64％。

2）专利申请

中国已经成为全球人工智能专利持有数量最多的国家，领先于美国和日本，这 3 个国家的专利持有数量占全球总数量的 74%。全球专利申请主要集中在语音识别、图像识别、机器人以及机器学习等细分方向上。在中国人工智能专利持有数量前 30 名的机构中，科研院所和大学与企业的表现相当，分别占 52%和 48%。企业中的主要专利权人表现差异巨大，尤其是中国国家电网近年来的人工智能相关技术发展迅速，在国内持有的专利数量远高于其他企业专利权人，而且在全球企业排名中位列第四。中国的专利技术领域集中在数据处理系统和数字信息传输等方面，其中图像处理分析的相关专利数量占总数量的 16%。电力工程也已成为中国人工智能专利布局的重要领域。

3）人才投入

截至 2017 年，中国的人工智能人才拥有量达到 18 232 人，占世界总量的 8.9%，仅次于美国（13.9%）。高校和科研机构是人工智能人才的主要基地，清华大学和中国科学院系统成为全球国际人工智能人才投入量最大的机构。然而，按高 H 因子衡量的中国杰出人才只有 977 人，不及美国的 1/5，排名世界第六。企业人才投入量相对较少，高强度人才投入的企业集中在美国，中国仅有华为一家企业进入全球前 20 位。中国人工智能人才集中在东部和中部，但个别西部城市（如西安和成都）也表现突出。国际人工智能人才集中在机器学习、数据挖掘和模式识别等领域，而中国的人工智能人才研究领域比较分散。

2. 为什么中国能赶上

1）中国市场有利于人工智能的采用和改进

大数据对人工智能创新非常重要。中国巨大的市场规模为中国公司提供了大量的数据。在语音识别领域，中国企业表现较优秀，特别是在中文语音识别和处理上。科大讯飞 iFlytek、依图科技 YITU、百度、腾讯、阿里巴巴等企业依靠中国庞大的中文用户群体能获得远超美国的中文语音数据库，这使得其语音识别人工智能系统有更好的语音识别学习条件。例如，腾讯可从其月活跃用户超 10 亿人的微信用户那里获得中文语音数据。这一点是中国企业在中文语音识别技术上不可超越的优势。

2）中国已形成人工智能科研和产业优势

据统计，2009—2019 年 IJCAI 会议论文作者来自 55 个国家和地区，但研究呈现出较高的集中度，如图 1-2 所示。其中，中国和美国位于人工智能研究领域的第一梯队，分别以 1363 篇和 1295 篇论文遥遥领先于其他国家和地区，且二者发文量之和接近总发文量的一半，这说明中美两国不仅具备雄厚的经济实力和强大的科研实力，而且极其重视在前沿科研领域的投入。与此同时，不可忽视的是学术年会举办国家和地区的影响力和号召力，在 2009—2019 年举办的第 8 届 IJCAI 学术年会中，美国和中国各举办过两届。英国以 385 篇论文位列第三，反映了其在人工智能领域较强的科研实力；法国、澳大利亚和德国分别以 232 篇、229 篇和 221 篇论文紧随其后，与英国共同构成第二梯队。加拿大、意大利、日本、新加坡则处于第三梯队。其他主要发文国家还包括以色列、西班牙、奥地利、印度和荷兰等。

根据中国新一代人工智能发展战略研究院数据显示，2020 年人工智能企业核心技术分布中，大数据和云计算占比最高，达到 41.13%；其次是硬件、机器学习和推荐/服务机器人，占比分别为 7.64%、6.81%、5.64%；物联网、工业机器人、语音识别/自然语言处理分别占5.55%、5.47%、4.76%。可以看出，目前大数据、云计算已成为我国人工智能发展的重点核心技术。

大数据驱动云计算等前沿技术蓬勃发展，云计算已经成为企业数字化的关键，互联网巨头企业阿里、华为、腾讯等组建了阿里云、华为云、腾讯云等，占据了80%的中国云计算市场。中国抓住数字化技术与实体经济融合的新机遇，发展前景看好。

1.5 本章小结

本章介绍了人工智能的概念、历史、研究内容和发展趋势。

本章首先探讨了人工智能的本质和定义，对人工智能的不同层次和类型进行了介绍，使读者对人工智能有初步的认知。

接下来回顾了人工智能的发展历史。从早期的符号推理和专家系统到近年来的机器学习和深度学习，人工智能经历了多个阶段的演进。通过学习人工智能的历史，读者将了解到人工智能是如何从概念逐渐走向实际应用的。

本章还介绍了人工智能的研究内容。人工智能涵盖了广泛的研究领域，包括机器学习、自然语言处理、计算机视觉、智能机器人等。本章对每个研究领域进行了简要介绍，使读者了解到人工智能的多样性和应用广度。

最后，本章探讨了人工智能的发展趋势。

1.6 习题

1. 简述人工智能的类型。
2. 人工智能在发展过程中遇到了哪些瓶颈？人们又是怎样攻克它们的？
3. 简述人工智能在中国的发展优势与努力方向。

第2章 计算智能

学习目的与要求

本章介绍计算智能的主要方法和技术，包括神经网络、模糊系统、进化算法等。通过学习这些方法和技术，读者应了解计算智能的基本原理和应用，并能够选择合适的算法解决特定的问题。读者还应了解计算智能的研究领域和发展趋势，为后续深入学习和应用计算智能打下基础。

2.1 计算智能概述

计算智能是一种借鉴仿生学思想的方法，旨在通过模拟生物神经系统的结构、进化和认知实现对自然智能的模拟。它以模型(计算模型、数学模型)为基础，并以分布和并行计算为特征。计算智能是一个全新的领域，是人工智能的核心部分。

从学科范畴来看，计算智能是在神经网络、模糊系统和进化算法这3个领域的基础上形成的学科。神经网络研究神经元之间的连接和信息传递；模糊系统处理模糊、不确定性的信息；进化算法以生物进化理论为基础，通过模拟进化过程进行问题求解。计算智能将这3个领域的方法和技术进行融合，形成了一个综合的研究领域，致力于开发具有智能行为和能力的计算系统。

如果一个系统处理低层的数值数据，含有模式识别部件，没有使用人工智能意义上的知识，且具有计算适应性、计算容错力、接近人的计算速度和误差率，则它是计算智能系统。

(1) 计算智能系统能够处理各种形式的数值数据，并进行相应的计算和分析。

(2) 计算智能系统包含模式识别部件，能够从输入数据中提取并识别出模式、规律或特征。

(3) 计算智能系统在实现智能功能时不依赖于人工智能领域中的知识表示、推理和推断等技术。

(4) 计算智能系统能够适应不同的计算任务，并在处理过程中具备容错性、高速度和低误差率等特性，接近人类的计算水平。

从学科范畴来看，计算智能是一个综合性学科，它建立在神经网络、模糊系统和进化计算3个领域的基础上。以下是对这3个领域的介绍：

(1) 神经网络是受到人类神经系统结构和功能启发而设计的计算模型。它由大量互相连接的人工神经元组成，通过学习和适应过程，能够模拟人类的学习和认知能力。神经网络在计算智能中扮演重要角色，用于处理模式识别、数据分类、预测分析等任务。

(2) 模糊系统模拟人类的模糊推理和决策过程，是一种处理模糊、不确定性信息的方法。它基于模糊逻辑理论，通过建立模糊规则和模糊推理处理模糊输入和输出。模糊系统在计算智能中常用于模糊控制、模糊决策等任务，能够处理现实世界中模糊和不确定性的问题。

(3) 进化算法是一种基于生物进化理论的计算方法，通过模拟进化过程优化问题求解。进化算法包括遗传算法(Genetic Algorithm，GA)、进化策略(Evolution Strategy，ES)、遗传编程(Genetic Programming，GP)等技术，能够在复杂的搜索空间中寻找最优解，并在计算智能中应用于优化、机器学习等领域。

计算智能不仅继承了神经网络对生物智能的模拟能力，还融合了模糊系统的不确定性处理能力和进化计算的优化能力。计算智能致力于解决复杂问题、模拟人类智能行为和实现人机交互等目标。

计算智能的发展方向和应用领域广泛，包括图像识别、自然语言处理、智能控制、数据挖掘、智能决策等。随着人工智能技术的不断进步，计算智能将继续推动科学技术的发展，并在各个领域发挥越来越重要的作用。

2.2 神经网络

2.2.1 神经网络的定义

人工神经网络(Artificial Neural Network，ANN)简称神经网络(Neural Network，NN)，是一种模仿生物神经网络的结构和功能的数学模型或计算模型。神经网络由大量的人工神经元连接进行计算。大多数情况下，神经网络能在外界信息的基础上改变内部结构，是一种自适应系统。现代神经网络是一种非线性统计性数据建模工具，常用来对输入和输出间复杂的关系进行建模，或用来探索数据的模式。

神经网络是一种运算模型，由大量的节点(或称神经元)和节点之间的连接构成。每个节点代表一种特定的输出函数，称为激励函数或激活函数(activation function)。每两个节点间的连接都代表一个通过该连接的信号的加权值，称为权重，这相当于人工神经网络的记忆。网络的输出则依网络的连接方式、激励函数和权重值的不同而不同。而网络自身通常都是对某种算法或者函数的逼近或对某种逻辑策略的表达。

神经网络是受到生物(人或其他动物)神经系统功能的运作启发而产生的。神经网络通常通过一个基于数学统计类型的学习方法得以优化，所以神经网络也是数学统计方法的一种实际应用，通过数学的标准统计方法能够得到大量的可以用函数表达的局部结构空间。另外，在人工智能的人工感知领域，通过数学统计方法的应用可以解决人工感知方面的决策问题(也就是说，通过统计方法，神经网络能够类似人一样具有简单的决定能力和简单的判断能力),这种方法比正式的逻辑学推理演算更具有优势。

神经网络最重要的用途是分类。为了让读者对分类有直观的认识,先看几个应用领域:

(1) 模式识别和图像处理。神经网络可以用于图像分类、目标检测、人脸识别、手写体识别等模式识别任务。它能够学习和提取图像中的特征,并进行准确的分类和识别。

(2) 自然语言处理。神经网络在文本分类、情感分析、语言生成、机器翻译等自然语言处理任务中有重要应用。它可以理解和处理自然语言数据,实现智能的文本分析和语义理解。

(3) 语音识别和语音合成。神经网络被广泛应用于语音识别和语音合成领域。它可以将语音信号转换为文本,实现语音识别;同时也可以将文本转换为自然流畅的语音,实现语音合成。

(4) 数据挖掘和预测分析。神经网络可以通过学习大量的数据,发现数据中的模式和规律,用于数据挖掘和预测分析。它可以预测销售趋势、股票价格、用户行为等,为决策提供有力支持。

(5) 智能控制系统。神经网络在智能控制系统中可以用于建模、辨识和优化。它可以学习系统的动态特性,实现智能控制和优化,应用于工业自动化、机器人控制等领域。

(6) 游戏和机器人。神经网络在游戏和机器人领域有广泛应用。它可以用于构建智能游戏对手,实现游戏智能化和增强现实体验。同时,它也可以用于机器人的感知、决策和运动控制,使机器人具备自主行为和学习能力。

除了上述应用领域,神经网络还可以用于预测建模、信号处理、医学诊断、金融风险分析等领域。由于其强大的模式识别和学习能力,神经网络在人工智能和机器学习领域扮演着重要角色,并持续推动科学技术的发展。

经典的神经网络结构如图 2-1 所示。这是一个包含 3 个层次的神经网络,从左向右分别为输入层、隐含层和输出层。输入层有 3 个单元,隐含层有 4 个单元,输出层有 2 个单元。

首先介绍一些关于神经网络的背景知识。

设计一个神经网络时,输入层与输出层的节点数往往是固定的,隐含层则可以自由指定。神经网络结构图中的箭头代表预测过程时数据的流向,跟训练时的数据流有一定的区别。神经网络结构图里的关键不是节点(代表神经元),而是连线(代表神经元之间的连接)。每个连线对应一个权重(其值称为权值),这是需要通过训练得到的。

除了从左到右的形式表达的神经网络结构图,还有一种常见的表达形式是从下到上表示一个神经网络的结构。这时候,输入层在结构图的最下方,输出层则在最上方,如图 2-2 所示。

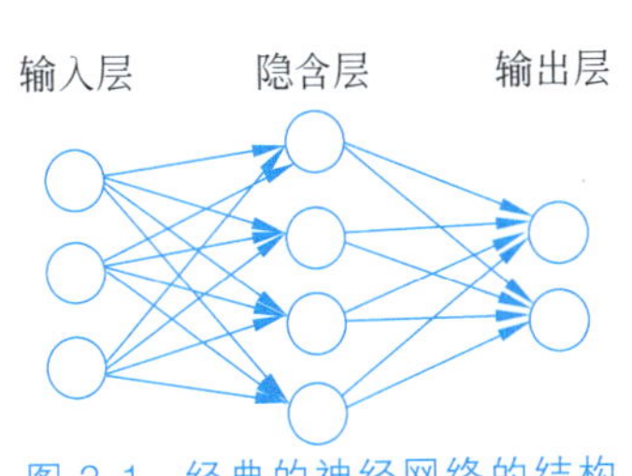

图 2-1 经典的神经网络的结构

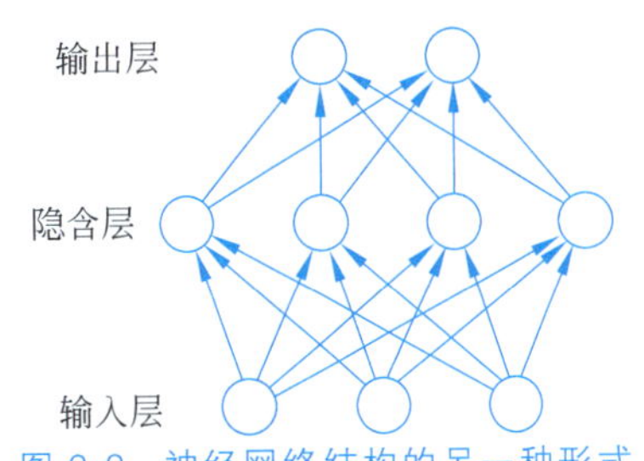

图 2-2 神经网络结构的另一种形式

本书中采用从左到右的神经网络结构表达形式。

2.2.2 神经网络的结构

下面从简单的神经元开始介绍神经网络结构的形成。

神经元模型是一个包含输入、输出与计算功能的模型。输入可以类比为神经元的树突，而输出可以类比为神经元的轴突，计算则可以类比为神经元的细胞核。

典型的神经元模型如图 2-3 所示，它包含 3 个输入、1 个输出以及 2 个计算功能。注意其中的箭头线，这些线称为连接，每个连接上有一个权值。

连接是神经元中最重要的组成元素，每一个连接上都有一个权值。神经网络的训练算法的用途就是让权值调整到最佳，以使得整个神经网络的预测效果达到最好。

1. 神经网络

感知机(perceptron)是一个有若干输入和一个输出的模型，如图 2-4 所示。

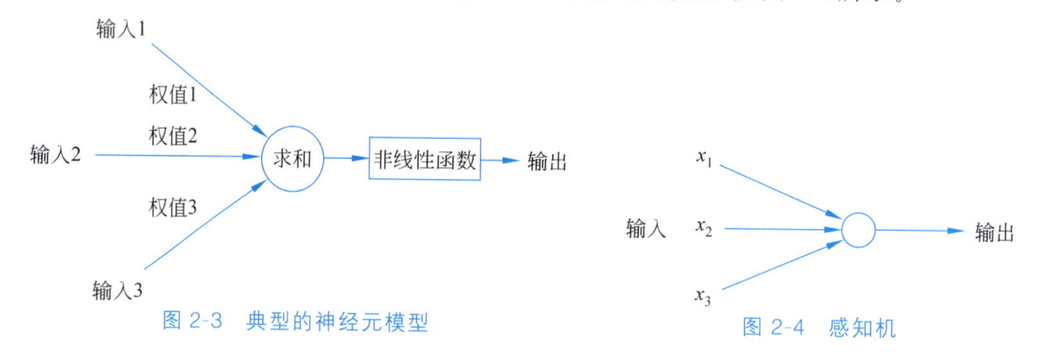

图 2-3　典型的神经元模型

图 2-4　感知机

感知机在输出和输入之间学习到一个线性关系，得到中间输出结果：

$$f(x)=\mathrm{sgn}(w \cdot x+b)$$

神经元激活函数为

$$\mathrm{sgn}(x)=\begin{cases}+1, & x \geqslant 0 \\ -1, & x<0\end{cases}$$

由此得到输出结果 1 或者－1。

这个模型只能用于二元分类，而且无法学习比较复杂的非线性模型，因此在工业界无法使用。

神经网络在感知机模型上作了扩展，主要有以下 3 点：

(1) 加入了隐含层。可以有多个隐含层，以增强模型的表达能力，如图 2-5 所示。当然，增加这么多隐含层之后，模型的复杂度也增加了。

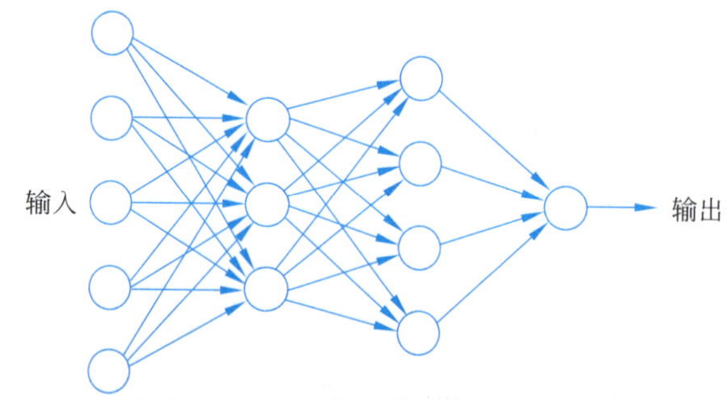

图 2-5　有两个隐含层的神经网络模型

(2) 输出层的神经元也可以有多个输出，这样的模型可以灵活地应用于分类回归以及其他的机器学习领域(例如降维和聚类等)。有多个输出的神经网络模型如图 2-6 所示，其中的输出层有 4 个神经元。

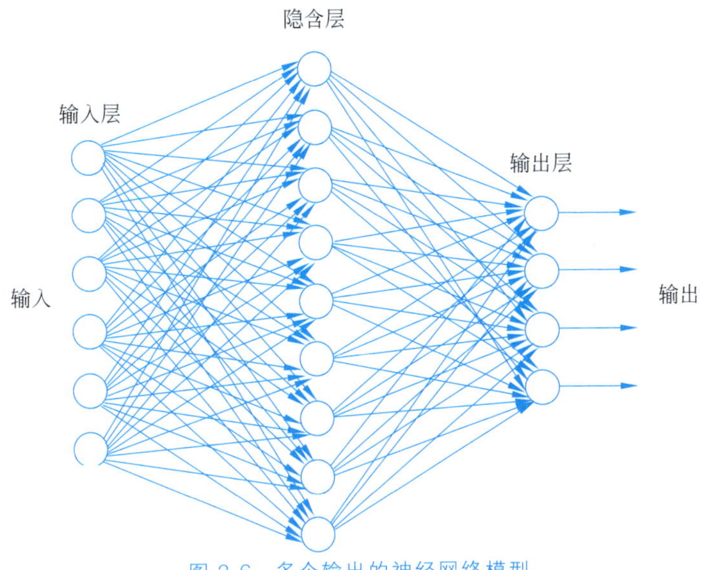

图 2-6 多个输出的神经网络模型

(3) 对激活函数作了扩展。感知机的激活函数虽然简单，但是处理能力有限，因此神经网络中一般使用其他的激活函数，例如在逻辑回归中使用的 Sigmoid 函数：

$$\sigma(x)=\frac{1}{1+\mathrm{e}^{-x}}$$

还有后来出现的 tanh 和 ReLU 等函数。通过使用不同的激活函数，神经网络的表达能力进一步增强。

2. 深度神经网络

深度神经网络 (Deep Neural Network，DNN)可以理解为有很多隐含层的神经网络，如图 2-7 所示。深度神经网络有时也称为多层感知机(Multi-Layer Perceptron，MLP)。后面讲到的神经网络都默认为深度神经网络。

深度神经网络中的各层可以分为 3 类，即输入层、隐含层和输出层，如图 2-8 所示。一般来说，第一层是输入层，最后一层是输出层，而中间的各层都是隐含层。

各层之间是全连接的，也就是说，第 i 层的任意一个神经元一定与第 $i+1$ 层的任意一个神经元相连。虽然深度神经网络看起来很复杂，但是从局部来说还是和感知机一样，即一个线性关系加上一个激活函数。

用 a 表示输入，用 w 表示权值。一个表示连接的有向箭头可以这样理解：在始端，传递的信号大小仍然是 a，中间有权值 w，加权后的信号变成 aw，因此在连接的末端，信号的大小就变成了 aw。

在其他模型里，有向箭头可能表示的是值的不变传递；而在神经元模型里，每个有向箭头表示的是值的加权传递，如图 2-8 所示。

下面对神经元模型进行一些扩展。首先，将 sum 函数与 sgn 函数合并到一个圆圈里，代表神经元的内部计算。其次，把输入 a 与输出 z 写到连接线的左上方，便于后面画复杂

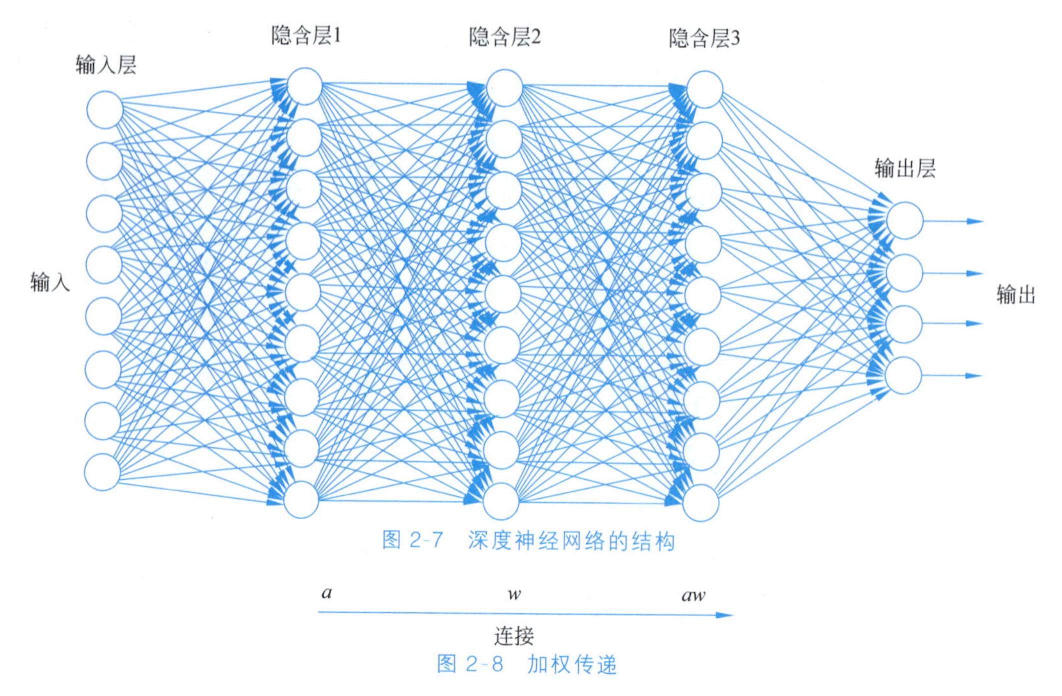

图 2-7 深度神经网络的结构

a w aw
连接

图 2-8 加权传递

的网络。一个神经元可以引出多个代表输出的有向箭头，但值都是一样的。扩展后的神经元模型如图 2-9 所示。

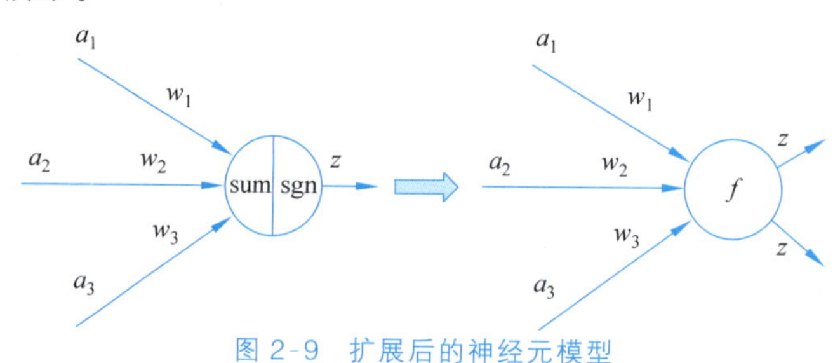

图 2-9 扩展后的神经元模型

神经元可以看作一个计算与存储单元。神经元可以对输入进行计算，同时会暂存计算结果并传递到下一层，如图 2-9 所示。

用神经元组成神经网络以后，描述神经网络中的某个神经元时，更多地会用单元(unit)来指代。同时，由于神经网络的表现形式是一个有向图，有时也会用节点(node)表达同样的意思。

神经元模型的使用可以这样理解：有一个数据，称为样本。该样本有 4 个属性，其中 3 个属性已知，一个属性未知。我们需要做的就是通过 3 个已知属性预测未知属性。具体办法就是使用神经元的公式进行计算。3 个已知属性的值是 a_1、a_2、a_3，未知属性的值是 z。这里，已知属性称为特征，未知属性称为目标。假设特征与目标之间是线性关系，并且已经得到表示这个关系的权值 w_1、w_2、w_3，那么就可以通过神经元模型预测新样本的目标了。

2.3 模糊系统

2.3.1 模糊系统的定义

模糊控制(模糊逻辑控制)是以模糊集合论、模糊语言变量和模糊逻辑推理为基础的一种具有反馈通道闭环结构的计算机控制技术。采用模糊控制技术的系统称为模糊系统。

模糊系统有以下特点：

(1) 不依赖被控对象的数学模型,只需要专家的经验和知识。

(2) 鲁棒性和自适应性好,可对复杂系统进行有效控制,适用于模型参数不确定或波动较大的线性和非线性系统的控制。

模糊控制的要点是将输入空间映射到输出空间,实现这一点的主要机制是一组称为规则的 if-then 语句。所有规则都是并行计算的,规则的顺序并不重要。规则本身涉及变量和描述这些变量的形容词。在构建解释规则的系统之前,必须定义要在规则中使用的所有变量和描述它们的形容词。例如,要说“水是热的”,就需要定义水的温度变化范围以及热的含义。模糊推理是一种解释输入向量中的值并根据一组规则将值分配给输出向量的方法。

例如,在一周中,周六和周日是周末。但是周五呢？很多人感觉它像是周末的一部分,但它又似乎应该被排除在周末之外。因此,星期五处于周末的边缘。经典集或普通集不能接受这种分类,而是要用图 2-10(a)表示。然而,人类的经验表明,跨界是经常发生的。

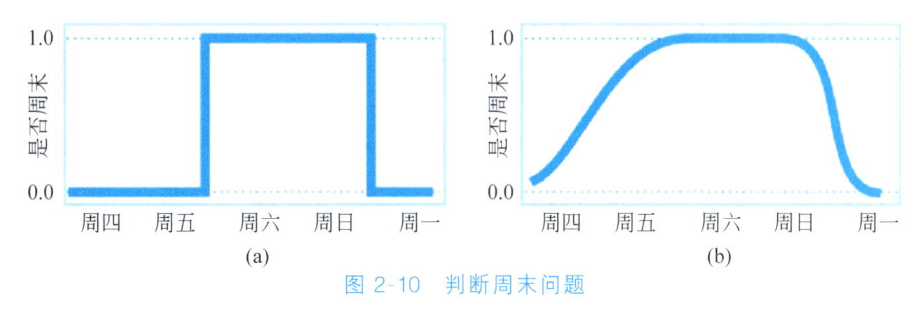

图 2-10 判断周末问题

于是,当研究人们是如何看待周末概念的时候,模糊推理就变得很有价值了。

如果不用 1 和 0 表示事件的对和错,而是用(0,1)表示其隶属度,那么周末就可以用图 2-10(b)表示。图 2-10(b)显示了一条平滑变化的曲线,它解释了这样一个事实：整个周五以及周四的一小部分时间都影响了周末的质量,因此应该部分地归入周末的模糊集合。定义任意时刻的周末度的曲线是一个函数,它将输入空间(一周的时间)映射到输出空间(周末度)。

2.3.2 if-then 规则

通常,if-then 规则的输入是输入变量的当前值,而输出是整个模糊集。稍后将对这个集合进行去模糊化,为输出分配一个值。if-then 规则的一般形式如下：

```
if x is A, then y is B;
```

在模糊系统中,if-then 规则是一种常见的表达形式,用于表示问题的解或者系统的行为策略。if-then 规则由两部分组成：前件(antecedent)和后件(consequent)。

if-then 规则的前件部分描述了问题中的条件或者约束,它通常由一系列条件语句组成。每个条件语句都可以是简单的逻辑表达式，也可以是复杂的判断条件。前件部分的目的是判断输入数据是否满足规则的条件。

if-then 规则的后件部分描述了在前件条件满足时需要执行的操作或者行动。后件部分通常包含一个或多个操作，这些操作可以是问题的解决方案、问题的输出或者系统的行为策略。

因此，一条 if-then 规则的含义是：如果条件满足，则执行某个操作。

求解模糊问题主要分为两步：

第一步：对输入进行评价（模糊化）。

第二步：将评价结果应用于输出。

对于 if-then 规则，用 p 表示先行词，用 q 表示结果。在二元逻辑中，如果 p 为真，那么 q 也为真（$p \rightarrow q$）；而在模糊逻辑中，如果 p 在某种程度上为真，那么 q 也在同一程度上为真（$0.5p \rightarrow 0.5q$）。在这两种情况下，如果 p 是假的，那么 q 的值是待定的。

规则的先行词可以有很多个，多个先行词之间可以用运算符关联（and、or、not）。例如：

```
service is excellent or food is delicious then tip is generous
if service=0 or food=0.7 then tip=0.7
```

如图 2-11 所示。

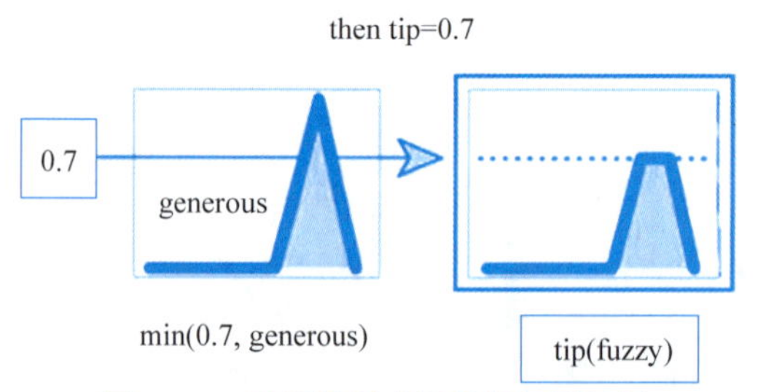

图 2-11　利用规则求解模糊问题示例

if-then 规则是一个由 3 部分组成的过程：

（1）模糊化输入。将先行词中的所有模糊语句分解为用 0～1 的值表示某种程度的隶属关系。如果先行词只有一个，那么这个值就是对规则的支持程度。

（2）将模糊运算符应用于多个先行词。如果先行词有多个，应用模糊逻辑运算符的运算结果就是对规则的支持程度。

（3）应用蕴涵法。利用对整个规则的支持程度形成输出模糊集。应用模糊规则的结果是将整个模糊集赋予输出。该模糊集由一个隶属度函数表示，该隶属度函数用于表示结果的性质。如果先行词部分为真（即赋值小于 1），则根据蕴含法截断输出模糊集。

一般来说，只有一条规则是无效的。需要两个或两个以上的规则相互竞争。每个规则的输出都是一个模糊集，将所有规则的输出模糊集聚合成一个输出模糊集，最后将得到的结果集去模糊化，或转换为一个数值。

2.3.3　模糊推理过程

模糊推理是一种基于模糊逻辑的推理方法，它可以用来处理不确定性或模糊性信息的推理问题。

模糊推理的过程通常包括以下几个步骤：

(1) 模糊化。将输入的模糊量转换为模糊集。模糊集中每个元素都有一个隶属度值，表示该元素属于该模糊集的程度。例如，假设要处理的是“温度高”的问题，那么可以将“温度高”这个模糊量转换为一个包含温度值和隶属度值的模糊集。

(2) 建立规则库。建立由一组模糊规则组成的规则库，其中每个规则都形如 if A then B，其中 A 和 B 都是模糊集。这些规则描述了不同情况下的推理关系。例如，一条规则可以是“如果温度高，则空调需要开启”。

(3) 利用推理引擎将输入的模糊集合和规则库进行匹配，找到与之匹配的规则，并计算出相应的输出模糊集。推理引擎通常采用模糊关系的运算方式进行计算，例如模糊交、模糊并、模糊补等。

(4) 去模糊化。将输出的模糊集转换为具体的数值或者其他形式的输出结果。常用的去模糊化方法包括最大隶属度法、加权平均法等。

总的来说，模糊推理的过程就是将模糊的输入信息转换为模糊集，通过匹配规则库计算出相应的输出模糊集，最后将输出模糊集转换为具体的结果。它适用于处理那些不确定或者模糊的信息的推理问题，例如控制系统、人工智能、自然语言处理等领域的问题。

2.4 进化算法

2.4.1 进化算法的定义

进化算法也称演化算法(Evolutionary Algorithm，EA)，它不是一个具体的算法，而是一个算法簇。进化算法借鉴了大自然中生物的进化过程，它一般包括基因编码、种群初始化、交叉变异、经营保留机制等基本操作。与传统的基于微积分的方法和穷举方法等数学优化算法相比，进化算法是一种成熟的具有高鲁棒性和广泛适用性的全局优化算法，具有自组织、自适应、自学习的特性，能够不受问题性质的限制，有效地处理传统优化算法难以解决的复杂问题(例如 NP 难优化问题)。

进化算法的背景可以追溯到 20 世纪 50 年代末至 60 年代初，当时研究人员开始受到达尔文的进化理论和孟德尔的遗传学理论的启发。他们认识到自然界中的进化过程具有搜索和优化问题的潜力，并试图将这些观念应用于计算机科学中。

进化算法的定义可以广义地涵盖多种算法，其中最著名的是遗传算法、进化策略和粒子群优化算法。这些算法共同关注如何对候选解进行迭代改进，以便逐步优化问题的解决方案。

在进化算法中，问题的候选解被编码为染色体或个体，其中包含了解决问题所需的关键信息。通过评估个体的适应度(或称为目标函数值)，可以衡量个体的优劣程度。根据适应度的不同，进化算法会使用选择、交叉和变异等操作生成新的个体，并通过迭代改进的方式逐渐搜索问题的解空间。

进化算法在多个领域得到了广泛的应用，包括优化问题、机器学习、数据挖掘、图像处理、自动控制等。它的优势在于能够处理复杂的、非线性的问题，并且对问题领域的先验知识要求相对较低。

总的来说，进化算法是一种模拟自然进化过程的计算方法，通过迭代改进个体的搜索过程，逐步寻找问题的优化解决方案。它在优化和搜索问题中具有广泛的应用，并且在计算智能领域中发挥着重要作用。

除了上述优点以外，进化算法还经常被用于多目标问题的优化求解，我们一般称这类进化算法为多目标进化算法（Multi-Object Evolutionary Algorithm，MOEA）。目前进化计算的相关算法已经被广泛用于参数优化、工业调度、资源分配、复杂网络分析等领域。

进化算法通常包括以下几个关键步骤：

(1) 初始化。在初始化步骤中，遗传算法随机生成一组个体作为初始种群。每个个体由一组基因组成，基因表示问题的解或者系统的策略。通过随机生成的初始种群，算法开始搜索解空间。

(2) 选择。该步骤用于确定哪些个体将成为下一代的父代。选择是根据个体的适应度值进行的，适应度较高的个体具有更高的概率成为父代。常见的选择方法包括轮盘赌选择、排名选择和锦标赛选择。

(3) 交叉。该步骤模拟了生物界的基因重组过程。通过交叉操作，从父代中选择两个个体，通过交换它们的基因片段创建新的个体。交叉操作有助于种群产生新的多样性，并探索解空间中的新领域。常见的交叉方法包括单点交叉、多点交叉和均匀交叉。

(4) 变异。该步骤引入了种群的多样性，模拟了基因突变的过程。在变异步骤中，遗传算法对个体的某些基因随机进行改变或替换。变异有助于跳出局部最优解，探索解空间更广泛的区域。

(5) 评估。在该步骤中，遗传算法计算每个个体的适应度值。适应度值是根据问题的特定目标函数或者评价指标计算的，它衡量了个体在解决问题或者执行任务方面的优劣程度。适应度值用于指导选择和替换操作。

(6) 替换。该步骤决定哪些个体将进入下一代种群。根据一定的策略，通常选择适应度较高的个体保留到下一代，并用新生成的个体填充剩余的位置。常见的替换策略包括精英保留策略、轮盘赌替换和排名替换。

(7) 终止条件。遗传算法在达到预设的终止条件时停止运行。终止条件可以是种群数量达到一定阈值、迭代次数达到上限、适应度阈值达到要求等。通过设定合适的终止条件，可以控制算法的收敛性和计算资源的消耗。

通过这些关键步骤，遗传算法能够模拟进化的过程，通过选择、交叉和变异等操作搜索解空间，逐步改进个体的适应度，并找到问题的优化解或者系统的优化策略。这使得遗传算法在优化问题、机器学习、自动控制等领域具有广泛的应用。

进化算法的优势在于它能够搜索解空间中的多个局部最优解，并且具有较好的鲁棒性。同时，进化算法也适用于那些搜索空间较大、复杂度较高的优化问题，如组合优化问题、参数优化问题等。

常见的进化算法包括遗传算法、进化策略算法、差分进化算法等。在实际应用中，可以根据具体问题的特点选择合适的算法进行求解。

2.4.2 进化算法的重要性与主要应用场景

进化计算在计算智能领域中具有重要的地位和广泛的应用。进化计算的重要性如下：

(1) 进化算法能够进行全局优化,寻找问题的全局最优解。与一些传统的优化算法相比,进化算法不容易陷入局部最优解。这是因为进化算法采用了随机搜索的策略,通过选择、交叉和变异等操作不断地引入新的个体,并根据适应度评估筛选出优秀的个体。通过这种演化过程,进化算法能够在解空间中进行全局搜索,并找到问题的全局最优解。

(2) 进化算法不需要问题特定的先验知识。它基于个体的适应度评估和演化操作自适应问题。通过适应度评估,进化算法能够根据问题的特征确定个体的适应度值。而演化操作,如选择、交叉和变异,可以通过迭代优化过程自动学习和自适应问题的特征。这使得进化算法适用于各种类型的问题,而不需要针对具体问题进行特定的调整和提供先验知识。

(3) 并行性是进化算法的另一个显著优势。由于各个个体的适应度评估和演化操作是相互独立的,进化算法天然适合并行计算。通过并行处理,可以同时对多个个体进行适应度评估和演化操作,从而加快算法的执行速度。这对于处理大规模问题和减少算法运行时间非常有益。

(4) 进化算法对于问题领域中的噪声、不确定性和变化具有一定的鲁棒性。由于进化算法通过维持种群中的多样性和全局搜索能力进行优化,能够在复杂和不完全的信息环境中找到鲁棒的解决方案。这使得进化算法在面对问题领域中的噪声、不确定性和变化时具有较好的适应能力。

进化算法的上述特点使其成为解决各种复杂问题的有力工具,并在多个领域中得到广泛的应用和研究。随着计算能力的提升和算法的不断改进,进化算法的应用前景将更加广阔,有望为解决现实世界中的复杂问题提供更有效的解决方案。

进化算法在以下几个领域中得到广泛应用:

(1) 优化问题。进化算法在各种优化问题中发挥重要作用。一个典型的例子是旅行商问题(Traveling Salesman Problem,TSP)。TSP 是一个经典的组合优化问题,目标是找到一条最短路径,使得旅行商能够访问所有城市且每个城市只访问一次。进化算法(如遗传算法)可以应用于 TSP,通过迭代演化过程逐步改进候选路径,最终找到接近最优的解决方案。

(2) 机器学习。进化算法在机器学习领域中有很多应用。一个典型的例子是神经网络结构搜索。神经网络的结构包括网络层数、神经元连接方式等,而选择合适的结构对于模型性能至关重要。进化算法可以通过遗传算法或进化策略搜索和优化神经网络的结构,从而实现自动化的神经网络设计。

(3) 数据挖掘。进化算法在数据挖掘中也发挥重要作用。在聚类分析中,数据被分为具有相似特征的群组。进化计算算法可以应用于聚类问题,通过优化聚类中心的位置或群组分配获得更好的聚类结果。此外,进化算法还可用于关联规则挖掘、特征选择和异常检测等数据挖掘任务。

(4) 图像和信号处理。进化算法可以用于图像和信号处理领域的多个任务。例如,图像分割是图像处理中的关键任务之一。进化算法可以应用于图像分割问题,通过优化图像分割算法中的阈值或参数,实现更准确的图像分割。在信号处理领域,进化算法可用于信号滤波、特征提取和信号识别等任务。

(5) 自动控制。进化算法在自动控制系统中的参数优化和调整方面可以发挥重要作用。例如,在自动控制系统中,PID(Proportional,Integral, and Derivative,比例、积分和微分)控制器是常用的控制器类型之一。进化算法可以应用于PID控制器的参数调整,通过优化PID控制器的参数,以提高控制系统的性能。此外,进化算法还可用于优化其他类型的控制器、模糊控制系统和智能控制算法等。

(6) 游戏和智能体设计。进化算法可以用于游戏和智能体设计,以创建具有智能行为的虚拟角色或智能体。例如,在人工生命模拟中,进化算法可以用于优化虚拟生物的行为策略,使其适应特定的环境和任务。

2.4.3 遗传算法

遗传算法(Genetic Algorithm,GA)是模拟达尔文生物进化论的自然选择和遗传学机理的生物进化过程的计算模型,是一种通过模拟自然进化过程搜索最优解的方法。

其主要特点是:直接对结构对象进行操作,不存在求导和函数连续性的限定;具有内在的隐式并行性和更好的全局寻优能力;采用概率化的寻优方法,不需要确定的规则就能自动获取和指导优化的搜索空间,自适应地调整搜索方向。

遗传算法以一个群体中的所有个体为对象,并在随机化技术的指导下对一个被编码的参数空间进行高效搜索。其中,选择、交叉和变异构成了遗传算法的遗传操作;参数编码、初始群体的设定、适应度函数的设计、遗传操作设计、控制参数设定5个要素组成了遗传算法的核心内容。

遗传算法是从代表问题可能潜在的解集的一个种群开始的,而一个种群则由经过基因编码的一定数目的个体组成。每个个体实际上是染色体带有特征的实体。

染色体作为遗传物质的主要载体,即多个基因的集合,其内部表现(即基因型)是某种基因组合,它决定了个体的形状的外部表现。例如,黑头发的特征是由染色体中控制这一特征的某种基因组合决定的。因此,在一开始需要实现从表现型到基因型的映射,即编码工作。由于仿照基因编码的工作很复杂,因此往往对其进行简化,如采用二进制编码。

初代种群产生之后,按照适者生存和优胜劣汰的原理,逐代演化产生出越来越好的近似解,在每一代,根据问题域中个体的适应度值选择个体,并借助于自然遗传学的遗传算子进行交叉和变异,产生出代表新的解集的种群。

这个过程将导致种群像自然进化一样,后一代种群比前一代更适应环境,末代种群中的最优个体经过解码,可以作为问题近似最优解。遗传算法流程如图2-12所示。

为了使读者更好地了解遗传算法,先简要介绍相关术语。

- 基因型(genotype):性状染色体的内部表现。
- 表现型(phenotype):染色体决定的性状的外部表现,或者说,根据基因型形成的个体的外部表现。
- 进化(evolution):种群逐渐适应生存环境,品质不断得到改良。生物的进化是以种群的形式进行的。
- 适应度(fitness):度量某个物种对于生存环境的适应程度的指标。
- 选择(selection):以一定的概率从种群中选择若干

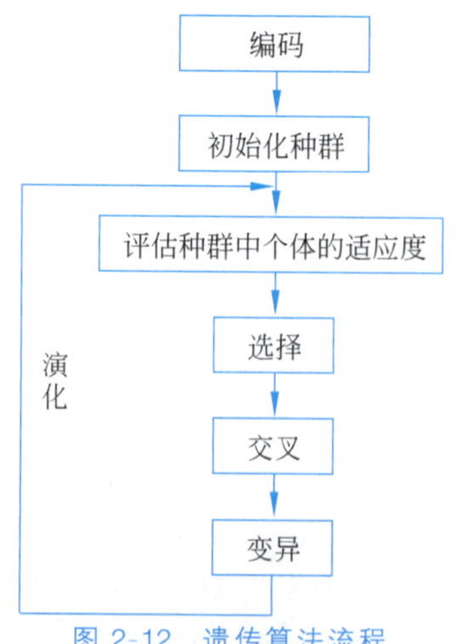

图2-12 遗传算法流程

个体。一般来说，选择过程是一种基于适应度的优胜劣汰的过程。

- 复制(reproduction)：细胞分裂时，遗传物质 DNA 通过复制转移到新产生的细胞中，新细胞就继承了旧细胞的基因。
- 交叉(crossover)：两个染色体的某一相同位置处 DNA 被切断，前后两串交换组合，形成两个新的染色体。也称基因重组或杂交。
- 变异(mutation)：复制时可能(以很小的概率)产生的某些复制差错。变异产生新的染色体，表现出新的性状。
- 编码(coding)：DNA 中遗传信息在一个长链上按一定的模式排列。遗传编码可看作从表现型到基因型的映射。
- 解码(decoding)：基因型到表现型的映射。
- 个体(individual)：带有染色体特征的实体。
- 种群(population)：个体的集合，该集合内的个体数称为种群规模。

2.4.4 蚁群算法

蚁群优化算法(Ant Colony Optimization，ACO)简称蚁群算法，是一种群智能算法，它模拟一群无智能或有轻微智能的个体通过相互协作而表现出智能行为，从而为求解复杂问题提供了一个新的可能性。蚁群算法最早由意大利学者 M. Dorigo、V. Maniezzo、A. Colorni等于 1991 年提出。经过 20 多年的发展，蚁群算法在理论以及应用研究上已经取得了巨大的进步。

蚁群算法是一种仿生学算法，是受到自然界中蚂蚁觅食的行为启发提出的。在蚂蚁觅食的过程中，蚁群总能够寻找到一条蚁巢和食物源之间的最优路径。图 2-13 显示了这样一个觅食的过程。

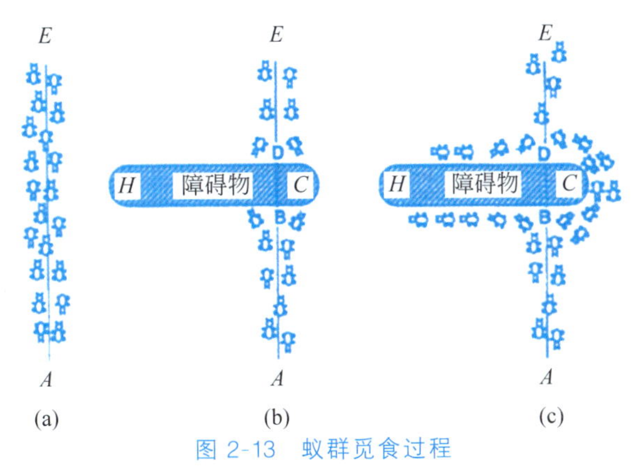

图 2-13 蚁群觅食过程

有一群蚂蚁，假如 A 点是蚁巢，E 点是食物源。这群蚂蚁将沿着蚁巢和食物源之间的直线路径走。假如在 A 和 E 之间突然出现了一个障碍物(图 2-13(b))，那么，在 B 点(或 D 点)的蚂蚁将要做出决策，到底是向 H 点走还是向 C 点走？由于一开始路上没有前面蚂蚁留下的信息素(pheromone)，蚂蚁朝着 H 点和 C 点两个方向行进的概率是相等的。但是当蚂蚁走过时，会在它行进的路上释放出信息素，并且这种信息素会以一定的速率消散。信息素是蚂蚁之间交流的工具之一。后面的蚂蚁会根据路上信息素的浓度做出决策，即往 H 点走还是往 C 点走。很明显，较短的路径上信息素将会越来越浓(图 2-13(c))，从而吸引越来越多的蚂蚁沿着这条路径走。蚁群算法流程如图 2-14 所示。

2.4.5 旅行商问题

蚁群算法最早用来求解旅行商问题(TSP),并且表现出很强的优越性,因为它具有分布式特性,鲁棒性强,并且容易与其他算法结合。但是,它也存在收敛速度慢、容易陷入局部最优等缺点。

TSP 是一种 NP 难问题,此类问题用一般的算法很难得到最优解,所以需要借助一些启发式算法求解,例如遗传算法、蚁群算法、粒子群算法(PSO)等。

TSP 是一个经典的组合优化问题,它在计算机科学和运筹学领域中具有重要的研究和实际应用价值。TSP 可以描述为:给定一组城市和城市之间的距离,旅行商需要找到一条最短路径,使得他能够访问每个城市一次,并最终回到出发城市。该问题的目标是寻找一条最短路径,使得旅行商的总旅行距离最小。

TSP 的形式化定义如下:假设有 n 个城市,城市之间的距离由一个距离矩阵表示,其中第 i 行第 j 列的元素表示城市 i 到城市 j 的距离。要求找到一条路径,使得所有城市都被访问一次且最终回到起始城市,路径的总长度最小。

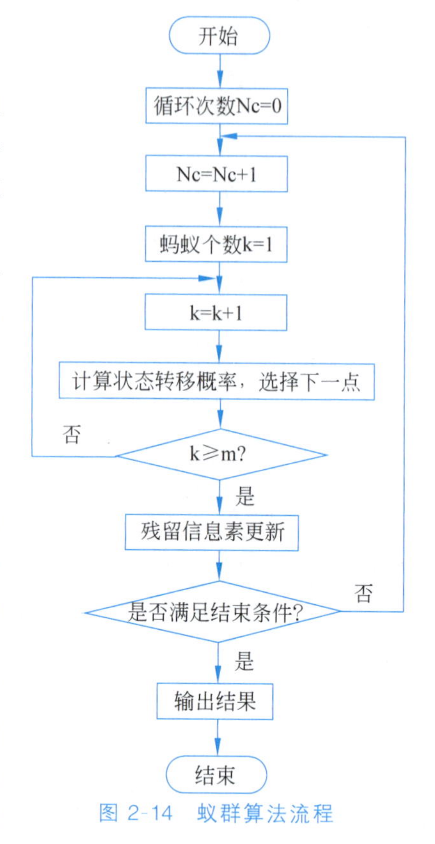

图 2-14 蚁群算法流程

TSP 也可以表述为:求解遍历图 $G=(V,E,C)$所有节点一次并且回到起始节点,使得连接这些节点的路径成本最低。

TSP 的重要性在于其在实际生活中有广泛应用。例如,物流公司需要优化送货员的路线,以减少行驶距离和成本。电路板设计中的连线顺序也可以视为 TSP。此外,TSP 也涉及图论、组合优化、近似算法等领域的研究。

由于 TSP 的组合爆炸性质,即,随着城市数量增加,问题的解空间呈指数级增长,确切求解 TSP 的最优解是一个 NP 难问题。因此,研究人员提出了许多启发式算法和近似算法求解 TSP。下面介绍几种常用的 TSP 求解方法:

(1) 穷举法。它是一种最简单的求解 TSP 的方法。它列举出所有可能的路径并计算它们的总长度,然后选择最短路径作为解。然而,穷举法在城市数量较多时会面临组合爆炸的问题,计算复杂度非常高。

(2) 贪婪算法。它是一种启发式算法。它根据某个准则每次选择当前最优的城市进行访问。例如,可以选择距离当前城市最近的未访问城市作为下一个要到达的城市。贪婪算法简单且易于实现,但无法保证得到最优解,常常会陷入局部最优解。

(3) 遗传算法。它是一种模拟自然进化的算法。它通过模拟遗传操作(选择、交叉、变异)搜索解空间。在 TSP 中,遗传算法可以将路径表示为染色体,并通过遗传操作改进路径。遗传算法具有全局搜索能力和适应性,可以找到接近最优解的解决方案。

（4）蚁群算法。它是受蚂蚁觅食行为启发提出的一种算法。在 TSP 中，可以将蚂蚁看作旅行商，每只蚂蚁在路径上留下信息素，并根据信息素浓度和距离选择下一个城市。蚁群算法具有分布式计算和自适应的特点，能够找到较优解并逐步改进。

除了以上介绍的算法，还有诸如模拟退火算法、禁忌搜索算法、粒子群算法等多种方法可以用于求解 TSP。这些算法在效率和精度上各有优劣，应根据具体问题的规模和要求选择合适的算法进行求解。

2.4.6 蚁群算法实验

1. 理论回顾

蚂蚁早在 1 亿年前就出现在地球上，并且目前总数量达到了 10^{16} 只以上。大多数蚂蚁是社会性昆虫，以数十万只至上百万只不等的规模群居。蚂蚁群体所呈现的复杂社会性行为包括觅食、劳动力分配、育雏、建巢和墓地组织等，与人类群体协作行为很相像，因此早在 20 世纪初就有学者观察并研究蚂蚁的群体行为。首先被生态学家研究的行为就是蚁群的觅食，蚂蚁总能找到巢穴和食物之间的最短路径，受这些观察与研究的启示，意大利学者 M. Dorigo 于 20 世纪 90 年代首次提出蚂蚁觅食行为的蚁群算法模型，用于解决各种动态规划最优化问题。

本实验采用蚁群算法求解著名的旅行商问题，以直观的实验模拟蚁群通过信息素交互的过程。通过实验可以观察到，经过一定次数的迭代，该算法找到多个目标位置之间的最短路径。

蚁群算法的原理很简单，主要包括以下几条规则：

（1）蚂蚁在路径上释放信息素。

（2）蚂蚁到达还没走过的路口时，随机挑选一条路，同时释放信息素。

（3）信息素浓度与路径长度成反比，后来的蚂蚁到达该路口时，选择信息素浓度较高的路径。

（4）最优路径上的信息素浓度越来越高。

（5）最终蚁群找到最优路径。

2. 实验目标

（1）了解计算智能的理论原理和应用范畴。

（2）了解蚁群算法求解旅行商问题的方法。

3. 实验环境

硬件环境：Pentium 处理器，双核，主频 2GHz 以上，内存 4GB 以上。

操作系统：64 位及以上 Windows 7 操作系统。

实验器材：AI＋智能分拣实训平台。

实验配件：应用扩展模块。

关于 AI＋智能分拣实训平台的介绍和使用方法请参考附录 C。

4. 实验步骤

1）实验环境准备

本实验运行在 Python 3.5＋环境中，请参考附录 A 完成软件运行环境的安装。

2）启动蚁群算法实验程序

打开命令行窗口，运行以下命令启动蚁群算法实验程序：

```
python ant_crowd_tsp.py
```

蚁群算法实验程序初始界面如图 2-15 所示。

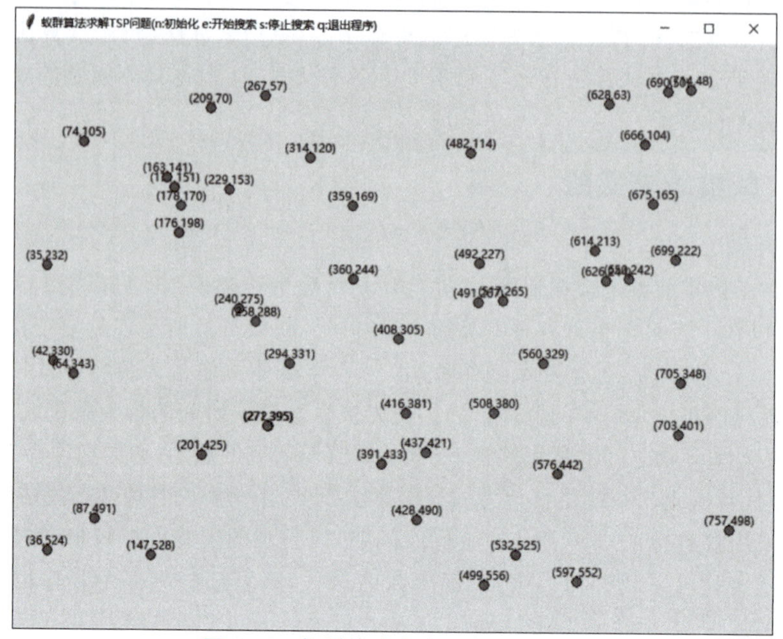

图 2-15　蚁群算法实验程序初始界面

图 2-16 中每个点代表旅行商需要到达的一个城市，可见快速求解这些城市之间的最短路径是一个比较复杂的问题。

3）计算旅行商最短路径

按照程序说明，按 e 键，程序开始模拟生成蚂蚁，迭代计算走遍这些城市的最短路径，如图 2-16 所示。

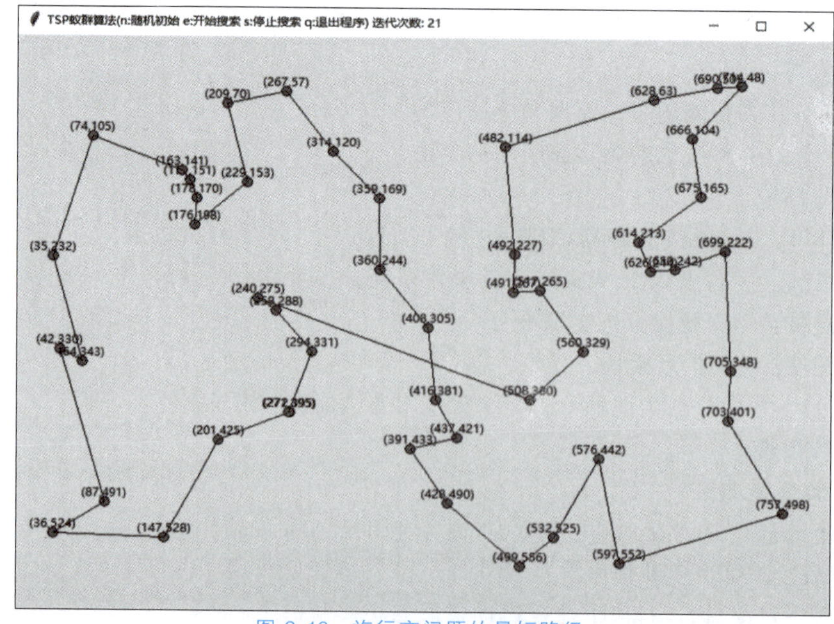

图 2-16　旅行商问题的最短路径

程序后台输出如图 2-17 所示。

```
迭代次数: 265 最佳路径总距离: 3688
迭代次数: 266 最佳路径总距离: 3688
迭代次数: 267 最佳路径总距离: 3688
迭代次数: 268 最佳路径总距离: 3688
迭代次数: 269 最佳路径总距离: 3688
迭代次数: 270 最佳路径总距离: 3688
迭代次数: 271 最佳路径总距离: 3688
迭代次数: 272 最佳路径总距离: 3688
迭代次数: 273 最佳路径总距离: 3688
迭代次数: 274 最佳路径总距离: 3688
迭代次数: 275 最佳路径总距离: 3688
迭代次数: 276 最佳路径总距离: 3688
迭代次数: 277 最佳路径总距离: 3688
迭代次数: 278 最佳路径总距离: 3688
迭代次数: 279 最佳路径总距离: 3688
迭代次数: 280 最佳路径总距离: 3688
迭代次数: 281 最佳路径总距离: 3688
迭代次数: 282 最佳路径总距离: 3688
迭代次数: 283 最佳路径总距离: 3688
迭代次数: 284 最佳路径总距离: 3688
迭代次数: 285 最佳路径总距离: 3688
```

图 2-17 程序后台输出

4）程序代码及实验现象

程序代码如下：

```
#-*- coding: utf-8 -*-
#@Time: 2020/12/14 16:23
#@Author: mingth
#@FileName: ant_crowd_tsp.py
#@Software: PyCharm
#@Operating System: Windows 10
#@Python.version: 3.6
#@Title: 蚁群算法获取最短路径
import random
import copy
import time
import sys
import math
import tkinter                                                    #GUI 模块
import threading
from functools import reduce
#参数
"""
ALPHA: 信息启发因子。值越大,则蚂蚁选择以前走过的路径的可能性就越大;值越小,则蚁群搜索范围就会越少,越容易陷入局部最优解
BETA: 值越大,蚁群越就容易选择局部较短路径,这时算法收敛速度会加快,但是随机性不高,容易得到局部最优解
"""
(ALPHA, BETA, RHO, Q) = (1.0, 2.0, 0.5, 100.0)
#城市数,蚁群
(city_num, ant_num) = (50, 50)
distance_x = [
    178, 272, 176, 171, 650, 499, 267, 703, 408, 437, 491, 74, 532,
    416, 626, 42, 271, 359, 163, 508, 229, 576, 147, 560, 35, 714,
    757, 517, 64, 314, 675, 690, 391, 628, 87, 240, 705, 699, 258,
    428, 614, 36, 360, 482, 666, 597, 209, 201, 492, 294]
distance_y = [
    170, 395, 198, 151, 242, 556, 57, 401, 305, 421, 267, 105, 525,
    381, 244, 330, 395, 169, 141, 380, 153, 442, 528, 329, 232, 48,
```

```
    498, 265, 343, 120, 165, 50, 433, 63, 491, 275, 348, 222, 288,
    490, 213, 524, 244, 114, 104, 552, 70, 425, 227, 331]
#城市距离和信息素
distance_graph = [[0.0 for col in range(city_num)] for raw in range(city_num)]
pheromone_graph = [[1.0 for col in range(city_num)] for raw in range(city_num)]
#----------- 蚂蚁个体 -----------
class Ant(object):
    #初始化
    def __init__(self, ID):
        self.ID = ID                                              #ID
        self.__clean_data()                                       #随机初始化出生点
    #初始数据
    def __clean_data(self):
        self.path = []                                            #当前蚂蚁的路径
        self.total_distance = 0.0                                 #当前路径的总距离
        self.move_count = 0                                       #移动次数
        self.current_city = -1                                    #当前停留的城市
        self.open_table_city = [True for i in range(city_num)]   #探索城市的状态
        city_index = random.randint(0, city_num - 1)             #随机初始出生点
        self.current_city = city_index
        self.path.append(city_index)
        self.open_table_city[city_index] = False
        self.move_count = 1
    #选择下一个城市
    def __choice_next_city(self):
        next_city = -1
        select_citys_prob = [0.0 for i in range(city_num)]
                                                        #存储去下一个城市的概率
        total_prob = 0.0
        #获取去下一个城市的概率
        for i in range(city_num):
            if self.open_table_city[i]:
                try:
                    #计算概率(与信息素浓度成正比,与距离成反比)
                    select_citys_prob[i] = pow(pheromone_graph[self.current_
                        city][i], ALPHA) * pow((1.0 / distance_graph[self.
                        current_city][i]), BETA)
                    total_prob += select_citys_prob[i]
                except ZeroDivisionError as e:
                    print('Ant ID: {ID}, current city: {current}, target city:
                        {target}'.format(ID=self.ID,
                    current=self.current_city,
                    target=i))
                    sys.exit(1)
        #轮盘赌算法选择城市
        if total_prob > 0.0:
            #产生一个随机概率(从 0.0 到 total_prob)
            temp_prob = random.uniform(0.0, total_prob)
            for i in range(city_num):
                if self.open_table_city[i]:
                    #轮次相减
                    temp_prob -= select_citys_prob[i]
                    if temp_prob < 0.0:
                        next_city = i
                        break
```

```
        #不按概率选择城市,顺序选择一个未访问城市
        #if next_city == -1:
        #     for i in range(city_num):
        #         if self.open_table_city[i]:
        #             next_city = i
        #             break
        if (next_city == -1):
            next_city = random.randint(0, city_num - 1)
            while ((self.open_table_city[next_city]) == False):
                                                        #为 False 说明已经遍历过了
                next_city = random.randint(0, city_num - 1)
        #返回下一个城市序号
        return next_city
    #计算路径总长度
    def __cal_total_distance(self):
        temp_distance = 0.0
        for i in range(1, city_num):
            start, end = self.path[i], self.path[i - 1]
            temp_distance += distance_graph[start][end]
        #回路
        end = self.path[0]
        temp_distance += distance_graph[start][end]
        self.total_distance = temp_distance
    #移动操作
    def __move(self, next_city):
        self.path.append(next_city)
        self.open_table_city[next_city] = False
        self.total_distance += distance_graph[self.current_city][next_city]
        self.current_city = next_city
        self.move_count += 1
    #搜索路径
    def search_path(self):
        #初始化数据
        self.__clean_data()
        #搜索路径,遍历所有城市
        while self.move_count < city_num:
            #移动到下一个城市
            next_city = self.__choice_next_city()
            self.__move(next_city)
        #计算路径总长度
        self.__cal_total_distance()
#----------- 旅行商问题 -----------
class TSP(object):
    def __init__(self, root, width=800, height=600, n=city_num):
        #创建画布
        self.root = root
        self.width = width
        self.height = height
        #城市数初始化为 city_num
        self.n = n
        #tkinter.Canvas 画布
        self.canvas = tkinter.Canvas(
            root,
            width=self.width,
            height=self.height,
            bg="#EBEBEB",                               #背景白色
```

```
            xscrollincrement=1,
            yscrollincrement=1
        )
        self.canvas.pack(expand=tkinter.YES, fill=tkinter.BOTH)
        self.title("蚁群算法求解 TSP(n:初始化 e:开始搜索 s:停止搜索 q:退出程序)")
        self.__r = 5
        self.__lock = threading.RLock()                          #线程锁
        self.__bindEvents()
        self.new()
        #计算城市之间的距离
        for i in range(city_num):
            for j in range(city_num):
                temp_distance = pow((distance_x[i] - distance_x[j]), 2) +
                    pow((distance_y[i] - distance_y[j]), 2)
                temp_distance = pow(temp_distance, 0.5)
                distance_graph[i][j] = float(int(temp_distance + 0.5))
    #按键响应程序
    def __bindEvents(self):
        self.root.bind("q", self.quite)                                 #退出程序
        self.root.bind("n", self.new)                                   #初始化
        self.root.bind("e", self.search_path)                           #开始搜索
        self.root.bind("s", self.stop)                                  #停止搜索
    #更改标题
    def title(self, s):
        self.root.title(s)
    #初始化
    def new(self, evt=None):
        #停止线程
        self.__lock.acquire()
        self.__running = False
        self.__lock.release()
        self.clear()                                                    #清除信息
        self.nodes = []                                                 #节点坐标
        self.nodes2 = []                                                #节点对象
        #初始化城市节点
        for i in range(len(distance_x)):
            #在画布上随机初始坐标
            x = distance_x[i]
            y = distance_y[i]
            self.nodes.append((x, y))
            #生成节点椭圆,半径为 self.__r
            node = self.canvas.create_oval (x - self.__r, y - self.__r, x + self
                                            .__r, y + self.__r,
                                            fill="#ff0000",             #填充红色
                                            outline="#000000",          #轮廓白色
                                            tags="node",
                                           )
            self.nodes2.append(node)
            #显示坐标
            #使用 create_text 方法在坐标(302,77)处绘制文字
            self.canvas.create_text(x, y - 10,
                                    text='(' + str(x) + ',' + str(y) + ')',
                                                                #文字的内容
                                    fill='black'                #文字的颜色为灰色
                                   )
        #顺序连接城市
```

```
        #self.line(range(city_num))
        #初始化城市之间的距离和信息素
        for i in range(city_num):
            for j in range(city_num):
                pheromone_graph[i][j] = 1.0
        self.ants = [Ant(ID) for ID in range(ant_num)]                  #初始蚁群
        self.best_ant = Ant(-1)                                          #初始最优解
        self.best_ant.total_distance = 1 << 31                           #初始最大距离
        self.iter = 1                                                    #初始化迭代次数
    #将节点按 order 的顺序连接
    def line(self, order):
        #删除原线
        self.canvas.delete("line")
        def line2(i1, i2):
            p1, p2 = self.nodes[i1], self.nodes[i2]
            self.canvas.create_line(p1, p2, fill="#000000", tags="line")
            return i2
        #order[-1]为初始值
        reduce(line2, order, order[-1])
    #清除画布
    def clear(self):
        for item in self.canvas.find_all():
            self.canvas.delete(item)
    #退出程序
    def quite(self, evt):
        self.__lock.acquire()
        self.__running = False
        self.__lock.release()
        self.root.destroy()
        print(u"\n 程序已退出...")
        sys.exit()
    #停止搜索
    def stop(self, evt):
        self.__lock.acquire()
        self.__running = False
        self.__lock.release()
    #开始搜索
    def search_path(self, evt=None):
        #开启线程
        self.__lock.acquire()
        self.__running = True
        self.__lock.release()
        while self.__running:
            #遍历每一只蚂蚁
            for ant in self.ants:
                #搜索一条路径
                ant.search_path()
                #与当前最优蚂蚁比较
                if ant.total_distance < self.best_ant.total_distance:
                    #更新最优解
                    self.best_ant = copy.deepcopy(ant)
            #更新信息素
            self.__update_pheromone_gragh()
            print(u"迭代次数:", self.iter, u"最佳路径总长度:",
                int(self.best_ant.total_distance))
            #连线
```

```
            self.line(self.best_ant.path)
            #设置标题
            self.title("TSP蚁群算法(n:随机初始 e:开始搜索 s:停止搜索 q:退出程序)
                迭代次数: %d" % self.iter)
            #更新画布
            self.canvas.update()
            self.iter += 1
    #更新信息素
    def __update_pheromone_gragh(self):
        #获取每只蚂蚁在其路径上留下的信息素
        temp_pheromone = [[0.0 for col in range(city_num)] for raw in range(city_
            num)]
        for ant in self.ants:
            for i in range(1, city_num):
                start, end = ant.path[i - 1], ant.path[i]
                #在路径上的每两个相邻城市间留下信息素,与路径总长度成反比
                temp_pheromone[start][end] += Q / ant.total_distance
                temp_pheromone[end][start] = temp_pheromone[start][end]
        #更新所有城市之间的信息素,旧信息素衰减加上新信息素
        for i in range(city_num):
            for j in range(city_num):
                pheromone_graph[i][j] = pheromone_graph[i][j] * RHO + temp_
                    pheromone[i][j]
    #主循环
    def mainloop(self):
        self.root.mainloop()
#----------- 程序的入口处 -----------
if __name__ == '__main__':
    TSP(tkinter.Tk()).mainloop()
```

最终经过100多次迭代(大约5s)后,算法即可获得旅行商最短路径。

5. 拓展实验

(1) 可以从键盘输入n,重新进行初始化,再进行最短路径搜索,可能会取得不同的最短路径。

(2) 扩展算法程序,每次初始化随机生成不同的城市坐标。

6. 常见问题

(1) 如果Python 3.5+环境安装有问题,就会导致算法程序无法运行。

(2) 从键盘输入字符控制程序时,需要确保程序界面为桌面焦点,否则键盘输入无效。

2.5 本章小结

本章介绍了计算智能的不同方法和技术,包括神经网络、模糊系统、进化算法和蚁群算法等。

计算智能是一门研究如何构建智能系统和解决复杂问题的学科。它借鉴了生物智能和自然系统中的原理,并将其应用于计算机科学领域。

神经网络是一种模仿生物神经系统工作原理的计算模型。它由多个神经元和连接它们的权重组成,通过学习和训练实现模式识别、分类和预测等任务。

模糊系统基于模糊逻辑,用于处理模糊或不确定性的信息。它能够对模糊的输入进行

推理和决策，适用于具有模糊性质的问题领域。

进化算法是一类基于生物进化理论的优化算法，如遗传算法和进化策略。它通过模拟进化过程中的选择、交叉和变异等操作，从候选解中演化出更好的解决方案。遗传算法是一种模拟自然选择和遗传机制的优化算法。它通过模拟遗传过程中的选择、交叉和变异等操作搜索问题的解空间，从而找到最优解或近似最优解。蚁群算法是受到蚂蚁觅食行为启发的优化算法。它模拟了蚂蚁在搜索过程中的信息交流和协作行为，通过蚁群中蚂蚁的合作寻找最优解。

2.6 习题

1. 计算智能的含义是什么？它涉及哪些研究分支？
2. 简述计算智能、人工智能和生物智能的关系。
3. 人工神经网络为什么具有诱人的发展前景和潜在的广泛应用领域？
4. 简述生物神经元及人工神经网络的结构和主要学习算法。
5. 什么是模糊推理？
6. 简单遗传算法中的编码、解码或译码分别是什么？

第3章 机器学习

学习目的与要求

本章介绍机器学习的主要方法和技术，包括监督式学习、无监督式学习、深度学习、迁移学习和强化学习。通过学习本章，读者应理解这些方法和技术的原理、应用场景以及它们在解决现实问题中的作用，同时了解机器学习的研究领域和发展趋势，为后续深入学习和应用机器学习打下基础。

机器学习是一门多学科交叉专业，涵盖概率论知识、统计学知识、近似理论知识和复杂算法知识，使用计算机作为工具并致力于真实、实时地模拟人类学习方式，并对现有内容进行知识结构划分以有效提高学习效率。

机器学习是指将每次输入的信息及解决的问题存入知识库，当再次遇到该问题时，直接查询知识库，得到该问题的解答。例如，待解决问题为$\{y_1,y_2,\cdots,y_n\}$，在输入信息$\{x_1,x_2,\cdots,x_m\}$后，该问题得到了解决，于是将记录对$\{\{x_1,x_2,\cdots,x_m\},\{y_1,y_2,\cdots,y_n\}\}$存入知识库。以后当遇到问题$\{y_1,y_2,\cdots,y_n\}$时，查询知识库，取出$\{x_1,x_2,\cdots,x_m\}$作为对问题$\{y_1,y_2,\cdots,y_n\}$的解答。

如图3-1(a)所示，人从过往的经历总结出规律，遇到新的问题就会通过以往总结的规律来解决。如图3-1(b)所示，计算机其实和人一样，通过历史数据训练出一个模型，然后输入新的数据，就可以通过训练好的模型预测其属性。

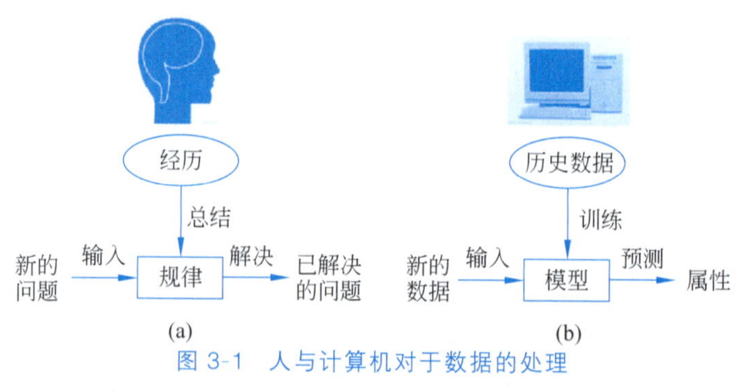

图3-1　人与计算机对于数据的处理

3.1 有监督学习

3.1.1 有监督学习的定义

有监督学习如图 3-2 所示。它也被称为有指导的学习，是指由结果度量(outcome measurement)指导的学习过程。要根据一组特征对结果度量进行预测，例如根据某病人的饮食习惯和血糖值、血脂值预测糖尿病是否会发作，可以通过学习已知数据集的特征和结果度量建立预测模型，预测并度量未知数据的特征和结果。这里的结果度量一般分为定量的(quantitative，例如身高、体重)和定性的(qualitative，例如性别)两种，分别对应于统计学中的回归和分类问题。

一个有监督学习者的任务是在对一个函数观察完一些训练范例(输入和预期输出)后预测这个函数对任何可能的输入值的输出。要达到此目的，有监督学习者必须以合理的方式从观察到的情况一般化到未观察到的情况。在人类和动物感知中，这种学习方法通常被称为概念学习(concept learning)。

3.1.2 回归问题

回归分析是由高尔顿(Sir Francis Galton)提出的。1855 年，他发表了一篇文章，名为“遗传的身高向平均数方向的回归”，分析了父母身高与其子女身高的关系，发现由父母的身高可以预测子女的身高。父母越高，其子女也越高；反之则越矮。他把父母身高与子女身高之间的这种现象拟合成一种线性关系。

他还发现了一个有趣的现象：尽管这是一种拟合较好的线性关系，但仍然存在例外现象。即，高个子的人所生的子女往往比父母矮一点，更趋于父母的平均身高；矮个子的人所生的子女通常比父母高一点，也趋于平均身高。换句话说，当父母身高走向极端(即非常高或非常矮)时，其子女身高不会像父母身高那样极端化，而是更趋于父母的平均身高。高尔顿选用了“回归”一词，把这一现象叫作“向平均数方向的回归”(regression toward mediocrity)。

例如，预测房价时，可以根据样本集拟合出一条连续曲线，如图 3-3 所示。

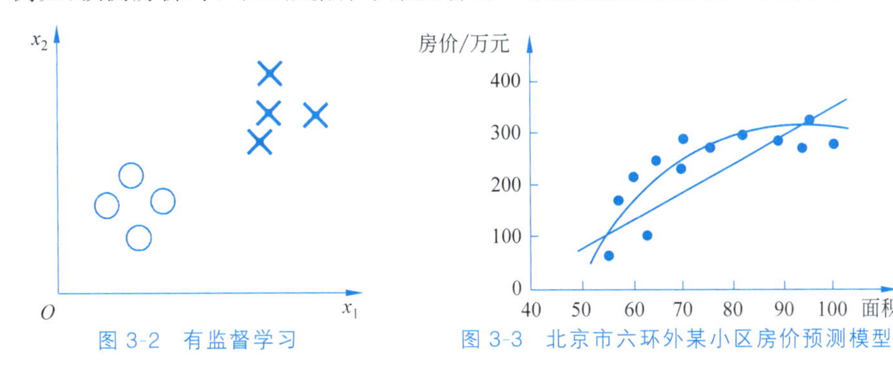

图 3-2　有监督学习　　图 3-3　北京市六环外某小区房价预测模型

1. 线性回归

线性回归是利用称为线性回归方程的最小平方函数对一个或多个自变量和因变量之间的关系进行建模的一种回归分析。

线性回归在因变量(y)和一个或多个自变量(x)之间建立一种线性关系。其中，包含一个自变量(x)和一个因变量(y)的线性回归称为简单线性回归,包含两个及两个以上自变量的(x)的线性回归则称为多元线性回归。在线性回归中,因变量是连续的,自变量既可以是连续的也可以是离散的。

线性回归模型形式简单,易于建模,其函数形式以及求解过程蕴含了机器学习中的一些重要思想,许多高级的机器学习算法都是在线性回归模型的基础上引入层级结构而得到的。

1) 一元线性回归

一元线性回归也称简单线性回归,包含一个自变量(x)和一个因变量(y)。

一元线性回归方程的一般形式如下:

$$E(y)=\beta_0+\beta_1 x$$

这个方程对应的图形是一条直线,称为回归线。其中,β_0 是回归线的截距,β_1 是回归线的斜率,$E(y)$是在一个给定 x 值下的 y 的期望值(均值)。$\beta_1>0$ 时,x 和 y 为正线性关系;$\beta_1<0$ 时,x 和 y 为负线性关系;$\beta_1=0$ 时,x 和 y 没有关系。

2) 多元线性回归

多元线性回归方程的一般形式如下:

$$y=\beta_0+\beta_1 x_1+\beta_2 x_2+\cdots+\beta_n x_n+\mu$$

$$E(y|x_1,x_2,\cdots,x_n)=\beta_0+\beta_1 x_1+\beta_2 x_2+\cdots+\beta_n x_n$$

其中,$\beta_j(j=1,2,\cdots,n)$称为回归系数(partial regression coefficient),它表示属性 x_i 在预测目标变量时的重要性,因此线性回归模型有着良好的解释性。

2. 逻辑回归

1) 定义

逻辑回归(logistic regression)是一种广义的线性回归分析模型,属于机器学习中的有监督学习。虽然名字中有回归,但它是用来进行分类的,因此也称为分类回归。其主要思想是:根据现有数据对分类边界线(boundary)建立回归公式,以此进行分类。

在许多回归应用中,因变量仅能被假定为两个值,例如愿意/不愿意、可以/不可以,就属于分类问题。

回归与分类的区别:回归所预测的目标变量的取值是连续的,例如房屋的价格;分类所预测的目标变量的取值是离散的,例如肿瘤是否为恶性的。

2) 应用

如图 3-4 所示,x 为数据点,表示肿瘤的大小;y 为观测值表示是否为恶性肿瘤(0 为否,1 为是)。通过构建线性回归模型,即可根据肿瘤大小预测是否为恶性肿瘤,$h_\theta(x)\geqslant 0.5$ 为恶性,$h_\theta(x)<0.5$ 为良性。

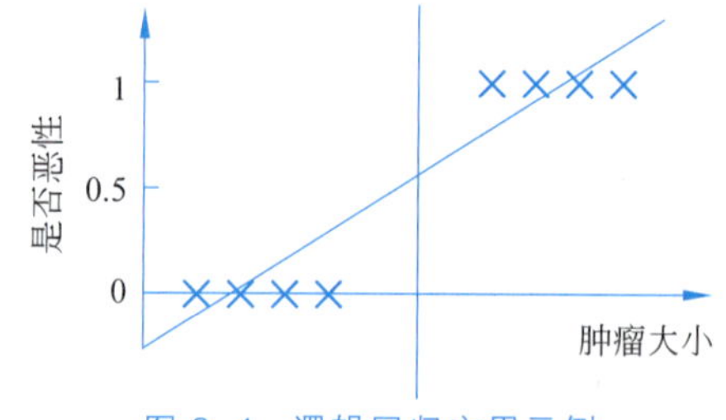

图 3-4 逻辑回归应用示例

3) Sigmoid 函数

假设现在有一些数据点,用一条直线对这些点进行拟合(这条直线称为最佳拟合直线),这个拟合的过程就称为回归,进而可以得到对这些点的拟合直线方程。那么,根据这个回归方程,怎么进行分类呢?

我们想要的函数应该能接收所有的输入,然后预测出类别。例如,在有两个类的情况下，该函数输出 0 或 1。具有这种性质的函数称为赫维塞德阶跃函数（Heaviside step function），或者称为单位阶跃函数。然而，赫维塞德阶跃函数的问题在于：该函数在跳跃点上从 0 瞬间跳跃到 1，这个瞬间跳跃过程有时很难处理。幸好，另一个函数也有类似的性质（可以输出 0 或者 1），且在数学上更易处理，这就是 Sigmoid 函数。该函数的计算公式如下：

$$\mathrm{Sigmoid}(x)=\frac{1}{1+\mathrm{e}^{-x}}$$

图 3-5 给出了 Sigmoid 函数在不同坐标尺度下的两条曲线。当 x 为 0 时，Sigmoid 函数值为 0.5。随着 x 的增大，Sigmoid 函数值将逼近 1；而随着 x 的减小，Sigmoid 函数值将逼近 0。如果横坐标尺度足够大，Sigmoid 函数看起来就很像一个阶跃函数。

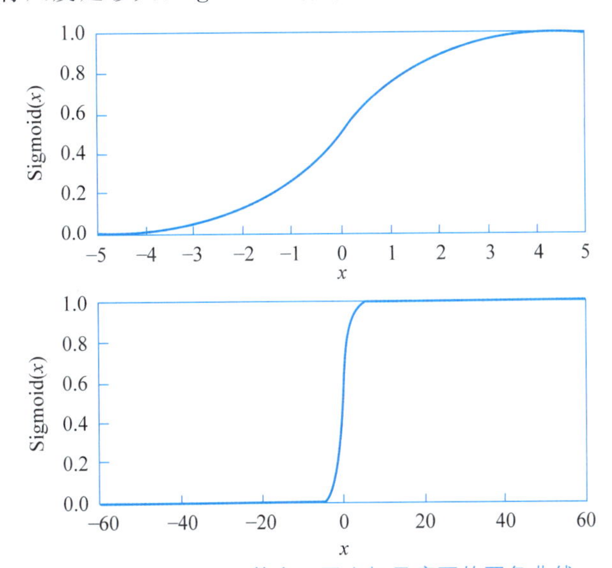

图 3-5 Sigmoid 函数在不同坐标尺度下的两条曲线

因此，为了实现逻辑回归分类器，可以在每个特征上都乘以一个回归系数，然后把所有结果值相加，将总和代入 Sigmoid 函数中，进而得到一个 0～1 的数值。大于或等于 0.5 的数据被分入“1”类，小于 0.5 的数据被归入“0”类。所以，逻辑回归也是一种概率估计。例如，上例中 Sigmoid 函数得出的值为 0.5，可以理解为给定数据和参数，数据被分入“1”类的概率为 0.5。

4）相关库函数

使用 Python 的 scikit-learn（sklearn）库中 linear_model 模块的 LogisticRegression 类可以建立逻辑回归模型，其语法格式如下：

```
sklearn.linear_model.LogisticRegression(penalty='l2',dual=False,tol=0.0001,
C=1.0,fit_intercept=True,intercept_scaling=1,class_weight=None,random_state=
None,solver='liblinear',max_iter=100,multi_class='ovr',verbose=0,warm_start=
False,n_jobs=1)
```

关于 LogisticRegression 类的参数，可查阅相关资料。

3. 多项式回归

对于一个回归方程，如果自变量的指数大于 1，那么它就是多项式回归（polynomial regression）方程。其一般形式如下：

$$y=a+bx^2$$

在这种回归技术中，最佳拟合线不是一条直线，而是一条曲线。

4. 逐步回归

在处理多个自变量时，可以使用逐步回归(stepwise regression)。在这种回归技术中，自变量的选择是在一个自动进行的过程中完成的。

这一方法通过观察统计的值(如 R-square、t-stats 和 AIC 指标)识别重要的变量。逐步回归通过同时添加/删除基于指定标准的协变量对模型进行。

这种建模技术的目的是使用最少的预测变量使预测能力最大化。这也是处理高维数据集的方法之一。

此外，还有岭回归(ridge regression)、套索回归(lasso regression)和弹性网络回归(elastic net regression)等回归技术，这里不一一介绍了。

3.1.3 分类问题

分类是指通过给定的数据集预测离散值。例如，根据肿瘤大小和患者年龄判断肿瘤是良性的还是恶性的，得到的是结果是"良性"或者"恶性"，如图 3-6 所示。

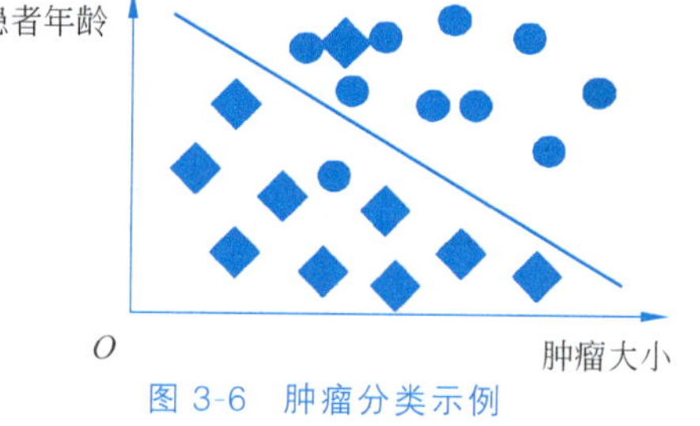

图 3-6 肿瘤分类示例

常见的分类算法有朴素贝叶斯算法、决策树算法、SVM 算法、KNN 算法等。

1. 朴素贝叶斯算法

托马斯·贝叶斯(Thomas Bayes，1702—1763)是 18 世纪英国哲学家、数学家、数理统计学家、概率论的创始人和贝叶斯统计理论的创立者。

贝叶斯在数学方面主要研究概率论。他首先将归纳推理法用于概率论的基础理论，并创立了贝叶斯统计理论，对统计决策函数、统计推断、统计的估算等作出了贡献。

1763 年，理查德·普莱斯(Richard Price)整理并发表了贝叶斯的成果，提出了贝叶斯公式。

朴素贝叶斯模型(naive Bayes model)是基于贝叶斯定理与特征条件独立假设的分类方法。

设 $P(A)$、$P(B)$分别是事件 A、B 发生的概率，$P(A|B)$表示在事件 B 已经发生的前提下事件 A 发生的概率，称为事件 B 发生下事件 A 的条件概率。其基本求解公式为

$$P(A|B)=\frac{P(AB)}{P(B)}$$

可以很容易直接得出 $P(A|B)$，但是很难直接得出 $P(B|A)$。贝叶斯定理给出了从 $P(A|B)$获得 $P(B|A)$的方法。

贝叶斯定理可以表示为

$$P(B|A)=\frac{P(A|B)P(B)}{P(A)}$$

该公式称为贝叶斯公式。

朴素贝叶斯算法的一个很常见的用途是识别垃圾邮件。例如，给定一个学习集，程序

通过学习集发现在垃圾邮件中经常出现"免费赚钱"这个词，同时包含"免费赚钱"这个词的邮件又往往是垃圾邮件，那么，在实际判断中，只要发现邮件中出现"免费赚钱"，就可以判定它是垃圾邮件。

1) 朴素贝叶斯算法简介

朴素贝叶斯算法(naive Bayesian algorithm)是应用最为广泛的分类算法之一。

朴素贝叶斯算法在贝叶斯算法的基础上进行了相应的简化，即假定给定目标值时各属性相互条件独立。也就是说，没有哪个属性变量对于决策结果来说更为重要。虽然这个简化在一定程度上降低了贝叶斯算法的分类效果，但是在实际的应用场景中极大地降低了算法的复杂性。

朴素贝叶斯算法是以贝叶斯定理为基础并且假设特征条件相互独立的方法。它先通过给定的训练集，以特征条件相互独立作为假设，学习从输入到输出的联合概率分布，再基于学习到的模型针对输入求出使得后验概率最大的输出。

从图 3-7 可以看出，朴素贝叶斯算法可分为 3 个阶段。

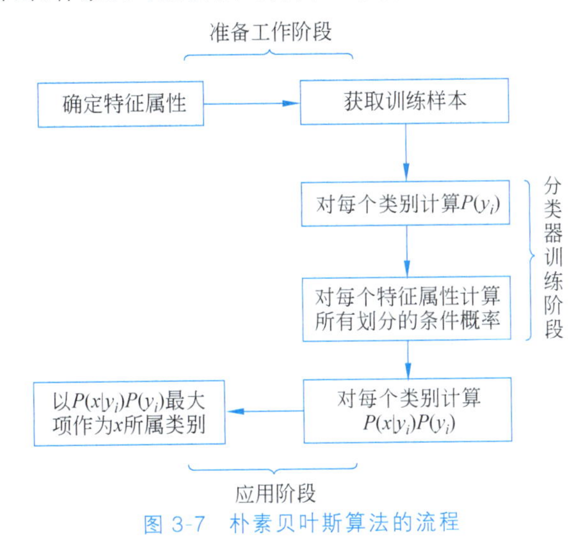

图 3-7 朴素贝叶斯算法的流程

(1) 准备工作阶段。这个阶段的任务是为分类做必要的准备。主要工作是：根据具体情况确定特征属性，并对每个特征属性进行适当划分，然后由人工对一部分待分类项进行分类，形成训练样本集合。这一阶段的输入是所有待分类数据，输出是特征属性和训练样本。这一阶段是整个朴素贝叶斯算法中唯一需要人工完成的阶段，其质量对整个过程将有重要影响。分类器的质量很大程度上由特征属性、特征属性划分及训练样本质量决定。

(2) 分类器训练阶段。这个阶段的任务就是生成分类器。主要工作是：计算每个类别在训练样本中的出现频率及每个特征属性划分对每个类别的条件概率估计，并将结果记录下来。其输入是特征属性和训练样本，输出是分类器。这一阶段是机械性阶段，根据前面讨论的公式可以由程序自动计算完成。

(3) 应用阶段。这个阶段的任务是使用分类器对待分类项进行分类，其输入是分类器和待分类项，输出是待分类项与类别的映射关系。这一阶段也是机械性阶段，由程序完成。

2) 朴素贝叶斯模型

在 Python 的 scikit-learn 库中，提供了 GaussianNB(高斯模型，先验为高斯分布)、

MultinomialNB(多项式模型,先验为多项式分布)与 BernoulliNB(伯努利模型,先验为伯努利分布)3 个朴素贝叶斯算法类。

这 3 个类适用的分类场景各不相同。

- 如果样本特征大部分是连续值,使用 GaussianNB。
- 如果样本特征大部分是多元离散值,使用 MultinomialNB。
- 如果样本特征是二元离散值或者很稀疏的多元离散值,使用 BernoulliNB。

2. 决策树算法

决策树(decision tree)是一种基本的分类与回归方法,此处主要讨论分类中使用的决策树。在分类问题中,决策树表示基于特征对实例进行分类的过程,可以认为是 if-then 的集合,也可以认为是定义在特征空间与类空间上的条件概率分布。决策树示例如图 3-8 所示。

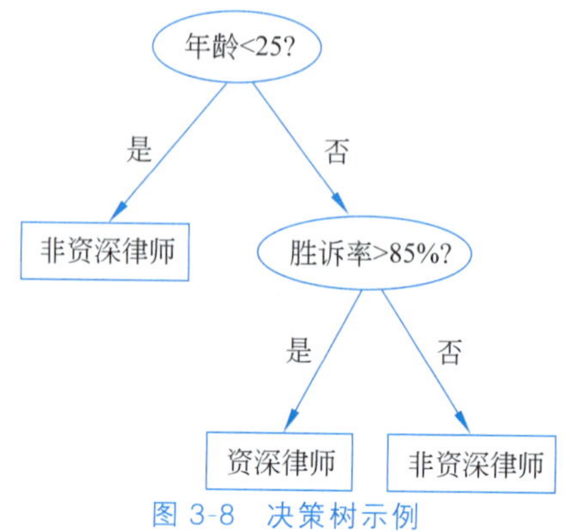

图 3-8 决策树示例

利用决策树进行分类通常有 3 个步骤：特征选择、决策树的生成、决策树的修剪。

决策树算法在分类时,从根节点开始,对实例的某一特征进行测试,根据测试结果将实例分配到其子节点,此时每个子节点对应该特征的一个取值。如此递归地对实例进行测试并分配,直到到达叶子节点,最后将实例分到叶子节点的类中。

3. SVM 算法

SVM(Support Vector Machine,支持向量机)算法属于有监督学习的算法,是一种比较流行的机器学习算法。其所应用的数学原理非常巧妙,功能强大,因此 SVM 算法广泛应用于教学、科研与工作中。SVM 算法还应用于文本分类、字符识别、图像识别、人脸识别等。与神经网络相比,应用了核函数的 SVM 算法在拟合非线性模型时更加有效,效果更加直观,初学者也更容易理解。但是 SVM 算法也有缺点,需要添加一定的参数以防止其过拟合。

SVM 算法是一种二分类模型,它的基本思想是在特征空间中寻找间隔最大的分离超平面,使数据得到高效的二分类,具体有以下 3 种情况：

(1) 当训练样本线性可分时,通过硬间隔最大化学习一个线性分类器,即线性可分支持向量机。

(2) 当训练样本近似线性可分时,引入松弛变量,通过软间隔最大化学习一个线性分类器,即线性支持向量机。

(3) 当训练样本线性不可分时,通过使用核技巧及软间隔最大化学习非线性支持向量机。

那么,支持向量机中的支持向量指的是什么呢?

图 3-9 中的数据集有两堆不同颜色的数据点,称为样本。假设样本按照图 3-9(a)所示进行区分,那么两条实直线是否将不同颜色的样本分开了呢?答案是肯定的。但是,这是用平面上两条互不平行(即存在交点)的直线区分的,并不是 SVM 算法要达到目标的手段。

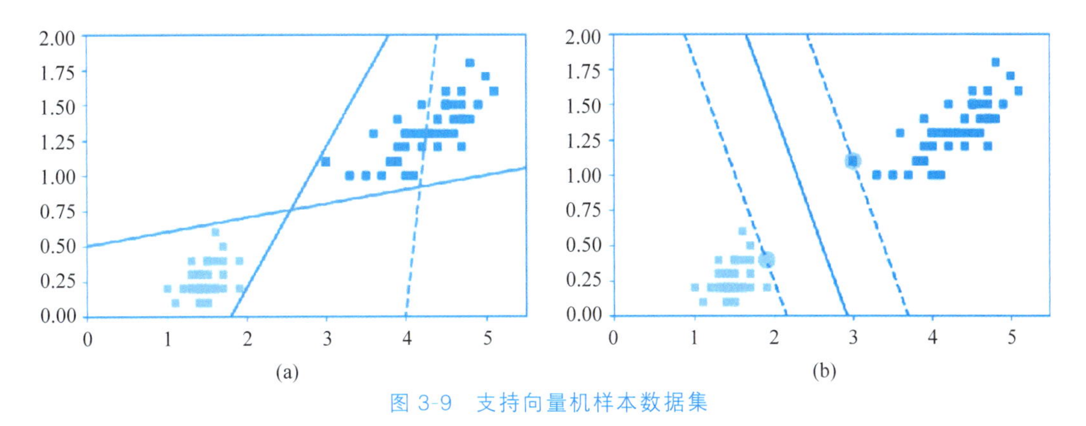

图 3-9 支持向量机样本数据集

在图 3-9(b)中,在两堆样本中间加了一条直线,且在这条直线两边各有一条平行的虚线,这条平行于直线的虚线仅经过离该直线最近的样本点。由此,通过添加这条直线,使得直线左右两侧的样本得以区分,这便是 SVM 采用的方法。当然,如果样本通过核函数映射到高维空间,例如三维空间,则最后区分样本得到的就不是一条直线,而是一个平面。

因此,对 SVM 算法通俗的解释就是:对于一个待分类的样本数据集,找到一条直线(或一个平面),使得离该直线(或平面)最近的点能够与其达到最大距离。

图 3-9 中距离直线特别远的样本对于分类是没有影响的,分割线是由落在间隔(两条虚线的距离)上的数据点决定的,这几个关键的数据点被称作支持向量。

假设有一些样本点$(x_1,y_1),(x_2,y_2),\cdots,(x_i,y_i)$。在 SVM 算法中,二分类问题不再用 1 和 0 表示,而是用+1 和−1 区分类别(这样会更严格)。假设超平面$(\boldsymbol{w},b)$可以将训练样本正确分类。即,对于任意样本,如果 $y_i=+1$,则称 x_i 为正例;如果 $y_i=-1$,则称 x_i 为负例。学习的目标是:在特征空间中找到一个分离超平面,能够将样本点分为两类。

SVM 模型的目标函数就是这样一个超平面,其表达式为

$$\boldsymbol{w}^{\mathrm{T}}\Phi(x)+b=0$$

其中,$\boldsymbol{w}$ 是法向量;$\Phi(x)$是核函数,相当于对 x 的一个变换,其作用是将 x 映射到高维空间。$|\boldsymbol{w}^{\mathrm{T}}\Phi(x)+b|$表示点 x 与超平面的距离。

假设能够找到将样本正确分类的超平面,则可以预测样本点,而用于预测的函数(也就是对应的决策函数)记为

$$y(x)=\mathrm{sign}(\boldsymbol{w}^{\mathrm{T}}\Phi(x)+b)$$

其中,sign 是符号函数,其定义为

$$\mathrm{sign}(x)=\begin{cases}-1, & x<0\\ 0, & x=0\\ 1, & x>0\end{cases}$$

根据 SVM 的定义,当样本能正确分类时,有

$$\begin{cases}y(x_i)>0, & y_i=+1\\ y(x_i)<0, & y_i=-1\end{cases}$$

由此不难发现 $y(x_i)$与 y_i 的乘积仍大于 0,所以有

$$y\cdot y(x_i)>0$$

所以 $\boldsymbol{w}^{\mathrm{T}}\Phi(x)+b$ 的符号与类标记 y 的符号是否一致代表着分类是否正确。

对于给定的数据集和超平面，定义超平面$(\boldsymbol{w},b)$到样本点(x_i,y_i)的距离为

$$y(x_i)=\frac{1}{\|\boldsymbol{w}\|}y_i(\boldsymbol{w}^{\mathrm{T}}\Phi(x_i)+b)$$

线性可分离的超平面可能有无穷多个，但是使得上述距离最大的超平面只有一个。也就是说，要找到能够将两类数据正确划分且间隔最大的超平面。因此，首先要找到超平面$(\boldsymbol{w},b)$到所有样本点的距离的最小值，记为

$$y(x)=\min_i\frac{1}{\|\boldsymbol{w}\|}y_i(\boldsymbol{w}^{\mathrm{T}}\Phi(x)+b)$$

而 SVM 算法的目标又是使得距离超平面最近的样本点到超平面的距离最大，也就是要使得间隔最大，于是问题又优化成

$$\begin{cases}y(x)=\min\limits_i\dfrac{1}{\|\boldsymbol{w}\|}y_i(\boldsymbol{w}^{\mathrm{T}}\Phi(x)+b)\\ \max\limits_{\boldsymbol{w},b}y(x)\end{cases}$$

其中的$y(\boldsymbol{w}^{\mathrm{T}}\Phi(x)+b)$具体取什么值并不影响最优化问题的解，且两个异类的支持向量到超平面的距离为$2y(x)$，于是问题进而变成

$$\max_{\boldsymbol{w},b}\frac{2}{\|\boldsymbol{w}\|}$$

在求解最优化问题中，求最大值往往是比较困难的，于是将其转换成求最小值，再进行求解：

$$\begin{cases}\min\limits_{\boldsymbol{w},b}\dfrac{1}{2}\|\boldsymbol{w}\|^2\\ \text{s.t. } y_i(\boldsymbol{w}^{\mathrm{T}}\Phi(x_i)+b)>0\end{cases}$$

其中，$y_i(\boldsymbol{w}^{\mathrm{T}}\Phi(x_i)+b)>0$是求解该问题的受限条件，因为一定要先满足能正确区分出样本这个条件，才能进一步考虑将间隔优化到最大。

而求解带有条件的目标函数需要用到拉格朗日乘子法，求出偏导为 0 的极值点，这里就不详细展开了。

4. KNN 算法

KNN 算法是 K-最近邻算法(K-Nearest Neighbor)的简称，是由 Cover 和 Hart 在 1967 年提出的一种基本分类与回归方法。

它的工作原理是：存在一个样本集，并且每个样本都存在标签。输入没有标签的新数据后，将新数据的每个特征与样本中对应的特征进行比较，然后根据算法提取最相似(最近邻)样本的分类标签。KNN 算法示例如图 3-10 所示。

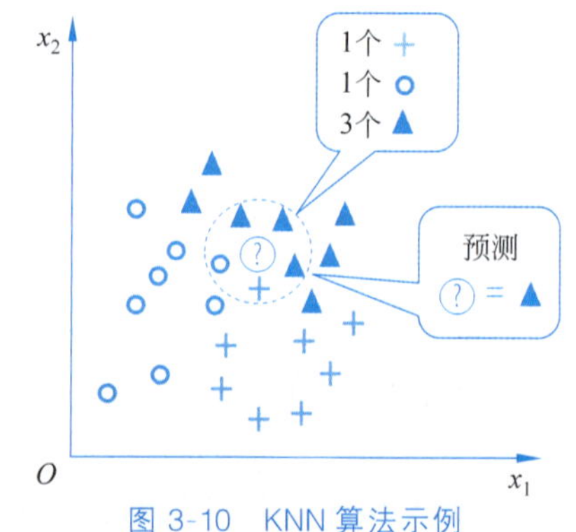

图 3-10　KNN 算法示例

一般来说，只选择样本集中前 K 个最相似的样本，这就是 KNN 算法中 K 的出处，通常 K 是不大于 20 的整数。最后，选择 K 个最相似数据中出现次数最多的分类，作为新数据的分类。

如图 3-11 所示，输入一个待分类的圆点，如果 $K=3$，与圆点最邻近的 3 个点是两个三角形和一个正方

形。显然三角形多,所以判定圆点属于三角形一类。

图 3-11 KNN 算法示例(K= 3)

如图 3-12 所示,如果 $K=5$,与圆点最邻近的 5 个邻居是两个三角形和 3 个正方形,显然正方形多,判定圆点这个待分类点属于正方形一类。

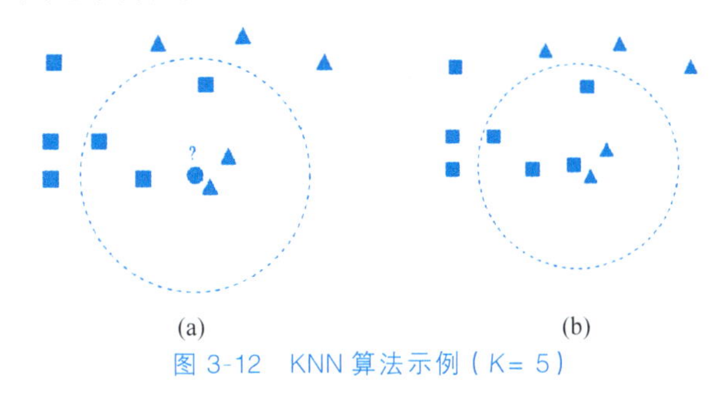

图 3-12 KNN 算法示例(K= 5)

KNN 是一种经典的机器学习算法,常用于分类和回归问题。它基于样本之间的距离度量,通过找到与目标样本最近的 K 个邻居进行预测或分类。

KNN 算法的流程如下:

(1) 数据准备。需要准备用于训练和测试的数据集。数据集由一组带有标签的样本组成,每个样本包含多个特征和对应的标签。特征可以是任意类型的数据,如数值型、类别型等。

(2) 特征标准化。为了消除特征之间的量纲差异对距离计算的影响,通常需要对特征进行标准化处理。常见的方法包括 Z-score 标准化和 MinMax 标准化,将特征值缩放到一定的范围内。

(3) 距离度量。KNN 算法通过计算样本之间的距离来度量它们的相似性。常用的距离度量方法包括欧几里得距离、曼哈顿距离、闵可夫斯基距离等。根据具体问题和特征类型选择合适的距离度量方法。

(4) 选择 K 值。K 值表示选择最近邻的数量,是 KNN 算法中的一个重要参数。K 值的选择会直接影响算法的分类或回归结果。一般而言,K 值过小容易受到噪声的影响,K 值过大又可能忽略了局部特征。因此,需要通过交叉验证等方法选择合适的 K 值。

(5) 计算邻居。对于给定的测试样本,KNN 算法会计算它与训练集中每个样本之间的距离,并选取距离最近的 K 个邻居作为候选集。可以使用优先队列等数据结构高效地计算和维护邻居。

(6) 预测或分类。对于分类问题,KNN 算法采取多数表决的方式确定测试样本的类别。即,统计 K 个邻居中每个类别的出现次数,并选择出现次数最多的类别作为预测结果。对于回归问题,KNN 算法可以通过计算 K 个邻居的平均值或加权平均值预测目标值。

(7) 模型评估。完成预测或分类后，需要对模型的性能进行评估。常用的评估指标包括准确率、精确率、召回率、F1 值等。可以使用交叉验证、混淆矩阵等方法评估模型的性能，并根据需要进行参数调优或算法改进。

KNN 算法有以下优点：

(1) 简单易懂，实现容易。

(2) 对于非线性、非参数化的数据具有较好的适应性。

(3) 可以用于分类和回归问题。

(4) 对异常值不敏感，具有一定的鲁棒性。

该算法有以下缺点：

(1) 计算复杂度高，对大规模数据集不适用。

(2) 对于高维特征空间，由于维度灾难问题，性能可能下降。

(3) 需要选择合适的 K 值和距离度量方法。

总之，KNN 算法是一种简单而有效的机器学习算法。它通过寻找最近邻样本的方式进行分类或回归预测。在实际应用中，需要合适地选择 K 值、距离度量方法，并对模型进行评估和调优，以获得良好的分类或预测性能。

度量空间中两点之间的距离有几种方式。在 KNN 算法和其他机器学习算法中，常用的距离计算公式包括欧几里得距离和曼哈顿距离。不过 KNN 算法中经常使用的是欧几里得距离。欧几里得距离是欧几里得空间中两点间的直线距离，如图 3-13 所示。

在欧几里得空间中，点 $x=(x_1,x_2,\cdots,x_n)$ 和点 $y=(y_1,y_2,\cdots,y_n)$ 之间的欧几里得距离为

$$d(x,y)=\sqrt{(x_1-y_1)^2+(x_2-y_2)^2+\cdots+(x_n-y_n)^2}$$

曼哈顿距离也叫方格线距离、出租车几何距离或城市区块距离，是两个点在标准坐标系上的绝对轴距的总和。曼哈顿距离的命名来源于美国纽约的曼哈顿岛，其规划多为方形建筑区块。在欧几里得空间的直角坐标系上，曼哈顿距离的意义为两点所形成的线段对轴产生的投影的长度之和，如图 3-14 所示。

在平面上，点 $x=(x_1,x_2,\cdots,x_n)$ 和点 $y=(y_1,y_2,\cdots,y_n)$ 之间的曼哈顿距离为

$$d(x,y)=|x_1-y_1|+|x_2-y_2|+\cdots+|x_n-y_n|$$

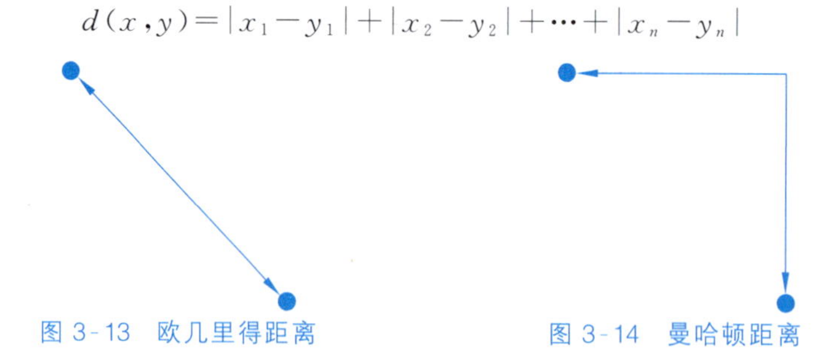

图 3-13　欧几里得距离　　　图 3-14　曼哈顿距离

KNN 算法就是按照这些常见的公式计算预测点与所有点之间的距离，然后按距离从小到大排序，选出前面 K 个值，看哪个类别的点比较多。

一般而言，从 $K=1$ 开始，随着 K 的逐渐增大，分类效果会逐渐提升；在增大到某个值后，随着 K 的进一步增大，分类效果会逐渐下降。K 值对分类效果的影响如图 3-15 所示。

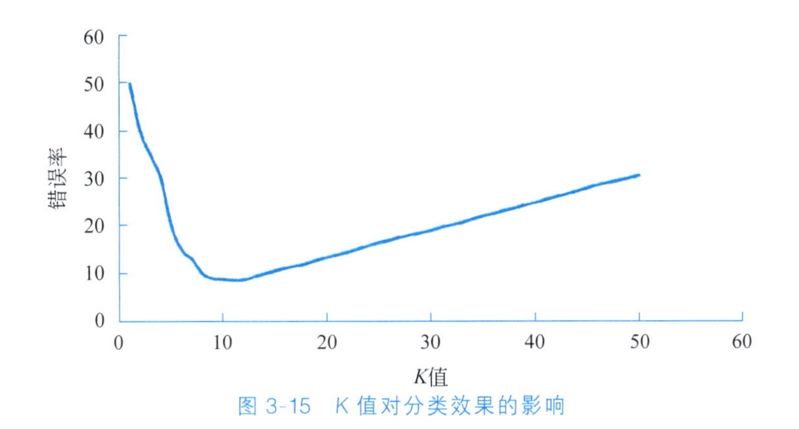

图 3-15　K 值对分类效果的影响

再看一个特例：$K=1$。

由图 3-16 可以看到，待分类的五边形离圆点最近，K 又等于 1，最终判定待分类五边形属于圆点一类。但这个处理过程是有问题的，可以看出五角星周围除了一个圆点以外，其他的都是长方形。

所以，如果 K 太小，例如等于 1，就会很容易学习到噪声，也就非常容易判定为噪声类别，那么模型就太复杂了。

但是，如果 K 再大一点，例如 K 等于 8，把长方形都包括进来，则很容易得到正确的分类，即五边形应该属于长方形一类，如图 3-17 所示。

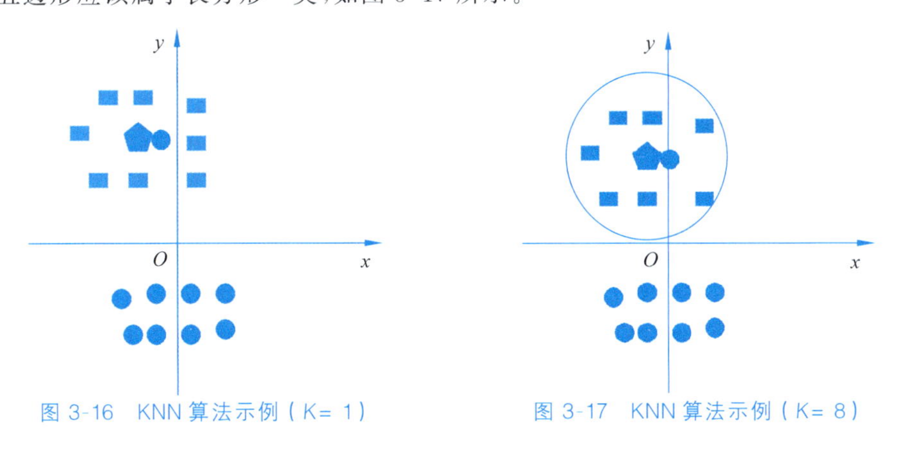

图 3-16　KNN 算法示例（K= 1）　　图 3-17　KNN 算法示例（K= 8）

结论如下：

- K 值较小，相当于用较小的邻域中的训练数据进行预测，只有距离近的（相似的）数据起作用。
- K 值较小，很容易受到单个数据的影响，对噪声敏感。
- K 值较小，学习的近似误差（approximation error）会减小，但估计误差（estimation error）会增大。
- K 值较小，会使整体模型变得复杂，容易发生过拟合（即在训练数据集上准确率非常高，而在测试数据集上准确率低），很容易将一些噪声学习到模型中，而不能正确反映数据真实的分布。

再看一个特例：$K=N$（N 为训练数据的个数）。

此时，无论输入的待分类实例是什么，都将简单地预测它属于训练数据集中样本数最多的类。这时，模型非常简单，相当于没有训练模型，直接拿训练数据集统计各样本的类别，找出样本数最大比例的类别。

如图 3-18 所示，圆点是 9 个，长方形是 7 个，样本总数为 16，如果 $K=N=16$，显然圆点多，由此得出结论，五边形属于圆点一类。这时的模型过于简单，完全忽略了训练数据集中的大量有用信息，是不可取的。

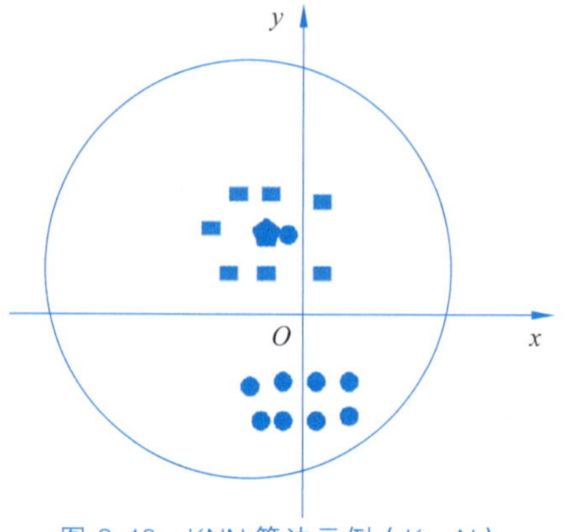

图 3-18　KNN 算法示例（K= N）

结论如下：

- K 值较大时，距离远的(不相似的)样本也会起作用。
- K 值较大时，近似误差会增大，但估计误差会减小。
- K 值较大时，整体的模型变得简单(欠拟合)。

通过上面的例子可知 K 的取值比较重要。那么，应该如何确定 K 值呢？

答案是通过交叉验证(将样本数据按照一定比例拆分为训练用的数据和验证用的数据，例如按 7∶3 拆分)，从选取一个较小的 K 值开始，不断增加 K 值，然后计算验证集合的方差，最终找到一个比较合适的 K 值。

通过交叉验证计算方差后会得到如图 3-19 所示的结果。

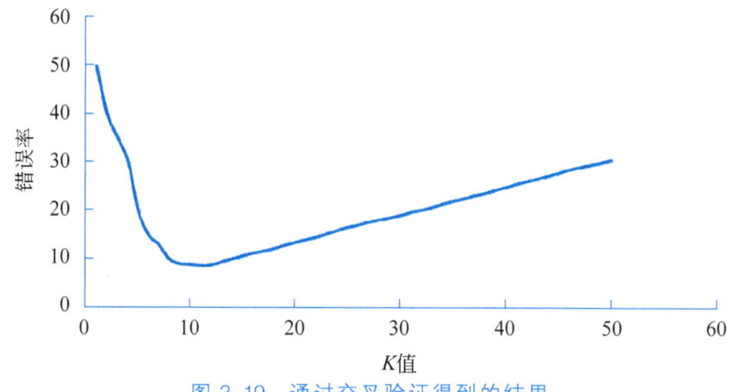

图 3-19　通过交叉验证得到的结果

图 3-19 很好理解。当增大 K 值时，一般错误率会先降低，因为有周围更多的样本可以借鉴，分类效果会变好；但当 K 值经过某个临界点时，错误率会变高，例如，一共有 35 个样本，当 K 值增大到 30 时，KNN 算法基本上就没有意义了。

所以，可以选择一个较大的临界 K 值，当它增大或减小的时候错误率都会上升，例如图 3-19 中的 $K=10$。

3.1.4　波士顿房价预测实验

1. 理论回顾

机器学习属于人工智能的一部分，是基于数理统计等数学知识，从收集的数据中提取合适的特征，并选用相应的算法，生成机器学习模型，利用模型针对真实世界的数据进行预测，满足业务应用的需求。

随着大数据和人工智能时代的来临，机器学习的案例层出不穷。人在现实社会中经常遇到分类与预测的问题，需要预测的目标变量可能受多个因素影响，根据相关系数可以判断影响因子的重要性。例如，房价的高低是受多个因素影响的——房子所处的城市是一线还是二线，房子周边交通是否方便，房子周边是否有学校和医院，等等。

本实验采用机器学习的线性回归算法，在波士顿房价数据集的基础上，预测波士顿房价的趋势。通过本实验，读者可以了解机器学习应用的整体开发流程。

1）机器学习应用开发流程

机器学习应用开发流程包括收集数据、数据预处理、算法建模、模型评估、模型预测 5 个步骤。各步骤具体内容如下：

(1) 收集数据。通过传感器（如摄像头、感应器等）采集工业现场数据，或者从互联网爬取数据。

(2) 数据预处理。包括数据转换、数据特征选取、异常及缺失数据处理、数据标准化等处理。

(3) 算法建模。选取合适的算法，输入训练数据，进行模型训练，并对模型进行调优，防止过拟合等。

(4) 模型评估。根据一定的指标对模型进行评估，指标包括准确率、召回率、F1 等。

(5) 模型预测。将训练好的模型部署到真实生产环境中，对真实数据进行预测，达到机器学习应用的目标。

机器学习应用开发流程如图 3-20 所示。

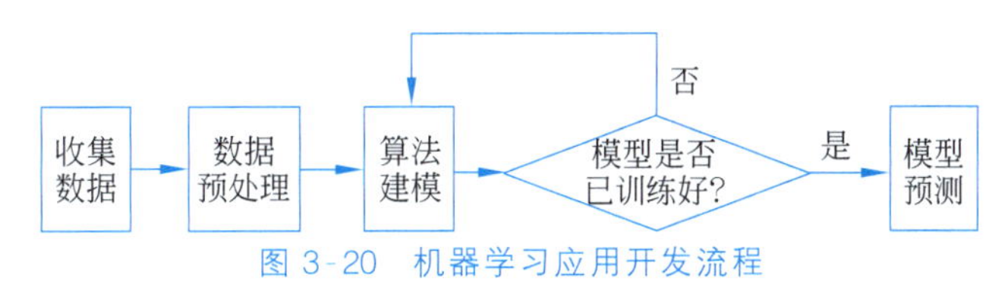

图 3-20　机器学习应用开发流程

2）波士顿房价预测算法

波士顿房价预测采用线性回归算法，假设房价和各影响因素之间能够用线性关系描述：

$$y=\sum_{j=1}^{M}x_j w_j+b$$

通过数据拟合出每个 w_j 和 b。其中，w_j 和 b 分别表示该线性模型的权重和偏置。一维情况下，w_j 和 b 是直线的斜率和截距。

线性回归算法使用均方误差作为损失函数，用于衡量预测房价和真实房价的差异，公式如下：

$$\mathrm{MSE}=\frac{1}{n}\sum_{i=1}^{n}(\hat{Y}_i-Y_i)^2$$

本实验采用的模型评估指标是决定系数（coefficient of determination）R^2。决定系数用于度量因变量的变异中可由自变量解释的部分所占的比例，以此判断统计模型的解释能力。

3）波士顿房价数据特征

波士顿房价数据集中的每一行数据都是对波士顿房屋本身和周边情况的描述，每一列是一个特征的观察值，各个特征的观察值数量是均等的。

波士顿房价数据集包括以下输入特征：

- CRIM：城镇人均犯罪率。
- ZN：住宅用地所占比例。
- INDUS：非住宅用地所占比例。
- CHAS：虚拟变量，用于回归分析。
- NOX：环保指数。
- RM：每栋房屋的房间数。
- AGE：1940 年以前建成的自住房屋的比例。
- DIS：与波士顿的 5 个就业中心的加权距离。
- RAD：高速公路的便利指数。
- TAX：每一万美元的不动产税率。
- PTRATIO：城镇中的教师和学生比例。
- B：城镇中的黑人比例。
- LSTAT：房屋所在地区中有多少房东属于低收入人群。
- MEDV：自住房屋房价中位数（也就是均价）。

输出为 price（房屋价格）。

2. 实验目标

（1）了解机器学习的概念和基本原理。

（2）了解机器学习应用开发的整体流程。

3. 实验环境

硬件环境：Pentium 处理器，双核，主频 2GHz 以上，内存 4GB 以上。

操作系统：Windows 7 64 位及以上操作系统。

实验器材：AI+智能分拣实训平台。

实验配件：应用扩展模块。

4. 实验步骤

1）实验环境准备

本实验运行在 Python 3.5+的 Jupyter Notebook 环境中。关于 Jupyter Notebook 运行环境的安装和使用请参考附录 A。

2）数据加载

（1）在命令行窗口执行以下命令：

```
jupyter notebook
```

打开 Jupyter Notebook 运行环境，如图 3-21 所示。

（2）输入以下程序，导入所需的包：

```
import numpy as np
import matplotlib.pyplot as plt
import pandas as pd
import seaborn as sns
from sklearn.datasets import load_boston
```

```
from sklearn.model_selection import train_test_split
from sklearn.linear_model import LinearRegression
from sklearn import metrics
from sklearn import preprocessing
from sklearn.datasets import load_boston
import matplotlib.pyplot as plt
%matplotlib inline
```

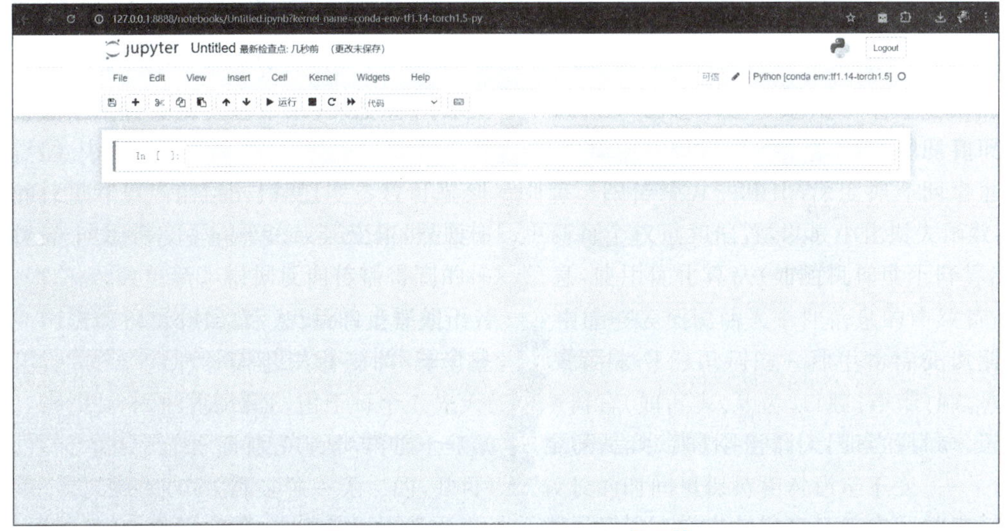

图 3-21 Jupyter Notebook 运行环境

加载过程中要确保没有错误。

(3) 输入以下程序进行数据加载：

```
#加载波士顿房价数据
dataset = load_boston()
x_data = dataset.data                         #导入所有特征变量
y_data = dataset.target                       #导入目标值(房价)
name_data = dataset.feature_names             #导入特征名
```

(4) 输入以下程序浏览数据：

```
#数据探索
for i in range(13):
    plt.subplot(7,2,i+1)
    plt.scatter(x_data[:,i],y_data,s = 20)
    plt.title(name_data[i])
    plt.show
```

系统显示波士顿房价数据集各特征的分布情况，如图 3-22 所示。

3) 数据预处理

数据预处理主要包括删除异常数据和次要特征、数据集分割、数据归一化处理。

(1) 删除异常数据和次要特征。

波士顿房价数据集的异常数据处理包括以下两个步骤：

① 房价目标数据中有 16 个目标值为 50 的数据需要被移除。

② 根据散点图分析结果，房屋的 RM、LSTAT、PTRATIO 特征与房价的相关性最大，

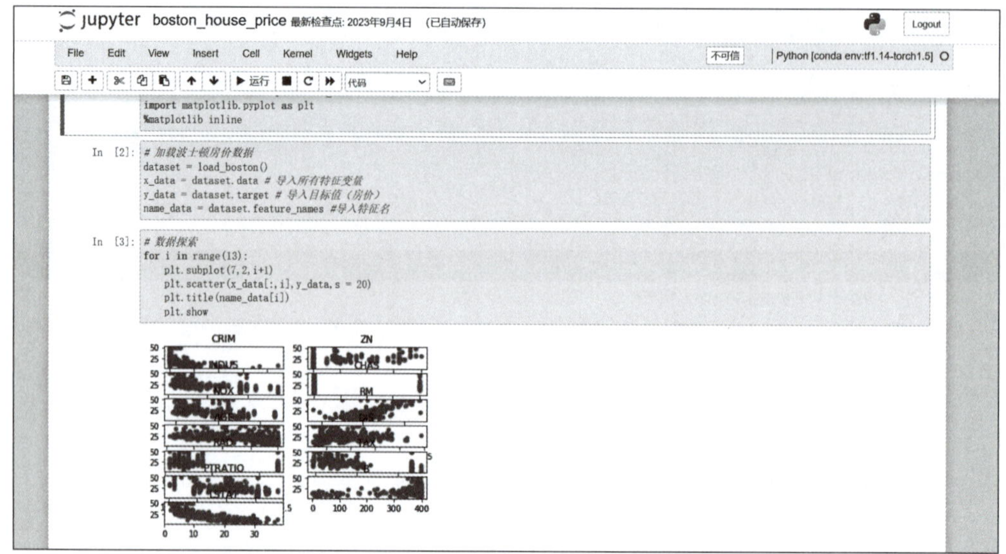

图 3-22　波士顿房价数据集各特征的分布情况

所以可以将其余次要特征删除。

输入以下程序进行异常数据处理：

```
#异常数据处理
i_=[]
for i in range(len(y_data)):
    if y_data[i] == 50:
        i_.append(i)                                    #存储房价等于 50 的异常数据下标
x_data = np.delete(x_data,i_,axis=0)                    #删除异常数据
y_data = np.delete(y_data,i_,axis=0)                    #删除异常值
name_data = dataset.feature_names
j_=[]
for i in range(13):
    if name_data[i] == 'RM'or name_data[i] == 'PTRATIO'or name_data[i] == 'LSTAT':
        continue
    j_.append(i)                                        #存储次要特征下标
x_data = np.delete(x_data,j_,axis=1)                    #删除次要特征
print(np.shape(y_data))
print(np.shape(x_data))
```

处理结果如图 3-23 所示。

(2) 数据集分割。

将波士顿房价数据集随机分割为测试数据(占 20%)和训练数据(占 80%)，程序如下：

```
#数据集分割
from sklearn.model_selection import train_test_split
import numpy as np
#随机抽样 20%的数据构建测试数据,剩余作为训练数据
X_train,X_test,y_train,y_test=train_test_split(x_data,y_data,random_state=0,
test_size=0.20)
print(len(X_train))
print(len(X_test))
print(len(y_train))
print(len(y_test))
```

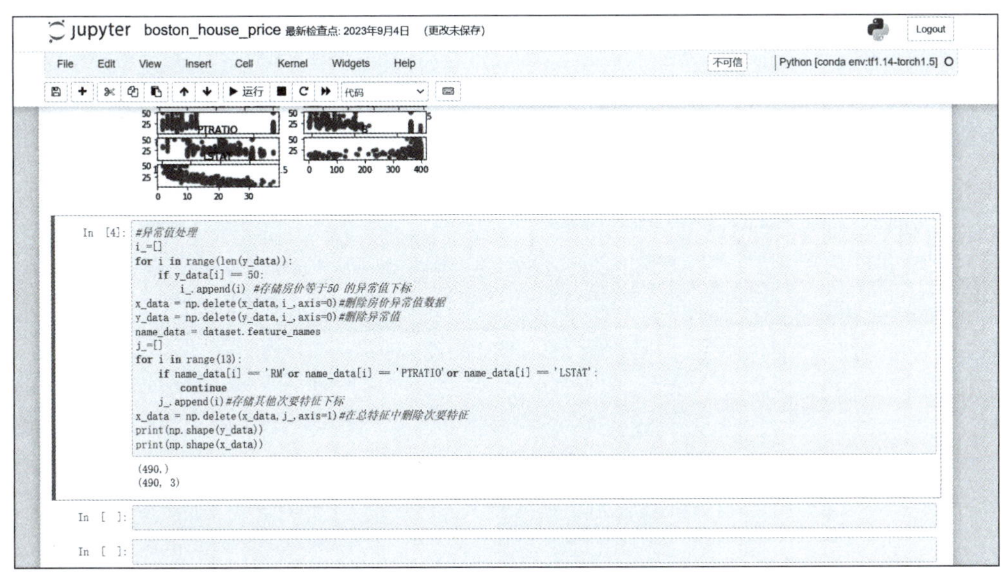

图 3-23 异常数据和次要特征处理结果

输出结果如图 3-24 所示。

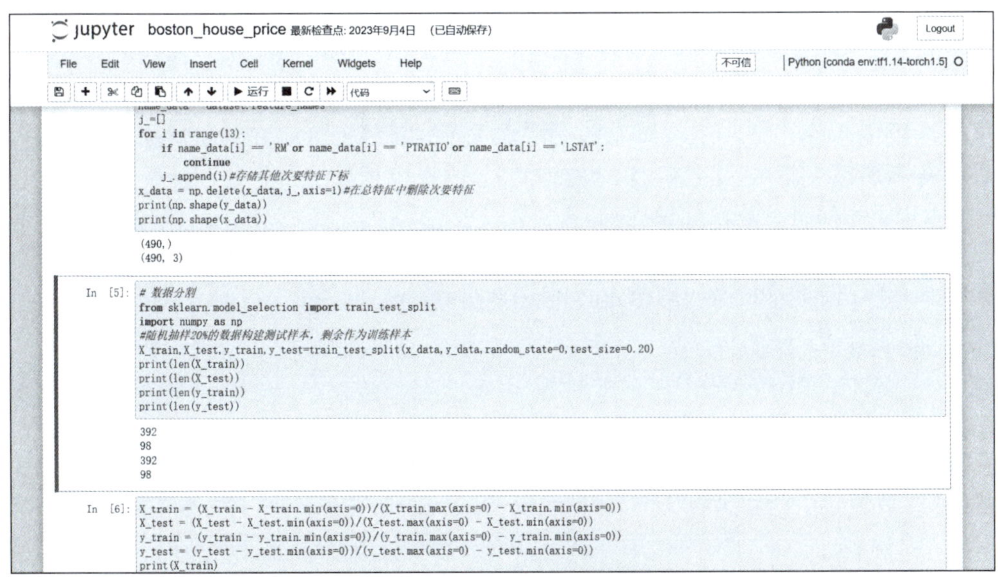

图 3-24 数据集分割的输出结果

（3）数据归一化处理。

数据归一化主要是将不同范围内的数据转换为同一范围内的数据。数据归一化的公式如下：

$$x^* = \frac{x - \min}{\max - \min}$$

其中，x 为原始数据，max 和 min 分别为原始数据的最大值和最小值。

输入以下程序进行数据归一化处理：

```
X_train = (X_train - X_train.min(axis=0))/(X_train.max(axis=0) -
X_train.min(axis=0))
```

```
X_test = (X_test - X_test.min(axis=0))/(X_test.max(axis=0) - X_test.min(axis=0))
y_train = (y_train - y_train.min(axis=0))/(y_train.max(axis=0) - y_train
.min(axis=0))
y_test = (y_test - y_test.min(axis=0))/(y_test.max(axis=0) - y_test.min(axis=0))
```

数据归一化处理结果如图 3-25 所示。

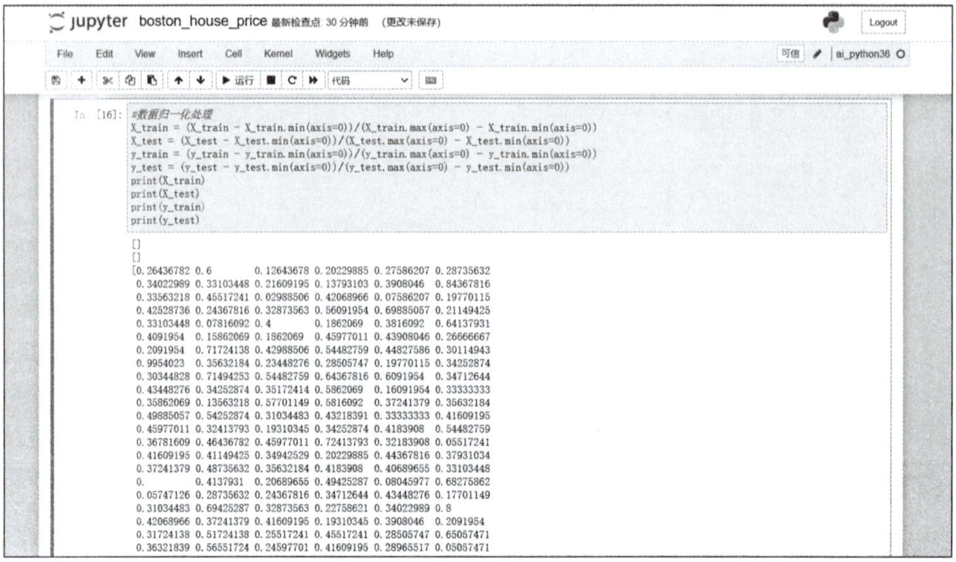

jupyter boston_house_price 最新检查点: 30 分钟前 (更改未保存)
Logout
File Edit View Insert Cell Kernel Widgets Help
可信 ai_python36
运行 代码
In [16]:
#数据归一化处理
X_train = (X_train - X_train.min(axis=0))/(X_train.max(axis=0) - X_train.min(axis=0))
X_test = (X_test - X_test.min(axis=0))/(X_test.max(axis=0) - X_test.min(axis=0))
y_train = (y_train - y_train.min(axis=0))/(y_train.max(axis=0) - y_train.min(axis=0))
y_test = (y_test - y_test.min(axis=0))/(y_test.max(axis=0) - y_test.min(axis=0))
print(X_train)
print(X_test)
print(y_train)
print(y_test)
[]
[]
[0.26436782 0.6 0.12643678 0.20229885 0.27586207 0.28735632
0.34022989 0.33103448 0.21609195 0.13793103 0.3908046 0.84367816
0.33563218 0.45517241 0.02988506 0.42068966 0.07586207 0.19770115
0.42528736 0.24367816 0.32873563 0.56091954 0.69885057 0.21149425
0.33103448 0.07816092 0.4 0.1862069 0.3816092 0.64137931
0.4091954 0.15862069 0.1862069 0.45977011 0.43908046 0.26666667
0.2091954 0.71724138 0.42988506 0.54482759 0.44827586 0.30114943
0.9954023 0.35632184 0.23448276 0.28505747 0.19770115 0.34252874
0.30344828 0.71494253 0.54482759 0.64367816 0.6091954 0.34712644
0.43448276 0.34252874 0.35172414 0.5862069 0.16091954 0.33333333
0.35862069 0.13563218 0.57701149 0.5816092 0.37241379 0.35632184
0.49885057 0.54252874 0.31034483 0.43218391 0.33333333 0.41609195
0.45977011 0.32413793 0.19310345 0.34252874 0.4183908 0.54482759
0.36781609 0.46436782 0.45977011 0.72413793 0.32183908 0.05517241
0.41609195 0.41149425 0.34942529 0.20229885 0.44367816 0.37931034
0.37241379 0.48735632 0.35632184 0.4183908 0.40689655 0.33103448
0. 0.4137931 0.20689655 0.49425287 0.08045977 0.68275862
0.05747126 0.28735632 0.24367816 0.34712644 0.43448276 0.17701149
0.31034483 0.69425287 0.32873563 0.22758621 0.34022989 0.8
0.42068966 0.37241379 0.41609195 0.19310345 0.3908046 0.2091954
0.31724138 0.51724138 0.25517241 0.45517241 0.28505747 0.65057471
0.36321839 0.56551724 0.24597701 0.41609195 0.28965517 0.05057471

图 3-25　数据归一化处理结果

4）算法建模

输入以下程序进行算法建模：

```
#使用线性回归模型 LinearRegression 对波士顿房价数据进行训练及预测
from sklearn.linear_model import LinearRegression
lr=LinearRegression()
#使用训练数据进行参数估计
lr.fit(X_train,y_train)
```

算法建模输出结果如图 3-26 所示。

[0.66846187 0.30487805 0.07808564]
[0.5521327 0.87804878 0.42222922]
[0.16544593 0.87804878 1.]
In [12]:
# 算法建模
# 使用线性回归模型LinearRegression对波士顿房价数据进行训练及预测
from sklearn.linear_model import LinearRegression
lr=LinearRegression()
#使用训练数据进行参数估计
lr.fit(X_train,y_train)
Out[12]: LinearRegression()
In [ ]:

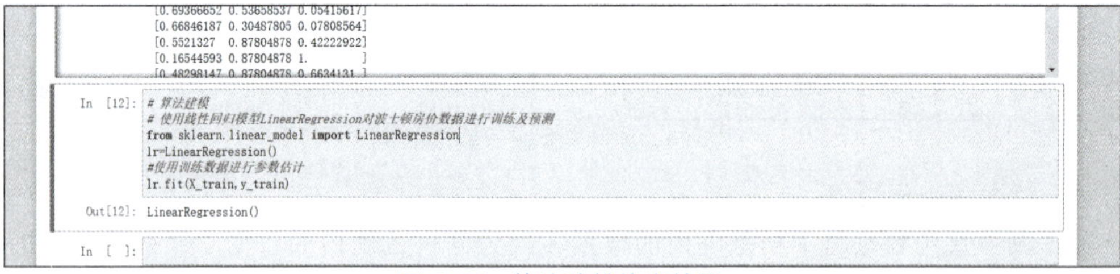

图 3-26　算法建模输出结果

5）房价预测

输入以下程序进行房价预测：

```
#回归预测
lr_y_predict=lr.predict(X_test)
```

房价预测结果如图 3-27 所示。

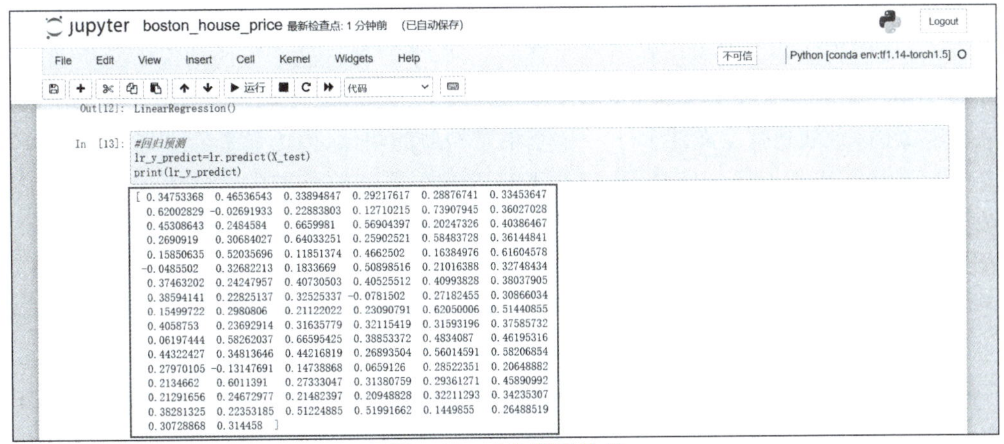

图 3-27 房价预测结果

6）模型评估

模型评估采用一般评估回归分析模型的决定系数 R^2。R^2 越接近 1，模型的拟合优度越高。

输入以下程序对模型进行评估：

```
#模型评估
from sklearn.metrics import r2_score
score = r2_score(y_test, lr_y_predict)
print(score)
```

最终模型的决定系数如图 3-28 所示。

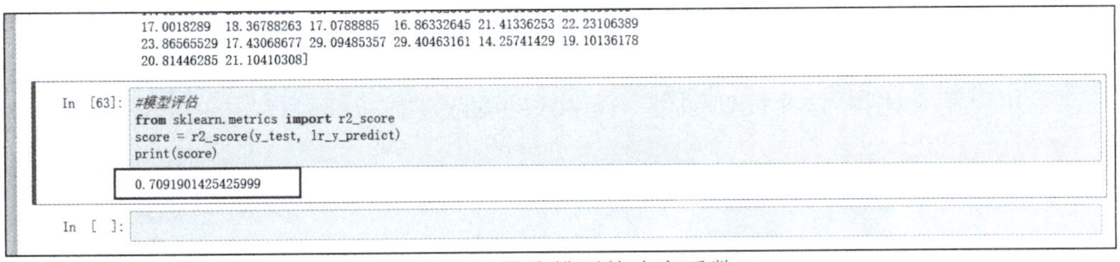

```
17.0018289  18.36788263 17.0788885  16.86332645 21.41336253 22.23106389
23.86565529 17.43068677 29.09485357 29.40463161 14.25741429 19.10136178
20.81446285 21.10410308]

In [63]: #模型评估
from sklearn.metrics import r2_score
score = r2_score(y_test, lr_y_predict)
print(score)

0.7091901425425999

In [ ]:
```

图 3-28 最终模型的决定系数

5. 拓展实验

（1）使用其他回归预测算法进行房价预测，对比不同算法的差异。

（2）使用特征选择算法对不同特征组合的效果进行对比。

6. 常见问题

（1）如果机器学习所需的包缺失或版本不一致，将导致实验运行报错。

（2）数据操作运算导致数据维度出错，导致实验运行错误。

3.2 无监督学习

无监督学习（unsupervised learning）也叫非监督学习，是指从无标签的数据中学习出一些有用的模式。无监督学习算法一般直接从原始数据中学习，不借助于任何人工给出的标签或者反馈等指导信息。如果有监督学习是建立输入和输出之间的映射关系，则无监督学习就是发现隐藏在数据中的有价值信息，包括有效的特征、类别、结构以及概率分布等。

顾名思义，无监督学习发生在没有主管或老师，学习者自己学习的情况下。例如，假设一个孩子第一次看到并品尝苹果，她记住了水果的颜色、口感、味道和气味。下一次当她看到一个苹果时，她知道这个苹果和上一个苹果是相似的物体，因为它们有非常相似的特征。她知道这和橘子很不一样。但是，她仍然不知道它在人类的语言中被称为什么，因为没有人生来就知道“苹果”这个词（在机器学习中称为标签）。这种标签不存在（在没有老师的情况下），但学习者仍然可以自己学习模式，这就是无监督学习。在机器学习算法的背景下，当一个算法从没有任何相关响应的普通例子中学习并自行确定数据模式时，就属于无监督学习。

3.2.1 无监督学习的分类与特点

无监督学习在下列情况下使用：

- 没有输出/目标数据。
- 并不确切地知道自己要寻找什么，并且希望机器在数据中发现模式。机器的洞察力可以用来解决各种挑战。
- 只想从数据中筛选出基本信息（与原始数据相比维度较低），然后用它训练一个有监督学习模型。

无监督学习可分为确定型的自编码方法及其改进算法和概率型的受限玻尔兹曼机及其改进算法，如图 3-29 所示。确定型的自编码方法及其改进算法主要有自编码、稀疏自编码、降噪自编码等，确定型的自编码方法的目标主要是能够从抽象后的数据中尽量无损地恢复原有数据。概率型的受限玻尔兹曼机及其改进算法的典型代表就是受限玻尔兹曼机，它是一种可通过输入数据集学习概率分布的随机生成神经网络，在降维、分类、协同过滤、特征学习中得到了应用。

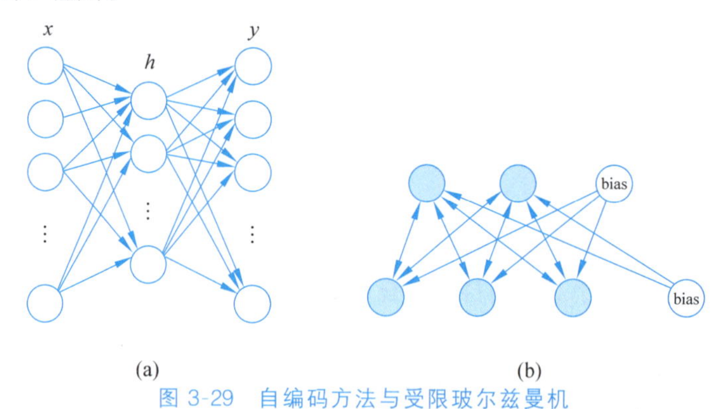

图 3-29 自编码方法与受限玻尔兹曼机

无监督学习与有监督学习的最大不同在于无监督学习不需要对元数据进行标注，因此无监督学习在某些应用场景下比有监督学习更加匹配。例如，在医疗诊断中，如果要通过有监督学习获得诊断模型，就需要请专业的医生对大量的病例及其医疗影像资料进行精确标注，这需要耗费大量的人力，且效率很低。在这种情况下，使用无监督学习方法能有效降低或消除数据标注的成本。

无监督学习的第二个特点是没有明确的学习目的。有监督学习是一种目的明确的训练方式，训练者可以提前知道得到的是什么；而无监督学习则是没有明确目的的训练方式，训练者无法提前知道结果是什么。根据这一特点，无监督学习常常被应用于对数据进行某种未知的分类或者统计。

无监督学习的第三个特点是学习效果不容易评估，由于无监督学习没有明确的学习目标，因此其效果在不同的需求背景下会有所不同，也就是说，其学习成果并没有绝对意义上的有效和无效。

在无监督学习中，只有输入数据，没有标签。无监督模型寻找数据中潜在的或隐藏的结构或分布，以便更多地了解数据。换句话说，无监督学习是指只有输入数据而没有相应的输出变量，主要目标是从输入数据本身学到更多或发现新的见解。

无监督算法的一个常见例子是聚类算法，它根据机器检测到的模式对数据进行分类，如图 3-38 所示。

考虑这样一种情况：有一些基于两个输入特性 x_1 和 x_2 的数据点。

- 如果希望算法将数据分成两个已知的类，就使用有监督的分类算法。
- 如果希望算法自己寻找数据中的结构，就使用无监督的聚类算法。

有监督的分类算法与无监督的聚类算法分类结果示例如图 3-30 所示。

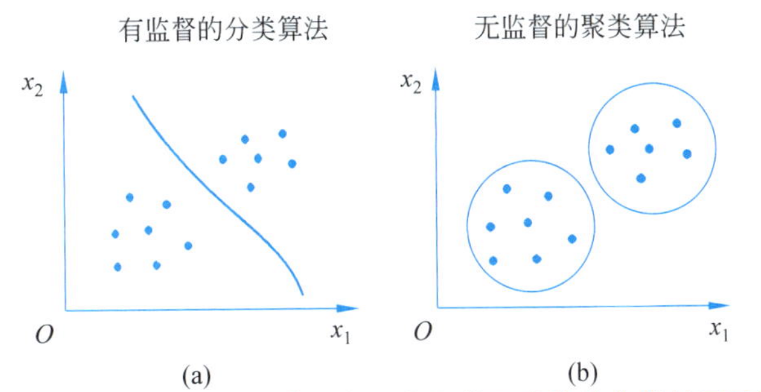

图 3-30 有监督的分类算法与无监督的聚类算法分类结果示例

3.2.2 无监督学习的应用场景

1. 异常检测

异常检测是指假设给定数据集的数据都是正常的，当出现一个新样本时，判断该新样本是正常的还是异常的，如图 3-31 所示。通常应用于异常样本极少，且异常原因繁多的情况，在这种情况下，无法用有监督算法训练出一个模型进行分类，就利用大量正常样本进行无监督训练。

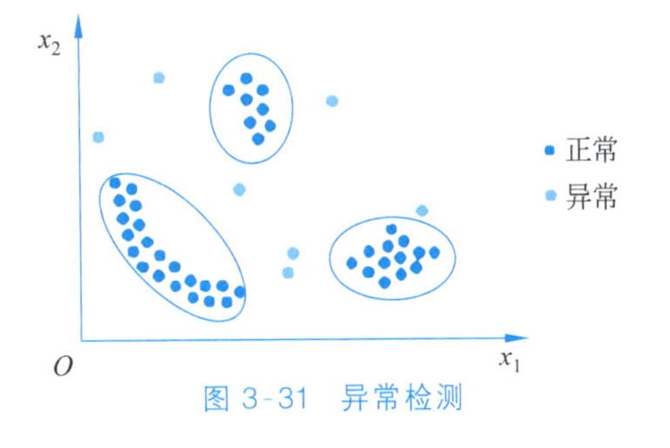

图 3-31 异常检测

异常检测一般要求判断新的数据是否与现有观测数据具有相同的分布。如果两者具有相同的分布，则称之为内点(inlier)；否则称之为离群点(outliner)。

2. 聚类分析

聚类分析是指找出大量样本中的共同特征，然后将对象分成不同的类别或者子集，使同一个类别或者子集中的对象都有相似的属性，如图 3-32 所示。聚类分析通常分为层次聚类、划分聚类、基于密度的聚类、基于网格的聚类、基于模型的聚类，其中常用的为层次聚类与划分聚类。

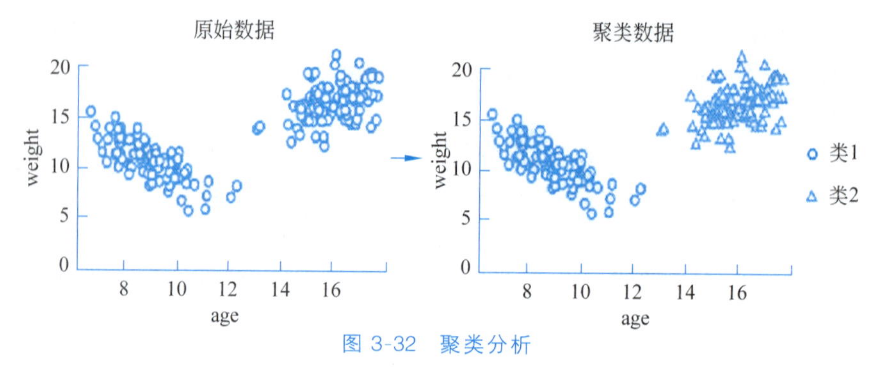

图 3-32　聚类分析

层次聚类是指根据相似度创建嵌套聚类树，树的顶层是聚类的根节点，不同类别的原始数据点是树的叶子节点。划分聚类是指把相似的数据点划分到同一个子集中，把不相似的数据点划分到不同的子集中。

聚类分析通常分为以下 5 个步骤：

（1）数据准备。包括特征标准化和降维。

（2）特征选择。从最初的特征中选择最有效的特征，并将其存储于向量中。

（3）特征提取。通过对所选择的特征进行转换形成新的突出特征。

（4）聚类。首先选择适合特征类型的某种距离函数进行接近程度的度量，然后执行聚类或分组。

（5）聚类结果评估。评估方式主要有 3 种：外部有效性评估、内部有效性评估、相关性测试评估。

3. 数据降维

降维是机器学习中的一种重要的特征处理手段。在机器学习中经常会遇到一些高维的数据集，而在高维情形下会出现数据样本稀疏、距离计算困难等问题，这是所有机器学习方法共同面临的严重问题，称为维度灾难。

数据降维是指在某些限定条件下减少随机变量个数。数据降维在尽可能维持原始数据的内在结构的前提下，得到一组描述原数据的低维度的主要特征，如图 3-33 所示。数据降维分为线性降维和非线性降维。

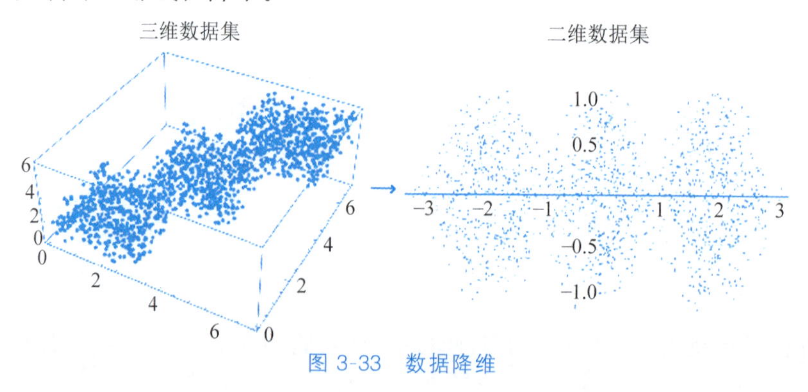

图 3-33　数据降维

线性降维耗时适中，同时有较好的准确率。

非线性降维分为以下两类：

（1）核函数的非线性降维。核函数（kernel function）可以直接得到低维数据映射到高维后的内积，而忽略映射函数具体是什么。

（2）基于特征的非线性降维。根据一定规则和经验，直接选取原有维度的一部分参与后续的计算和建模过程，用选择的维度代替所有维度，这个过程不产生新的维度。这种方式的好处在于，选择的维度保留了原有维度的业务含义，可以用于后续的知识模式解读和业务理解，从而保证了最终的可应用性。

4. 关联分析

关联规则分析简称关联分析，也称为购物篮分析。它最早是为了发现超市购物篮中不同的商品之间的关联关系而提出的。关联规则反映了一个事物和其他事物的关联性。如果多个事物之间存在着某种关联关系，那么其中一个事物就可以通过其他事物预测到。例如，沃尔玛超市发现购买尿不湿的顾客通常也会购买啤酒，于是将啤酒和尿不湿放在邻近的地方销售，同时提高了尿不湿和啤酒的销售量。

关联分析是在大规模数据集中寻找关联关系。这些关联可以有两种形式：

（1）频繁项集。经常出现在一起的物品集合。

（2）关联规则。暗示两个物品之间可能存在很强的关联关系。

关联分析中有很重要的 3 个概念：支持度、置信度、提升度。下面用一个例子对这 3 个概念进行解释，如表 3-1 和表 3-2 所示。

表 3-1　关联分析事务库

交易号码	商　　品
0	豆奶，尿不湿，花生
1	豆奶，尿不湿，葡萄酒，花生
2	花生，尿不湿，葡萄酒，可乐
3	橙汁，尿不湿，葡萄酒，花生
4	橙汁，葡萄酒，花生

表 3-2　关联分析中的 3 个重要概念

概　　念	描　　述
支持度	该项集在数据集中所占的比例。在表 3-1 给出的数据集中，{尿不湿}的支持度为 4/5，{尿不湿，葡萄酒}的支持度为 3/5
置信度	根据具体的关联规则定义。在表 3-1 给出的数据集中，{尿不湿}-{葡萄酒}的置信度为 3/4（尿不湿出现的情况下葡萄酒出现的概率）
提升度	置信度与支持度的比值

在这个数据实例中，{尿不湿，葡萄酒，花生}就是其中一个频繁项集，“尿不湿 - 葡萄酒”就是一个关联规则。

5. K-均值算法

当数据没有标签，即没有定义类别或组时，就要使用 K-均值算法。该算法在数据中查找组，组的数量用变量 K 表示。

该算法根据给出的特征的相似性，迭代地将每个观测值分配给其中一个组。

K-均值算法的输入是数据/特征和 K 的值。

其步骤如下：

(1) 算法以随机选择 K 个数据点作为质心，每个质心定义一个组。

(2) 将每个数据点分配给一个由质心定义的组，使得该数据点与组的质心的距离最小。

(3) 通过取上一步分配给该组的所有数据点的平均值重新计算质心。

该算法迭代执行步骤(2)和(3)，直到满足停止条件，如达到预定义的最大迭代次数或各组中包含的数据点停止改变。

6. 主成分分析

在特征提取与处理时，涉及高维特征向量的问题往往陷入维度灾难。随着数据集维度的增加，算法学习需要的样本数量呈指数级增加。有些应用中，遇到这样的大数据是非常不利的，而且从大数据集中学习需要更多的内存和处理能力。另外，随着维度的增加，数据会越来越稀疏。在高维向量空间中探索数据集比探索稀疏的数据集更加困难。

针对这类问题，皮尔森(Karl Pearson)、霍特林(Harold Hotelling)等提出了主成分分析(Principal Component Analysis，PCA)法。主成分分析也称为卡尔胡宁-勒夫变换(Karhunen-Loeve Transform)，是一种用于探索高维数据结构的技术，是使用最广泛的数据降维算法。PCA 通常用于高维数据集的探索与可视化，还可以用于数据压缩，数据预处理等。PCA 可以把可能具有相关性的高维变量合成为线性无关的低维变量，称为主成分(principal component)。新的低维数据集会尽可能保留原始数据的变量。

1) PCA 的主要思想

PCA 将数据投射到一个低维子空间以实现降维。例如，二维数据集降维就是把平面上的点映射到一条直线上，数据集的每个样本都可以用一个值表示，不需要两个值。三维数据集可以降成二维，即把变量映射到一个平面上。一般情况下，n 维数据集可以通过映射降维到 k 维子空间中，其中 $k \leqslant n$。这 k 维是全新的正交特征，也称为主成分，是在原有 n 维特征的基础上重新构造出来的 k 维特征，使用的降维方法就是映射(也称投影)，如图 3-34 所示。

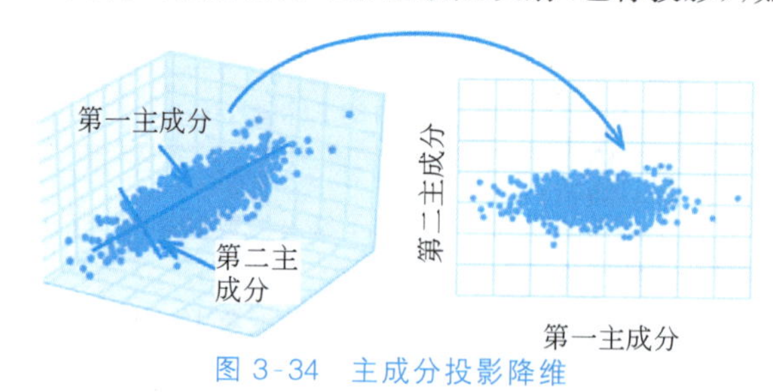

图 3-34 主成分投影降维

2) PCA 的设计理念

假如要制作一本养花工具宣传册，需要拍摄一个水壶。水壶是三维的，而照片是二维的。为了更全面地把水壶展示给客户，需要从不同角度拍几张照片。图 3-35 是从 4 个方向拍的水壶照片。

第一张照片可以看到水壶的背面，但是看不到正面。第二张照片是水壶的正面，可以看到壶嘴，这张照片可以提供第一张照片缺失的信息，但是看不到壶把。从第三张照片(俯视图)里无法看出壶的高度。第四张照片是信息最丰富的，水壶的高度、顶部、壶嘴和壶把

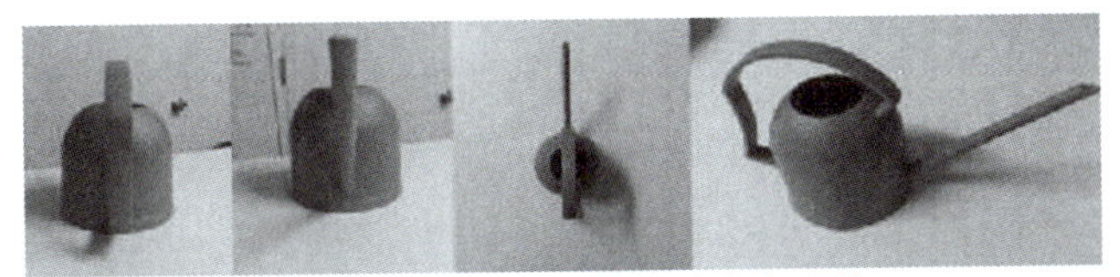
图 3-35 从 4 个方向拍的水壶照片

都清晰可见。

PCA 的设计理念与此类似，它可以在将高维数据集映射到低维空间的同时尽可能保留更多变量。PCA 旋转数据集，使之与其主成分对齐，将尽可能多的变量保留到第一主成分中。

3）PCA 的工作原理

PCA 算法使用方差度量信息量。为了确保降维后的低维数据尽可能多地保留原始数据的有效信息，需要使降维后的数据尽可能分散，从方差角度理解就是保留最大的方差。那么，如何得到包含最大差异性的主成分呢？实际上，计算数据矩阵的协方差矩阵，得到协方差矩阵的特征值和特征向量，然后选择特征值最大的 k 个特征对应的特征向量组成的矩阵，就将原始数据矩阵投影到了新的 k 维特征空间，实现了数据特征的降维。

方差的计算公式如下：

$$s^2=\frac{\sum_{i=1}^{n}(x_i-\bar{x})^2}{n-1}$$

协方差的计算公式如下：

$$\text{cov}(x,y)=\frac{\sum_{i=1}^{n}(x_i-\bar{x})(y_i-\bar{y})}{n-1}$$

协方差矩阵如下：

$$\boldsymbol{C}=\begin{bmatrix}\text{cov}(x_1,x_1) & \text{cov}(x_1,x_2) & \text{cov}(x_1,x_3)\\ \text{cov}(x_2,x_1) & \text{cov}(x_2,x_2) & \text{cov}(x_2,x_3)\\ \text{cov}(x_3,x_1) & \text{cov}(x_3,x_2) & \text{cov}(x_3,x_3)\end{bmatrix}$$

以下用 Python 具体实现一个 PCA 算法，使用 iris（鸢尾花）数据集，算法的步骤如下：

(1) 对向量 $\boldsymbol{X}$ 进行去中心化。

(2) 计算向量 $\boldsymbol{X}$ 的协方差矩阵，自由度可以选择 0 或者 1。

(3) 计算协方差矩阵的特征值和特征向量。

(4) 取最大的 k 个特征值及其特征向量。

(5) 用 $\boldsymbol{X}$ 与特征向量相乘。

代码如下：

```
import numpy as np
from numpy.linalg import eig
from sklearn.datasets import load_iris
def pca(X, k):
    X = X - X.mean(axis = 0)                               #步骤(1)
    X_cov = np.cov(X.T, ddof = 0)                          #步骤(2)
    eigenvalues.eigenvectors = eig(X_cov)                  #步骤(3)
```

```
    klargeindex = eigenvalues.argsort()[-k:][::-1]        #步骤(4)
    k_eigenvectors = eigenvectors[klarge_index]           #步骤(5)
    return np.dot(X, keiqenvectors.T)
iris = load_iris()
X = iris.data
K = 2
X_pca = pca(x, k)
print(X_pca)
```

部分运行结果如图 3-36 所示。

```
[[ 4.97868859e-01 -1.35075351e+00]
 [ 7.53885926e-01 -9.68768289e-01]
 [ 6.08493838e-01 -1.15768716e+00]
 [ 5.21608086e-01 -9.56636595e-01]
 [ 3.96071322e-01 -1.41531740e+00]
 [ 2.32137811e-01 -1.55274621e+00]
 [ 4.14383159e-01 -1.26744842e+00]
```

图 3-36 部分运行结果

常用的降维算法除了 PCA 外还有 tSNE 和 UMAP 等。

3.2.3 无监督学习的展望

即使有监督学习已经在很多任务上取得了出色的成绩，但目前学界还是有很多人相信无监督学习才是未来的趋势。在目前能够轻易获取海量数据但标注困难并且非结构化数据比例持续上升的背景下，无监督学习的重要性在不断上升。

无监督学习近年来的发展势头迅猛，在多个学科领域都发挥了不可忽视的作用，从最基础的聚类方法到对比学习，从只能完成简单的前置任务到现在可以为多种下游任务提升精度，甚至达到乃至超越了有监督训练的模型，无监督任务越来越被看好，甚至有人预言无监督训练将会成为深度学习的未来。

OpenAI 的 DALL-E 2、谷歌公司的 Imagen 和 Stability AI 公司的 Stable Diffusion 等模型展示了无监督学习的力量。与需要注释良好的图像和描述正确的文本的图像模型不同，这些模型使用互联网上已经存在的松散标题图像的大型数据集。训练数据集的庞大规模和字幕方案的可变性使这些模型能够找到文本和视觉信息之间的各种复杂模式，整个过程不需要人工参与，体现了无监督学习的优点。

谷歌公司人工智能团队掌门人 Jeff Dean 表示，现在是机器学习和计算机科学真正令人兴奋的时代，计算机通过语言、视觉和声音理解周围世界并与之交互的能力在不断提高。由此，也开辟了一个让计算机帮助人类完成现实世界工作的全新疆域。

3.3 深度学习

深度学习是一种机器学习方法，旨在通过建立和训练多层神经网络模型实现对数据的学习和理解。它属于人工智能领域的一个分支，通过模拟人类神经系统的结构和功能解决复杂的模式识别和决策问题。

深度学习模型通常由多个称为神经网络层的处理单元组成，这些层之间通过权重链接进行连接。每个神经网络层都可以对输入数据进行处理和转换，并将其传递给下一层。通过反复调整网络的权重和偏差，深度学习模型可以自动学习输入数据中的特征和表示，从而提取数据的高级抽象表示。

深度学习在许多领域取得了显著的成功，包括计算机视觉、自然语言处理、语音识别等。它已经在图像分类、目标检测、语义分割、机器翻译、语音生成等任务上取得了很高的性能，并在一些领域超越了人类的表现。

总的来说，深度学习是一种基于多层神经网络模型的机器学习方法，可以通过大规模数据集和反向传播等技术自动学习数据的特征和表示，以实现高级模式识别和决策。

3.3.1 神经网络发展史

首先回顾神经网络发展史，如图 3-37 所示。

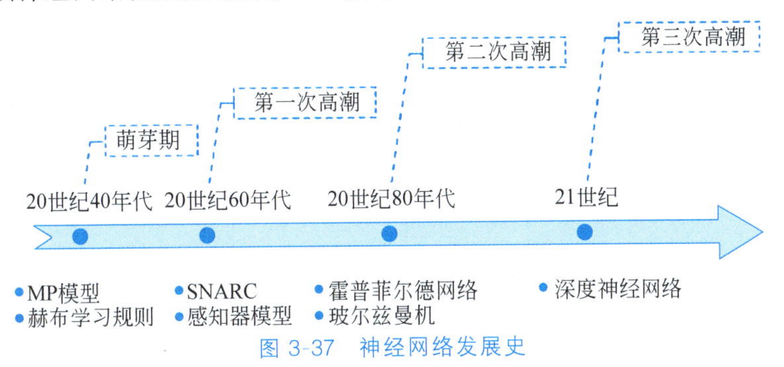

图 3-37 神经网络发展史

1. 萌芽期

1943 年，美国心理学家麦卡洛克（Warren McCulloch）和数理逻辑学家皮茨（Walter Pitts）提出了神经元的数学模型，即 MP 模型。以数学逻辑为研究手段，探讨了客观事件在神经网络的形式问题。

赫布（Donald Hebb）在 1949 年提出了赫布学习规则。

2. 第一次高潮

1951 年，明斯基建造了第一台神经网络机 SNARC。

1958 年，罗森布拉特（Frank Rosenblatt）提出了一种可以模拟人类感知能力的神经网络模型，称为感知器（perceptron），并提出了一种接近人类学习过程的学习算法。

1969—1983 年，神经网络发展进入低谷期。

1969 年，明斯基出版《感知器》一书，指出了人工神经网络的两个关键缺陷：

（1）感知器无法处理异或问题。

（2）当时的计算机无法支持处理大型神经网络所需要的计算能力。

3. 第二次高潮

1983 年，霍普菲尔德（John Hopfield）提出了一种用于联想记忆的神经网络，称为霍普菲尔德网络。

1984 年，辛顿（Geoffrey Hinton）提出了一种随机化的霍普菲尔德网络，即玻尔兹曼机。

4. 第三次高潮

21 世纪初至今，研究者逐渐掌握了训练深层神经网络的方法，使得神经网络重新崛起。在强大的计算能力和海量的数据规模支持下，计算机已经可以端到端地训练一个大规模神经网络，不再需要借助于预训练的方式。

3.3.2 分层神经网络

1. 分层神经网络的概念

分层神经网络是将一个神经网络中的所有神经元按功能分为若干层，一般有输入层、隐含层和输出层。

分层神经网络可分为前馈网络(图 3-38)、反馈网络(图 3-39)和图网络(图 3-40)。

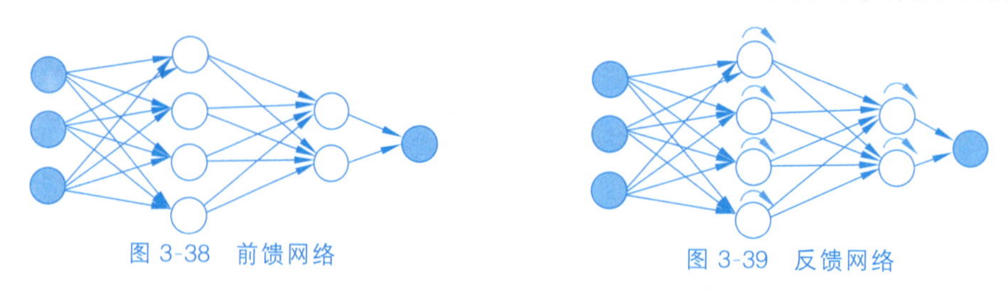

图 3-38 前馈网络

图 3-39 反馈网络

2. 单层神经网络

单层神经网络即感知器。它是一种广泛使用的线性分类器，是最简单的神经网络，只有一个神经元。感知器实质上也是一种神经元模型。感知器模型与 MP 模型的区别在于前者的权值会通过训练变化，而后者的权值是预先设定的。

感知器虽然有两层(输入层和输出层)，但是输入层只负责输入，不负责计算。计算是由输出层负责的，故这里的单层是根据具有计算能力的层数定义的。

感知器的学习算法是一个经典的线性分类器的参数学习算法。在输入空间中，样本是空间中的一个点，权重向量是一个超平面。超平面的一边对应 $y=+1$，另一边对应 $y=-1$，如图 3-41 所示。

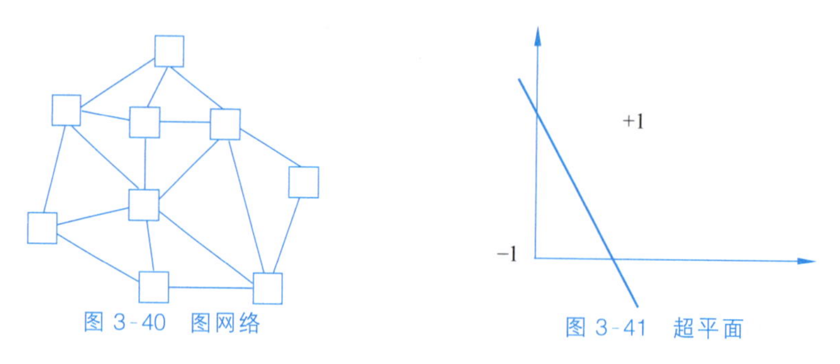

图 3-40 图网络

图 3-41 超平面

感知器是一种会调整权值的神经元，从而减小训练集上的误差。

感知器的优点是：它在线性可分的数据上是收敛的。

感知器的缺点如下：

(1) 在数据线性可分时，感知器虽然能找到一个超平面把数据分开，但不能保证其泛化能力。

(2) 感知器对数据样本的顺序比较敏感。

(3) 如果训练数据是线性不可分的，则感知器永远不会收敛。

3. 两层神经网络

两层神经网络除了一个输入层和一个输出层以外，还增加了一个中间层——隐含层，如图 3-42 所示。此时，隐含层和输出层都是计算层。

最终输出的 z 是利用隐含层的 $a_1^{(2)}$、$a_2^{(2)}$ 和相应权值计算得到的，如图 3-43 所示。

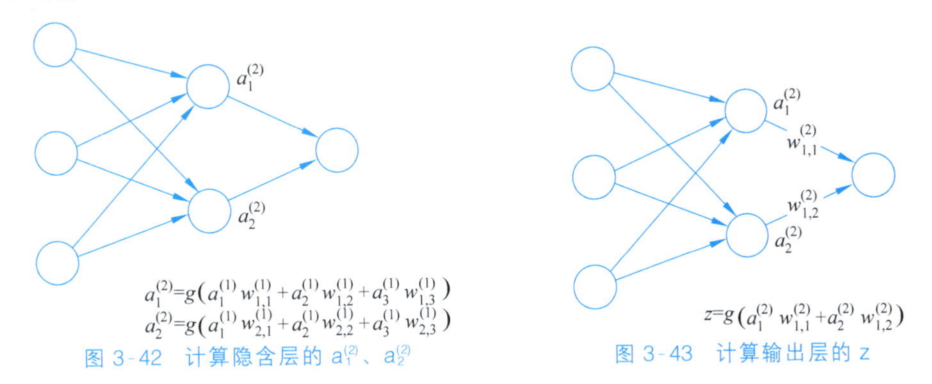

图 3-42 计算隐含层的 $a_1^{(2)}$、$a_2^{(2)}$　　图 3-43 计算输出层的 z

两层神经网络可以无限逼近任意连续函数。对复杂的非线性分类任务，两层神经网络可以完成得很好。

4. 多层神经网络

2006 年，辛顿在《科学》和相关期刊上发表了论文，他给多层神经网络相关的学习方法赋予了一个新名词——深度学习。多层神经网络在两层神经网络的输出层后面继续添加层次。原来的输出层变成隐含层，新添加的层次成为新的输出层。依照这样的方式不断添加，就可以得到多层神经网络，如图 3-44 所示。

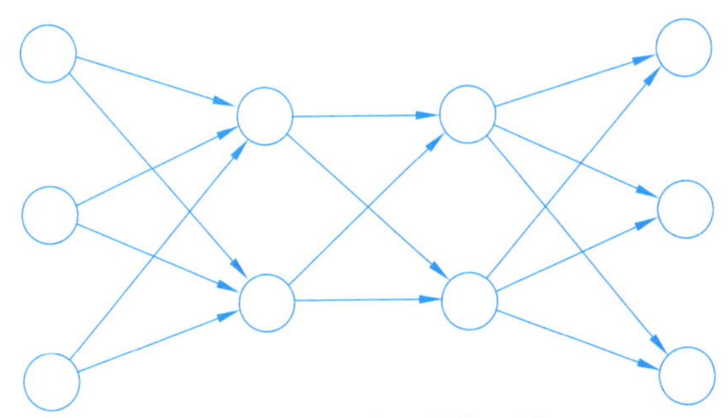

图 3-44 多层神经网络示例一

表示能力是多层神经网络的一个重要性质。通过抽取更抽象的特征对事物进行区分，从而获得更好的分类能力。例如，图 3-45 所示的神经网络有 33 个参数，其参数数量是图 3-44 所示神经网络的两倍多。

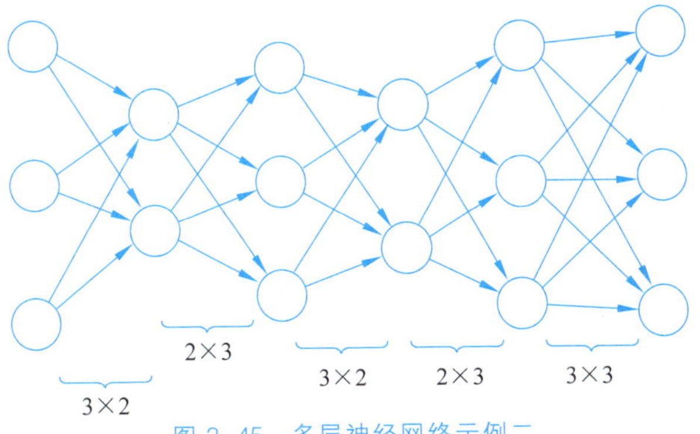

图 3-45 多层神经网络示例二

多层神经网络中的层数增加了很多,能够得到更深入的表示特征以及更强的函数模拟能力。

更深入的表示特征是指随着网络的层数增加,每一层对于前一层次的抽象表示更深入。在神经网络中,每一层神经元学习到的是前一层神经元值的更抽象的表示。

随着层数的增加,整个网络的参数也会增加。而神经网络的本质就是模拟特征与目标之间的真实关系函数的方法,更多的参数意味着其模拟的函数可以更加复杂,可以有更多的容量拟合真正的关系。这就是更强的函数模拟能力的含义。

3.3.3 反向传播

1. 反向传播算法的产生

1986 年,鲁姆哈特(David Rumelhart)和辛顿等提出了反向传播(BP)算法,解决了两层神经网络的复杂计算量问题,从而带动了业界使用两层神经网络研究的热潮。反向传播是神经网络发展史上最重要的算法,可以被认为是现代神经网络和深度学习的基石。它的信息处理能力来源于简单非线性函数的多次复合,因此具有很强的函数复现能力。

但是,直到 2006 年 GPU 计算能力的进步才让反向传播技术真正发挥了作用。

2. 反向传播算法的原理

反向传播算法由正向传播过程和反向传播过程组成。如果在输出层得不到期望的输出值,则取输出与期望的误差的平方和作为目标函数,转入反向传播,逐层求出目标函数对各神经元权值的偏导数,构成目标函数对权值向量的梯量,作为修改权值的依据,神经网络的学习在权值修改过程中完成。误差达到期望的值时,神经网络学习结束。反向传播算法的结构如图 3-46 所示。

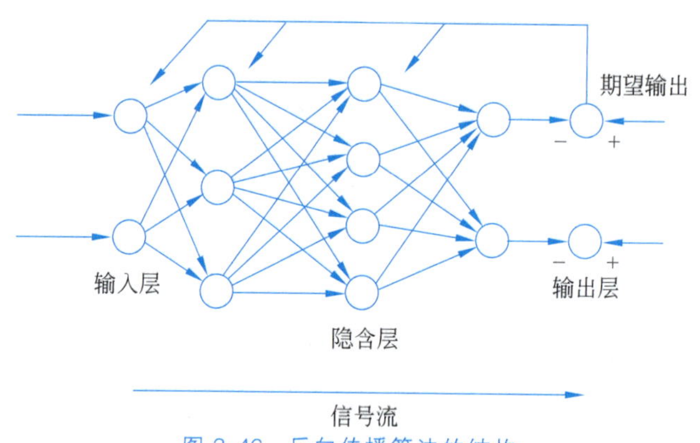

图 3-46 反向传播算法的结构

3. 误差反向传播算法在前馈网络训练中的应用

使用误差反向传播算法的前馈神经网络训练步骤如下:

(1) 初始化神经网络参数。需要初始化神经网络的权重和偏置。权重可以初始化为随机小数值,而偏置通常可以初始化为 0 或较小的常数。

(2) 前向传播。对于给定的输入样本,通过前向传播计算神经网络的输出。前向传播包括以下步骤:

① 将输入样本送入神经网络的输入层。

② 在每一层中,计算输入加权和并应用激活函数,得到该层的输出。

③ 将该层的输出作为下一层的输入,依次进行计算,直至到达输出层,得到最终的输出结果。

(3) 计算损失函数。通过将神经网络的输出标签与样本的真实标签进行比较,通过损失函数衡量网络的性能。常见的损失函数包括均方误差(Mean Squared Error,MSE)和交叉熵损失(cross-entropy loss)等。

(4) 反向传播。误差反向传播是训练神经网络的关键步骤。它计算每个权重对损失函数的贡献,并将误差从输出层向输入层进行反向传播。反向传播具体步骤如下:

① 计算输出层的误差,即输出层的梯度。根据损失函数的选择,可以使用不同的公式计算输出层的梯度。

② 从输出层开始,逐层向前计算每个隐含层的梯度。根据当前层的输出梯度和下一层的权重计算当前层的梯度。

③ 使用梯度下降算法或其变体,根据梯度更新每个权重和偏置,以最小化损失函数。

(5) 参数更新。根据反向传播得到的梯度信息,使用优化算法(如随机梯度下降算法)更新网络的权重和偏置。更新的步骤如下:

① 根据学习率和梯度大小,计算每个参数的更新量。

② 更新权重和偏置。

(6) 重复迭代。重复执行步骤(2)~(5),直至满足预定的停止条件,如达到最大迭代次数、损失函数收敛等。

通过以上训练步骤,前馈神经网络可以逐渐学习到输入样本与输出标签之间的映射关系,从而实现分类或预测任务。训练过程中的反向传播算法能够根据损失函数的反馈信息不断调整网络的参数,使得网络的预测结果逐渐接近真实标签,提高网络的性能。误差反向传播算法在前馈网络训练中的应用如图 3-47 所示。

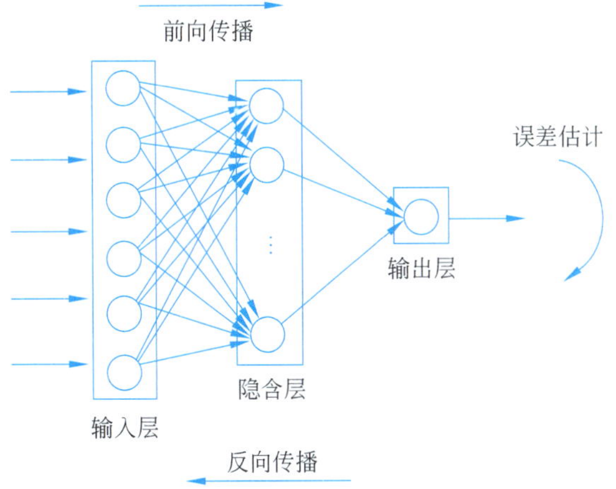

图 3-47 误差反向传播算法在前馈网络训练中的应用

3.3.4 深度学习的常用模型

1. 卷积神经网络

卷积神经网络(Convolutional Neural Network,CNN)由一个或多个卷积层和顶端的全连接层(对应经典的神经网络)组成,同时也包括关联权重和池化层(pooling layer)。这一结构使得卷积神经网络能够利用输入数据的二维结构。这种网络结构对平移、比例缩放、倾斜或者共他形式的变形具有高度不变性。

2. 循环神经网络

循环神经网络(Recurrent Neural Network,RNN)是深度神经网络的常用模型,它的输入为序列数据,网络中节点之间的连接沿时间序列形成一个有向图,使其能够显示时间动态行为。其结构如图 3-48 所示。

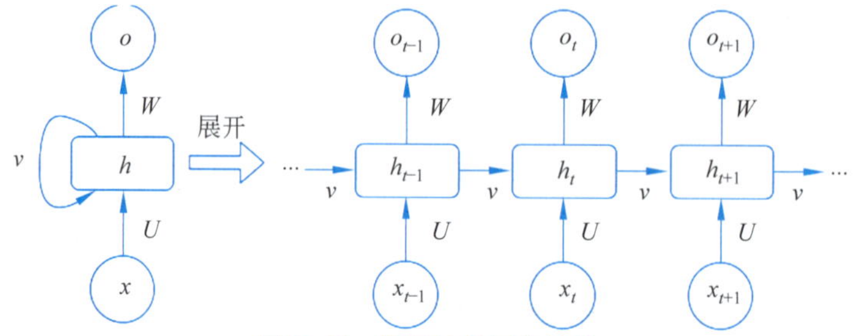

图 3-48 循环神经网络结构

3. 受限玻尔兹曼机

受限玻尔兹曼机(Restricted Boltzmann Machine,RBM)是一种随机生成神经网络,用于学习输入数据集的概率分布。它是玻尔兹曼机的一种变体,带有一些限制条件,其中之一是模型必须为二分图。

RBM 是一种无向图模型,由可见层和隐含层组成。其中,可见层表示观测到的数据,隐含层表示学习到的特征或抽象概念。RBM 的训练过程包括以下几个步骤:

(1) 架构定义。定义 RBM 的结构,包括可见层和隐含层的节点数。RBM 是一个二分图,可见层和隐含层之间的节点是完全连接的。

(2) 权重和偏置初始化。为 RBM 的连接权重和节点的偏置值随机初始化。这些参数将在训练过程中被调整,以最好地表示输入数据。

(3) 条件概率计算。根据可见层和隐含层的节点之间的连接权重和偏置,计算给定可见层和隐含层状态的条件概率。这个过程涉及对应节点之间的能量计算,使用玻尔兹曼分布的形式。

(4) 可见层采样。根据计算的条件概率,从条件概率分布中对一个可见层状态采样。这个过程可以通过对条件概率进行随机抽样实现。

(5) 隐含层采样。根据计算的条件概率,从条件概率分布中对一个隐含层状态采样。

(6) 权重更新。使用采样得到的可见层和隐含层状态计算更新权重的梯度。常用的更新算法是对比散度(contrastive divergence),通过最大似然估计最小化模型的能量函数。

(7) 重复步骤(4)~(6):通过反复采样和权重更新的过程,迭代进行 RBM 的训练,直到达到收敛或满足停止条件。

RBM 的训练过程是无监督的,它通过学习数据的分布捕捉数据的特征。一旦 RBM 训练完成,就可以使用它生成新的样本,通过在可见层和隐含层之间进行采样产生新的数据点。

受限玻尔兹曼机的限制在于它的模型必须为二分图,这意味着可见层和隐含层之间没有连接。这个限制简化了模型的结构,并且在一定程度上提高了学习的效率。受限玻尔兹曼机在许多机器学习任务中都得到了广泛应用，特别是在无监督学习、特征学习和生成模型等领域。

4. 自动编码器

自动编码器(autoencoder)是一种无监督学习算法，用于学习输入数据的高级表示。它由编码器(encoder)和解码器(decoder)组成，通过将输入数据压缩到低维表示，并尝试从该低维表示重构出原始数据，实现数据的特征学习和重建。自动编码器的训练过程包括以下几个步骤：

(1) 数据准备。首先需要准备无标签的训练数据。这些数据可以是原始数据的一个子集或整个数据集，没有标签信息。

(2) 编码器训练。编码器是自动编码器的第一部分，负责将输入数据映射到低维表示。训练编码器的目标是最小化编码器输入数据与解码器输出数据之间的重构误差。具体步骤如下：

① 将输入数据传递给编码器网络。

② 编码器网络将输入数据映射到低维表示，通常通过多个隐含层实现。每个隐含层的节点数逐渐减少，从而实现数据的压缩和特征提取。

③ 使用重构损失函数(如均方误差)计算解码器输出与原始输入之间的误差。

④ 使用优化算法(如随机梯度下降法)更新编码器网络的权重和偏置，以减小重构误差。

(3) 解码器训练。解码器是自动编码器的第二部分，负责将低维表示重构为原始数据。训练解码器的目标是最小化重构误差，使解码器能够逆向映射编码器的输出。具体步骤如下：

① 将编码器的输出作为输入传递给解码器网络。

② 解码器网络通过多个隐含层逐渐增加节点数，逆向映射编码器的过程，从低维表示还原为原始数据。

③ 使用重构损失函数计算解码器输出与原始输入之间的误差。

④ 使用优化算法更新解码器网络的权重和偏置，以减小重构误差。

(4) 逐层训练。为了更好地学习数据的表示，可以使用逐层训练的策略。这意味着在每个训练阶段中，将前一层的编码器输出作为下一层的输入，依次训练每一层的编码器和解码器。通过逐层训练，自动编码器可以逐渐学习到更高级的特征表示。

(5) 有监督微调。在自动编码器的无监督学习阶段结束后，可以进行有监督微调。这意味着引入标签信息，将自动编码器作为初始模型，然后使用有标签的数据进行有监督训练，以进一步优化模型的性能。

总结起来，自动编码器的基本过程是通过训练编码器和解码器实现数据的特征学习和重构。编码器将输入数据映射到低维表示，解码器将低维表示还原为原始数据。通过逐层训练和有监督微调，自动编码器可以逐渐学习到更高级的特征表示，并提供一种有效的无监督学习方法。

5. 深度信念网络

一个贝叶斯概率生成模型由多层随机隐变量组成。上面的两层具有无向对称连接，下面的层得到来自上一层的自顶向下的有向连接，最底层单元构成可视层。也可以这样理解，深度信念网络就是在靠近可视层的部分使用贝叶斯信念网络（即有向图模型），并在最远离可见层的部分使用受限玻尔兹曼机的复合结构。

6. 深度学习应用

深度学习获得日益广泛的应用，已在计算机视觉、语音识别、自然语言处理等领域取得良好的应用效果。前馈神经网络深度学习中的最新方法是交替使用卷积层（convolutional layer）和最大池化层（max-pooling layer）并加入单纯的分类层作为顶端，训练过程无须引入无监督的预训练。

3.4 迁移学习

3.4.1 迁移学习的定义

迁移学习（Transfer Learning，TL）是一种机器学习方法，就是把为任务 A 开发的模型作为初始点，重新使用在为任务 B 开发模型的过程中。迁移学习通过从已学习的相关任务中转移知识改进学习的新任务。虽然大多数机器学习算法都是为了解决单个任务而设计的，但是迁移学习算法的开发是机器学习社区持续关注的话题。迁移学习对人类来说很常见，例如，学习电子琴的经验可能有助于学习钢琴。

迁移学习任务就是从目标问题的相似性出发，将在旧领域学习过的模型应用到新领域上。

以下是迁移学习的基本概念：

- 域（domain）：由数据特征和特征分布组成，是学习的主体。
- 源域（source domain）：已有知识的域。
- 目标域（target domain）：要进行学习的域。
- 任务（task）：由目标函数和学习结果组成，是学习的结果。

迁移学习按特征空间分为以下两类：

（1）同构迁移学习（homogeneous TL）：源域和目标域的特征空间相同。

（2）异构迁移学习（heterogeneous TL）：源域和目标域的特征空间不同。

迁移学习按迁移情景分为以下 3 类：

（1）归纳式迁移学习（inductive TL）：源域和目标域的学习任务不同。

（2）直推式迁移学习（transductive TL）：源域和目标域不同，学习任务相同。

（3）无监督迁移学习（unsupervised TL）：源域和目标域均没有标签。

迁移学习按迁移方法分为以下 4 类：

（1）基于样例的迁移学习（instance based TL）。通过权重重用源域和目标域的样例进行迁移。该方法根据一定的权重生成规则对数据样例进行重用。图 3-49 给出了基于样例的迁移学习示例。源域中存在不同类别的动物，如狗、鸟、猫等，目标域只有狗这一种类别。在迁移时，为了最大限度地和目标域相似，可以人为地提高源域中属于狗这个类别的样例权重。

（2）基于特征的迁移学习（feature based TL）。将源域和目标域的特征变换到相同空间。该方法通过特征变换的方式互相迁移，以减小源域和目标域的差距。也可以将源域和

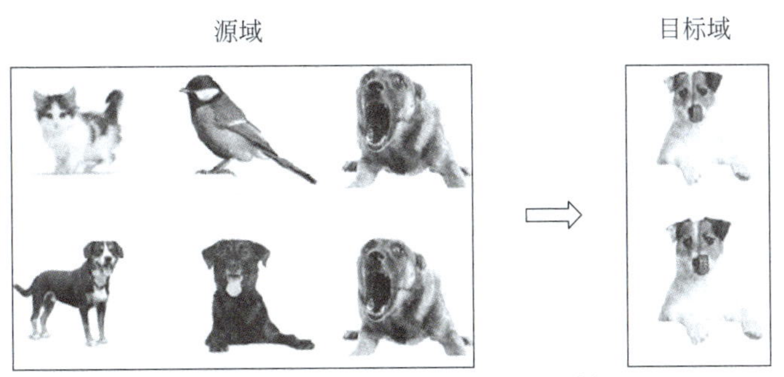

图 3-49 基于样例的迁移学习示例

目标域的特征变换到统一特征空间中，然后利用传统的机器学习方法进行分类识别。根据特征空间是否同构，又可以分为同构和异构两种方法，如图 3-50 所示。

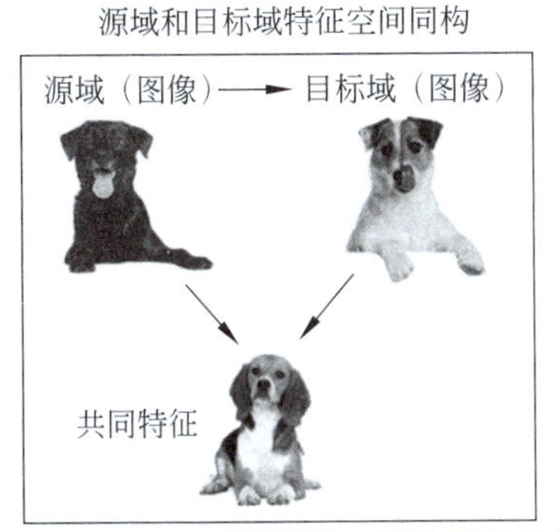

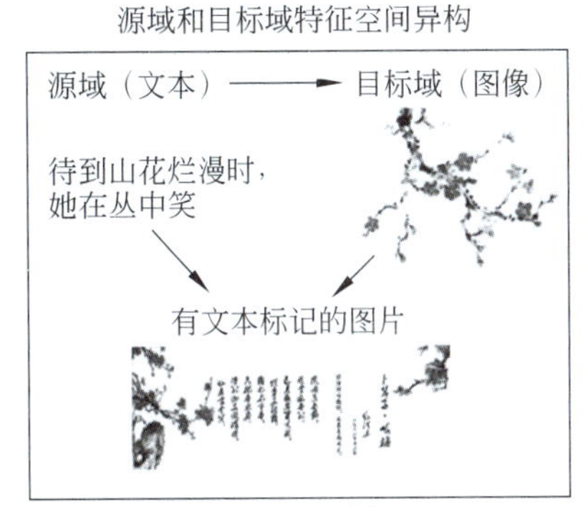

图 3-50 同构和异构的基于特征的迁移学习示例

（3）基于模型的迁移学习（parameter based TL）。利用源域和目标域的参数共享模型。该方法从源域和目标域中找到共享的参数信息，以实现迁移学习。该方法要求的假设条件是源域中的数据与目标域中的数据可以共享一些模型的参数。图 3-51 给出了基于模型的迁移学习示例。

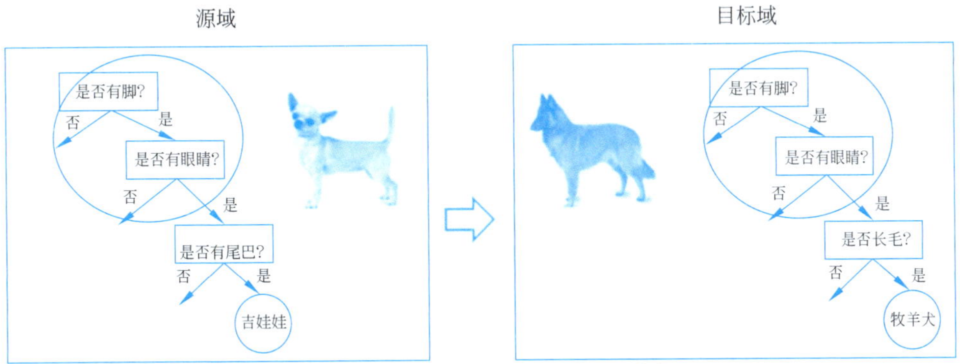

图 3-51 基于模型的迁移学习示例

（4）基于关系的迁移学习（relation based TL）。利用源域中的逻辑网络关系进行迁移。该方法关注源域和目标域的样本之间的关系，如图 3-52 所示。

3.4.2 迁移学习的适用场景

迁移学习适用于以下场景：

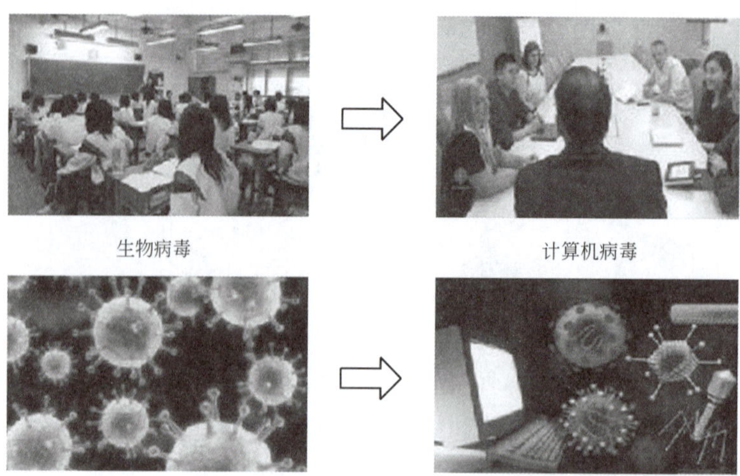

图 3-52　基于关系的迁移学习示例

- 存在大数据与少标注矛盾的场景。虽然有大量的数据，但往往都是没有标注的，无法训练机器学习模型。人工进行数据标定太耗时。
- 存在大数据与弱算力矛盾的场景。无法拥有充足的计算资源，因此需要借助于模型的迁移。
- 存在普适化模型与个性化需求矛盾的场景。即使在同一个任务上，一个模型也往往难以满足每个人的个性化需求，例如特定的隐私设置。这时就需要针对个性化需求进行模型的适配。
- 有特定应用(如冷启动)需求的场景。

假如两个领域之间的区别特别大，不应直接采用迁移学习，因为在这种情况下迁移的效果不好。

3.5　强化学习

强化学习(Reinforcement Learning，RL)又称再励学习、评价学习或增强学习，是机器学习的范式和方法论之一，用于描述和解决智能体在与环境的交互过程中通过学习策略以达成回报最大化或实现特定目标的问题。

从上述定义可知：

(1) 强化学习是一种机器学习方法。

(2) 强化学习关注智能体与环境的交互。

(3) 强化学习的目标一般是追求最大回报。

换句话说，强化学习是一种学习如何从状态映射到行为以使得获取的奖励最大的机制。智能体需要不断地在环境中进行试验，通过环境给予的反馈(奖励)不断优化状态-行为的对应关系。因此，试错(trial and error)和延迟奖励(delayed reward)是强化学习最重要的两个特征。

强化学习的常见模型是标准的马尔可夫决策过程(Markov Decision Process，MDP)。按给定条件，强化学习可分为基于模式的强化学习(model-based RL)和无模式强化学习(model-free RL)，也可以分为主动强化学习(active RL)和被动强化学习(passive RL)。强化学习的变体包括逆向强化学习、阶层强化学习和部分可观测系统的强化学习。求解强化学习问题所使用的算法可分为策略搜索算法和值函数(value function)算法两类。深度学习模型可以在强化学习中得到使用,形成深度强化学习。

强化学习理论受到行为主义心理学启发,侧重在线学习并试图在探索(exploration)和利用(exploitation)之间保持平衡。不同于有监督学习和无监督学习,强化学习不要求预先给定任何数据,而是通过接收环境对动作的奖励(反馈)获得学习信息并更新模型参数。

强化学习问题在信息论、博弈论、自动控制等领域得到应用,用于解释有限理性条件下的平衡态,设计推荐系统和机器人交互系统。一些复杂的强化学习算法在一定程度上具备解决复杂问题的通用智能,可以在围棋和电子游戏中达到人类的水平。

强化学习是指智能体以试错的方式进行学习,通过与环境进行交互获得的奖励指导行为,目标是使智能体获得最大的奖励。强化学习不同于连接主义学习中的有监督学习,主要表现在强化信号上,强化学习中由环境提供的强化信号是对产生动作的好坏的评价(通常为标量信号),而不是告诉强化学习系统(Reinforcement Learning System,RLS)如何产生正确的动作。由于外部环境提供的信息很少,RLS 必须靠自身的经历进行学习。通过这种方式,RLS 在行动-评价的环境中获得知识,改进行动方案以适应环境,如图 3-53 所示。

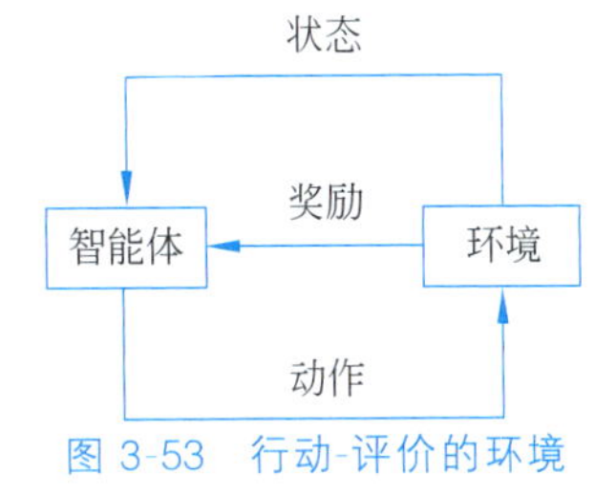

图 3-53 行动-评价的环境

强化学习是由动物学习、参数扰动自适应控制等理论发展而来的。其基本原理是:如果智能体的某个行为策略导致环境正的奖励(强化信号),那么智能体以后产生这个行为策略的趋势便会加强。智能体的目标是在每个离散状态发现最优策略以使期望的奖励总和最大。

强化学习把学习看作试探评价过程,智能体选择一个动作用于环境,环境接受该动作后状态发生变化,同时产生一个强化信号(奖或惩)反馈给智能体,智能体根据强化信号和环境的当前状态选择下一个动作,选择的原则是使受到正强化(奖励)的概率增大。选择的动作不仅影响立即强化值,而且影响环境下一时刻的状态及最终的强化值。

强化学习强调个体通过与环境的直接交互来学习,而不需要监督或完整的环境模型。

可以认为,强化学习是第一个通过与环境交互进行学习以实现长期目标的方法,而这种模式是所有形式的机器学习中最接近人类和动物学习的方法,也是目前最符合人工智能发展终极目标的方法。

3.6 本章小结

本章介绍了机器学习的不同方法和技术,包括有监督学习、无监督学习、深度学习、迁移学习和强化学习。

有监督式学习需要有标签的训练数据集。在训练过程中,模型学习从输入数据中提取特征,并预测输出标签。有监督学习算法的示例包括决策树、支持向量机和神经网络。通过有监督学习,可以解决分类和回归等问题。

无监督学习适用于无标签的训练数据集。它旨在通过数据之间的相似性或模式发现隐藏的结构。无监督学习的应用包括异常检测、聚类分析、数据降维和关联分析。

关于深度学习，本章重点介绍了卷积神经网络(CNN)和自然语言处理(NLP)。深度学习在文本分类、语言生成和机器翻译等任务中取得了显著的进展。

迁移学习利用已经学到的知识和模型改善在新任务上的性能。通过将在一个领域上学到的知识应用到另一个相关领域，迁移学习可以减少对大量标记数据的依赖，提高模型的泛化能力。

强化学习是一种通过与环境进行交互学习最佳行动策略的方法。强化学习的核心是智能体根据环境的反馈(奖励或惩罚)调整自己的行为。这种学习方法在游戏、机器人控制和自动驾驶等领域有广泛的应用。

3.7 习题

1. 样本 x 的标签为0/1。若 x 的真实标签为0，则错误划分为1的损失为 a；若 x 的真实标签为1，则错误划分为0的损失为 b。给出最优决策方法。
2. 简述KNN的基本思想和优缺点。
3. 已知坐标轴中两点 $A(2,-2)$ 和 $B(-1,2)$，求这两点的曼哈顿距离。
4. 简述有监督学习与无监督学习的区别。

第4章 视觉感知

学习目的与要求

本章介绍人工智能领域中视觉感知的基本概念、方法和应用。通过学习本章，读者应理解视觉感知在人工智能中的重要性，并掌握图像处理、模式识别、图像识别、目标检测、人脸识别和视频分析等关键技术。读者还应了解这些领域的研究前沿和发展趋势，为深入学习和应用相关技术奠定基础。

计算机视觉(computer vision)是人工智能的一个重要分支，它要解决的问题就是看懂图像里的内容。

计算机与人工智能想要在现实世界发挥重要作用，就必须看懂图像，这就是计算机视觉要解决的问题。具体来说，计算机视觉要让计算机具有对周围世界的空间和物体进行传感、抽象、判断的能力，从而达到识别、理解的目的。例如，图像里的宠物是猫还是狗？图像里的人是老张还是老王？照片里的桌子上放了哪些物品？

计算机视觉能让计算机看懂图像或视频的内容。例如，对于图4-1，人可以轻松地看到一个戴着草帽、赤裸着上半身的农民在放牛，那个人还在打电话。

图 4-1　打电话的放牛农民

图4-2是网络数据量变化。下面的浅灰色部分代表结构化数据，上面的深灰色部分代表非结构化数据(大部分是图像和视频)。可以很明显地发现，图像和视频数据量呈指数级增长。

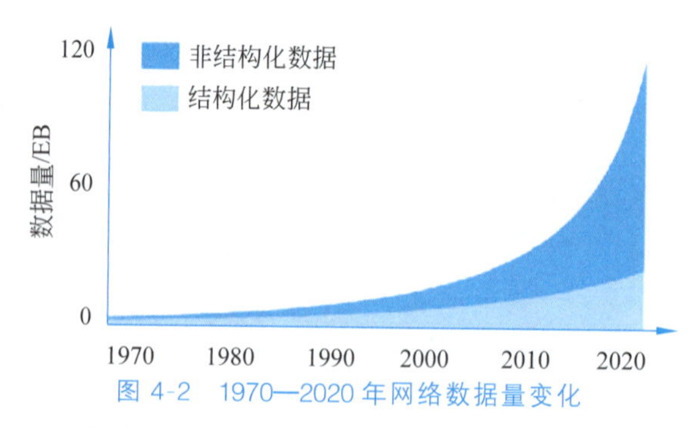

图 4-2　1970—2020 年网络数据量变化

而在计算机视觉出现之前，图像对于计算机来说是“黑盒”的状态。一幅图像对于计算机来说只是一个文件。计算机并不知道图像里的内容到底是什么，只知道这幅图像的大小和格式。

1. 计算机视觉的原理

目前主流的基于深度学习的机器视觉方法在原理上跟人类大脑视觉原理相似。

人类的视觉原理如图 4-3 所示。从原始信号（像素）进入瞳孔开始，接着做初步处理（大脑皮层某些细胞发现物体边缘和方向），然后抽象（大脑判定眼前的物体的形状），最后进一步抽象（大脑判定该物体是一只气球）。

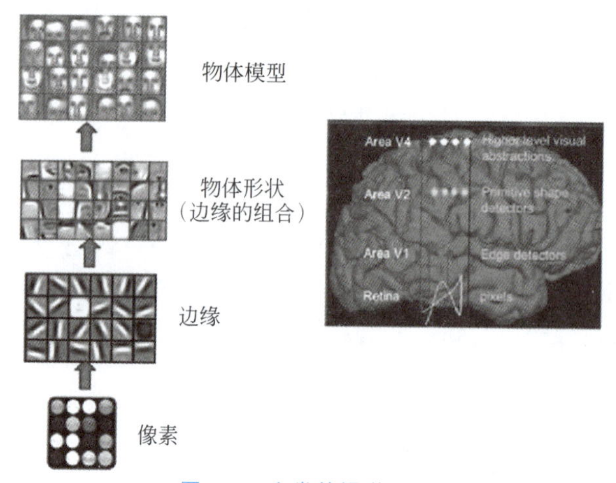

图 4-3　人类的视觉原理

计算机的方法也是类似的：构造多层神经网络，较低层识别初级的图像特征，若干低层特征组成上一层特征，最终通过多层的组合在顶层完成分类。

计算机视觉需要大量数据。它一遍又一遍地运行数据分析，直到能够辨别差异并最终识别图像为止。例如，要训练计算机识别汽车轮胎，需要为其输入大量的轮胎图像和相关数据，供其学习轮胎差异和识别轮胎，尤其是没有缺陷的轮胎。

这个过程会用到两种关键技术：一种是深度学习，另一种是卷积神经网络（CNN）。

深度学习使用算法模型，让计算机能够自行学习视觉数据的上下文。如果通过模型馈入足够多的数据，计算机就能“查看”数据并通过学习掌握分辨图像的能力。算法赋予计算机学习的能力，而无须人类编程使计算机能够识别图像。

CNN 将图像分解为像素，并为像素指定标签，从而使计算机利用深度学习模型能够“看”到物体。它使用标签执行卷积运算（用两个函数产生第三个函数的数学运算）并预测它"看到"的东西。CNN 通过一系列迭代检验预测准确度,直到预测接近事实。最后它以类似于人类的方式识别或查看图像。

就像人类辨别图像一样,CNN 首先辨别硬边缘和简单的形状,然后一边运行预测迭代,一边填充信息。CNN 用于理解单幅图像。循环神经网络(RNN)以类似的方式在视频应用程序中帮助计算机理解视频帧中的图像关系。

2. 计算机视觉的两大挑战

对于人类来说,看懂图像是一件很简单的事情。但是,对于计算机来说这是一件非常难的事情,有两个难点:

(1) 特征难以提取。同一只猫在不同的角度、不同的光线、不同的动作下,像素差异是非常大的。就算是同一张照片,旋转 90°后,其像素差异也非常大。所以,尽管图像的内容相似甚至相同,但是在像素层面,其变化会非常大。这对于特征提取是一大挑战。

(2) 需要计算的数据量巨大。手机照片就是 1000×2000 像素的。每个像素有 R、G、B 3 个参数,一共有 1000×2000×3=6 000 000 个参数。现在流行的 4K 视频的数据量更大。

CNN 属于深度学习技术,它很好地解决了上面的两大难点:

(1) CNN 可以有效地提取图像里的特征。

(2) CNN 可以将海量的数据(在不影响特征提取的前提下)进行有效的降维,大大降低了对算力的要求。

3. 计算机视觉的图像识别过程

计算机视觉的图像识别过程分为 3 个阶段:

(1) 特征提取和区域分割(基于轮廓、纹理、颜色等),为底层处理。

(2) 建模与模式表达(基于各种物体的抽象化模型),为中层处理。

(3) 描述和理解(基于景物的结构知识),为高层处理。

4.1 图像处理

4.1.1 图像处理基础

1. 图像处理的定义

图像处理(image processing)是利用计算机对图像进行分析,以得到所需结果的技术,又称影像处理。图像处理一般指数字图像处理。数字图像是指用数码相机、数码摄像机、扫描仪等设备得到的一个大的二维数组,该数组的元素称为像素,其值称为灰度值。图像处理技术一般包括 3 部分:一是图像压缩;二是图像增强和复原;三是图像匹配、描述和识别。

传统的一维信号处理的方法和概念很多仍然可以直接应用在图像处理上,例如降噪、量化等。然而,图像属于二维信号,和一维信号相比,它有自己特殊的一面,处理的方式和角度也有所不同。

2. 像素的理解

在日常生活中,对图像进行处理都是在计算机或者其他的电子设备上进行的。那么,图像在计算机中是怎么表示的呢?首先讨论像素。像素可以理解为组成图像的最基本元素。再具体一点，可以把像素看成具有各自的图像属性（例如颜色、亮度等）的小方块，当它们按照一定的顺序排列时，就形成了图像，如图 4-4 所示。

图 4-4　像素点组成的图像

像素的图像属性有亮度、色彩等。在计算机中，这些属性都用数字表示。例如，灰度图是单通道图，像素只有一个值：灰度值。灰度值越高，则图像越亮。

3. 灰度图

一张灰度图是由许多不同灰度值的像素点构成的。越亮的像素，灰度值越高，最高值是 255（白色）；越暗的像素，灰度值越低，最低值是 0（黑色）。灰度值在 0 到 255 的像素呈现不同程度的灰色。这样，通过不同的灰度层次，图像也就展现出来了，如图 4-5 所示。

4. 颜色模型

颜色模型是用模型描述彩色图像的构成规则。常见的颜色模型有 RGB、HSV、HUE 等。下面只讲述 RGB 模型和 HSV 模型，因为这两个颜色模型在计算机视觉中应用比较多。

1）RGB 模型

在 RGB 模型中，R 代表红色，G 代表绿色，B 代表蓝色，如图 4-6 所示。

图 4-5　灰度图示例

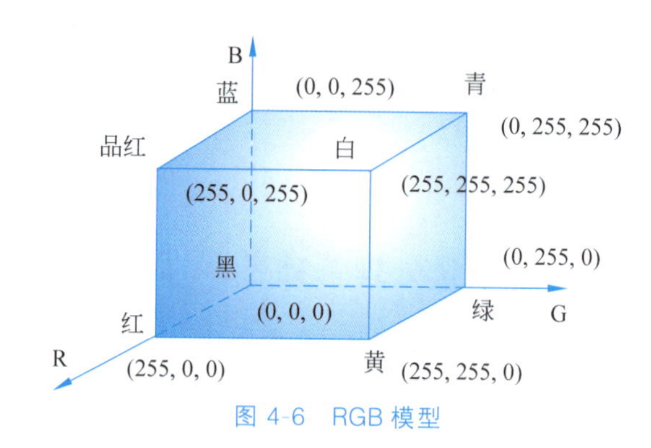

图 4-6　RGB 模型

以 R、G、B 为坐标轴建立笛卡儿坐标系。不同的坐标代表不同的颜色。例如，品红色为(1,0,1)，白色为(1,1,1)。其中，在(0,0,0)到(1,1,1)的对角线上的颜色是不同层次的灰色。

RGB 图像有 3 个通道，分别为 R 通道、G 通道、B 通道。通常用通道这个词表示向量中的某个分量。在前面已经讲过，灰度图是单通道的图像，意味着像素是一个标量，只有一个代表灰度级的值。而在 RGB 图像中，因为每个像素有 3 个通道的值，所以 RGB 图像的每个像素是一个三维向量。因此，一幅 RGB 图像可以分离成 3 幅单通道的图像，分别为代表 R、G、B 3 种颜色的灰度图。

RGB 模型是面向硬件的模型。因为在电子设备内部，通过电子束对 3 种颜色的电敏荧光粉施以不同强度的激发，就能产生各种颜色。

2）HSV 模型

前面说到 RGB 模型是面向硬件的，而 HSV 模型是面向人眼的。HSV 模型是符合人对颜色的直观认识的模型，H 是色调(hue)，S 是饱和度(saturation)，V 是明度(value)，如图 4-7 所示。

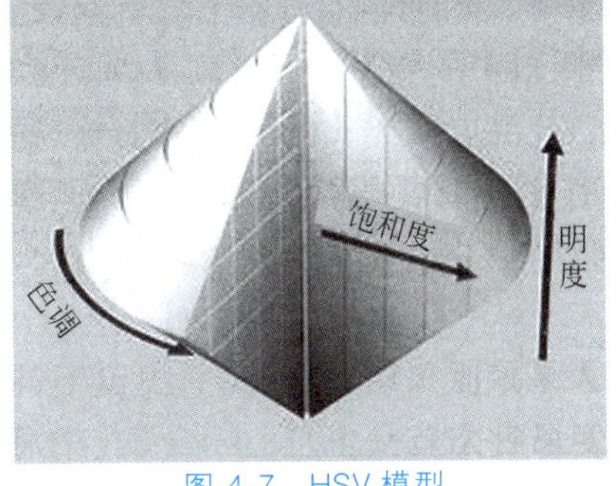

图 4-7　HSV 模型

(1) 色调用角度度量，取值范围为 0°～360°，按逆时针方向计算，红色为 0°，绿色为 120°，蓝色为 240°。

(2) 饱和度由圆心到外增加，颜色逐渐变鲜艳。

(3) 明度表示颜色明亮的程度。

4.1.2　图像处理任务类型

1. 图像变换

可以对图像进行以下变换：

(1) 几何变换，包括图像平移、旋转、镜像、转置。

(2) 尺度变换，包括图像缩放、插值算法(最近邻插值、线性插值、双三次插值)。

(3) 空间域与频域间变换。由于图像阵列很大，直接在空间域中进行处理，计算量很大。因此，有时候需要将空间域变换到频域进行处理。例如，通过傅里叶变换、沃尔什变换、离散余弦变换等间接处理技术将空间域变换到频域，不仅可减少计算量，而且可获得更有效的处理(例如，傅里叶变换可在频域中进行数字滤波处理)。

2. 图像增强

图像增强是为了突出图像中感兴趣的部分。例如，强化图像的高频分量，可使图像中的物体轮廓清晰、细节明显；强化图像的低频分量，可减少图像中的噪声。

常见的图像增强任务如下：

(1) 灰度变换增强，采用线性灰度变换、分段线性灰度变换、非线性灰度变换等技术。

(2) 直方图增强，采用直方图统计、直方图均衡化等技术。

(3) 图像平滑/降噪，采用邻域平均、加权平均、中值滤波、非线性均值滤波、高斯滤波、双边滤波等技术。

(4) 图像(边缘)锐化，采用梯度锐化、Roberts 算子、Laplace 算子、Sobel 算子等技术。

3. 图像分割

图像分割是将图像中有意义的特征部分提取出来。有意义的特征包括图像中的边缘、区域、色彩等，这是进一步进行图像识别、分析和理解的基础。

常见的图像分割任务如下：

(1) 阈值分割，采用固定阈值分割、最优/OTSU 阈值分割、自适应阈值分割等技术。

(2) 基于边界分割，采用 Canny 边缘检测、轮廓提取、边界跟踪等技术。

(3) Hough 变换，采用直线检测、圆检测等技术。

(4) 基于区域分割，采用区域生长、区域归并与分裂、聚类分割等技术。

(5) 色彩分割。

(6) 分水岭分割。

4. 图像特征提取

常用的图像特征如下：

(1) 几何特征，包括位置与方向、周长、面积、长轴与短轴、距离(欧几里得距离、街区距离、棋盘距离等。

(2) 形状特征，包括几何形态分析(Blob 分析)：矩形度、圆形度、不变矩、偏心率、多边形描述、曲线描述等。

(3) 幅值特征，包括矩、投影等。

(4) 直方图特征(统计特征)，包括均值、方差、能量、熵、L1 范数、L2 范数等。直方图特征方法计算简单，具有平移和旋转不变性，对颜色像素的精确空间分布不敏感，主要应用于表面检测、缺陷识别。

(5) 颜色特征，包括颜色直方图、颜色矩等。

(6) 局部二值模式(Local Binary Pattern，LBP)特征。LBP 对诸如光照变化等造成的图像灰度变化具有较强的鲁棒性，在表面缺陷检测、指纹识别、光学字符识别、人脸识别及车牌识别等领域有所应用。由于 LBP 计算简单，也可以用于实时检测。

5. 图像/模板匹配

图像/模板匹配包括轮廓匹配、归一化积相关灰度匹配、不变矩匹配、最小均方误差匹配。

6. 色彩分析

色彩分析包括色度分析、色密度分析、光谱分析、颜色直方图、自动白平衡。

7. 图像压缩

图像压缩技术可减少描述图像的数据量，以便减小图像传输量、处理时间和占用的存储空间。图像压缩可以在不失真的前提下进行，也可以在允许的失真条件下进行。编码是图像压缩技术中最重要的方法，它在图像处理技术中是发展最早且比较成熟的技术。

8. 图像分类

图像分类属于模式识别的范畴，其主要任务是图像经过某些预处理(增强、复原、压缩)后，对其进行分割和特征提取，从而进行判决分类。

9. 图像复原

图像复原要求对图像降质的原因有一定的了解，一般应根据降质过程建立降质模型，再采用某种滤波方法恢复或重建原来的图像。

4.2 模式识别

4.2.1 模式识别的定义

模式识别是人工智能领域的一个重要分支。人工智能通过计算模拟人的智能行为，主要包括感知、推理、决策、动作、学习，而模式识别主要研究的就是感知。在人的 5 种感知(视觉、听觉、嗅觉、味觉、触觉)中，视觉、听觉和触觉是人工智能领域研究较多的方向。模式识别技术主要涉及的就是视觉和听觉，而触觉则主要与机器人技术结合。随着计算机和人工智能技术的发展，模式识别取得了许多引人瞩目的应用成就和研究进展，它使得计算机智能化水平大为提高，更加易于开发和普及，在社会经济发展和国家公共安全等领域中应用日益广泛。生物特征识别、多媒体信息分析、视听觉感知、智能医疗都是目前发展较快的模式识别应用领域。

模式识别最主要的应用是生物特征识别。生物特征识别是指通过计算机对人体的生理特征（面部、手部、声纹）或行为特征（步态、笔迹）等固有模式进行自动识别和分析，进而实现身份鉴定的技术。它是智能时代最受关注的安全认证技术，凭借人体生理特征的唯一性标识身份，已经逐渐替代人们经常使用的钥匙、磁卡和密码，在智能家居、智能机器人、互联网金融等领域发挥了重要作用。

多媒体信息分析是模式识别最广泛的应用之一。它旨在解决多媒体数据的挖掘、理解、管理、操纵等问题，同时以高效的方式对不同模态的异构数据进行智能感知，以便服务于实际应用。作为新一代信息资源，多媒体数据除传统的文字信息外，还包含了表现力强、形象生动的图像和视频等媒体信息。相对于真实的多媒体数据，使用模式识别方法也可以合成高质量和多样化的虚拟数据，鉴别虚假信息，在很多领域都具有重要应用价值。

医疗诊断和医学图像处理是模式识别的一个较新的应用领域。主要是将模式识别技术应用在医学影像的处理和理解方面，并结合临床数据加以综合分析，找到与特定疾病相关的影像学生物指标，从而辅助医生进行早期诊断、治疗和预后评估。医学图像处理主要涉及图像分割、图像配准、图像融合、计算机辅助诊断、三维重建与可视化等。

4.2.2 模式识别应用技术

模式识别应用技术具体研究进展主要集中在如下几方面：面部特征识别、手部特征识别、行为特征识别、声纹识别、图像和视频合成、遥感图像分析、文字与文本识别、复杂文档版面分析、多媒体数据分析、多模态情感计算、图像取证与安全、医学图像分析等。以下对前 6 种应用技术进行介绍。

1. 面部特征识别

人体多种模态的生物特征信息主要分布于面部和手部。相比于手部特征，人体面部的人脸和虹膜等特征具有表观可见、信息丰富、采集方便的独特优势，在移动终端、中远距离身份识别和智能视频监控应用场景中具有不可替代的重要作用，因而得到了学术界、产业界乃至政府部门的高度关注。

人脸识别是计算机视觉的经典问题，研究主要集中于人脸检测、人脸对齐和人脸特征分析与比对、人脸活体检测、人脸表情识别等方面。传统静默防伪方法基于纹理分析、高频图像特征等。目前深度学习成为静默活体检测的重点，例如朴素二分类方法、分块卷积网络方法、辅助监督（auxiliary supervision）方法、深度图回归方法、深度图融合 rPPG（remote photoplethysmography）回归方法等。如何解决各种条件下人脸活体检测方法的泛化能力还是一个难点问题。

从应用角度看，面部生物特征识别应用广泛，可应用于以下领域：

（1）公共安全：公安刑侦追逃、罪犯识别、边防安全检查。

（2）信息安全：计算机、移动终端和网络的登录，文件的加密和解密。

（3）商业企业：电子商务、电子货币和支付、考勤、市场营销。

（4）场所进出：军事机要部门、金融机构的门禁控制和进出管理等。

2. 手部特征识别

手部特征主要包括指纹、掌纹、手形以及手指、手掌和手背静脉，这些生物特征在发展早期主要采取结构特征进行识别，例如指纹和掌纹中的细节点、静脉中的血管纹路、手形几何尺寸等。近些年来，基于纹理表观深度学习的方法在手部特征识别领域得到快速发展。

指纹识别技术主要包括3方面内容，即指纹图像采集、指纹图像增强和指纹的特征提取及匹配。随着深度学习的发展，深度卷积网络凭借其强大的特征提取能力，在扭曲指纹图像校正等指纹图像增强的相关问题中得到广泛应用。指纹图像特征提取与匹配方法可以大体分为方向场特征法与特征点法两类。掌纹是位于手指和腕部之间的手掌皮肤表面的纹路，在分辨率较低的掌纹图像里比较显著的特征包括主线、皱纹线和纹理；在高分辨率的掌纹图像里还可以看到类似于指纹图像里的细节特征，例如脊线、细节点、三角点等。和其他生物识别方法相比，掌纹识别有很多独特的优势：信息容量高，唯一性好，适用人群广，硬件成本低，界面友好，采集方便，用户接受程度高，干净卫生。

自动掌纹识别研究起步于20世纪末期。已有的掌纹识别方法根据特征表达方法可大致分为3类：

（1）基于结构特征的掌纹识别方法，早期的掌纹识别研究都是模仿指纹识别的特征提取和匹配方法，提取掌纹图像中的特征线或者特征点进行结构化的匹配。这种方法需要高分辨率的掌纹图像才能准确提取结构化特征，特征提取和匹配的速度较慢，对噪声敏感，但是可用于大规模掌纹图像库的检索或粗分类。

（2）基于表象分析的掌纹识别方法，这类方法将掌纹图像的灰度值直接当成特征向量，然后用子空间的方法线性降维，例如基于PCA、LDA或者ICA的掌纹识别方法。这类方法可以快速识别低分辨率的掌纹图像，但是对可能存在的类内变化比较敏感，例如光照和对比度变化、校准误差、形变、变换采集设备等。并且需要在大规模测试集上训练得到最佳的投影基，推广能力差。

（3）基于纹理分析的掌纹识别方法，直接将低分辨率的掌纹图像看成纹理，就可以充分利用丰富的纹理分析算法资源。例如傅里叶变换、纹理能量、Gabor相位、能量和相位融合算法、皱纹线的方向特征等。这类方法都是提取掌纹图像局部区域的光照不变特征，对噪声干扰的鲁棒性强，分类能力和计算效率都很理想，是比较适用于掌纹识别的图像表达方法。

3. 行为特征识别

行为特征识别是通过个体后天形成的行为习惯（如步态、笔迹、键盘敲击等）进行身份识别。行为特征识别可用于持续性活体身份认证，例如金融、商业、政府、公安等应用领域。近些年也出现了一些新兴的行为特征模态，例如利用智能手机的划屏行为、网络社交媒体的统计行为特征进行身份识别。

在行为特征中，步态识别（gait recognition）是指通过分析人走路的姿态识别身份的过程，它是唯一可远距离识别且无须测试者配合的行为特征。美国“9·11”事件等恐怖事件以后，远距离身份识别研究在视觉监控等领域引起了浓厚兴趣。在银行、军事装置、机场等重要敏感场合，有效、准确地识别人、快速检测威胁并且提供不同人员不同的进入权限级别非常重要。

在产业化推动方面，步态识别领域进展迅速。步态识别技术已经成功应用于智能家居、智能机器人、视觉监控等领域。

笔迹鉴别由于具有易采集性、非侵犯性和接受程度高的优点，在金融、司法、电子商务、智能终端有应用需求，20 世纪 70 年代以来开展了大量研究。

签名认证一般是把一个手写签名与指定身份书写人的参考签名（身份注册时留下的签名样本）比较，判断是否为同一人所写（是真实签名还是伪造签名），伪造签名的判别是一个难点。文档笔迹鉴别和签名验证研究中提出了很多特征提取方法，如基于纹理分析、全局形状分析和局部形状分析的特征提取，字符识别中常用的特征（如轮廓或梯度方向直方图）也常用于笔迹鉴别。近年来，深度卷积神经网络（CNN）也越来越多地用于笔迹鉴别的特征提取。对签名验证，常用孪生卷积神经网络（Siamese CNN）对两幅签名图像同时提取特征并计算相似度，特征与相似度参数可端到端训练。跟传统方法相比，深度神经网络也明显提高了文档笔迹鉴别和签名认证的精度。

4. 声纹识别

声纹识别，又称说话人识别，是根据语音信号中能够表征说话人个性信息的声纹特征，利用计算机以及各种信息识别技术，自动地实现说话人身份识别的一种生物特征识别技术。声纹是一种行为特征，由于每个人先天的发声器官（如舌头、牙齿、口腔、声带、肺、鼻腔等）在尺寸和形态方面存在差异，再加上年龄、性格、语言习惯等各种后天因素的影响，可以说每个说话人的声纹都是独一无二的，并可以在较长的时间里保持相对稳定不变。

从发音文本的范畴，声纹识别可分为文本无关、文本相关和文本提示 3 类。文本相关的声纹识别的文本内容匹配性明显优于文本无关的声纹识别，所以一般来说其系统性能也会好很多。但是，文本相关的声纹识别对声纹预留和识别时的语音录制有着更为严格的限制，并且相对单一的识别文本更容易被窃取。相比于文本相关的声纹识别，文本无关的声纹识别使用起来更加方便灵活，具有更好的体验性和推广性。为此，综合二者的优点，文本提示型的声纹识别应运而生。对文本提示的声纹识别而言，系统从声纹的训练文本库中随机地抽取并组合若干词汇，作为用户的发音提示。这样不仅降低了文本相关的声纹识别所存在的系统闯入风险，提高了系统的安全性，而且实现也相对简单。

声纹识别在实际生活中有广泛的应用，可以分为声纹确认、声纹辨认和声纹追踪。在军事、国防领域，声纹识别有力保障了国家和公共安全；在金融领域，声纹识别通过动态声纹密码的方式进行客户端身份认证，可有效提高个人资金和交易支付的安全；在个性化语音交互中，声纹识别有效提高了工作效率；除此之外，声纹识别还在教育、娱乐、可穿戴设备等不同方面取得了不错的效果。

声纹识别的广泛应用与其技术的发展进步是息息相关的。在实际应用中，声纹识别还面临鲁棒性、防攻击性、超短语音等的挑战。应对这些挑战是未来的发展方向。

5. 图像和视频合成

随着数字化时代的不断发展，人们的生活中有大量的数字化影像，例如日常拍摄的照片以及录制的视频，还有各类互联网娱乐应用的图像与视频内容。然而，随着图像与视频合成技术的不断进步，曾经“眼见为实”的断言到如今也已失效，图像与视频合成技术能够按照需求生成对应的图像与视频，例如，根据描述生成一幅图像，根据肖像画生成一个人的照片，等等。对于图像和视频的合成，可以是对已有画面的编辑和修改，也可以合成全新的完全不存在于现实中的景象。对于具体的单幅图像合成和视频的合成也有技术实现上的区别。

在计算机视觉领域中，图像合成是一个重要研究方向。在深度学习技术兴起之前，机器学习技术主要聚焦于判别类问题，图像的合成主要通过叠加与融合图像等方式进行。而随着深度学习技术的迅速发展以及计算硬件性能的快速提升，生成式模型得到了更为广泛和深入的研究。变分自编码器（Variational Auto Encoder，VAE）就是一类有效的方法，能够稳定地合成图像，但是其合成的图像一般较为模糊，缺少细节。2014 年，Ian Goodfellow 提出了生成对抗网络（Generative Adversarial Network，GAN），为图像与视频的合成带来了令人惊异的技术，其合成的图像逼真自然且拥有锐利的细节，对后续图像与视频合成的研究产生了深远影响。自此之后，图像和视频合成领域产生了大量基于 GAN 的生成模型的改进方法，从不同角度改进了其生成过程的不足。同时，随着近年来计算技术的发展和计算资源的性能提升，不论是单帧图像的合成还是视频的合成，都达到了高分辨率、高逼真度的效果。

图像与视频的合成在计算机视觉领域中有着重要地位，其成果带动了相关领域的研究和应用。例如，GAN 在语音合成、文本生成、音乐生成等领域的应用使其效果产生了质的飞跃。而图像与视频合成在当今社会及商业中也应用广泛，在娱乐方面有着各类美妆类、变脸类应用，而在安防领域有着异质图像合成、肖像自然图像合成等重要应用。在未来，对于图像与视频合成的深入研究将在更为广泛的领域产生深远的影响。

6. 遥感图像分析

遥感图像处理旨在通过对遥感图像的分析来获得有关场景、目标的特征及规律。遥感图像处理既指从遥感图像获取特征或规律的技术或手段，也指获取特征或规律后的应用目的。遥感图像处理所获取的特征主要包括时间特征、空间特征、语义特征，所获取的规律主要包含地物真实特征与图像特征的对应关系以及从图像获得的场景、目标与周围环境或时间的演变或变化规律。

在遥感图像处理中，特征提取是开展基于模式识别技术研发与应用的基础，主要包含时间特征、空间特征和语义特征提取。时间特征描述多时相图像关于场景、目标的时间变化特性，主要通过变化检测手段实现。空间特征描述地物或目标与近邻位置的空间相似关系，常用的空间特征包括局部自相似特征、分形、纹理等，主要通过颜色与形状分析和图像分割等手段实现。语义特征描述遥感图像场景及地物目标的属性、类型或相关概念，主要通过模式分类等手段实现。

遥感图像数据融合的基本任务是针对同一场景并具有互补信息的多幅遥感图像数据或其他观测数据，通过对它们的综合处理、分析与决策手段，获取更高质量的数据、更优化的特征、更可靠的知识。根据遥感数据获取来源，遥感图像数据融合可分为多源遥感图像数据融合与多时相遥感图像数据融合。多源遥感图像数据融合通过将多个传感器和信息源的数据进行联合、关联、组合，以获取目标更精确、更全面的信息，根据图像数据融合的层次，又可分为像素级融合、特征级融合、决策级融合。多时相遥感图像数据融合主要包括基于预处理、基于分类、基于变化检测、基于信息提取、基于环境应用等多种方法。

遥感图像解译的基本任务是对遥感图像中各种待识别目标的特征信息进行分析、推理与判断，最终达到识别目标或现象的目的。目标识别、检测、语义分割是实现遥感图像解译的基础。目前，深度学习方法已成为遥感图像解译的主流方法，在目标识别、检测、语义分割中取得较优的性能。

变化检测的基本任务是利用不同时间获取的覆盖同一地表区域的遥感图像确定和分析地表变化。根据变化分析的层次，变化检测可分为像素级变化检测、特征级变化检测以及对象级变化检测。当前，变化检测的进展集中体现在深度学习方面，主要包含基于卷积神经网络的变化检测、基于深度置信网络的变化检测、基于自编码器的变化检测、基于非受限玻尔兹曼机的 SAR 图像变化检测、栈式噪声自编码器与栈式映射网络变化检测、深度映射变化检测、深度聚类变化检测等。

高光谱图像分类的基本任务是对高光谱图像中的每个像素进行分类，以达到对地物、目标进行高精度分类和自动化识别的目的，是对地观测的重要组成部分。近年来，随着深度学习新技术的出现，基于深度学习的高光谱图像分类在方法和性能上取得了突破性进展，能够通过训练集学习自动地获得数据的高级特征，使得分类模型能更好地表达数据集本身的特点，提高分类精度。新的方法主要包含基于 3D-CNN 的方法、基于空-谱残差网络的方法、基于深度金字塔残差网络的方法、基于生成对抗网络的方法等。

目前遥感数据处理已经广泛应用于自然环境监测、国防安全、农林普查、矿物勘探、灾害应急、交通运输、通信服务等实际任务。

4.2.3 基于模式识别的光学字符识别实验

1. 理论回顾

本实验采用模式识别的光学字符识别(Optical Character Recognition，OCR)算法，识别银行卡表面的印刷字符。银行卡的种类繁多，不能使用一类固定的算法识别所有的银行卡，这里仅介绍基于机器视觉库 OpenCV 的静态银行卡的识别，实际场景远比这种情况复杂，需要额外的定位银行卡位置等一系列操作。

银行卡示例如图 4-8 所示。

图 4-8 银行卡示例

2. 实验目标

(1) 熟悉光学字符识别技术原理。

(2) 熟悉光学字符识别技术应用方法。

3. 实验环境

硬件环境：Pentium 处理器，双核，主频 2GHz 以上，内存 4GB 以上。

操作系统：Ubuntu 16.04 64 位或 Windows 7 64 位及以上操作系统。

实验器材：AI+智能分拣实训平台。

实验配件：应用扩展模块。

4. 实验步骤

1) 实验环境准备

请参考附录 A 完成实验运行环境的安装。

2) 银行卡图片处理

银行卡识别流程如下：

(1) 灰度化，利用 Sobel 算子求出图像边缘。

（2）进行形态学处理，提取可能是数字的区域。

（3）提取图像的轮廓，剔除不符合条件的轮廓。

（4）提取并分割模板图像。

（5）与模板图像对比，进行数字识别。

3）Sobel 边缘算子

OpenCV 中有 cv.Sobel 函数，用于图像边缘的提取。示例代码如下：

```
#!/bin/usr/python3
#-*- coding: UTF-8 -*-
import cv2 as cv
import numpy as np
import imutils
#帮助信息
helpInfo = '''
提示-按键前需要选中当前画面显示的窗口
按键 Q:退出程序
'''
print(helpInfo)
#初始化两个长方形(宽比高数值大)和正方形的结构化卷积核
rectKernel = cv.getStructuringElement(cv.MORPH_RECT, (9, 3))
sqKernel = cv.getStructuringElement(cv.MORPH_RECT, (5, 5))
#加载图像,调整图像尺寸,并转换为灰度图
image = cv.imread('credit_card.png')
image = imutils.resize(image, width=300)
gray = cv.cvtColor(image, cv.COLOR_BGR2GRAY)
#采用"顶帽"数学形态学操作,进行前后景分割(即分割出信用卡号数字)
tophat = cv.morphologyEx(gray, cv.MORPH_TOPHAT, rectKernel)
#计算 Sobel 梯度并将像素变换到[0, 255]区间
gradX = cv.Sobel(tophat, ddepth=cv.CV_32F, dx=1, dy=0, ksize=-1)
gradX = np.absolute(gradX)
(minVal, maxVal) = (np.min(gradX), np.max(gradX))
gradX = (255 * ((gradX - minVal) / (maxVal - minVal)))
gradX = gradX.astype("uint8")
#显示结果
cv.namedWindow('gradX',flags=cv.WINDOW_NORMAL | cv.WINDOW_KEEPRATIO |
cv.WINDOW_GUI_EXPANDED)
cv.imshow('gradX', gradX)
cv.imwrite('gradX.png', gradX)
    cv.waitKey(0)
```

创建 Python 文件 card01.py，使用 SSH 方式登录边缘计算网关的 Linux 终端，执行以下命令运行程序：

```
$ python3 card01.py
```

4）提取可能是数字的区域

在图 4-9 的基础上作闭运算，然后二值化，再作闭运算。示例代码如下：

```
#!/bin/usr/python3
#-*- coding: UTF-8 -*-
import cv2 as cv
import numpy as np
import imutils
#帮助信息
```

```
helpInfo = '''
提示-按键前需要选中当前画面显示的窗口
按键 Q:退出程序
'''
print(helpInfo)
#初始化两个长方形(宽比高数值大)和正方形的结构化卷积核
rectKernel = cv.getStructuringElement(cv.MORPH_RECT, (9, 3))
sqKernel = cv.getStructuringElement(cv.MORPH_RECT, (5, 5))
#加载图像,调整图像尺寸,并转换为灰度图
image = cv.imread('credit_card.png')
image = imutils.resize(image, width=300)
gray = cv.cvtColor(image, cv.COLOR_BGR2GRAY)
#采用"顶帽"数学形态学操作,进行前后景分割(即分割出信用卡号数字)
tophat = cv.morphologyEx(gray, cv.MORPH_TOPHAT, rectKernel)
#计算 Sobel 梯度并将像素变换到[0, 255]区间
gradX = cv.Sobel(tophat, ddepth=cv.CV_32F, dx=1, dy=0, ksize=-1)
gradX = np.absolute(gradX)
(minVal, maxVal) = (np.min(gradX), np.max(gradX))
gradX = (255 * ((gradX - minVal) / (maxVal - minVal)))
gradX = gradX.astype("uint8")
#使用长方形内核进行数学形态学闭操作,以消除信用卡号数字间隙
#并应用大津(Otsu)算法将图像分割为二值化图像
gradX = cv.morphologyEx(gradX, cv.MORPH_CLOSE, rectKernel)
thresh = cv.threshold(gradX, 0, 255, cv.THRESH_BINARY | cv.THRESH_OTSU)[1]
#采用第二次数学形态学闭操作,进一步消除信用卡号数字间隙
thresh = cv.morphologyEx(thresh, cv.MORPH_CLOSE, sqKernel)
#显示结果
cv.namedWindow('thresh',flags=cv.WINDOW_NORMAL | cv.WINDOW_KEEPRATIO |
cv.WINDOW_GUI_EXPANDED)
cv.imshow('thresh', gradX)
cv.imwrite('thresh.png', gradX)
cv.waitKey(0)
```

创建 Python 文件 card02.py,使用 SSH 方式登录边缘计算网关的 Linux 终端,执行以下命令运行程序:

```
$ python3 card02.py
```

可以看到,此时已经基本提取出了数字区域的位置,但是有一些无效的区域,如图 4-9 所示。可以根据轮廓的形状剔除不符合条件的轮廓。

图 4-9 提取可能是数字的区域

5）筛选数字区域

可以看到,银行卡的数字区域外接矩形的长宽比是有一定范围的,所以可以根据外接矩形的长宽比进行数字区域筛选。

寻找轮廓,可以采用 OpenCV 的 cv.findContours 函数,但是不同版本的 OpenCV 中 cv.findContours 函数返回的参数并不一致,所以这里采用 imutils.grab_contours 函数,以考虑兼容性问题。示例代码如下:

```
#!/bin/usr/python3
#-*- coding: UTF-8 -*-
import cv2 as cv
import numpy as np
import imutils
#帮助信息
helpInfo = '''
提示-按键前需要选中当前画面显示的窗口
按键 Q:退出程序
'''
print(helpInfo)
#初始化两个长方形(宽比高数值大)和正方形的结构化卷积核
rectKernel = cv.getStructuringElement(cv.MORPH_RECT, (9, 3))
sqKernel = cv.getStructuringElement(cv.MORPH_RECT, (5, 5))
#加载图像,调整图像尺寸,并转换为灰度图
image = cv.imread('credit_card.png')
image = imutils.resize(image, width=300)
gray = cv.cvtColor(image, cv.COLOR_BGR2GRAY)
#采用"顶帽"数学形态学操作,进行前后景分割(即分割出信用卡号数字)
tophat = cv.morphologyEx(gray, cv.MORPH_TOPHAT, rectKernel)
#计算 Sobel 梯度并将像素变换到[0, 255]区间
gradX = cv.Sobel(tophat, ddepth=cv.CV_32F, dx=1, dy=0, ksize=-1)
gradX = np.absolute(gradX)
(minVal, maxVal) = (np.min(gradX), np.max(gradX))
gradX = (255 * ((gradX - minVal) / (maxVal - minVal)))
gradX = gradX.astype("uint8")
#使用长方形内核进行数学形态学闭操作,以消除信用卡号数字间隙
#并应用大津算法将图像分割为二值化图像
gradX = cv.morphologyEx(gradX, cv.MORPH_CLOSE, rectKernel)
thresh = cv.threshold(gradX, 0, 255, cv.THRESH_BINARY | cv.THRESH_OTSU)[1]
#采用第二次数学形态学闭操作,进一步消除信用卡号数字间隙
thresh = cv.morphologyEx(thresh, cv.MORPH_CLOSE, sqKernel)
#获取二值化图像的轮廓列表,并初始化信用卡号数字坐标列表
cnts = cv.findContours(thresh.copy(), cv.RETR_EXTERNAL, cv.CHAIN_APPROX_
SIMPLE)
cnts = imutils.grab_contours(cnts)
locs = []
contours = image.copy()
index = 8
#遍历轮廓列表
for (i, c) in enumerate(cnts):
    #计算每个轮廓的外接矩形框,通过外接矩形框坐标计算长宽比
    (x, y, w, h) = cv.boundingRect(c)
    ar = w / float(h)
    #由于信用卡号数字采用 4 个一组的固定字体字符,因此可基于字符长宽比消除多余的轮廓
    if 2.5 < ar <= 4.1:
        #根据最小/最大宽度和高度,进一步消除多余轮廓
        if 40 < w < 55 and 10 < h < 18:
            cv.rectangle(contours, (x - 5, y - 5), (x + w + 5, y + h + 5), (0, 0,
255), 2)
            #将识别的信用卡号数字组合加入字符坐标列表
            locs.append((x, y, w, h))
#显示结果
cv.namedWindow('contours',flags=cv.WINDOW_NORMAL | cv.WINDOW_KEEPRATIO |
cv.WINDOW_GUI_EXPANDED)
cv.imshow('contours', contours)
```

```
cv.imwrite('contours.png', thresh)
cv.waitKey(0)
```

创建 Python 文件 card03.py，使用 SSH 方式登录边缘计算网关的 Linux 终端，执行以下命令运行程序：

```
$ python3 card03.py
```

可以看到筛选后的数字区域，如图 4-10 所示。

图 4-10 筛选后的数字区域

6）提取并分割模板中的数字图片

基于模板识别数字的方法十分依赖于银行卡上的数字类型。本实验采用的数字模板如图 4-11 所示。

0123456789

图 4-11 数字模板

分割模板中的数字图片的方法是：首先检测图片的轮廓，然后检测图片的外接矩形，最后提取外接矩形区域的数字作为后续匹配的模板。具体过程如下：灰度化→二值化→寻找轮廓→截取轮廓区域→保存数字模板。

示例代码如下：

```
#!/bin/usr/python3
#-*- coding: UTF-8 -*-
from imutils import contours
import numpy as np
import imutils
import cv2 as cv
import matplotlib.pyplot as plt
#帮助信息
helpInfo = '''
提示-按键前需要选中当前画面显示的窗口
按键 Q: 退出程序
'''
print(helpInfo)
#加载 OCR-A 标准数字字符图像,并转换为灰度图
#然后进行二值化阈值分割,再进行反向操作,使数字在黑色背景中显示为白色
ref = cv.imread('OCR-A.png')
```

```
ref = cv.cvtColor(ref, cv.COLOR_BGR2GRAY)
ref = cv.threshold(ref, 10, 255, cv.THRESH_BINARY_INV)[1]
#获取 OCR-A 标准数字字符的轮廓,并从左向右排序
#初始化{字符名称: 数字 ROI}的字典
refCnts = cv.findContours(ref.copy(), cv.RETR_EXTERNAL, cv.CHAIN_APPROX_
SIMPLE)
refCnts = imutils.grab_contours(refCnts)
refCnts = contours.sort_contours(refCnts, method="left-to-right")[0]
digits = {}
plt.figure()
#遍历 OCR-A 标准数字字符轮廓列表
for (i, c) in enumerate(refCnts):
    #计算并提取数字的外接矩形框,然后将其调整为固定尺寸
    (x, y, w, h) = cv.boundingRect(c)
    roi = ref[y:y + h, x:x + w]
    roi = cv.resize(roi, (57, 88))
    #更新{字符名称: 数字 ROI}字典
    digits[i] = roi
    plt.subplot(2, 5, i + 1)
    plt.imshow(roi, cmap='gray')
plt.show()
```

创建 Python 文件 card04.py,使用 SSH 方式登录边缘计算网关的 Linux 终端,执行以下命令运行程序:

```
$ python3 card04.py
```

分割的数字模板图片如图 4-12 所示。

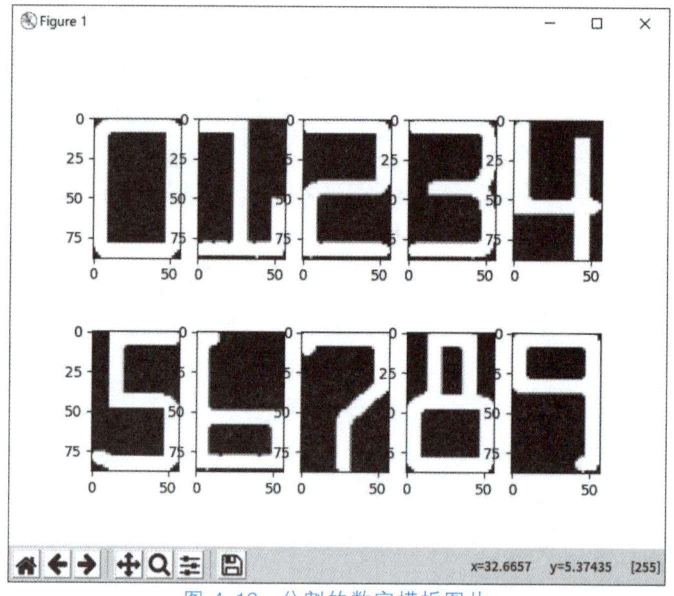

图 4-12 分割的数字模板图片

7)数字识别

得到银行卡上的数字区域后,与分割数字模板图片一样,分割银行卡上的数字,然后分别与模板进行对比。可以采用 OpenCV 提供的 cv.matchTemplate 方法进行对比,以识别银行卡上的数字。

示例代码如下：

```
#!/bin/usr/python3
#-*- coding: UTF-8 -*-
#USAGE
#python3 ocr_template_match.py --image images/credit_card_01.png --reference
ocr_a_reference.png
#导入所需的包
from imutils import contours
import numpy as np
import argparse
import imutils
import cv2 as cv
import matplotlib.pyplot as plt
#帮助信息
helpInfo = '''
提示-按键前需要选中当前画面显示的窗口
按键 Q: 退出程序
'''
print(helpInfo)
#解析主程序运行参数
ap = argparse.ArgumentParser()
ap.add_argument("-i", "--image", required=False, default='credit_card.png',
                help="path to input image")
ap.add_argument("-r", "--reference", required=False, default='OCR-A.png',
                help="path to reference OCR-A image")
args = vars(ap.parse_args())
#定义一个{信用卡号首位数字:信用卡类别}字典
FIRST_NUMBER = {
    "3": "American Express",
    "4": "Visa",
    "5": "MasterCard",
    "6": "Discover Card"
}
#加载 OCR-A 标准数字字符图像,并转换为灰度图
#然后进行二值化阈值分割,再进行反向操作,使数字在黑色背景中显示为白色
ref = cv.imread(args["reference"])
ref = cv.cvtColor(ref, cv.COLOR_BGR2GRAY)
ref = cv.threshold(ref, 10, 255, cv.THRESH_BINARY_INV)[1]
#获取 OCR-A 标准数字字符的轮廓,并从左向右排序
#初始化{字符名称: 数字 ROI}的字典
refCnts = cv.findContours(ref.copy(), cv.RETR_EXTERNAL, cv.CHAIN_APPROX_
SIMPLE)
refCnts = imutils.grab_contours(refCnts)
refCnts = contours.sort_contours(refCnts, method="left-to-right")[0]
digits = {}
#plt.figure()
#遍历 OCR-A 标准数字字符轮廓列表
for (i, c) in enumerate(refCnts):
    #计算并提取数字的外接矩形框,然后将其调整为固定尺寸
    (x, y, w, h) = cv.boundingRect(c)
    roi = ref[y:y + h, x:x + w]
    roi = cv.resize(roi, (57, 88))
    #更新{字符名称: 数字 ROI}字典
    digits[i] = roi
    #plt.subplot(2, 5, i + 1)
```

```
    #plt.imshow(roi, cmap='gray')
#plt.show()
#初始化两个长方形(宽比高数值大)和正方形的结构化卷积核
rectKernel = cv.getStructuringElement(cv.MORPH_RECT, (9, 3))
sqKernel = cv.getStructuringElement(cv.MORPH_RECT, (5, 5))
#加载图像,调整图像尺寸,并转换为灰度图
image = cv.imread('credit_card.png')
#image = cv.imread(args["image"])
image = imutils.resize(image, width=300)
gray = cv.cvtColor(image, cv.COLOR_BGR2GRAY)
#采用"顶帽"数学形态学操作,进行前后景分割(即分割出信用卡号数字)
tophat = cv.morphologyEx(gray, cv.MORPH_TOPHAT, rectKernel)
#计算 Sobel 梯度并将像素变换到[0, 255]区间
gradX = cv.Sobel(tophat, ddepth=cv.CV_32F, dx=1, dy=0, ksize=-1)
gradX = np.absolute(gradX)
(minVal, maxVal) = (np.min(gradX), np.max(gradX))
gradX = (255 * ((gradX - minVal) / (maxVal - minVal)))
gradX = gradX.astype("uint8")
#使用长方形内核进行数学形态学闭操作,以消除信用卡号数字间隙
#并应用大津算法将图像分割为二值化图像
gradX = cv.morphologyEx(gradX, cv.MORPH_CLOSE, rectKernel)
thresh = cv.threshold(gradX, 0, 255, cv.THRESH_BINARY | cv.THRESH_OTSU)[1]
#采用第二次数学形态学闭操作,进一步消除信用卡号数字间隙
thresh = cv.morphologyEx(thresh, cv.MORPH_CLOSE, sqKernel)
#获取二值化图像的轮廓列表,并初始化信用卡号数字坐标列表
cnts = cv.findContours(thresh.copy(), cv.RETR_EXTERNAL, cv.CHAIN_APPROX_
SIMPLE)
cnts = imutils.grab_contours(cnts)
locs = []
img_test = image.copy()
index = 8
#遍历 OCR-A 标准数字字符轮廓列表
for (i, c) in enumerate(cnts):
    #计算每个轮廓的外接矩形框,通过外接矩形框坐标计算长宽比
    (x, y, w, h) = cv.boundingRect(c)
    ar = w / float(h)
    #由于信用卡号数字采用 4 个一组的固定字体字符,因此可基于字符长宽比消除多余的轮廓
    if 2.5 < ar <= 4.1:
        #根据最小/最大宽度和高度,进一步消除多余轮廓
        if 40 < w < 55 and 10 < h < 18:
            cv.rectangle(img_test,(x-5,y-5),(x+w+5,y+h+5),(0,0,255),2)
            #将识别的信用卡号数字组合加入字符坐标列表
            locs.append((x, y, w, h))
#从左向右对数字位置坐标进行排序,并初始化识别结果字符列表
locs = sorted(locs, key=lambda _x: _x[0])
output = []
#遍历 4 个一组的信用卡号数字字符位置坐标
for (i, (gX, gY, gW, gH)) in enumerate(locs):
    #初始化每组数字坐标的列表
    groupOutput = []
    #从灰度图中提取 4 个一组的数字 ROI 区域
    #然后应用阈值分割操作,从图像背景中将每组数字分割为单个数字
    group = gray[gY - 5:gY + gH + 5, gX - 5:gX + gW + 5]
    group = cv.threshold(group, 0, 255,cv.THRESH_BINARY | cv.THRESH_OTSU)[1]
    #检测每组中单个数字字符的轮廓,并从左至右进行排序
```

```
    digitCnts = cv.findContours(group.copy(), cv.RETR_EXTERNAL,
                                cv.CHAIN_APPROX_SIMPLE)
    digitCnts = imutils.grab_contours(digitCnts)
    digitCnts = contours.sort_contours(digitCnts, method="left-to-right")[0]
    #遍历检测到的数字字符轮廓列表
    for c in digitCnts:
        #计算并提取每个单字符的外接矩形框
        #将其大小调整为与 OCR-AOCR-A 标准数字字符大小一致
        (x, y, w, h) = cv.boundingRect(c)
        roi = group[y:y + h, x:x + w]
        roi = cv.resize(roi, (57, 88))
        #初始化模板匹配分值列表
        scores = []
        #遍历参考数字名称和 ROI 区域列表
        for (digit, digitROI) in digits.items():
            #应用基于相关性的模板匹配算法,获取匹配分值并更新分值列表
            result = cv.matchTemplate(roi, digitROI, cv.TM_CCOEFF)
            (_, score, _, _) = cv.minMaxLoc(result)
            scores.append(score)
        #根据参考数字字符的名称和最大匹配分值索引,确定信用卡号数字字符识别结果
        groupOutput.append(str(np.argmax(scores)))
    #绘制数字识别结果
    cv.rectangle(image, (gX - 5, gY - 5), (gX + gW + 5, gY + gH + 5), (0, 0, 255), 2)
    cv.putText(image, "".join(groupOutput), (gX, gY - 15),
               cv.FONT_HERSHEY_SIMPLEX, 0.65, (0, 0, 255), 2)
    #更新输出数字列表
    output.extend(groupOutput)
#输出数字识别结果
print(output)
#显示信用卡号数字字符识别结果
print("Credit Card Type: {}".format(FIRST_NUMBER[output[0]]))
#print("Credit Card Type:", output)
print("Credit Card #: {}".format("".join(output)))
cv.namedWindow('result',flags=cv.WINDOW_NORMAL | cv.WINDOW_KEEPRATIO |
cv.WINDOW_GUI_EXPANDED)
cv.imwrite('result.png', image)
while True:
    cv.imshow("result", image)
    key = cv.waitKey(1) & 0xFF
    if key == ord('q'):
        break
cv.destroyAllWindows()
```

创建 Python 文件 card05.py,使用 SSH 方式登录边缘计算网关的 Linux 终端,执行以下命令运行程序:

```
$ python3 card05.py
```

输出如下:

```
['4', '0', '2', '0', '3', '4', '0', '0', '0', '2', '3', '4', '5', '6', '7', '8']
Credit Card Type: Visa
Credit Card #: 4020340002345678
提示-按键前需要选中当前画面显示的窗口
按键 Q:退出程序
```

数字识别结果如图 4-13 所示。

5. 拓展实验

(1) 尝试修改代码，使其可以识别出银行卡所属的银行，并在银行卡上显示出来。

(2) 查找关于银行卡号其他的识别方法，思考是否可以优化算法。

6. 常见问题

(1) 代码调用的是测试图像的相对路径，但是测试图像与代码文件不在同一目录之下。

(2) 未安装 NumPy 库。

(3) 没有添加用于对照识别的模板数字图像。

图 4-13　数字识别结果

4.3　图像识别

图像识别也称图像分类，是计算机视觉领域的基础任务，也是应用比较广泛的任务。它用来解决“图像内容是什么”的问题。例如，给定一个图像，用标签描述图像的主要内容。根据标签的不同，图像识别大致可分为图像二分类、图像多分类、图像多标签分类。

经典的图像识别包括特征提取环节。特征提取一般是人工精心设计的，研究者会花费大量的精力去探索如何提取鲁棒性较好的图像特征。

4.3.1　图像识别方法

图像识别是一种图像处理方法，它根据图像中的不同特征把不同类别的目标区分开来。图像识别方法主要有以下几类：

(1) 基于传统机器学习的方法，如 KNN、SVM、BP 神经网络等。这类方法需要提取图像的底层特征，如灰度、颜色、纹理、形状等，然后利用分类器进行分类。

(2) 基于深度学习的方法，如 CNN、RNN 等。这类方法可以直接从原始图像中学习高层次的特征表示，并利用神经网络进行分类。

(3) 基于迁移学习的方法，如 Inception V3 等。这类方法可以利用经过预训练的深度神经网络模型，在新的数据集上进行微调或重训练，以提高分类性能。

1. 基于传统机器学习算法

图像识别过程一般包括底层特征提取、特征编码、空间特征约束和利用分类器进行分类 4 个阶段。

(1) 特征提取。通常按照固定步长、尺度从图像中提取大量局部特征描述。常用的局部特征描述方法包括 SIFT(Scale-Invariant Feature Transform，尺度不变特征转换)、HOG(Histogram of Oriented Gradient，方向梯度直方图)、LBP(局部二值模式)等。一般采用多种特征描述，以防止丢失过多的有用信息。

(2) 特征编码。底层特征中包含了大量冗余与噪声，为了提高特征表达的鲁棒性，需要使用特征变换算法对底层特征进行编码。常用的特征编码方法包括向量量化编码、稀疏编码、局部线性约束编码、费舍尔向量(Fisher vector)编码等。

(3) 空间特征约束。特征编码之后一般要进行空间特征约束,也称作特征汇聚。特征汇聚是指在一个空间范围内对每一维特征取最大值或者平均值。金字塔特征匹配是一种常用的空间特征约束方法,这种方法提出将图像均匀分块,在分块内进行空间特征约束。

(4) 通过分类器对图像进行分类。经过前面步骤之后,一幅图像可以用一个固定维度的向量进行描述,接下来就是通过分类器对图像进行分类。通常使用的分类器包括 SVM、随机森林等。而使用核方法的 SVM 是最常用的分类器,在传统图像分类任务上性能很好。

2. 深度学习算法

Alex Krizhevsky 在 2012 年提出的 CNN 模型取得了历史性突破,图像识别效果大幅超越传统方法,获得了 ILSVRC 2012 冠军,该模型被称作 AlexNet。这也是首次将深度学习用于大规模图像分类。

自 AlexNet 之后又涌现了一系列 CNN 模型,例如 VGG、GoogleNet、ResNet 等,不断地在 ImageNet 上刷新成绩。CNN 模型的层数不断增加,结构设计越来越精妙,使 Top-5 的错误率越来越低,降到了 3.5%左右。而在同样的 ImageNet 数据集上,人眼的图像识别错误率大概是 5.1%,也就是说,目前的深度学习模型的图像识别能力已经超过了人眼。

传统 CNN 包含卷积层、全连接层等组件,并采用 softmax 多类别分类器和多类交叉熵损失函数,典型的 CNN 结构如图 4-14 所示。

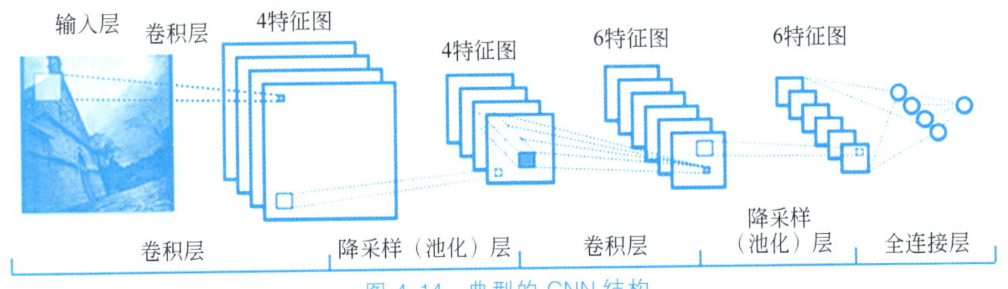

图 4-14 典型的 CNN 结构

CNN 的常见组件如下:

(1) 卷积层。执行卷积操作,提取底层到高层的特征,发掘出图像局部关联性和空间不变性。

(2) 池化层。执行降采样操作,这是通过对卷积层输出的特征图中的局部区块取最大值(max-pooling)或者均值(avg-pooling)实现的。降采样也是图像处理中常见的操作,可以过滤一些不重要的高频信息。

(3) 全连接层。输入层到隐含层的神经元是全部连接的。

(4) 非线性变化函数。卷积层、全连接层后面一般都会接非线性变化函数,例如 Sigmoid 函数、Tanh 函数、ReLU 函数等,以增强神经网络的表达能力。在 CNN 中最常用的非线性变化函数为 ReLU 函数。

(5) 随机失活(dropout)。在模型训练阶段,随机让一些隐含层节点权重归零,以提高网络的泛化能力,在一定程度上防止过拟合。

另外,在训练过程中,由于每层参数不断更新,会导致下一次输入分布发生变化,这样就使得训练过程需要精心设计超参数。例如，2015 年，Sergey Ioffe 和 Christian Szegedy 提出了 BN(Batch Normalization，批正则化)算法，每一批对网络中的每一层特征都进行归一化，使得每层分布相对稳定。BN 算法不仅起到了一定的正则作用，而且弱化了一些超参数的作用。

经过实验证明，BN 算法加速了模型收敛过程，因此它在后来较深的模型中被广泛使用。

4.3.2　图像识别的应用

图像识别的发展经历了 3 个阶段：文字识别、数字图像处理与识别、物体识别。

(1) 文字识别的研究是从 1950 年开始的，主要是识别字母、数字和符号，从印刷文字识别到手写文字识别，应用非常广泛。

(2) 数字图像处理与识别的研究开始于 1965 年。数字图像与模拟图像相比具有存储和传输方便、可压缩、传输过程中不易失真、处理方便等优势，这些都为图像识别技术的发展提供了强大的动力。

(3) 物体识别主要指的是对现实世界的客体及环境的感知和认识，属于高级的计算机视觉范畴。它以数字图像处理与识别为基础，结合了人工智能、系统科学等学科的研究方向，其研究成果被广泛应用在各种工业及探测机器人上。

对于图像识别技术人们已经不陌生了，人脸识别、虹膜识别、指纹识别等都属于这个范畴。但是图像识别远不止这些，它涵盖了生物识别、物体与场景识别、视频识别三大类。图像识别发展至今，尽管与理想还相距甚远，但日渐成熟的技术已开始在各行业得到应用。

1. 智能家居

在智能家居领域，通过摄像头获取图像，然后通过图像识别技术识别图像的内容，从而作出不同的响应。例如，在门口安装了摄像头，当有物体出现在摄像头范围内的时候，摄像头会自动拍摄图像并进行识别。如果发现是可疑的人或物体，就及时报警；如果图像和主人的面部匹配，则会主动为主人开门。又如，家庭用的智能机器人通过图像识别技术可以对物体进行识别，并且实现对人的跟随，结合人工智能系统，它就能分辨出具体的人，并且与其进行互动。例如，如果检测到是家里的老人，智能机器人可能会为其测量血压；如果检测到是家里的小孩子，它可能为其讲故事。

2. 电商购物

网购时消费者使用的“相似款(拍照识别/扫描识别)”搜索功能就是基于图像识别技术实现的。当消费者将鼠标停留在感兴趣的商品上后，就可以选择查看相似的款式。同时，通过调整算法，还能够更好地猜测消费者的意图，搜索结果即使不能提供完全匹配的商品，也会为消费者推荐相关度很高的商品，尽量满足消费者的购物需求。这对于商家来说，也是一种从外界导流和提高移动端用户黏度的方式之一。

3. 金融

在金融领域，身份识别和智能支付将提高身份安全性与支付的效率和质量。例如，在传统金融中，用户在申请银行贷款或证券开户时，必须到实体机构进行身份信息核实，完成面签。如今，通过人脸识别技术，用户只需要打开手机摄像头，自拍一张照片，系统将会进行活体检测，并进行一系列验证、匹配和判定，最终会判断这个身份认证过程是否是用户本人操作，实现身份核实。

4. 医疗

将图像识别技术应用到医疗领域，可以更精准、更快速地分辨 X 光片、MRI 和 CT 扫描图像。一个放射科医生一生可能会看上万张医学影像，但是一台计算机可能会看上千万张医学影像。让计算机解决图像识别问题是未来的一个发展方向。

5. 交通系统

近年来，随着城市的飞速发展，城市常住人口急剧增加，汽车拥有量持续提高，由此引发了一系列交通安全和交通管理问题。因此，图像识别技术被广泛应用于交通系统，交通违章监测、交通拥堵检测、信号灯识别以提高交通管理者的工作效率，更好地解决城市交通问题。

此外，在机器人、自动驾驶、军事、生产线、食品检测、教育、地质勘探等行业中，图像识别均有不同程度的应用。

4.3.3 基于深度学习的图像识别实验

1. 理论回顾

1）深度神经网络基本结构

神经网络基于感知机的扩展，而 DNN 可以理解为有很多隐含层的神经网络，因此也称为多层神经网络或多层感知机（Multi-Layer Perceptron，MLP）。后面讲到的神经网络都默认为 DNN。

DNN 内部的神经网络层可以分为 3 类，分别是输入层、隐含层和输出层，如图 4-15 所示。一般来说，第一层是输入层，最后一层是输出层，而中间的各层都是隐含层。

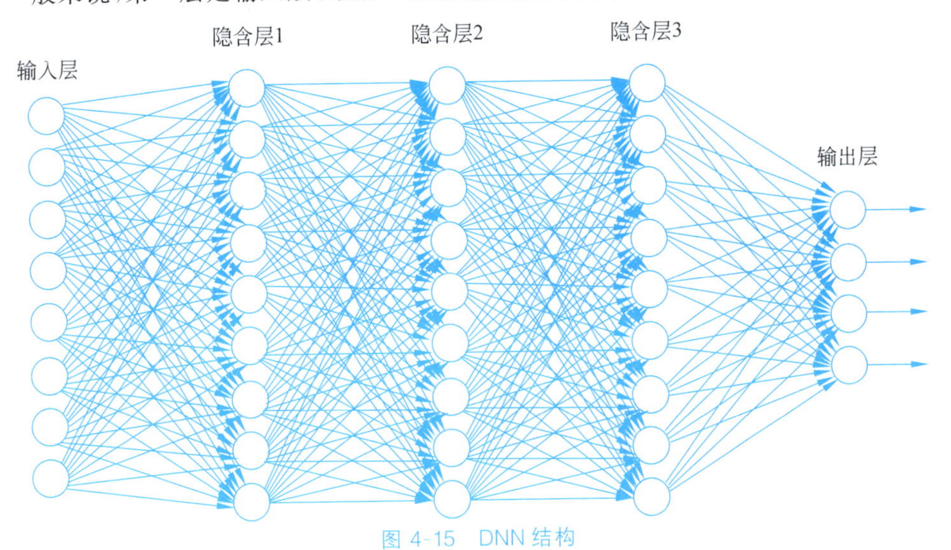

图 4-15 DNN 结构

层与层之间是全连接的，也就是说，第 i 层的任意一个神经元都与第 $i+1$ 层的所有神经元相连。虽然 DNN 看起来很复杂，但是从局部模型来看，还是和感知机一样，即一个线性关系（$z=w_i x_i+b$）加上一个激活函数（$f(z)$）。

2）VGG16 网络

VGG16 网络采用连续的几个 3×3 的卷积核代替以往较大的卷积核（11×11、7×7、5

×5)。VGG 网络刚提出的时候将 DNN 的效果提升了非常多。对于给定的感受野(与输出有关的输入图像的局部大小),采用堆积的小卷积核的效果优于采用大的卷积核的效果,因为多层非线性层可以增加网络深度以保证学习更复杂的模式,而且代价比较小(参数更少)。VGG16 网络的结构如图 4-16 所示。

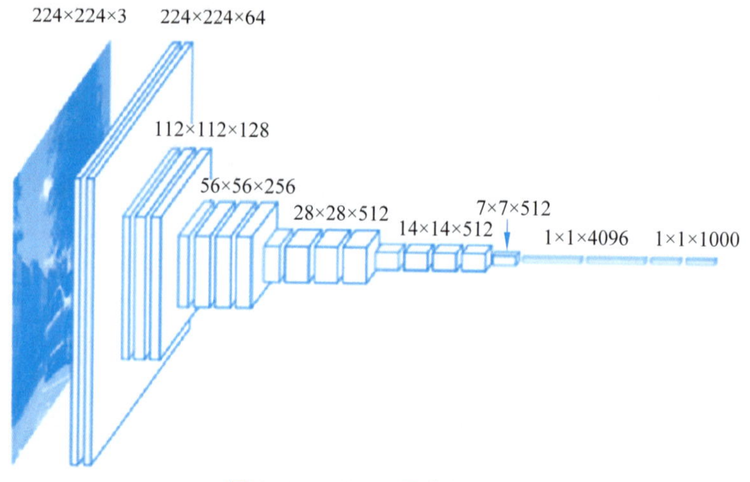

图 4-16　VGG16 网络的结构

VGG16 网络包含了 16 个卷积层和全连接层。

VGG 网络最大的优点是简化了神经网络结构。

VGG 网络使用统一的卷积核大小(3×3),stride=1,padding=same;采用统一的池化核大小(2×2),stride=2。

VGG16 网络是一个很大的网络,总共包含 1.38 亿个参数。因此其主要缺点就是需要训练的特征数量非常巨大。

另外,还有 VGG19 网络。由于 VGG19 网络的表现几乎和 VGG16 网络不分高下,所以很多人仍然使用 VGG16 网络。

2. 实验目标

(1) 掌握 DNN 分类算法原理。

(2) 掌握 DNN 的结构。

(3) 了解 VGG16 网络的结构及原理。

3. 实验环境

硬件环境:Pentium 处理器,双核,主频 2GHz 以上,内存 4GB 以上。

操作系统:Ubuntu 16.04 64 位或 Windows 7 64 位及以上操作系统。

实验器材:AI+智能分拣实训平台。

实验配件:应用扩展模块。

4. 实验步骤

1) 实验环境准备

请参考附录 A 完成实验环境的安装。

2) 猫狗分类实验

猫狗分类流程如下:

（1）训练 TensorFlow 模型。

（2）读取 TensorFlow 模型。

（3）读取待测图像信息。

（4）将图像传递给神经网络，得到输出。

（5）输出结果。

首先需要准备猫狗样本数据，然后基于 TensorFlow 训练猫狗识别模型。实验数据基于 Kaggle Dogs vs. Cats 竞赛提供的官方数据集，本实验选取部分数据放到 cat_vs_dog\input\train 文件夹内。

训练猫狗分类模型的代码（文件名为 train.py）如下：

```
#!/bin/usr/python3
#-*-coding: UTF-8-*-
"""
卷积神经网络用于猫狗分类
"""
import os
import numpy as np
import pandas as pd
import matplotlib.pyplot as plt
import random
from sklearn.model_selection import train_test_split
#导入 Keras 相关包
from keras.models import Sequential
from keras. layers import Conv2D, MaxPooling2D, Dropout, Flatten, Dense,
Activation, BatchNormalization
from keras.preprocessing.image import ImageDataGenerator, load_img
from keras.utils import to_categorical
from keras.callbacks import EarlyStopping, ReduceLROnPlateau
FAST_RUN = False
IMAGE_WIDTH=128
IMAGE_HEIGHT=128
IMAGE_SIZE=(IMAGE_WIDTH, IMAGE_HEIGHT)
IMAGE_CHANNELS=3 #RGB color
#获取训练数据集文件名
filenames = os.listdir("./input/train")
categories = []
#遍历每个文件,并创建类别数据
for filename in filenames:
    category = filename.split('.')[0]
    if category == 'dog':
        categories.append(str(1))
    else:
        categories.append(str(0))
df = pd.DataFrame({
    'filename': filenames,
    'category': categories
})
#构建卷积神经网络框架
model = Sequential()
#卷积层 1
model.add(Conv2D(32, (3, 3), activation='relu', input_shape=(IMAGE_WIDTH,
IMAGE_HEIGHT, IMAGE_CHANNELS)))
```

```
model.add(BatchNormalization())
model.add(MaxPooling2D(pool_size=(2, 2)))
model.add(Dropout(0.25))
#卷积层 2
model.add(Conv2D(64, (3, 3), activation='relu'))
model.add(BatchNormalization())
model.add(MaxPooling2D(pool_size=(2, 2)))
model.add(Dropout(0.25))
#卷积层 3
model.add(Conv2D(128, (3, 3), activation='relu'))
model.add(BatchNormalization())
model.add(MaxPooling2D(pool_size=(2, 2)))
model.add(Dropout(0.25))
#输出层
model.add(Flatten())
model.add(Dense(512, activation='relu'))
model.add(BatchNormalization())
model.add(Dropout(0.5))
model.add(Dense(1, activation='sigmoid'))
#模型编译
model.compile(loss='binary_crossentropy', optimizer='rmsprop', metrics=
['accuracy'])
model.summary()
#提早停止以防止过拟合
earlystop = EarlyStopping(patience=10)
#学习率衰减
learning_rate_reduction = ReduceLROnPlateau(monitor='val_acc', patience=2,
verbose=1,factor=0.5, min_lr=0.00001)
#回调函数
callbacks = [earlystop, learning_rate_reduction]
#训练数据和校验数据划分
train_df, validate_df = train_test_split(df, test_size=0.20, random_state=42)
train_df = train_df.reset_index(drop=True)
validate_df = validate_df.reset_index(drop=True)
total_train = train_df.shape[0]
total_validate = validate_df.shape[0]
batch_size=15
#训练数据生成器
train_datagen = ImageDataGenerator(
        rotation_range=15,
        rescale=1./255,
        shear_range=0.1,
        zoom_range=0.2,
        horizontal_flip=True,
        width_shift_range=0.1,
        height_shift_range=0.1
)
train_generator = train_datagen.flow_from_dataframe(
        train_df,
        "./input/train/",
        x_col='filename',
        y_col='category',
        target_size=IMAGE_SIZE,
        class_mode='binary',
        batch_size=batch_size
```

```
)
#校验数据生成器
validation_datagen = ImageDataGenerator(rescale=1.0/255)
validation_generator = validation_datagen.flow_from_dataframe(
        validate_df,
        "./input/train/",
        x_col='filename',
        y_col='category',
        target_size=IMAGE_SIZE,
        class_mode='binary',
        batch_size=batch_size
)
epochs=3 if FAST_RUN else 50
#模型训练
history = model.fit_generator(
        train_generator,
        epochs=epochs,
        validation_data=validation_generator,
        validation_steps=total_validate//batch_size,
        steps_per_epoch=total_train//batch_size,
        callbacks=callbacks
)
#模型保存
model.save_weights("Mymodel.h5")
```

创建 Python 文件 train.py，使用 SSH 方式登录边缘计算网关的 Linux 终端，执行以下命令运行程序：

```
$ python3 train.py
```

训练过程如图 4-17 所示。

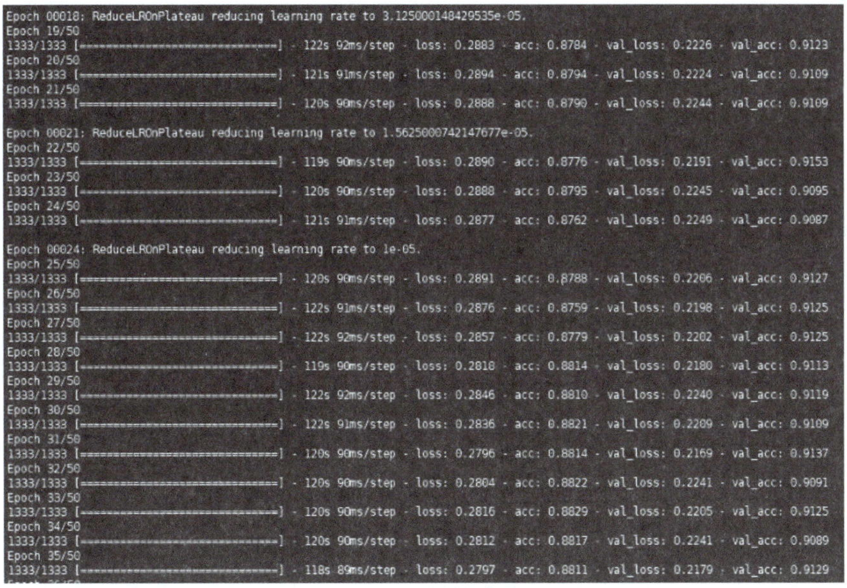

```
Epoch 00018: ReduceLROnPlateau reducing learning rate to 3.125000148429535e-05.
Epoch 19/50
1333/1333 [==============================] - 122s 92ms/step - loss: 0.2883 - acc: 0.8784 - val_loss: 0.2226 - val_acc: 0.9123
Epoch 20/50
1333/1333 [==============================] - 121s 91ms/step - loss: 0.2894 - acc: 0.8794 - val_loss: 0.2224 - val_acc: 0.9109
Epoch 21/50
1333/1333 [==============================] - 120s 90ms/step - loss: 0.2888 - acc: 0.8790 - val_loss: 0.2244 - val_acc: 0.9109

Epoch 00021: ReduceLROnPlateau reducing learning rate to 1.5625000742147677e-05.
Epoch 22/50
1333/1333 [==============================] - 119s 90ms/step - loss: 0.2890 - acc: 0.8776 - val_loss: 0.2191 - val_acc: 0.9153
Epoch 23/50
1333/1333 [==============================] - 120s 90ms/step - loss: 0.2888 - acc: 0.8795 - val_loss: 0.2245 - val_acc: 0.9095
Epoch 24/50
1333/1333 [==============================] - 121s 91ms/step - loss: 0.2877 - acc: 0.8762 - val_loss: 0.2249 - val_acc: 0.9087

Epoch 00024: ReduceLROnPlateau reducing learning rate to 1e-05.
Epoch 25/50
1333/1333 [==============================] - 120s 90ms/step - loss: 0.2891 - acc: 0.8788 - val_loss: 0.2206 - val_acc: 0.9127
Epoch 26/50
1333/1333 [==============================] - 122s 91ms/step - loss: 0.2876 - acc: 0.8759 - val_loss: 0.2198 - val_acc: 0.9125
Epoch 27/50
1333/1333 [==============================] - 122s 92ms/step - loss: 0.2857 - acc: 0.8779 - val_loss: 0.2202 - val_acc: 0.9125
Epoch 28/50
1333/1333 [==============================] - 119s 90ms/step - loss: 0.2818 - acc: 0.8814 - val_loss: 0.2180 - val_acc: 0.9113
Epoch 29/50
1333/1333 [==============================] - 122s 92ms/step - loss: 0.2846 - acc: 0.8810 - val_loss: 0.2240 - val_acc: 0.9119
Epoch 30/50
1333/1333 [==============================] - 122s 91ms/step - loss: 0.2836 - acc: 0.8821 - val_loss: 0.2209 - val_acc: 0.9109
Epoch 31/50
1333/1333 [==============================] - 120s 90ms/step - loss: 0.2796 - acc: 0.8814 - val_loss: 0.2169 - val_acc: 0.9137
Epoch 32/50
1333/1333 [==============================] - 120s 90ms/step - loss: 0.2804 - acc: 0.8822 - val_loss: 0.2241 - val_acc: 0.9091
Epoch 33/50
1333/1333 [==============================] - 120s 90ms/step - loss: 0.2816 - acc: 0.8829 - val_loss: 0.2205 - val_acc: 0.9125
Epoch 34/50
1333/1333 [==============================] - 120s 90ms/step - loss: 0.2812 - acc: 0.8817 - val_loss: 0.2241 - val_acc: 0.9089
Epoch 35/50
1333/1333 [==============================] - 118s 89ms/step - loss: 0.2797 - acc: 0.8811 - val_loss: 0.2179 - val_acc: 0.9129
```

图 4-17　训练过程

训练完成后，会在当前目录下生成 Mymodel.h5 模型文件，如图 4-18 所示。

注意： *以上代码运行时间较长，建议在 GPU 服务器集群中运行，以加快模型训练速度。*

images	2020/4/19 18:14	文件夹	
input	2020/4/19 22:38	文件夹	
cat_vs_dog.py	2020/4/19 21:53	PY 文件	3 KB
model.h5	2019/8/26 10:43	H5 文件	50,598 KB
Mymodel.h5	2020/4/22 16:46	H5 文件	50,598 KB
train.py	2020/4/22 16:33	PY 文件	4 KB

图 4-18　Mymodel.h5 模型文件

除此之外，本实验提供了 model.h5 模型文件，该模型是基于更大的数据集训练得到的，更加准确，可以自行替换模型，测试模型的效果差异。

猫狗识别的示例代码如下：

```
#!/bin/usr/python3
#-*- coding: UTF-8 -*-
"""
加载猫狗识别模型，并进行预测
"""
import numpy as np          #linear algebra
import pandas as pd         #data processing, CSV file I/O (e.g. pd.read_csv)
import os
from keras.models import Sequential
from keras. layers import Conv2D, MaxPooling2D, Dropout, Flatten,
Dense, BatchNormalization
import cv2 as cv
def preprocess(x):
    #归一化预处理数据
    x = np.expand_dims(x, axis=0)
    x = x * 1.0 / 255
    return x
#定义输入图像参数
FAST_RUN = False
IMAGE_WIDTH = 128
IMAGE_HEIGHT = 128
IMAGE_SIZE = (IMAGE_WIDTH, IMAGE_HEIGHT)
IMAGE_CHANNELS = 3  #RGB color
#构建模型
model = Sequential()
#卷积 1
model.add(Conv2D(32, (3, 3), activation='relu', input_shape=(IMAGE_WIDTH,
    IMAGE_HEIGHT, IMAGE_CHANNELS)))
model.add(BatchNormalization())
model.add(MaxPooling2D(pool_size=(2, 2)))
model.add(Dropout(0.25))
#卷积 2
model.add(Conv2D(64, (3, 3), activation='relu'))
model.add(BatchNormalization())
model.add(MaxPooling2D(pool_size=(2, 2)))
model.add(Dropout(0.25))
#卷积 3
model.add(Conv2D(128, (3, 3), activation='relu'))
model.add(BatchNormalization())
model.add(MaxPooling2D(pool_size=(2, 2)))
model.add(Dropout(0.25))
#全连接层
model.add(Flatten())
model.add(Dense(512, activation='relu'))
model.add(BatchNormalization())
```

```
model.add(Dropout(0.5))
#输出层
model.add(Dense(1, activation='sigmoid'))
model.load_weights('Mymodel.h5')
#model.load_weights('model.h5')
#预测类别
class_names = ['cat', 'dog']
#读取图片
image = cv.imread('images/dog2.jpg')
img_resize = cv.resize(image[:, :, ::-1], IMAGE_SIZE)
pre_img = preprocess(img_resize)
out = model.predict(pre_img)
#获得网络输出标签
class_id = int(out[0][0] > 0.5)
class_name = class_names[class_id]
#在图像上画出输出结果
cv.putText(image, class_name, (0, 20), cv.FONT_HERSHEY_SIMPLEX, 1, (0, 0, 255),
    thickness=2)
cv.imshow('predict', image)
cv.imwrite('predict.png', image)
cv.waitKey(0)
```

创建 Python 文件 cat_vs_dog.py，使用 SSH 方式登录边缘计算网关的 Linux 终端，执行以下命令运行程序：

```
$ python3 cat_vs_dog.py
```

程序将对提供的猫狗图片进行识别。

注：实验中加载的模型 model.h5 是由完整的数据集训练所得的。实验步骤 2 中精简后的数据集训练生成的模型是 Mymodel.h5，可以在代码中修改进行比较。

识别结果如图 4-19 所示。

图 4-19 对提供的猫狗图片进行识别

5. 拓展实验

（1）尝试使用其他的神经网络模型识别猫狗图像。

（2）尝试训练出自己的模型。

6. 常见问题

（1）不同的模型使用的方法也不同，在使用不同模型前，应该查询调用该模型的方法。

（2）使用 TensorFlow 模型时可以使用不同的网络模型。

4.4 目标检测

4.4.1 目标检测的基本概念

1. 什么是目标检测

目标检测（object detection）的任务是找出图像中所有感兴趣的目标（物体），确定它们的类别和位置，是计算机视觉领域的核心问题之一。由于各类物体有不同的外观、形状和姿态，加上成像时光照、遮挡等因素的干扰，目标检测一直是计算机视觉领域最具有挑战性的问题。

目标检测的基本流程如下：

（1）获取输入图像。

（2）对图像进行预处理。

（3）使用目标检测模型检测图像中的目标。

（4）使用后处理技术（如非极大值抑制）过滤重叠的框并输出最终结果。

目标检测有以下 4 类任务：

（1）分类。解决“是什么”的问题，即给定一张图片或一段视频，判断其中包含什么类别的目标。

（2）定位。解决“在哪里”的问题，即确定目标的位置。

（3）检测。解决“是什么、在哪里”的问题，即识别目标并确定目标的位置。

（4）分割。分为实例级分割（instance-level segmentation）和场景级分割（scene-level segmentation），解决每一个像素属于哪个目标或场景的问题。

所以，目标检测是分类和回归问题的叠加。图 4-20 是目标检测任务示例。

分类　分类+定位　检测　分割

单一目标：猫　多目标：猫、狗、鸭子

图 4-20　目标检测任务示例

2. 目标检测的核心问题

目标检测的核心问题如下：

（1）分类问题，即确定目标属于哪个类别。

（2）定位问题，即确定目标在图像中的位置。

（3）大小问题，即确定目标的大小。

（4）形状问题，即确定目标的形状。

3. 目标检测算法分类

基于深度学习的目标检测算法主要分为两类：两阶段算法和一阶段算法。

1）两阶段算法

先进行区域生成，该区域称为 RP（Region Proposal，一个有可能包含待检物体的预选框），再通过卷积神经网络进行样本分类。

任务流程：特征提取→生成 RP→分类/定位回归。

常见两阶段目标检测算法有 R-CNN、SPP-Net、Fast R-CNN、Faster R-CNN 和 R-FCN 等。

2）一阶段算法

不用 RP，直接在网络中提取特征以预测物体分类和位置。

任务流程：特征提取→分类/定位回归。

常见的一阶段目标检测算法有 OverFeat、YOLOv1、YOLOv2、YOLOv3、SSD 和 RetinaNet 等。

4.4.2 目标检测的应用场景

1. 物体识别

物体识别是指识别出图像或视频中存在的物体，并进行分类、标注等操作。对于物体识别任务，目标检测算法能够准确地定位出图像中的物体位置，为后续的识别工作打下基础。常见的物体识别应用包括道路监控、产品质检、智能安防等。

2. 自动驾驶

自动驾驶是近年来备受瞩目的应用之一，而目标检测技术则成了自动驾驶系统中的核心技术之一。通过实时监测车辆周围的环境，包括行人、交通标志等，目标检测技术能够帮助自动驾驶系统作出准确决策，提高驾驶安全性能。

目标检测在自动驾驶领域起着至关重要的作用。它可以使用摄像机或者激光雷达技术检测交通标志、行人、车辆甚至道路上的其他物体，帮助车辆决策和规划行驶路径。其中 YOLOv3 算法在自动驾驶领域中被广泛应用。

3. 人脸识别

人脸识别技术是一种比较特殊的目标检测技术，它既可以作为独立的应用，也可以嵌入其他应用中。通过利用深度学习方法，人脸检测技术可以准确地识别出图像和视频中的人脸并进行分类、匹配等操作。在商业应用方面，人脸识别技术已经被广泛应用于金融、安防等领域。

在人工智能领域，人脸检测和识别也是一项十分重要的任务。通过目标检测算法，可以快速、准确地识别出图像中的人脸位置，从而进一步对这些区域进行分类分析。例如，FaceNet 算法可以比较准确地标记不同人脸的特征向量，而 SSD(Single Shot Detector)算法则可用于实现实时人脸检测。

4. 智能医疗

目标检测技术在智能医疗领域中也有广泛的应用。例如，在 X 光片的自动分析中，目标检测技术可以帮助识别出肿瘤、结节等异常情况，为医生提供更准确的诊断结果。除此之外，目标检测技术还可以用于口罩佩戴检测、手术导航等方面。

在医学影像诊断中，常常需要对 CT 或者 MRI 等图像进行目标检测和分割。卷积神经网络在医学影像领域中应用广泛，例如 Mask R-CNN 算法可以对医学图像进行语义分割。此外，RetinaNet 算法提出了 Focal Loss 损失函数，解决了类别不平衡问题，能够更好地适用于医学图像。

5. 安防监控

目标检测在安防领域中也有广泛的应用。安防监控主要通过摄像头捕捉周围的图像，并将视频流输入目标检测算法进行实时处理和分析，从而识别出可疑行为和异常人员活动。在视频分析中经常运用 DeepSORT 算法，它能够精确跟踪单个目标并对其进行分类。

目标检测技术可以通过监控视频识别出异常行为，如入侵、违规停车和破坏等，并及时通知相关人员，以提高安全性。

6. 物体跟踪

物体跟踪是目标检测的一种应用，它主要是对视频中的物体进行追踪并将其标记出来。物体跟踪技术应用非常广泛，例如在智能监控、自动驾驶和虚拟现实等领域都有广泛应用。

在智能监控领域，物体跟踪可以被用于监控安保、实时追踪人员和车辆等。例如，在监控画面中，如果人群中出现突发状况，系统会自动将参与者通过跟踪算法标识出来。这些数据可以供安保人员使用，以便他们快速地了解事件的情况，作出准确的判断和决策。

在自动驾驶方面，物体跟踪可以帮助无人驾驶汽车实时追踪周围车辆和行人，提高道路行驶安全性。图像处理技术结合跟踪算法，在车辆和行人变道或加速、减速时，能够精确追踪其移动轨迹，并及时更新预测模型和路径规划，从而使无人驾驶汽车安全地完成驾驶任务。

4.4.3 目标检测常用算法

目前常用的目标检测算法有以下几种。

1. R-CNN

R-CNN(Region-based Convolutional Neural Network，基于区域的卷积神经网络)是一种传统的目标检测方法。其主要思想是：先用选择性搜索(selective search)等算法在图像中提取若干候选区域，然后对每个候选区域进行特征提取和分类，最后根据分类结果判断该区域是否包含目标。

2. Fast R-CNN

Fast R-CNN 是 R-CNN 算法的改进版。与 R-CNN 相比，Fast R-CNN 采用了 ROI (Region of Interest，感兴趣区域)池化层可以实现特征共享，并且对神经网络整体进行训练，因此速度快、效果好。

3. Faster R-CNN

Faster R-CNN 是基于 RPN(Region Proposal Network，区域候选网络)的目标检测算法。它的主要思想是：首先利用一个小型 CNN 生成候选框，然后判断每个候选框中是否包含目标。

4. YOLO

YOLO(You Only Look Once)是一种非常流行的目标检测算法，它的主要优点是运行速度非常快，可以实时处理视频流。YOLO 的主要思想是：将整个图像分成一个个网格，然后对每个网格同时预测其中的物体及其位置。

5. SSD

SSD(Single Shot Multibox Detector，单次拍照多框检测器)是一种结合了 YOLO 和 Faster R-CNN 的优点的目标检测算法。SSD 可以在不同尺度的特征图上同时预测目标，这样可以提高检测精度，同时也具有较快的检测速度。

6. RetinaNet

RetinaNet 是由 FAIR(Facebook AI Research，Facebook 人工智能研究院)提出的一个基于 Focal Loss 损失函数的目标检测框架。其主要思想是：针对前景目标和背景目标在数量上的不均衡性，引入 Focal Loss 损失函数，以解决在训练过程中正负样本不均衡的问题。

7. Mask R-CNN

Mask R-CNN 是 Faster R-CNN 的扩展，除了能完成 Faster R-CNN 的分类与边界框预测任务外，还增加了额外的分支网络，用于生成和预测特定类别的目标二进制掩码，从而实现目标的像素级精准分割。

以上目标检测算法各有优缺点，并且在不同的应用场景下效果可能会有所差异，需要具体问题具体分析，根据任务需求进行选择。目标检测是计算机视觉领域中的一个重要技术，有广泛的应用场景，包括自动驾驶、安防监控、视频编辑等。

4.5 人脸识别

近年来，人脸识别技术得到了广泛研究与应用。当前主流的人脸识别技术主要包括基于几何特征、基于模板和基于模型的方法。传统模型对于人脸表情变化方面的运算往往精度不够，且由于负载过大而拖慢计算的速度。深度学习中的 CNN 的卷积层和池化层的滤波作用使得 CNN 模型能够快速且准确地对人的面部表情进行识别。

4.5.1 人脸识别技术的概念

人脸识别技术是通过机器主动对指定图像或视频中的人脸进行检测、跟踪、分析比较以实现身份识别的生物特征识别技术。自生物特征识别技术提出以来，人脸识别技术即成为计算机视觉研究的重点。由于人脸识别技术的应用具有非接触性、非强制性与并发性的优点，用户不需要与设备进行直接接触，而是由系统主动获取人脸图像信息，且在应用场景下可同时对多个人脸进行判断与识别。

1. 人脸识别技术的发展历程

人脸识别技术的发展经历了 3 个阶段。20 世纪 60 年代到 90 年代初属于其发展的起步阶段，采用的主要技术方案是基于人脸几何结构特征的方法，此时期的研究成果较少且没有进行实际应用。20 世纪 90 年代中后期，人脸识别研究产生了若干重要的算法并且进入了初步应用阶段，该阶段出现了麻省理工学院提出的特征脸(eigen-face)方法、模板匹配方法、弹性图匹配技术、局部特征分析技术等主流技术。20 世纪 90 年代末至今，人脸识别技术研发与应用进入成熟阶段。

2. 深度学习下的人脸识别技术

20 世纪 90 年代后期到现在，相关研究集中于解决人脸识别技术在实际应用场景中存在的问题。基于神经网络的深度学习方法取代了传统的人脸识别方法。新的方法通过网络上大量的人脸数据集生成训练样本，借助真实环境中人脸表情的各种变化学习这些数据集的最佳特征，从而精准地识别人脸。

3. 基于深度学习的人脸识别技术的应用价值及场景

近年来，计算机行业的高速发展和互联网的全面覆盖都有力地驱动人脸识别技术研究不断成熟和完善。人脸识别技术应用领域广泛，为人们的日常生活提供了极大的便利。

大数据、信息技术的不断普及和技术革新以及各行业不断增加的用户市场需求，将很大程度上拓宽人脸识别技术的应用范围。人脸识别技术的应用场景将从支付领域扩展到多个领域,极大地提升应用广度和深度。同时,随着深度学习算法的创新和发展,人脸识别技术将进入人们日常生活场景中,例如目前已提出的智慧家居等。

4.5.2 基于深度学习的人脸识别实验

1. 理论回顾

1) 人脸检测技术

目前人脸检测的方法主要有两大类,分别是基于知识的方法和基于统计的方法。基于知识的方法是根据人脸五官的特征以及相互位置关系检测人脸。基于统计的方法是对人脸进行特征计算并存储于二维像素矩阵中,以统计的方法通过大量人脸图像样本构造人脸模型。

本实验采用 Haar 特征分类器进行面部检测。Haar 分类器是利用 Haar 特征、积分图方法、Adaboost 算法、级联技术实现的一种基于统计的方法,其特点如下:

(1) 使用 Haar 特征进行检测。

(2) 利用积分图对 Haar 特征求值。

(3) 利用 Adaboost 算法区分人脸和非人脸。

(4) 利用级联提高准确率。

以 Haar 特征分类器为基础的人脸检测技术通过大量图像训练得到一个级联函数,最后再用它进行人脸检测。

2) 人脸 Haar 特征

Haar 特征分为边缘特征、线性特征、中心特征和对角线特征。将这些特征组合成特征模板。特征模板内有白色和黑色两种矩形,定义特征模板的特征值为白色矩形像素数减去黑色矩形像素数。图 4-21 的特征模板称为特征原型。

图 4-21 Haar 特征模板的特征原型

图 4-22 中有两个特征模板,表示人脸的某些特征。例如,前一个特征模板表示眼睛区域的颜色比脸颊区域的颜色深,后一个特征模板表示鼻梁两侧的颜色比鼻梁的颜色要深。同样,其他目标(如眼睛等)也可以用特征模板表示。

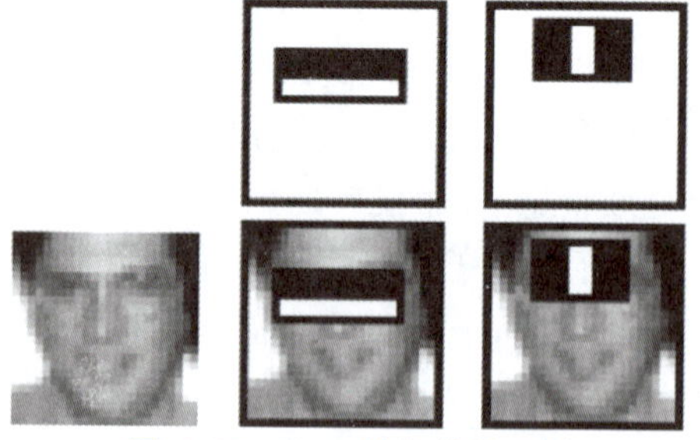

图 4-22 Haar 特征模板示例

使用 Haar 特征比单纯地使用像素点具有很大的优越性,并且速度更快。通过改变特征模板的大小和位置,可在图像子窗口中穷举出大量的特征。特征原型在图像子窗口中扩展(平移伸缩)得到的特征称为矩形特征。

3) 人脸对比技术

face_recognition.face_encodings 函数会调用 shape_predictor_68_face_landmarks.dat 文件识别出人脸的 68 个特征点位置,最后返回一个 128 维的向量,这仅仅是粗定位的过

程。如果要精细地定位，可以调用 face_recognition.face_landmark 函数，该函数会返回一个列表，其中每个元素都包含嘴唇、眉毛、鼻子等精细区域的特征点的位置。

检测到人脸特征点后，可以计算两个人脸向量的欧几里得距离。

例如，A 的特征向量是$[x_1, x_2, x_3]$，B 的特征向量是$[y_1, y_2, y_3]$，C 的特征向量是$[z_1, z_2, z_3]$，则 A 和 B 的欧几里得距离是

$$\sqrt{(x_1-y_1)^2+(x_2-y_2)^2+(x_3-y_3)^2}$$

A 和 C 的欧几里得距离是

$$\sqrt{(x_1-z_1)^2+(x_2-z_2)^2+(x_3-z_3)^2}$$

欧拉距离的具体计算可以通过 face_recognition.compare_faces 函数实现。

2. 实验目标

(1) 了解人脸识别原理。

(2) 掌握人脸检测与人数统计技术。

(3) 掌握人脸识别技术。

3. 实验环境

硬件环境：Pentium 处理器，双核，主频 2GHz 以上，内存 4GB 以上，计算机须配备摄像头。

操作系统：Ubuntu 16.04 64 位或 Windows 7 64 位及以上操作系统。

实验器材：AI+智能分拣实训平台。

实验配件：应用扩展模块。

4. 实验步骤

1) 实验环境准备

请参考附录 A 完成实验环境的安装。

2) 人脸识别应用

人脸识别包括人脸注册和人脸特征对比两部分。本实验采用 face_recognition 库实现人脸注册和人脸特征对比。

1) face_recognition 库

face_recognition 库是一个强大、简单、容易上手的人脸识别开源项目，并且配备了完整的开发文档和应用案例，特别是兼容树莓派系统。face_recognition 是世界上最简洁的人脸识别库，可以使用 Python 和命令行工具提取、识别、操作人脸。同时，它基于业内领先的 C++ 开源库 dlib 中的深度学习模型，用 Labeled Faces in the Wild 人脸数据集进行测试，准确率高达 99.38%。

本实验使用 face_recognition 库的以下 3 个函数。

(1) 人脸对比函数。其格式如下：

```
face_recognition.compare_faces(known_face,face_encoding,tolerance)
```

该函数将候选面部编码与面部编码列表进行对比，以判断它们是否匹配。其中：

- known_face 是已知面部编码列表。
- face_encoding 是与已知面部编码列表进行对比的面部编码。
- tolerance 是距离容限，越小越严格，0.6 是典型的最佳性能取值。

该函数返回一个 True/False 值的列表，指出面部编码列表中的各个面部编码是否匹配待检测的面部编码。

（2）人脸编码距离函数。其格式如下：

```
face_recognition.face_distance(face_encodings, face_to_compare)
```

该函数给出面部编码列表，将其与待检测的面部编码进行比较，并给出欧几里得距离，以表明面部的相似度。其中：

- face_encodings 是已知的面部编码列表。
- face_to_compare 是要检测的面部编码。

该函数返回一个 NumPy 的 n 维数组。

（3）人脸特征编码函数。其格式如下：

```
face_recognition.face_encodings(face_image,known_face,num_jitters=1)
```

该函数返回给定图像中每个面部的 128 维面部编码。其中：

- face_image 是包含一个或多个面部的图像。
- known_face_locations 是可选边框。
- num_jitters 指定计算编码时重新采样次数。

该函数返回 128 个面部编码的列表(图像中的每个面部有一个面部编码)。

2）人脸检测

OpenCV 包含了很多已经训练好的分类器，其中包括面部分类器、眼睛分类器、微笑分类器等。下面使用 OpenCV 创建一个 Haar 检测器，首先用 cv.CascadeClassifier 读取 Haar 检测器，并且对要检测的图像进行灰度图像变换，调用 detectMultiScale 函数检测人脸，调整函数的参数可以使检测结果更加精确。

示例代码如下：

```
#!/bin/usr/python3
#-*- coding: UTF-8 -*-
"""
使用 Haar 特征进行人脸检测
"""
import cv2 as cv
#对每一帧图像进行人脸检测处理
def face_id(img,classifier):
    gray = cv.cvtColor(img,cv.COLOR_BGR2GRAY)
    faces = classifier.detectMultiScale(gray,1.3,5)
    #画出人脸位置
    for (x,y,w,h) in faces:
        img = cv.rectangle(img,(x,y),(x+w,y+h),(0,0,255),2)
    cv.imshow("face",img)
#载入 Haar 检测器
face_cascade = cv.CascadeClassifier("./haarcascade_frontalface_alt.xml")
camera = cv.VideoCapture(0)
camera.set(cv.CAP_PROP_FRAME_WIDTH,640)
camera.set(cv.CAP_PROP_FRAME_HEIGHT,480)
camera.set(cv.CAP_PROP_FPS,30)
```

```
cv.namedWindow('face',flags=cv.WINDOW_NORMAL | cv.WINDOW_KEEPRATIO |
    cv.WINDOW_GUI_EXPANDED)
while True:
    ret,frame = camera.read()
    face_id(frame, face_cascade)
    if cv.waitKey(1) & 0xFF == ord('q'):
        break
cv.destroyWindow("face")
camera.release()
```

创建 Python 文件 face_detect.py，使用 SSH 方式登录边缘计算网关的 Linux 终端，执行以下命令运行程序：

```
$ python3 face_detect.py
```

程序将调用摄像头对人脸进行识别。

3) 人数统计(如图 4-32 所示)

使用 Haar 检测器在视频图像中检测人脸，并统计人脸数量。

示例代码如下：

```
#!/bin/usr/python3
#-*- coding: UTF-8 -*-
"""
人脸计数
"""
import cv2 as cv
#对每一帧图像进行人脸检测处理
def  face_id(img,classifier):
     gray = cv.cvtColor(img,cv.COLOR_BGR2GRAY)
     faces = classifier.detectMultiScale(gray,1.3,5)
     count = 0
     for (x,y,w,h) in faces:
         cv.rectangle(img,(x,y),(x+w,y+h),(255,0,0),2)
         count = count+1
     cv.putText(img,str(count),(10,100),cv.FONT_ITALIC,4,(0,0,255))
     cv.imshow("face",img)
#载入 Haar 检测器
face_cascade = cv.CascadeClassifier("./haarcascade_frontalface_alt.xml")
camera = cv.VideoCapture(0)
camera.set(cv.CAP_PROP_FRAME_WIDTH,640)
camera.set(cv.CAP_PROP_FRAME_HEIGHT,480)
camera.set(cv.CAP_PROP_FPS,30)
cv.namedWindow('face',flags=cv.WINDOW_NORMAL | cv.WINDOW_KEEPRATIO |
    cv.WINDOW_GUI_EXPANDED)
while True:
    ret,frame = camera.read()
    face_id(frame, face_cascade)
    if cv.waitKey(1) & 0xFF == ord('q'):
        break
cv.destroyWindow("face")
camera.release()
```

创建 Python 文件 face_count.py，使用 SSH 方式登录边缘计算网关的 Linux 终端，执行以下命令运行程序：

```
$ python3 face_count.py
```

程序将调用摄像头对人脸进行识别并统计人数。

4）人脸注册

若要实现人脸注册，首先需要在本地或者数据库中输入使用者的面部特征，调用 face_recognition.face_encodings 函数，将返回的面部特征向量以 NumPy 的 n 维数组形式存储到文件中。这里以当前路径下的 files 文件夹为例，输入一个面部特征，存储到该文件夹下。

示例代码如下：

```
#!/bin/usr/python3
#-*- coding: UTF-8 -*-
"""
人脸注册
"""
import argparse
import face_recognition
import numpy as np
import os
import cv2 as cv
#对每一帧图像进行人脸检测处理
def face_id(img,classifier):
    gray = cv.cvtColor(img,cv.COLOR_BGR2GRAY)
    faces = classifier.detectMultiScale(gray,1.3,5)

    #画出人脸位置
    for (x,y,w,h) in faces:
        img = cv.rectangle(img,(x,y),(x+w,y+h),(0,0,255),2)
    cv.imshow("face_register",img)
def face_register():
    flag = False
    print("获取人脸中")
    face_cascade = cv.CascadeClassifier("./haarcascade_frontalface_alt.xml")
    cap = cv.VideoCapture(0)
    cap.set(cv.CAP_PROP_FRAME_WIDTH, 640)
    cap.set(cv.CAP_PROP_FRAME_HEIGHT, 480)
    cap.set(cv.CAP_PROP_FPS, 30)
    cv.namedWindow('face_register', flags = cv.WINDOW_NORMAL | cv.WINDOW_
        KEEPRATIO | cv.WINDOW_GUI_EXPANDED)
    while True:
        ret,image = cap.read()
        face_id(image, face_cascade)
        key = cv.waitKey(1) & 0xFF
        #如果按下 g 键,则开始保存人脸
        if key == ord("g"):
            image_encoding = face_recognition.face_encodings(image)[0]
            if len(image_encoding) !=0:
                flag = True
                break
            else:
                print("没有检测到人脸")
        elif key == 27:
            break
    cap.release()
```

```
    cv.destroyAllWindows()
    return image_encoding, flag
ap = argparse.ArgumentParser()
ap.add_argument("-n","--name", required=True, help="请输入注册人的姓名:")
args = vars(ap.parse_args())
image_encoding, flag = face_register()
if flag:
    feature_name = args["name"] + ".npy"
    feature_path = os.path.join("./files", feature_name)
    np.save(feature_path, image_encoding)
    print("已保存人脸")
```

创建 Python 文件 face_register.py，使用 SSH 方式登录边缘计算网关的 Linux 终端，执行以下命令运行程序：

```
$ python3 face_register.py -n lusi
```

程序将调用摄像头开始捕捉人脸。

然后按下 g 键，保存人脸特征文件，如图 4-23 所示。

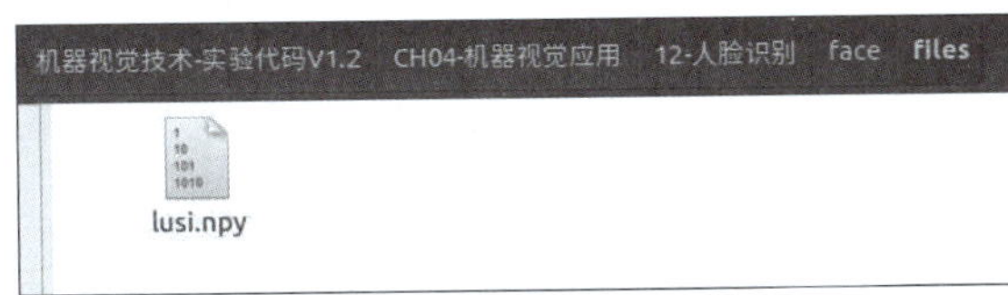

图 4-23 人脸特征文件

5）人脸对比

若要对两张人脸进行对比，以判断是否为同一个人，首先需要使用 face_recognition.face_encoding 函数对两张人脸进行面部编码，结果返回包含 128 个面部编码的列表，如图 4-24 所示，再使用 face_recognition.compare_faces 函数对两个面部编码列表进行比较，如图 4-25 所示。

```
In [3]: img_encoding
Out[3]:
array([-1.13500729e-01,  5.89037761e-02, -1.58337243e-02, -4.30992246e-02,
       -3.97824124e-02, -1.46845877e-01, -2.59274505e-02, -1.58126235e-01,
        1.60830885e-01, -9.09934118e-02,  1.63631871e-01, -7.57588968e-02,
       -1.77212760e-01, -7.17291683e-02,  9.83417034e-04,  1.65784419e-01,
       -2.10174769e-01, -1.51957154e-01, -7.28706121e-02,  1.05361342e-02,
        1.04576223e-01, -3.01358644e-02, -5.51653281e-03,  5.08870184e-02,
       -9.45825949e-02, -3.08632076e-01, -8.34312066e-02, -8.08291435e-02,
        8.58867988e-02,  4.26556170e-03, -2.56239623e-02,  6.24939017e-02,
       -1.89400464e-01, -1.04501478e-01,  1.66215450e-02,  8.31103548e-02,
        4.36976552e-03, -5.64572215e-02,  2.39051953e-01, -5.51810116e-02,
```

图 4-24 face_recognition.face_encoding 函数返回的面部编码列表

```
In [2]: i
Out[2]:
array([ True,  True,  True,  True,  True,  True,  True,  True,  True,
        True,  True,  True,  True,  True,  True,  True,  True,  True,
        True,  True,  True,  True,  True,  True,  True,  True,  True,
        True,  True,  True,  True,  True,  True,  True,  True,  True,
        True,  True,  True,  True,  True,  True,  True,  True,  True,
        True,  True,  True,  True,  True,  True,  True,  True,  True,
        True,  True,  True,  True,  True,  True,  True,  True,  True,
        True,  True,  True,  True,  True,  True,  True,  True,  True,
        True,  True,  True,  True,  True,  True,  True,  True,  True,
        True,  True,  True,  True,  True,  True,  True,  True,  True,
        True,  True,  True,  True,  True,  True,  True,  True,  True,
        True,  True,  True,  True,  True,  True,  True,  True,  True,
        True,  True,  True,  True,  True,  True,  True,  True,  True,
        True,  True,  True,  True,  True,  True,  True,  True,  True,
        True,  True])
```

图 4-25 face_recognition.compare_faces 函数返回的结果数组

对摄像头捕捉到的人脸图像进行特征编码，再调用 face_recognition.compare_faces 函数与特征库中所有人脸特征进行对比。人脸对比流程如图 4-26 所示。

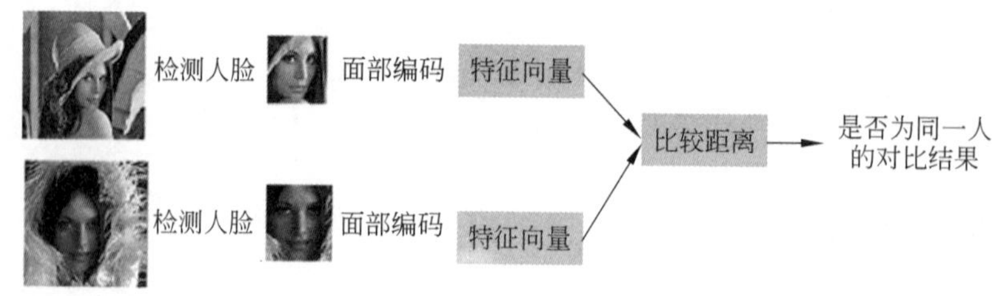

图 4-26　人脸对比流程

示例代码如下：

```
#!/bin/usr/python3
#-*- coding: UTF-8 -*-
"""
人脸识别
"""
import glob
import face_recognition
import numpy as np
import os
import cv2 as cv
#对每一帧图像进行人脸检测处理
def face_id(img, classifier):
    gray = cv.cvtColor(img, cv.COLOR_BGR2GRAY)
    faces = classifier.detectMultiScale(gray, 1.3, 5)
    #画出人脸位置
    for (x, y, w, h) in faces:
        img = cv.rectangle(img, (x, y), (x + w, y + h), (0, 0, 255), 2)
    #cv.imshow("result", img)
    return faces
def face_recog():
    #读取注册的人脸特征文件
    feature_path = os.path.join("files", "*.npy")
    feature_files = glob.glob(feature_path)
    #解析文件名称，作为注册人姓名
    feature_names = [item.split(os.sep)[-1].replace(".npy", "") for item in
feature_files]
    #print(feature_names)
    face_cascade = cv.CascadeClassifier("./haarcascade_frontalface_alt.xml")
    cap = cv.VideoCapture(0)
    cap.set(cv.CAP_PROP_FRAME_WIDTH, 640)
    cap.set(cv.CAP_PROP_FRAME_HEIGHT, 480)
    cv.namedWindow('result', flags=cv.WINDOW_NORMAL | cv.WINDOW_KEEPRATIO |
        cv.WINDOW_GUI_EXPANDED)
    features = []
    for f in feature_files:
        feature = np.load(f)
        features.append(feature)
    while True:
        ret, frame = cap.read()
        rects = face_id(frame, face_cascade)
        for x, y, w, h in rects:
```

```
            crop = frame[y: y + h, x: x + w]
            #视频流中人脸的特征编码
            img_encoding = face_recognition.face_encodings(crop)
            if len(img_encoding) != 0:
                #获取人脸特征编码
                img_encoding = img_encoding[0]
                #与注册的人脸特征进行对比
                result = face_recognition.compare_faces(features,
                    img_encoding, tolerance=0.4)
                if True in result:
                    result = int(np.argmax(np.array(result, np.uint8)))
                    rec_result = feature_names[result]
                    print(rec_result)
                    cv.rectangle(frame, (x, y - 30), (x + w, y), (0, 0, 255),
                        thickness=-1)
                    cv.putText(frame, rec_result, (x, y), cv.FONT_HERSHEY_
                        SIMPLEX, 1.2, (255, 255, 255), thickness=2)
                else:
                    cv.rectangle(frame, (x, y - 30), (x + w, y), (0, 0, 255),
                        thickness=-1)
                    cv.putText(frame, 'unkown', (x, y), cv.FONT_HERSHEY_
                        SIMPLEX, 1.2, (255, 255, 255), thickness=2)
            else:
                cv.rectangle(frame, (x, y - 30), (x + w, y), (0, 0, 255), thickness=-1)
                cv.putText(frame, 'unkown', (x, y), cv.FONT_HERSHEY_SIMPLEX,
                    1.2, (255, 255, 255), thickness=2)
        cv.imshow('result', frame)
        key = cv.waitKey(1) & 0xFF
        if key == ord('q'):
            break
    cap.release()
    cv.destroyAllWindows()
    #return flag, feature_names[count]
if __name__ == '__main__':
    face_recog()
```

创建 Python 文件 face_recog.py，使用 SSH 方式登录边缘计算网关的 Linux 终端，执行以下命令运行程序：

```
$ python3 face_recog.py
```

程序将调用摄像头对人脸进行识别，识别成功后在终端打印结果，并在图片上显示姓名。

5. 拓展实验

（1）尝试对不同场景、不同人数的图像进行人脸检测，计算 Haar 检测器的准确率。

（2）尝试使用其他人脸识别的开源库，在人脸检测和人脸识别准确率方面与 face_recognition 库进行对比。

6. 常见问题

（1）使用 Haar 检测器检测人脸时，若人脸受到一定程度的遮挡，可能无法识别出人脸。

（2）使用视频流实时进行人脸注册、人脸登录时，输出的视频流可能会出现掉帧、延迟等问题。可适当降低输出视频流的分辨率以解决此问题。

（3）若报错：

```
ImportError: No module named 'face_recognition'
```

则需要安装人脸识别库，命令如下：

```
pip install face_recognition
```

4.6 视频分析

4.6.1 视频分析的基本概念

1. 什么是视频分析

当我们谈到视频分析时，实际上是指通过计算机技术和算法对视频进行处理和分析，以提取其中的信息、特征和模式，并进行分类、识别和跟踪等。视频分析是计算机视觉领域中的一个重要研究方向，也是人工智能、机器学习、图像处理等多个领域相结合的产物，目前已经广泛应用于安防监控、交通管理、医学影像、游戏娱乐、智能家居等多个领域。视频分析可以帮助我们从各种角度理解和使用视频，例如：

- 视频编码和解码。
- 视频增强和修复。
- 视频特征提取和识别。
- 目标检测和跟踪。
- 人脸识别和表情分析。
- 动作检测和姿态估计。

视频分析在现代生活中扮演了重要角色，尤其是在媒体、安防、医疗等领域。通过分析视频，可以更好地理解我们所看到的事物，并从中提取有用的信息辅助我们做出决策。

2. 视频分析的主要任务

视频分析的主要任务有以下几方面：

（1）目标检测。在视频中定位和检测出感兴趣的物体，并得出其位置和大小等参数信息。

（2）目标跟踪。基于目标检测结果，在视频序列中追踪目标的运动轨迹，并保持目标的一致性。

（3）行为分析。对视频中的目标进行行为分析，并识别其所表现出的不同动作和状态，如行走、奔跑、站立等。

（4）视频检索。根据关键字或特征向量等检索条件，从海量的视频库中查找出符合条件的视频片段。

（5）视频摘要。根据视频内容的关键帧、镜头切换、运动轨迹等信息，对视频进行自动摘要，提取出视频的精华部分。

3. 视频分析算法分类

根据不同的目的和应用场景，视频分析算法可分为以下 4 类：

(1) 图像处理与分析算法,主要包括图像滤波算法、二值化算法、边缘检测算法等。

(2) 物体检测与跟踪算法,主要有基于背景差分的算法、基于光流的算法、基于深度学习的算法等。

(3) 行为识别与分类算法,主要有行为建模算法、机器学习算法、深度学习算法等。

(4) 相关性分析算法,主要有计算机视觉算法、数据挖掘算法等。

4. 视频分析的基本流程

视频分析的基本流程如下:

(1) 数据采集。使用相机或者其他设备进行视频信号的采集。

(2) 预处理。对采集到的数据进行预处理,其中包括去噪、色彩校正等操作。

(3) 特征提取。对预处理后的数据进行特征提取,以便进行下一步的分类、识别等操作。

(4) 分类、识别。将特征提取后的数据输入分类器或者识别器中,完成分类、识别等任务。

4.6.2 视频分析的应用场景

视频分析主要应用于需要以可靠、经济和省时的解决方案保护其场所的安全并简化操作流程的领域,例如公共交通、办公楼、公共场所或工业应用等领域。

一个常见的例子是实时口罩佩戴监控。对于建议或强制佩戴口罩的公共区域,使用视频分析技术可以自动执行监控任务。当口罩佩戴率低于阈值时,安全管理人员会收到警报,并且可以实时干预或加强管理。

视频分析技术可以成为企业最大化其视频监控网络价值的强大工具。将实时警报与汇总的历史数据相结合,企业可以灵活地在事件发生时实时干预,并规划长期数据驱动的安保和运营战略。

以下是视频分析的一些主要应用场景。

1. 视频监测与安保

视频监测与安保是指利用视频分析技术对公共安全和个人安全进行现场实时监测和预警。例如,在银行、超市、机场、火车站等公共场所中部署的视频监控系统可以帮助工作人员或者安保人员及时发现并处理各种异常情况,从而保障人们的生命和财产安全。视频监测技术也可以应用于交通管理,例如在城市道路上设置摄像头,自动发现违章车辆,提高交通管理效率。

2. 智能交通

智能交通是指利用先进的视频处理技术改善交通运行的效率与安全性。智能交通系统可以使用车载摄像头对路面上的标志线、信号灯以及其他车辆等进行识别,对车辆和行人的行为进行跟踪和分析,从而帮助驾驶员更好地掌握路况,减少事故的发生。此外,在城市交通拥堵的情况下,智能交通系统可以根据实时交通状况自动调整路线,使交通系统更加高效便捷。

3. 医疗健康

视频分析技术也可以在医疗健康领域发挥重要作用。通过分析视频数据,可以帮助医生更好地了解患者的状态,提高医疗治疗的效果。例如,通过对手术过程的录像进行分析,可以帮助医生了解手术操作是否规范，是否存在风险因素；在老年痴呆症方面，视频分析技术可以通过追踪被监护人日常活动和健康状况，辅助医生诊断和制订有效的治疗方案。

4. 娱乐体育

视频分析技术在娱乐体育领域也有着广泛的应用。在电子游戏中，视频分析技术可以识别玩家的姿势和身体动作，并将其转换成游戏控制命令；在体育比赛中，视频分析技术可以帮助裁判确定球是否越界、球员是否越位等问题，减少误判和漏判。同时，在电影和体育报道制作中，视频分析技术也被广泛应用，可以对场景、颜色、音效等进行精确的编辑和处理，提高画面的质量和效果。

5. 教育培训

在教育培训领域，视频分析技术可应用于学生考勤管理、课件播放、智能教学软件等多个方面。

6. 零售业

零售业可以通过视频分析监测商店与顾客的互动情况，以便更好地了解顾客需求并进行营销活动。此外，视频分析也可以用来预测物流和库存需求，在供应链管理中发挥重要作用。视频分析技术还可以用于电商智能推广领域，通过对用户行为数据的分析，实现个性化精准推送，从而提高用户体验和销售业绩。

7. 视频制作与编辑

视频分析技术也可以用于视频制作与编辑领域，操作体验好，效率高。例如，可以通过场景分割和色彩调整提高视频的视觉美感。

总之，视频分析技术应用广泛，不断进入新的领域，并为人们的工作和生活带来更多便利与效益，视频处理技术已经对人们的生活和工作产生了深远的影响。未来它还将继续在更多领域发挥作用，为人们的生活带来更多的便利和创新。

4.6.3 视频分析的常见算法

在进行视频分析时，需要使用各种算法实现特定的任务。下面是几个常见的视频分析算法及其应用：

（1）目标检测算法。目标检测是视频分析的基本任务之一，可以帮助用户自动识别视频中的物体并对其进行跟踪。常用的目标检测算法包括 Haar 级联检测器、HOG＋SVM 和深度学习算法等。这些算法都有着类似的原理，即通过在图像中寻找关键特征进行目标检测。例如，Haar 级联检测器使用卷积核提取像素值的差异，并且基于这些差异确定是否存在目标对象。

（2）运动估计算法。运动估计是视频分析中非常重要的任务，可以帮助用户确定视频中不同物体的移动轨迹。运动估计技术包括光流估计、背景建模、稠密光流估计和基于区域的光流估计等。这些技术通常用于跟踪机动车辆、人或其他一些动态物体。

（3）视频分割算法。视频分割是将视频划分为若干相互独立的空间-时间分段，目的是更好地理解视频内容。一种经典的视频分割方法是基于聚类的视频分割方法，这种方法可以通过相邻帧之间的差异进行视频分割。还有一种运动插值方法，它使用随时间变化的颜色和纹理信息计算运动场景的精确匹配。

（4）物体识别算法。物体识别也是视频分析的重要组成部分，它可以用于检测和识别物体的类型、形状和大小。一般情况下，物体识别基于分类器完成，这些分类器通常采用CNN、SVM 等机器学习算法。

视频分析具有广泛的应用，无论是安全监控、视频会议还是智能交通等领域，都离不开视频分析技术。以上是视频分析中最常见的算法。这些算法有不同的应用范围和优点，但它们也存在一些共性。例如，所有的算法都需要良好的数据集和训练技巧。因此，在实际应用中，需要结合具体的应用场景选择合适的算法，并加以优化，以达到最佳效果。

4.7 本章小结

本章介绍了人工智能中与视觉感知相关的重要主题，包括图像处理、模式识别、图像识别、目标检测、人脸识别和视频分析。通过对这些主题的学习，读者能够深入了解视觉感知技术在人工智能领域中的应用。

图像处理技术能够改善图像质量、减少噪声，还可以实现图像增强，为后续的视觉任务奠定基础。

模式识别用于对相似的图案进行聚类和分类，从而使人们更好地理解图像内容。在该部分中重点介绍了基于模式识别的光学字符识别，探讨了其原理和实际应用。

图像识别使计算机能够自动地识别图像中的物体和场景。在该部分中介绍了图像分类的方法和算法，并进行了基于深度学习的图像分类实验，以帮助读者探索其在实际场景中的应用。

目标检测是一项与图像识别有所不同的任务，它的目标是在图像中找到特定对象的位置并进行标注。在该部分中深入讨论了目标检测的基本概念、应用场景和常见算法，以帮助读者理解和应用目标检测技术。

人脸识别是图像处理领域中的重要技术。在该部分中介绍了人脸识别技术的概念和基本原理，并进行了基于深度学习的人脸识别实验，以加深读者对其应用理解。

视频分析利用图像处理技术处理视频流，获得更多的信息和洞察力。在该部分中介绍了视频分析的常见算法，并探讨了其在实际应用中的重要性。

4.8 习题

1. 什么是计算机视觉？简要描述它的定义和应用场景。
2. 说明图像识别是什么？给出一个示例应用程序，说明其如何在图像中找到对象。
3. 图像分割是什么？举例说明它在计算机视觉中的作用。
4. 如何使用计算机视觉技术，通过照片或视频识别人脸？
5. 列举至少 3 种常见的计算机视觉库，并说明它们用于什么。
6. 在深度学习中，卷积神经网络是如何与计算机视觉相结合的？谈谈你对此的理解。
7. 什么是像素？像素在图像处理和计算机视觉中扮演着什么角色？

第5章 自然语言处理

学习目的与要求

在本章中,将探索人工智能领域中与自然语言处理相关的关键概念和技术。学习自然语言处理的目的是让计算机能够理解和处理自然语言,实现对自然语言的智能分析和应用。通过学习本章,读者将对语义分析、文本分类和情感分析、智能问答、聊天机器人、机器翻译的发展和挑战有全面的了解。这些技术和应用为文本分析、语音处理和智能交互等任务提供了有力的工具和方法。最后,本章通过介绍大语言模型,如Transformer模型等,进一步探索人工智能领域中的前沿技术和相关发展。

自然语言处理(Natural Language Processing,NLP)技术是与自然语言的计算机处理有关的所有技术的统称,其目的是使计算机能够理解和接受人类用自然语言输入的指令,完成从一种自然语言到另一种自然语言的翻译功能等。自然语言处理技术的研究可以丰富计算机知识处理的研究内容,推动人工智能技术的发展。

5.1 语义分析

5.1.1 语义分析的基本概念

1. 什么是语义分析

自然语言处理技术的核心为语义分析。语义分析不仅进行词法分析和句法分析这类语法水平上的分析,而且还涉及单词、词组、句子、段落所包含的意义,目的是用句子的语义结构表示语言的结构,如图5-1所示。语义分析可以自动完成,也可以由人完成。语义分析是对文本进行深入理解,并将其转换为计算机可以理解的形式,例如词汇表或规则集。在这个过程中需要使用大量的自然语言处理技术。

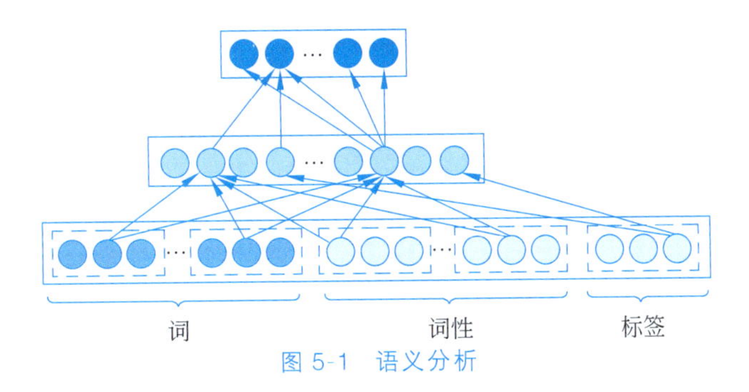

图 5-1 语义分析

2. 语义分析具体任务

1）词法分析

词法分析包括词形分析和词汇分析两方面。一般来讲，词形分析重在对单词的前缀、后缀等进行分析，而词汇分析重在对整个词汇系统的控制，从而能够较准确地分析用户输入的自然语言的特征，最终准确地完成语义分析的过程。

2）句法分析

句法分析是对用户输入的自然语言进行词汇、短语的分析，目的是识别句子的句法结构，以实现自动句法分析的过程。

3）语用分析

语用分析相对于语义分析又增加了对上下文、语言背景、语境等的分析，即从文章的结构中提取出意象、情感等附加信息，是一种更高级的语言学分析。它将语句中的内容与现实生活中的细节关联在一起，从而形成动态的表意结构。

4）语境分析

语境分析主要是指对文章之外的大量“言外之意”进行分析，以便更准确地解释语言的技术。

5）自然语言生成

人工智能驱动的引擎能够根据收集的数据生成描述，将数据转换为语言，在人与技术之间创建无缝交互。

自然语言生成软件接受结构化表示的语义，以输出符合语法的、流畅的、与输入语义一致的自然语言文本。早期大多采用管道模型研究自然语言生成，管道模型根据不同的阶段将研究过程分解为如下 3 个子任务：

- 内容选择。决定要表达哪些内容。
- 句子规划。决定篇章及句子的结构，进行句子的融合、指代表述等。
- 表层实现。决定选择什么样的词汇实现一个句子的表达。

早期基于规则的自然语言生成技术在每个子任务上均采用不同的语言学规则或领域知识，以实现从输入语义到输出文本的转换。

基于规则的自然语言生成系统存在很多不足之处。近几年来，学者们开始了基于数据驱动的自然语言生成技术研究，从浅层的统计机器学习模型到深层的神经网络模型，对自然语言生成过程中每个子任务的建模以及多个子任务的联合建模开展了相关的研究，目前主流的自然语言生成技术是基于数据驱动的自然语言生成技术和基于深度神经网络的自然语言生成技术。

3. 语义分析与其他自然语言处理技术的区别

相比于其他自然语言处理技术(如词法分析和句法分析),语义分析更加复杂和具有挑战性。词法分析和句法分析主要关注明确单词和句子的结构;而语义分析则需要更加深入地理解这些结构,并确定其背后的含义。

通过语义分析,可以使计算机系统具有更好地理解和推断人类语言的能力,从而实现各种应用场景,如智能问答、机器翻译和智能客服等。

4. 中文分词

中文分词是计算机根据语义模型自动将汉字序列切分为符合人类语言理解模式的词汇。分词就是将连续的文字序列按照一定的规范切成词的过程。

在英文中,单词之间是以空格作为自然分隔符的;而中文只能够通过字、句和段落进行简单的划分,中文词没有形式上的分隔符。虽然英文也存在短语划分的问题,不过在词这一层面上,中文比英文要复杂得多、困难得多。

5.1.2 语义分析的主要应用场景

本节对语义分析的主要应用场景进行介绍。

1. 情感分析

情感分析是一种基于自然语言处理的技术,可以对文本进行情感分类和情感极性分析。随着大数据和机器学习的快速发展,情感分析的应用已经扩展到了商业营销、舆情监测、客户服务等各个领域。在商业营销中,情感分析可以帮助企业了解目标受众群体,提高营销效果,增强品牌声誉。

在社交媒体上,人们发布的内容越来越多,这为企业提供了一个机会,可以通过情感分析了解公众关注的话题,从而制定相应的营销策略。例如,当某个品牌推出新产品时,情感分析可以自动识别用户的评论和反馈,从而了解用户对产品的评价和态度。如果大多数用户反馈积极,企业可以进一步加大宣传力度,提高产品的知名度和销售额;如果用户反馈较为负面,企业可以及时改进产品,避免口碑受损。

除了营销领域,情感分析还可以应用于舆情监测和客户服务。在舆情监测方面,情感分析可以自动识别新闻报道、社交媒体评论等文本中的情感色彩,了解公众对某个事件或话题的态度和情感倾向。这对企业制定公关策略和舆情应对具有重要意义。在客户服务方面,情感分析可以自动识别客户的反馈和抱怨,及时解决客户问题,提高客户满意度和忠诚度。

尽管情感分析在商业营销中应用广泛,但是它也存在一些限制和挑战。首先,情感分析算法的准确性受到文本质量和语言表达的影响。例如,一些文本可能存在歧义或语义混淆,从而影响情感分析的准确性。其次,情感分析也面临情感分类的主观性和不确定性的挑战。同一段文本可能会被不同的人或算法分类为不同的情感极性,这需要人工干预和进一步优化算法。

总的来说,情感分析在商业营销中的应用前景广阔,但是需要不断优化算法和提高准确性,以更好地服务于企业和公众。

2. 垃圾邮件过滤

随着互联网的普及,人们经常用电子邮件进行沟通和工作。但是,随之而来的问题是垃圾邮件的数量不断增加,给人们带来了很多麻烦。垃圾邮件不仅会浪费人们的时间和精力，还可能包含恶意代码和网络钓鱼链接，从而导致安全风险。因此，通过语义分析技术过滤垃圾邮件是非常必要的。

语义分析是一种自然语言处理技术，可以自动理解和分析文本中的意义，并从中提取有用的信息。在电子邮件过滤中，语义分析可以分析每个电子邮件的主题、内容、发送者和附件等信息，以确定它们是否是垃圾邮件。根据分析结果，系统可以将垃圾邮件自动移到垃圾箱中，同时保留正常的邮件。

为了实现高效的语义分析，机器学习算法是必不可少的。机器学习算法可以自动学习并识别垃圾邮件中的特定单词、短语或特征，并将它们与正常邮件进行区分。为了提高准确性，系统需要不断地从新的正常邮件和垃圾邮件中学习，并根据学习结果进行调整和改进。

然而，由于黑客不断改进他们的攻击方式，传统的语义分析技术可能无法完全识别新型的垃圾邮件。因此，开发新的应对策略也是必要的。一种常见的策略是将多种技术相结合，例如黑名单、白名单、规则过滤和机器学习等，以提高垃圾邮件的过滤能力。同时，用户也应该保持警惕，避免点击不明来源的链接或下载可疑附件，以确保网络安全。

语义分析技术为用户提供了一种过滤垃圾邮件的高效方法。系统通过不断学习和改进可以更加准确地识别垃圾邮件，提高工作效率，保障网络安全。

3. 新闻分类

在信息时代，新闻报道是人们获取信息的重要途径之一。然而，传统的新闻报道方式需要耗费大量的人力、物力和时间，而且容易出现信息滞后和质量不稳定等问题。随着互联网的发展，越来越多的新闻信息以数字化的形式出现，这也为基于语义分析技术的新闻分类系统提供了契机。

语义分析技术是一种自然语言处理技术，可以自动理解和分析文本中的意义，并从中提取有用的信息。在新闻分类系统中，语义分析可以分析新闻报道的标题、内容、发布时间、来源等信息，并根据这些信息将新闻分到相应的类别中。例如，一篇有关某个公司业绩的新闻报道可以被自动分类到“财经”类别中，一篇有关国际政治的新闻报道可以被自动分到“国际”类别中，这样可以大幅提高新闻报道的效率和质量。

使用语义分析技术进行新闻分类可以带来多方面的好处。首先，它可以大大减少人工编辑的工作量，提高新闻报道的效率和速度。其次，它可以让用户更快捷地找到自己感兴趣的新闻内容，提高用户体验。此外，新闻分类系统还可以帮助新闻机构更好地了解用户的兴趣和需求，为后续的新闻报道提供参考和指导。

语义分析技术在新闻分类中的应用不局限于单一领域，还可以应用于多领域的信息分类。例如，一家在线新闻门户网站可以利用语义分析算法将所有涉及某个公司的新闻内容组合在一起，或者根据某个主题将所有相关报道整理成一个专题。这样可以让用户更加方便地获取相关信息，也可以帮助新闻机构更好地了解用户的兴趣和需求。

除了新闻分类，语义分析技术还可以应用于新闻推荐和舆情分析等领域。例如，在新闻推荐方面，语义分析技术可以根据用户的历史浏览记录和关注点，为用户推荐最相关的新闻内容。在舆情分析方面，语义分析技术可以根据用户在社交媒体上的言论和情感倾向，分析公众舆论和情感趋势。

然而，语义分析技术在新闻分类中的应用也存在一些挑战和难点。首先，语义分析技术需要大量的数据进行训练和优化，这需要投入大量的时间和资源。其次，语义分析技术可能存在误判或漏判的问题，尤其是在新闻报道中存在大量的歧义和复杂性的情况下。因此，为了提高语义分析的准确性和可靠性，需要不断地进行技术创新和优化。

基于语义分析技术的新闻分类系统已经成为新闻报道的新趋势。通过语义分析技术的应用，可以大大提高新闻报道的效率和质量，让用户更加方便地获取相关信息，同时也可以帮助新闻机构更好地了解用户的兴趣和需求。虽然在应用中面临一些挑战和难点，但随着技术的不断发展和创新，相信语义分析技术在新闻分类中的应用会越来越普及和成熟。同时，除了新闻分类，语义分析技术还有着广泛的应用前景，将在更多的领域为人们带来便利和好处。

4. 智能客服

随着市场竞争日趋激烈，企业越来越需要拥有一种更为有效的方式处理客户服务请求。传统的人工客服可能无法满足快速增长的客户需求，因此利用语义识别技术提供智能客服成为一种可行的解决方案，不仅可以提高客户满意度，还能有效降低企业的运营成本。

智能客服的核心是利用语义分析技术，通过自然语言处理技术和人工智能技术的应用，对客户的问题进行准确的理解和回答。相比于传统的常见问题解答，智能客服通过将输入的问题与现有的知识库进行比对，可以提供更加准确和个性化的答案，从而帮助客户解决问题。无论是简单的常见问题还是复杂的技术支持，智能客服都能够快速作出反应并提供专业的解决方案。

与此同时，智能客服还可以通过语义分析技术识别客户的语气、情绪和问题背后的真正需求。这使得智能客服更加接近人类的性质，能够更好地理解客户的意图和情绪，从而提供更加贴近客户期望的服务。无论客户是抱怨、咨询还是寻求帮助，智能客服都能够敏锐地捕捉到客户的情绪变化，并采取相应的措施，以提供个性化和温暖的服务体验。

智能客服的优势还体现在其可以实现不间断的在线服务。智能客服可以随时在线，始终准备着为客户提供帮助。无论是在白天还是深夜，无论是在工作日还是节假日，智能客服都能够快速响应客户并提供解决方案。这种不间断的在线服务不仅提高了客户的满意度，也增强了企业的竞争力。

当然，智能客服并不是要取代人工客服，而是将其作为补充和升级。在一些复杂问题或涉及人的情绪的情况下，人工客服的作用仍然是不可替代的。智能客服可以通过语义分析技术将问题分类和转接给相应的人工客服，以确保问题得到妥善解决。

随着市场竞争的加剧，智能客服以其准确、个性化、全天候的优势成为企业处理客户服务请求的重要工具。通过语义识别技术，智能客服能够理解客户的问题和需求，提供快速而专业的解决方案，并在情感和语气上与客户产生共鸣。智能客服的出现为企业提供了一种更加高效和智能的客户服务方式，必将在市场竞争中占据重要的位置。

5.2 文本分类和情感分析

5.2.1 文本分类和情感分析的基本概念

1. 背景介绍

文本分类是自然语言处理最基础、最核心的任务，或者说，几乎所有自然语言处理任务都是分类任务，或者涉及分类的概念。例如，分词、词性标注、命名实体识别等序列标注任务其实就是 Token 粒度的分类；再如，文本生成其实也可以理解为 Token 粒度在整个词表上的分类任务。

情感分析是根据输入的文本、语音或视频，自动识别其中的观点倾向、态度、情绪、评价等，广泛应用于消费决策、舆情分析、个性化推荐等商业领域。情感分析包括篇章级、句子级和对象或属性级。

(1) 篇章级。整个文本作为输入，输出整体的情感倾向。例如，给定一段评论，判断整体是正向(积极、褒义等)还是负向(消极、贬义等)。

(2) 句子级。输入的是一个句子，其他的同上。

(3) 对象或属性级。

判断给定文本中某对象或属性的情感倾向。若给定文本、对象或属性，判断对象或属性的情感倾向；若只给定文本，需要首先提取其中的对象或属性，然后再判断情感倾向。

例如，某家餐饮店下的评论："服务非常赞，但味道很一般。"这句话其实表达了两个意思，或者说两个对象(属性)的评价，需要输出类似＜服务，正向＞和＜口味，负向＞这样的结果(＜属性，情感倾向＞二元组)，或者再细一点，加入用户的观点信息(＜属性，观点，情感倾向＞三元组)，输出＜服务，赞，正向＞和＜口味，一般，负向＞。这样的结果才更有实际意义。

从自然语言处理的角度看，情感分析包括两个任务：文本分类和实体对象或属性抽取，而这也正好涵盖了自然语言处理的两类基本任务——序列分类(sequence classification)和 Token 分类(Token classification)。两者的区别是：前者输出一个标签，后者每个 Token 输出一个标签。

2. 基本流程

一般来说，自然语言处理任务的基本流程主要包括 5 个步骤，如图 5-2 所示。

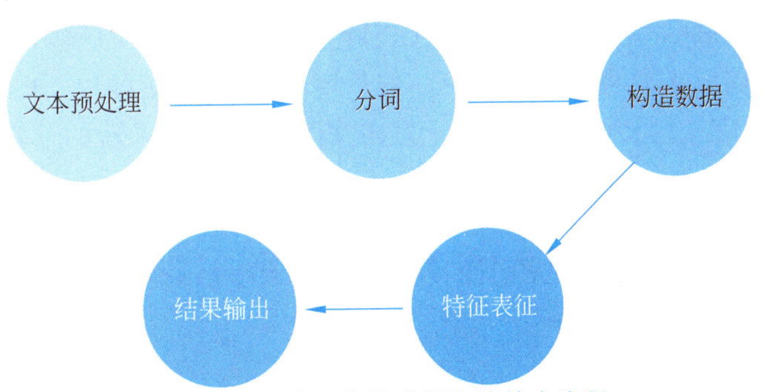

图 5-2　自然语言处理任务的基本流程

1) 文本预处理

文本预处理主要是根据任务需要对输入文本进行的一系列处理，主要包括以下几个操作：

(1) 文本清理。去除文本中不参与处理的字符，例如网址、图片地址，无效的字符、空白、乱码等。

(2) 标准化。主要是将不同的形式统一化，例如英文大小写、数字形式、英文缩写、日期格式、时间格式、计量单位、标点符号等。

(3) 纠错。识别并纠正文本中的错误，包括拼写错误、词法错误、句法错误、语义错误等。

（4）改写。包括转换和扩展。转换是将输入的文本或查询转换为同等语义的另一种形式，例如将拼音（或简拼）转换为对应的中文。扩展主要是将和输入文本相关的内容一并作为输入，常用在搜索领域。

需要注意的是，这个处理过程并不一定是按照上面的顺序从头到尾执行的，可以根据需要灵活调整，例如先纠错再标准化或将标准化放到改写里面。

2）分词

分词主要目的是将输入的文本转换为Token，它涉及后续将文本转换为向量。一般主要从3个粒度对文本进行切分：

（1）字级别。英文就是字母级别，操作起来比较简单。

（2）词级别。英文不需要分词。中文分词主要是分割语义，降低不确定性。

（3）子词。在英文中很常见，当然中文也可以切分子词。子词是介于字级别和词级别中间的粒度。切分子词的主要目的是将一些统一高频的形式单独切分出来，例如英文中的前缀de或者表示最高级的后缀est等。子词一般是在大规模语料上通过统计频率自动学习到的。

3）构造数据

文本经过分词后会变成一个个Token，接下来就是根据后续需要将Token转换为一定形式的输入，可能就是Token序列本身，也可能将Token转换为数字，或者再加入新的信息（如特殊信息、Token类型、位置等）。这里主要考虑后两种情况。

（1）Token转换为数字。将每个Token转换为一个整数，一般就是它在词表中的位置。根据后续模型的不同，可能会有一些特殊的Token加入，主要用于分割输入，其实是一个标记。有两个常用的特殊Token需要稍加说明：＜UNK＞和＜PAD＞，前者表示未识别的Token，后者表示填充用Token。在实际应用中往往会批量输入文本，而文本长度一般是不相等的，这就需要将它们变成统一的长度，也就是把短的用＜PAD＞填充。

（2）加入新的信息。又可以进一步分为在文本序列上加入新的信息和加入和文本序列平行的信息。

4）特征表征

文本特征是指将文本转换为可以用于机器学习算法的向量表示。常见的文本特征表示方法有One Hot编码、TF-IDF和Embedding。

（1）One Hot编码。

One Hot编码是指将每个单词或字符都转换为一个独立的二元特征，即，如果该单词或字符出现在文本中，则对应的特征值为1；否则为0。例如，假设有一个包含3个句子的文本集合。

句子1：I love machine learning

句子2：I hate math

句子3：Machine learning is fun

那么就可以将这3个句子转换为One Hot编码的特征向量表示，如图5-3所示。

（2）TF-IDF。

TF-IDF是一种统计方法，用于评估一个词对于一个文档集合中的一个文档的重要程

单词/字符	I	love	machine	learning	hate	math	is	fun
句子1	1	1	1	1	0	0	0	0
句子2	1	0	0	0	1	1	0	0
句子3	0	0	1	1	0	0	1	1

图 5-3 One Hot 编码示例

度。TF-IDF 由两部分组成：词频(Term Frequency，TF)和逆文档频率(Inverse Document Frequency，IDF)。词频指某个词在该篇文档中出现的次数。逆文档频率是为了减少常见词对文档的影响而使用的一种方法，具体来说，逆文档频率的值等于总文档数除以包含该词语的文档数再取对数。

TF-IDF 算法的输出结果是一个矩阵，其中每一行对应一个文档，每一列对应一个词或字符，矩阵中的一个元素表示该词或字符在该文档中的 TF-IDF 值。

(3) Embedding。

Embedding 是一种将词或字符映射到高维空间的技术，使得词或字符的距离可以反映它们之间的语义关系。常见的 Embedding 模型有 Word2Vec、GloVe 和 FastText 等。这些模型都是基于神经网络的模型，通过学习词或字符在上下文中的分布构建词或字符的向量表示。

Embedding 的输出结果是一个矩阵，其中每一行对应一个文档，每一列对应一个 Embedding 向量的维度，矩阵中的每个元素表示该文档中对应词或字符的 Embedding 向量。

5) 结果输出

当用户的输入是一句话(或一段文档)时，往往需要得到整体的向量表示。在 Embedding 方法出现之前虽然也可以通过频率统计得到，但难以进行后续的计算；在 Embedding 出现之后，方法就有很多了，其中最简单的是对每个词的向量求和再求平均值。

在得到整个句子(或文档)的向量表示后，如何得到最终的分类呢？很简单，通过矩阵乘法将向量转换为一个类别维度大小的向量。以二分类为例，首先将一个固定维度的句子或文档向量变为一个二维向量，然后将该二维向量通过一个非线性函数映射成概率分布。

3. 常用算法

文本分类和情感分析是自然语言处理中两个常见的任务。下面介绍它们的常用算法。

1) 文本分类常用算法

文本分类是指将给定的文本划分到预定义的类别中，例如，将邮件分为垃圾邮件或非垃圾邮件，将新闻文章分类为政治、体育或娱乐等类别。

常用的文本分类算法有以下 3 个：

(1) 朴素贝叶斯分类器。基于贝叶斯定理，计算每个类别的概率，并选择具有最高概率的类别作为分类结果。

(2) 支持向量机分类器。通过构建一个超平面将数据集分成不同的类别。

(3) 决策树分类器。通过对特征进行递归二分，生成一棵决策树，从而实现分类。

2) 情感分析常用算法

情感分析是指对文本进行情感极性的分类，通常分为正面、负面和中性 3 类。

常用的情感分析算法有以下 3 种：

（1）基于规则的方法。通过人工制定一些规则判断文本的情感极性。

（2）基于情感词典的方法。构建一个包含情感词汇和对应情感极性的词典，根据文本中出现的情感词汇及其情感极性计算文本的情感极性。

（3）基于机器学习的方法。通过训练一个分类器判断文本的情感极性。常用的分类器有朴素贝叶斯分类器、支持向量机分类器和神经网络等。

5.2.2 文本分类和情感分析的应用场景与展望

1. 实际应用

这里主要探讨在实际应用过程中对方法和模型的取舍和选择。

（1）规则与模型。纯规则、纯模型和两者结合的方法都有。规则可控，但维护不容易，尤其当规模变大时，规则重复、规则冲突等问题就会出现；模型维护简单，但可能需要增加语料，另外过程也不能干预。在实际应用中，简单任务可以使用纯模型；复杂可控任务可以使用模型＋规则组合，模型负责通用大多数，规则覆盖长尾个案。

（2）深度学习与传统机器学习。当业务需要可解释时，可以选择传统的机器学习模型；当没有这个限制时，应优先考虑深度学习模型。

（3）简单与复杂。当任务简单、数据量不大时，可以用简单模型（如 TextCNN），此时用复杂模型未必效果更好；但是当任务复杂、数据量比较大时，复杂模型的性能远远超过简单模型。

总而言之，使用什么方案要综合考虑具体的任务、数据、业务需要、产品规划、资源等多种因素后确定。

2. 情感分析的未来

情感分析的未来一定是围绕着更深刻的语义理解发展的。从情感分析目前的发展看，主要有以下 3 个方向。

1）多模态

多模态是指多种不同形态的输入结合，包括文本、图像、声音、视频等。这也是目前比较前沿的研究方向。

2）深度语义

深度语义是指综合考虑多种影响因素，包括环境、上下文、背景知识。这和多模态类似，也是尽量将场景真实化。

环境指的是对话双方当前所处的环境。例如，现在是冬天，但用户说“房间怎么这么热？”其实可能是因为房间空调或暖气开太高。如果不考虑环境，可能就会难以理解这句话。

上下文指的是对话中的历史信息。例如，开始对话时用户说“今天有点感冒”，后面如果再说“感觉有点冷”，那可能是生病导致的。如果没有这样的上下文，对话可能看起来就不合理，对情感的理解和判断也会不准确。

背景知识是指关于世界认知的知识。

3）多方法

多方法是指综合使用多种方法，包括知识图谱、强化学习和深度学习。知识图谱主要是对世界万物及其基本关系进行建模，强化学习则是对事物运行的规则进行建模，而深度学习主要考虑实例的表征，多种方法组合成一个立体、完整的系统。

3. 应用场景

文本分类和情感分析是自然语言处理中两个常见的任务，它们在很多领域都有广泛的应用。下面简要介绍它们的应用场景。

1）文本分类

文本分类可以应用于以下场景：

（1）垃圾邮件过滤。例如，将收到的邮件分为垃圾邮件和非垃圾邮件。

（2）新闻分类。例如，将新闻文章分为政治、体育、娱乐等类别。

（3）产品分类。例如，将电商平台上的商品分为服装、数码、家居等类别。

（4）问题分类。例如，将用户反馈的问题分为技术支持、账户问题、产品建议等类别。

2）情感分析

情感分析可以应用于以下场景：

（1）舆情监测。对社交媒体上的评论等进行情感分析，了解公众对某个事件或话题的态度。

（2）用户评论分析。对用户在电商平台上的评论进行情感分析，了解用户对产品或服务的评价。

（3）基于情感的推荐。根据用户历史评价数据，对其进行情感分析，推荐符合其喜好的产品或服务。

（4）品牌管理。对品牌在社交媒体上的声誉进行情感分析，了解公众对品牌的态度，及时采取应对措施。

5.3 智能问答

5.3.1 智能问答系统的基本概念

1. 智能问答系统是什么

智能问答系统是自然语言处理领域中一个很经典的问题，它可以用来回答人们以自然语言形式提出的问题。这需要对自然语言问题进行语义分析，包括关系识别、实体连接、形成逻辑表达式，然后到知识库中查找可能的备选答案，再通过排序机制给出最佳答案。

智能问答系统通常分为任务型系统、解决型系统、闲聊系统。这 3 种类型的机器人分别应用在不同的场景：

（1）任务型系统主要用于完成用户的某些特定任务，例如天气咨询、买机票、充电费等。

（2）解决型系统主要用于解决用户的问题，例如商品购买咨询、商品退货咨询等。

（3）闲聊系统主要用于深入地和用户进行无目的的交流。

2. 智能问答系统是如何工作的

智能问答系统是一种基于人工智能和自然语言处理技术的软件系统，它可以理解用户提出的问题并给出相应的答案。下面是智能问答系统的工作流程。

1）语言理解

当用户输入一个问题时，智能问答系统会先进行语言理解，将自然语言转换为计算机可处理的形式。这个过程包括词法分析、句法分析、语义分析等步骤。其中，语义分析是最重要的一步，它可以将用户提问的意图和关键信息提取出来。

2）知识匹配

在完成语言理解之后，智能问答系统会将用户提问的意图和关键信息与预先构建的知识库进行匹配，找到最相关的答案。知识库可以是结构化的数据库、非结构化的文本数据或者外部 API 等。

3）答案生成

当找到了最相关的答案之后，智能问答系统会对答案进行排版和优化，以便更好地呈现给用户。同时，系统也会考虑用户的上下文信息，例如提问历史、用户画像等，以便生成更加精准的答案。

4）答案展示

最后，智能问答系统会将答案展示给用户。展示的方式可以是文本、语音、图像等多种形式，具体取决于系统的设计和应用场景。

需要注意的是，智能问答系统的工作流程是一个不断迭代的过程。随着用户提问的增多，系统可以不断地学习和优化，提高准确性和效率。

3. 智能问答系统的历史和发展

智能问答系统的历史可以追溯到 20 世纪 50 年代，当时的计算机科学家开始尝试使用自然语言处理技术解决人机交互的问题。不过，由于当时计算机性能和自然语言处理技术的限制，智能问答系统的应用非常有限。

随着计算机性能不断提升和自然语言处理技术的发展，智能问答系统逐渐成为一个热门领域。下面是智能问答系统的里程碑事件。

1964 年，Joseph Weizenbaum 开发了第一个聊天机器人 ELIZA，它可以模拟心理医生与患者的对话。

1971 年，图灵测试被提出，它是衡量智能问答系统是否具有人类智能的标准之一。

1980 年，Terry Winograd 开发了 SHRDLU 系统，它可以通过自然语言控制一个虚拟的物体世界。

1996 年，IBM 公司开发了深蓝超级计算机，它打败了国际象棋世界冠军加里·卡斯帕罗夫。

2002 年，IBM 公司开发了 Watson 系统，它在 Jeopardy!游戏节目中击败了两名前冠军选手。

2011 年，苹果公司推出了 Siri 语音助手，它可以回答用户的问题，执行语音命令。

2016 年，谷歌推出了 Google Assistant 语音助手，它可以在多种设备上运行，并支持多种语言。

目前，智能问答系统已经广泛应用于在线客服、虚拟助手、语音助手等领域。未来，随着人工智能技术的不断发展，智能问答系统将会越来越智能化、个性化和普及化。

值得一提的是由 OpenAI 研发的聊天机器人程序——ChatGPT。ChatGPT 是人工智能技术驱动的自然语言处理工具，它能够通过理解和学习人类的语言进行对话，还能根据聊天的上下文进行互动，真正像人一样聊天交流。它能撰写邮件、视频脚本、文案，甚至能完成翻译、编写代码、写论文等任务。

5.3.2 智能问答的应用与挑战

1. 智能问答的应用

1）搜索引擎

搜索引擎是最常见的智能问答应用之一，它在用户输入问题后通过算法和模型匹配网页内容，并返回最相关的结果。通过自然语言处理、信息检索等技术的应用，搜索引擎能够理解用户的查询意图，并提供相关的答案和资源。

搜索引擎的核心是庞大的索引库，其中包含互联网上海量的网页内容。当用户输入问题时，搜索引擎会通过分析问题的关键词、语义和上下文，结合算法和模型的匹配，找到最相关的网页进行呈现。搜索引擎的算法不断地优化和更新，以提供更准确、全面的搜索结果。这些算法包括 PageRank、机器学习算法、深度学习算法等，它们能够识别网页的质量、权威性和相关性，从而对搜索结果排序。

除了传统的搜索功能，搜索引擎在近年来还引入了智能问答的功能，以提供更直接、精准的答案。智能问答功能通过对大量的语料进行训练和学习，使得搜索引擎能够理解并回答用户的具体问题。例如，当用户提出“今天的天气如何?”这样的问题时，搜索引擎可以直接给出当天和未来几天的天气预报结果。这种智能问答功能大大提高了搜索引擎的实用性和用户体验。

值得一提的是，2023 年 3 月，微软公司旗下的搜索引擎 Bing 推出了一个重大创新，即 NewBing，这是一个集成了聊天机器人功能的搜索引擎。NewBing 的聊天机器人基于自然语言处理、机器学习和深度学习技术，能够与用户进行自然而流畅的对话。用户可以像与朋友交谈一样向 NewBing 提出问题、寻求建议，甚至与之闲聊。聊天机器人通过对话历史和大数据分析，能够根据用户的需求和偏好提供个性化的答案和推荐。这种结合了搜索引擎和聊天机器人的创新进一步提升了搜索引擎的智能和交互性。

NewBing 的推出标志着搜索引擎向更加智能化、个性化的方向发展。它为用户提供了一种全新的搜索体验，不再局限于提供简单的查询结果，而是能够与用户进行有意义的对话和互动。聊天机器人的引入使搜索引擎更加贴近人类的需求和行为，成为用户获取信息和解决问题的重要工具。

未来，随着人工智能技术的不断发展和应用，搜索引擎将进一步提升其智能问答的能力。它将更好地理解用户的语义和意图，能够处理更加复杂和具体的问题。同时，搜索引擎还将更加注重个性化推荐和定制化服务，根据用户的兴趣和偏好提供更有针对性的答案和建议。

总而言之，搜索引擎作为最常见的智能问答应用之一，通过自然语言处理、信息检索等技术，能够为用户提供准确、全面的搜索结果。NewBing 的推出进一步推动了搜索引擎的创新，使其具备了与用户进行自然对话的能力。随着人工智能技术的不断进步，搜索引擎将继续发挥重要作用，为用户提供更智能化、个性化的信息获取和问题解答服务。

2）聊天机器人

随着人工智能技术的不断发展，聊天机器人在各个领域中得到了广泛的应用。在商业领域，聊天机器人被用作客服系统，可以为用户提供 24 小时不间断的在线服务，节省了企业的人力成本，同时也提高了服务质量。在医疗领域，聊天机器人可以协助医生进行病情咨询和诊断，缓解医生短缺的问题，提高医疗服务的效率和准确性。在教育领域，聊天机器人可以为学生提供个性化的学习指导和答疑服务，帮助学生更好地掌握知识。在智能家居领域，聊天机器人可以作为智能助手，帮助用户控制家居设备，提高生活的便捷性和舒适度。

聊天机器人的实现需要借助自然语言处理技术。自然语言处理技术可以将自然语言转换为计算机可以理解的形式，从而实现自然语言与计算机之间的交互。自然语言处理技术包括自然语言理解、对话管理、自然语言生成等多方面。

自然语言理解可以将用户的自然语言输入转换为计算机可以理解的形式。自然语言理解技术需要对自然语言进行分词、词性标注、命名实体识别、句法分析等多个步骤，从而提取出输入中的关键信息。例如，当用户输入"我想订一张从北京到上海的机票"时，自然语言理解技术可以识别出"订票"这个动作、起始地"北京"、目的地"上海"等关键信息，为后续的处理提供基础。

对话管理可以帮助机器人进行对话流程的管理。对话管理技术需要设计合理的对话流程，根据用户的输入进行意图识别和话题切换，从而实现与用户的自然对话。例如，当用户输入"我想订一张从北京到上海的机票"时，对话管理技术可以识别出用户的订票意图，并进一步询问出发时间、乘客人数等信息，从而提供更加个性化的服务。

自然语言生成可以将计算机生成的结果转换为自然语言输出。自然语言生成技术需要根据对话流程和用户意图生成合理的自然语言输出，以回答用户的问题或提供相应的服务。例如，当用户输入"我想订一张从北京到上海的机票"时，聊天机器人可以生成"已为您订购从北京到上海的机票，票价为×××元，祝您旅途愉快!"等输出。

然而，聊天机器人在应用中还存在一些挑战和难点。首先，自然语言理解技术需要面对复杂的语言表达和含义，很难实现完全准确的理解。其次，对话管理技术需要针对不同的应用场景进行设计和优化，提高对话的流畅性和效率。最后，自然语言生成技术需要生成合理的自然语言输出，避免出现不准确或不符合语言习惯的表达。这些问题需要通过不断的技术研究和改进来解决。

为了解决这些问题，研究人员不断探索和改进自然语言处理技术。近年来，深度学习技术的发展使得自然语言处理技术得到了极大的提升。例如，采用深度学习技术的神经网络模型可以有效地提高自然语言理解和生成的准确性和效率。此外，基于强化学习的对话管理技术也取得了不俗的进展，通过强化学习算法对对话策略进行优化，提高了对话的流畅性和效率。

3）客服系统

智能问答技术在企业的客服系统中发挥着重要作用。许多企业意识到，利用这一技术，他们可以为客户提供更快速、准确的解答，提高客户满意度，并在竞争激烈的市场中取得优势。智能问答系统利用自然语言处理技术，对客户的问题进行理解和分析，然后根据预先设定的规则或机器学习模型，给出相应的回答。

为了构建一个有效的客服系统，需要应用多种技术。

首先是自然语言理解技术，它涉及语义分析、句法分析、词义消歧等任务，帮助系统理解客户提问的含义和意图。这些技术能够识别关键词、提取实体信息，并根据语境进行合理的推理和解析。通过自然语言理解，系统能够更准确地理解客户的问题，从而给出更有针对性的答案。

其次是对话管理技术，它负责管理系统与客户之间的对话流程。对话管理涉及意图识别、上下文理解、对话状态管理等任务。系统需要能够识别客户的意图，判断客户的问题类型，并根据对话的上下文提供连贯的回答。对话管理技术可以帮助系统更好地与客户进行交互，使对话过程更加自然和流畅。

另外，知识库管理技术在客服系统中也起着重要的作用。知识库是一个存储了大量问题与答案数据的数据库，为系统提供了丰富的知识资源。知识库管理技术可以帮助系统有效地整理和管理这些数据，以提高系统的准确性和效率。知识库管理包括知识抽取、知识表示、知识更新等任务。通过知识库管理技术，系统能够快速检索相关的知识，并将其应用于问题的解答过程中，为客户提供准确的答案。

在实际应用中，智能问答技术面临一些挑战。

首先是语义理解的准确性和鲁棒性。尽管自然语言处理技术在这方面取得了许多进展，但仍然存在对复杂语义和语言表达的理解不足的情况。例如，处理含有歧义、模糊性或隐含信息的问题时，系统可能会出现困惑或错误的回答。

其次是知识库的更新。知识库中的数据需要及时更新，以保持与实际情况的一致性。随着业务和知识的不断发展，知识库管理变得越来越重要。

尽管面临挑战，智能问答技术在企业客服系统中的应用前景依然十分广阔。随着人工智能和自然语言处理技术的进一步发展，智能问答系统将变得更加智能和灵活，能够更好地理解用户的需求和问题，并提供更准确、个性化的解答。企业可以通过建立智能问答系统，提高客户服务的质量和效率，增强品牌形象，并在竞争激烈的市场中脱颖而出。

4）语音助手

随着人工智能技术的不断发展，语音助手在智能家居、车载导航、手机操作等多个领域中得到了广泛的应用。语音助手通过语音交互的方式为用户提供更加便捷、高效的服务，增强了人机交互的体验。

语音识别技术是语音助手实现的关键技术之一，它可以将用户的语音指令转换为计算机可以理解的形式。语音识别技术需要对语音信号进行采样、特征提取、语音识别等多个步骤，从而提取出用户的指令。例如，当用户说出“小爱同学，帮我打开空调”时，语音识别技术可以将语音信号转换为“打开空调”的文本指令，从而实现语音指令的理解。

自然语言处理技术也是语音助手的关键技术之一，它可以帮助系统理解用户的意图和需求。自然语言处理技术需要对语音指令进行语音理解、意图识别、实体识别、语义分析等多个步骤，从而提取出用户的意图和需求。例如，当用户说出“小爱同学，帮我打开空调”时，自然语言处理技术可以识别出用户的意图是“打开空调”，并进一步识别出空调这个实体，从而实现对用户指令的理解和解析。

语音助手在应用中还存在一些挑战和难点。首先，语音识别技术需要面对复杂的语音环境和语音变化，很难实现完全准确的识别。其次，自然语言处理技术需要面对复杂的语言表达和含义，很难实现完全准确的理解。最后，语音助手需要针对不同的应用场景进行设计和优化，提高服务的效率和准确性。

为了应对这些挑战，研究人员不断探索和改进语音识别和自然语言处理技术。近年来，深度学习技术的发展使得语音识别和自然语言处理技术得到了极大的提升。例如，采用深度学习技术的神经网络模型可以有效地提高语音识别和自然语言处理的准确性和效率。此外，研究人员还将多模态信息融合的方法应用到语音识别和自然语言处理中，通过融合语音、图像、文本等多种信息，提高了语音助手的准确性和效率。

在实际应用中，语音助手还需要考虑用户的隐私和安全问题。语音助手通常需要收集用户的语音信息，因此需要保护用户的隐私和数据安全。研究人员正在探索和开发更加安全和隐私保护的语音助手技术，例如采用加密技术和隐私保护技术保护用户的隐私和数据安全。

此外，语音助手还需要考虑用户的个性化需求和习惯。不同用户的语音习惯、方言、口音等都存在差异，因此语音助手需要具备一定的个性化适应能力，根据不同用户的语音特点进行优化和调整。研究人员正在探索和开发更加个性化的语音助手技术，例如采用增量学习、迁移学习等方法实现个性化适应。

未来，语音助手的应用前景十分广阔。随着人工智能技术的不断发展，语音助手将成为人们日常生活中不可或缺的一部分，为人们提供更加便捷、高效、智能化的服务。例如，在智能家居领域，语音助手可以作为智能家居控制的重要手段，帮助用户实现智能化的家居控制。在车载导航领域，语音助手可以帮助驾驶员实现语音导航和多媒体控制，提高驾驶的安全性和便捷性。在手机操作领域，语音助手可以帮助用户实现语音输入、语音翻译等功能，提高手机的智能化和便捷性。除此之外，语音助手还可以应用于医疗、教育、金融等多个行业，为人们提供更加智能化、高效的服务。

5）知识图谱

知识图谱是一种以图形化方式展示的结构化信息形式，它对于智能问答系统的发展具有重要意义。通过构建知识图谱，可以将各种实体、属性和关系整合在一起，形成一个全面而有机的知识网络，为智能问答系统提供准确、全面的答案。

在知识图谱中，实体代表具体的事物，可以是人、地点、产品、事件等；属性描述实体的特征，如姓名、年龄、价格等；而关系则表示实体之间的关联和连接，如“是子集关系”“属于关系”“工作关系”等。这种结构化的表示方式使得知识图谱能够更好地呈现事物之间的联系和内在规律。

为构建知识图谱，需要运用多个技术领域的知识。数据挖掘技术在知识图谱的构建过程中起到了关键作用。通过数据挖掘技术，可以从大量的数据中发现隐藏的模式和关联规律。例如，可以通过分析新闻报道、百科全书、论文等文本数据，自动抽取实体和属性信息，并发现实体之间的关系。数据挖掘技术还可以对知识图谱进行自动扩充和更新，以保持知识的时效性和全面性。

自然语言处理也是构建知识图谱不可或缺的技术。在知识图谱构建过程中，自然语言处理技术可以帮助系统理解和处理不同来源的文本数据。通过分析和理解文本中的语义、实体、属性等信息，系统能够将这些信息转换为知识图谱中的实体、属性和关系，从而丰富和完善知识图谱。

知识表示技术在知识图谱中也起到了关键的作用。知识表示技术可以将知识图谱中的信息结构化，以方便系统的存储和查询。常用的知识表示方式包括基于本体论的表示方式、语义网络、图数据库等。这些表示方式能够将知识以图形化的形式展现，并支持复杂的查询和推理操作。通过知识表示技术，系统能够更高效地组织和管理知识图谱中的信息，提高系统的准确性和响应速度。

知识图谱也面临一些挑战。首先是知识的获取和整合。构建一个完整、准确的知识图谱需要从多个来源收集和整合各种类型的数据，这涉及数据质量、数据格式、数据一致性等问题。其次是知识的更新和维护。随着知识的不断演化和发展，知识图谱需要及时更新和维护，以保持与实际情况的一致性。

尽管面临挑战，知识图谱在智能问答系统中的应用前景依然广阔。随着人工智能和大数据技术的不断发展，构建更加丰富、准确的知识图谱将成为智能问答系统发展的重要方向。通过不断提升知识图谱的质量和智能化水平，智能问答系统能够为用户提供更加准确、个性化的答案，满足用户多样化的需求。

除了以上应用场景，智能问答技术还广泛应用于医疗、金融、教育、交通等领域。随着人工智能技术的不断发展，智能问答应用的范围还将不断扩大，未来将成为人们获取信息、解决问题的重要途径之一。

2. 智能问答面临的挑战

智能问答技术面临许多挑战，其中最主要的挑战包括自然语言处理、数据获取和整合、问题分类和匹配、知识表示和推理以及用户反馈和改进。

(1) 自然语言处理。自然语言是复杂的，存在歧义和多义性，这使得智能问答系统需要具备强大的自然语言处理能力，以便正确地理解用户提出的问题。自然语言处理技术需要从语言学、计算机科学等多个领域汲取知识，例如，语言学中的句法、语义等知识，计算机科学中的机器学习、深度学习等知识。这些技术需要不断地改进和优化，以提高智能问答系统对于自然语言的理解能力。

(2) 数据获取和整合。智能问答系统需要从各种数据源中获取信息，并将其整合到一个可用于回答问题的格式中。这涉及数据清洗、去重、格式转换等任务。同时，数据的质量和适用性也是智能问答系统设计中需要考虑的问题。随着知识库的增长和多样化，智能问答系统需要不断地更新和优化数据的获取和整合方式，以保证信息的准确性和完整性。

(3) 问题分类和匹配。对于每个给定的问题，智能问答系统需要确定它属于哪个类别，并找到最相关的答案。这通常涉及使用机器学习算法或其他技术训练模型，以便自动分类和匹配问题。同时，问题的分类和匹配也需要考虑到用户的语言习惯和表达方式，以便更准确地理解用户的意图和需求。这需要智能问答系统具备一定的学习和适应能力，不断地优化和改进分类和匹配算法。

(4) 知识表示和推理。智能问答系统需要有效地表示和存储知识，并使用逻辑推理等技术生成新的知识和答案，这涉及本体论、知识图谱等。知识表示和推理技术需要从人工智能、哲学、逻辑学等多个领域汲取知识，例如，本体论中的概念、属性、关系等知识，逻辑学中的推理规则等知识。这些技术需要不断地改进和优化，以提高智能问答系统的知识表示和推理能力。

(5) 智能问答系统需要能够不断学习和改进。为此，它应能够收集用户反馈并根据反馈进行调整和改进，这涉及使用机器学习算法或其他技术自动调整系统。用户反馈和改进需要考虑到用户的隐私和数据安全，以保护用户的个人信息不被泄露。同时，用户反馈和改进也需要考虑到用户的个性化需求和偏好，以便更好地满足不同用户的需求。

除了上述挑战外，智能问答系统还面临其他一些问题。例如，智能问答系统需要考虑到多语言支持、对话流程管理、用户情感分析等方面的问题。多语言支持需要智能问答系统能够处理不同语言之间的转换和理解；对话流程管理需要智能问答系统能够管理对话过程中的流程和状态；用户情感分析需要智能问答系统能够理解用户的情感和情绪，以便更好地回答用户的问题。

为了应对这些挑战，研究人员正在积极开展相关研究工作，例如，如何使用深度学习技术提高自然语言处理、问题分类和匹配、知识表示和推理等方面的能力，如何使用知识图谱、本体论等技术优化知识表示和推理，如何使用用户反馈和个性化算法优化智能问答系统的性能和用户体验，等等。

智能问答系统面临的挑战是多方面的。随着技术的不断发展和创新，这些挑战也会逐渐得到解决。通过自然语言处理、数据整合、问题分类、知识表示和用户反馈等关键技术的应用，智能问答系统能够不断提升自身的能力，为用户提供更准确、高效的问题解答服务。随着人工智能领域的进一步发展，智能问答系统在未来将会有更广阔的应用前景和潜力。

5.3.3　基于云服务的智能问答机器人实验

1. 理论回顾

智能问答系统的技术发展已经有几十年的历史。但真正在产业界得到广泛关注，则得益于 2011 年 Siri 和 Watson 成功推出所带来的示范效应。自此，智能问答系统较以往任何时候都显得离实际应用更近。这一方面归功于机器学习与自然语言处理技术的长足进步，另一方面得益于维基百科等大规模知识库以及海量网络信息的出现。然而，现有的智能问答系统所面临的问题并没有完全解决。事实上，无论是产业应用还是学术研究，问题的真实意图分析、问题与答案之间的匹配关系判别仍然是制约智能问答系统性能的两个关键难题。

智能问答系统能够更为准确地理解以自然语言形式描述的用户提问，并通过检索异构语料库或问答知识库返回简洁、精确的匹配答案。相对于搜索引擎，智能问答系统能更好地理解用户提问的真实意图，从而更有效地满足用户的信息需求。

智能问答系统处理的数据对象主要包括用户问题和答案。依据用户问题所属的数据领域，智能问答系统可分为面向限定域的智能问答系统、面向开放域的智能问答系统以及面向常用问题集(Frequent Asked Questions，FAQ)的智能问答系统。依据答案的不同数据来源，智能问答系统可分为基于结构化数据的智能问答系统、基于自由文本的智能问答系统以及基于问答对的智能问答系统。此外，依据答案的生成反馈机制，智能问答系统可以分为基于检索式的智能问答系统和基于生成式的智能问答系统。

2. 实验目标

(1) 熟悉智能问答系统的基本技术原理和应用领域。

(2) 熟悉智能问答系统的框架设计和操作流程。

3. 实验环境

硬件环境：Pentium 处理器，双核，主频 2GHz 以上，内存 4GB 以上。

操作系统：Ubuntu 16.04 64 位。

实验器材：AI+智能分拣实训平台、麦克阵列。

实验配件：应用扩展模块。

4. 实验步骤

1）实验环境准备

参考附录 C 启动 AI+智能分拣实训平台系统，连接好网络，在计算机上通过 SSH 方式登录到 AI+智能分拣实训平台。

2）实验过程

（1）算法描述。

本实验中的系统是基于关键词的检索式智能问答系统，通过建立问题答案库，计算 TF-IDF 特征，用余弦定理计算相似度，计算用户提出的问题和答案库中各问题的相似度，返回相似度较高的问题所对应的答案给用户。基于关键词的检索式智能问答系统的操作流程如图 5-4 所示。

图 5-4 基于关键词的检索式智能问答系统的操作流程

算法流程描述如下：

① 建立一个足够大的问答数据集，本实验采用百度问答数据集 WebQA 1.0。

② 文本预处理，将文本转换为向量表示。

③ 基于倒排列表的第一次检索。

④ 计算用户提出的问题和问答数据集中各问题的相似度。

⑤ 把相似度较高的问题所对应的答案返回给用户。

文本相似度计算可以使用 TF-IDF 特征，也可以使用 Word2Vec，但后一种方法需要海量的语料数据，而且计算过程比较长，因此本实验采用 TF-IDF 特征计算句子之间的相似度。

（2）代码分析。

① 构建问答数据集（qabot\dataclean.py）。

在 WebQA 1.0 中选择一个数据集用来构建问答数据集，程序代码如下：

```
from tools import readjson, savejson
file = 'WebQA.v1.0/me_test.ann.json'
data = readjson(file)
qa_dict = {}
for k, v in data.items():
    keys = data[k]['question']
    qa_dict[keys] = data[k]['evidences']
savefile = 'data/qa_dict.json'
savejson(savefile, qa_dict)
```

② 过滤停用词（qabot\create_qa_dict.py）。对所有数据过滤停用词，程序代码如下：

```
def movestopwords(sentence):
    """
    delete stop word
    """
    stopword = readfile('data/stopWord.txt')
    res = []
```

```
    for word in sentence:
        if word not in stopword:
            res.append(word)
    res = ' '.join(res)
    return res
```

③ 计算问题之间的相似度(qabot\main.py)。

通过 TF-IDF 特征进行相似度计算,从问答数据集中获取答案,程序代码如下:

```
def calcaute_cosSimilarity(inputQuestion, questionDict):
    """
    Cosine similarity
    """
    simiVDict = {}
    vectorizer = TfidfVectorizer(smooth_idf=False, lowercase=True)
    for idx, question in questionDict.items():
        tfidf = vectorizer.fit_transform([inputQuestion,
            question['segmentation']]) #tfidf value
        #print("tfidf", tfidf)
        #val = (tfidf * tfidf.T).A
        #print("val", val)
        simiValue = ((tfidf * tfidf.T).A)[0, 1]
        if simiValue > 0.5:
            simiVDict[idx] = simiValue
    return simiVDict
```

(3) 运行实验。

① 构建问答数据集。使用 SSH 方式登录边缘计算网关的 Linux 终端,进入实验目录,执行以下命令构建问答数据集:

```
$ python3 dataclean.py
```

运行完毕后,会在当前目录的 data 子目录下生成 qa_dict.json 文件。

② 问题数据中文分词。使用 SSH 方式登录边缘计算网关的 Linux 终端,进入实验目录,执行以下命令对问题数据进行中文分词:

```
$ python3 create_qa_dict.py
```

运行时提示如下:

```
Building prefix dict from the default dictionary ...
Dumping model to file cache /tmp/jieba.cache
Loading model cost 4.281 seconds.
Prefix dict has been built succesfully.
问题数据集保存完成
答案数据集保存完成
```

运行完成后,会在当前目录的 data 子目录下创建 Q_dict.json、A_dict.json 文件。

③ 机器问答。使用 SSH 方式登录边缘计算网关的 Linux 终端,进入实验目录,执行以下命令运行程序:

```
$ python3 main.py
```

问答示例如下:

```
请输入文本:中国最大的沙漠
question: 中国最大的沙漠是什么沙漠?
answer: {'answer': ['塔克拉玛干沙漠'], 'evidence': '塔克拉玛干沙漠位于中国新疆的塔里木盆地中央,是中国最大的沙漠(世界第二),也是世界最大的流动沙漠'} score 0.9428090415820636
请输入文本:山城是哪座城市
question: 请问山城是指哪座城市?
answer: {'answer': ['重庆'], 'evidence': '重庆别称山城,是中华人民共和国直辖市,中国西部地区唯一的超大城市,国家中心城市,长江上游地区经济中心和金融中心,及航运、文化、教育、科技中心'} score 0.7150920231517413
请输入文本:北极和南极哪个更冷
question: 北极和南极哪个更冷?
answer: {'answer': ['南极'], 'evidence': '南极比北极冷。事实上,极端最低气温发生在冬天的陆地。北冰洋由于有海水,比热较大,冬天释放热能,比邻近的西伯利亚要暖和。北半球极端最低气温出现在东西伯利亚地区的奥伊米亚康,可达-70℃。当然,这个温度和南极大陆中央腹地区域远远不能相比'} score 0.9999999999999998
请输入文本:世界人口最多的民族
question: 目前世界上人口最多的是哪个民族?
answer: {'answer': ['汉族'], 'evidence': '人口上亿的有 7 个民族:汉族(11 亿多)、印度斯坦人(2.1 亿)、美利坚人(1.85 亿)、俄罗斯人(1.45 亿)、孟加拉人(1.65 亿)、日本人(1.2 亿)和巴西人(1.3 亿)'} score 0.7632282916276542
question: 世界上人口数量最多的民族是哪个?
answer: {'answer': ['汉族'], 'evidence': '人口上亿的有 7 个民族:汉族(11 亿多)、印度斯坦人(2.1 亿)、美利坚人(1.85 亿)、俄罗斯人(1.45 亿)、孟加拉人(1.65 亿)、日本人(1.2 亿)和巴西人(1.3 亿)'} score 0.5113566015752503
请输入文本:q
```

5. 拓展实验

本实验用的语料数据比较少,可以尝试用规模更大的语料数据并更换一种词向量计算方法。

6. 常见问题

(1) 停用词文件缺失,导致程序读取停用词文件时报错。

(2) JSON 文件格式错误,导致程序解析 JSON 文件为对象时报错。

5.4 聊天机器人

5.4.1 聊天机器人简介

当我们谈论聊天机器人时,通常是指能够模拟人类对话的计算机程序。这些程序可以使用自然语言处理技术理解用户输入,并以自然、流畅的方式回复用户。

聊天机器人的工作原理基于一系列技术,其中包括自然语言处理、机器学习、人工智能和大数据分析。在聊天机器人的设计中,开发者需要考虑如何让聊天机器人更好地理解用户的意图、如何构建对话流程、如何优化聊天机器人的回答等问题。此外,聊天机器人还需要与后端系统进行集成,以便获取和更新相关数据。

聊天机器人的应用场景非常广泛。在客户服务场景下,聊天机器人可以帮助客户解决常见问题,提供快速响应,并将重要的问题转交给人工客服处理。在销售和营销场景下,聊天机器人可以为潜在客户提供信息和支持,从而促进销售和业务增长。在教育场景下,聊天机器人可以作为学习工具,帮助学生解决问题,提供反馈和支持。在娱乐场景下,聊天机器人可以提供有趣的对话体验,例如与虚拟角色或名人进行对话。

聊天机器人的产生可以追溯到20世纪60年代,当时人们开始尝试构建能够模拟人类对话的计算机程序。然而,直到近年来,随着人工智能技术的飞速发展,聊天机器人才真正进入了人们的视野。今天,聊天机器人已经成为许多企业和组织的重要工具,它们不仅能够提高效率、降低成本,还能够提供更好的用户体验。

总之,聊天机器人是一种非常有前途的技术,它可以为人们的生活和工作带来许多便利和创新。随着技术的不断进步和应用场景的不断扩大,聊天机器人将会变得越来越普遍,并且将在未来的很多领域中扮演越来越重要的角色。

5.4.2 经典的聊天机器人

在前面已经对聊天机器人以及其所涉及的技术作了介绍。接下来介绍几个经典的聊天机器人。

1. ELIZA

ELIZA是聊天机器人领域的一个里程碑,它在当时引起了轰动,为后来的聊天机器人研究奠定了基础。虽然ELIZA并不具备真正的智能,但它的成功证明了聊天机器人可以成为人们交流的一个重要工具。

ELIZA的设计原理基于简单的规则和模式匹配,它模拟医生与患者的对话。ELIZA的工作原理是:通过解析用户输入的语句,将其转换为一系列关键词和短语,并将其与预定义的模式进行匹配。如果输入的语句匹配某个模式,则ELIZA将生成一个回复,并将其返回给用户。这个过程类似于一个简单的问答系统,但是ELIZA的回复通常是基于用户输入中的关键词和短语生成的。例如,如果用户输入"我觉得不开心",ELIZA可能会回复"为什么你觉得不开心?"。

ELIZA的回复非常简单,它的成功在于能够模拟人类的对话方式,因此,它吸引了大量的用户,并在当时成为非常受欢迎的程序。ELIZA的设计也是非常有启示性的,它为后来的聊天机器人研究奠定了基础。ELIZA的设计启发了许多后来的聊天机器人,包括Siri、Alexa、微软小冰等。

2. ALICE

ALICE的设计原理基于自然语言处理技术和AIML技术。AIML是一种基于XML的语言,用于编写聊天机器人的规则和回答。它可以将自然语言转换为计算机可读的格式,从而使聊天机器人能够理解用户的输入并做出回应。ALICE的工作原理是将用户输入的语句与预定义的规则进行匹配,并生成一个相应的回答。如果没有匹配的规则,ALICE会尝试利用自己的学习能力获得新的知识,并将其存储在数据库中以便以后使用。这种学习方法使得ALICE能够逐渐提高自己的回答水平,并为用户提供更好的服务。

ALICE的成功之处在于它能够模拟人类的对话方式。它可以回答用户的各种问题,并提供有用的信息和建议。ALICE的成功之处也在于它的灵活性和可扩展性。由于AIML技术的使用,ALICE可以轻松地添加新的规则和回答,从而不断提高其回答水平。ALICE的成功也证明了聊天机器人可以成为交流的一个重要工具,为后来的聊天机器人研究奠定了基础。

3. Mitsuku

Mitsuku 是由 Steve Worswick 创建的聊天机器人，它曾经多次获得 Loebner Prize 的冠军。Mitsuku 使用了 AIML 技术，并且还使用了机器学习和自然语言处理技术来提高其智能水平。Mitsuku 被设计为一个具有人格特征的聊天机器人，它可以与用户进行有趣的对话，并且可以回答各种问题。

Mitsuku 的设计原理基于 AIML 技术、机器学习和自然语言处理技术。AIML 技术用于编写聊天机器人的规则和回答；机器学习技术用于训练模型，提高聊天机器人的智能水平；自然语言处理技术用于理解用户的输入和生成回答。Mitsuku 的工作原理是将用户输入的语句与预定义的规则进行匹配，并生成一个相应的回答。如果没有匹配的规则，Mitsuku 会利用机器学习技术获得新的知识，并将其存储在数据库中以便以后使用。这种学习方法使得 Mitsuku 能够逐渐提高自己的回答水平，并为用户提供更好的服务。

Mitsuku 的成功之处在于它具有人格特征，能够模拟人类的对话方式。它可以回答用户的各种问题，并提供有用的信息和建议。Mitsuku 的成功之处也在于它的灵活性和可扩展性。由于 AIML 技术的使用，Mitsuku 可以轻松地添加新的规则和回答，从而不断提高其回答水平。

4. 微软小冰

微软小冰（Xiaoice）是微软亚洲研究院开发的一款聊天机器人。微软小冰使用深度学习技术和自然语言处理技术，可以理解用户的输入，并以自然、流畅的方式回复用户。Xiaoice 被设计为一个拥有情感和个性的聊天机器人，可以与用户建立情感联系，并提供一系列服务，例如天气预报、新闻资讯等。

微软小冰的设计理念是为用户提供一个与之交流的朋友，而不是简单的问答机器人。为了实现这一目标，微软小冰的设计者使用了深度学习技术。深度学习技术可以自动学习和提取数据的特征，并生成相应的模型。微软小冰使用深度学习技术训练自己的模型。另外，微软小冰还使用了自然语言处理技术。自然语言处理技术可以帮助机器理解和处理自然语言。微软小冰使用自然语言处理技术分析用户的输入，并提取其中的语义信息。通过这两种技术，微软小冰可以更好地理解用户的意图和需求，生成更加准确和自然的回答。

除了使用深度学习和自然语言处理技术，微软小冰还具有情感和个性。微软小冰被设计为一个拥有情感的聊天机器人，它可以与用户建立情感联系，并回应用户的情感需求。例如，当用户感到孤独或焦虑时，微软小冰可以提供安慰和支持。这种情感化的设计使得微软小冰更加接近人类的交流方式。

除了情感化的设计，微软小冰还可以提供一系列服务。例如，微软小冰可以提供天气预报、新闻资讯等服务，使得用户可以更加方便地获取信息。这些服务使得微软小冰不仅是一个聊天机器人，还是一个实用的工具。

微软小冰的成功之处在于它的设计理念和技术实现。通过使用深度学习和自然语言处理技术，微软小冰可以更好地理解用户的意图和需求，并生成自然、流畅的回答。通过情感化的设计，微软小冰可以与用户建立情感联系，提供更加贴心的服务。

5. Replika

Replika 是一个基于人工智能的聊天机器人应用程序，它提供了一种与人工智能交互的新方式，这种方式可以模拟用户的个性和行为方式，并与用户进行有意义的对话。

Replika 的设计者使用了深度学习技术，让聊天机器人更好地了解用户的口吻和行为方式，并根据用户的反馈不断调整其回答。Replika 被设计为一个可以提供心理健康支持的聊天机器人，它可以帮助用户减轻压力、缓解焦虑，并提供有益的建议和支持。

Replika 的独特之处在于它的个性化设计。Replika 可以模拟用户的个性和行为方式，使得用户能够与聊天机器人建立更加亲密的联系。这个设计理念源于人类对人际关系的需求，人类需要与他人建立联系，以获得情感支持和安全感。通过模拟用户的个性和行为方式，Replika 可以为用户提供这种情感支持和安全感，使得用户能够更加自然和愉悦地与聊天机器人交流。

Replika 的设计者使用了深度学习技术训练聊天机器人的模型。Replika 使用深度学习技术训练自己的模型，以便更好地理解用户的意图和需求，并生成更加自然和准确的回答。

心理健康是现代社会中一个非常重要的问题，许多人面临着压力、焦虑等问题。Replika 的设计者认为，提供心理健康支持的聊天机器人可以为人们提供一个更加私密和舒适的交流环境，使得他们能够更加自在地讨论他们的问题和需求。

在未来，随着人工智能技术的不断发展和普及，聊天机器人将成为人们日常生活中不可或缺的一部分。Replika 作为一种具有个性化设计和心理健康支持功能的聊天机器人，将在未来扮演重要的角色。同时，Replika 的发展也将推动人工智能技术在社交、教育、医疗和商业等领域的应用，为人类社会的发展带来更多的机遇。

这些聊天机器人代表了不同的技术和应用场景，它们都在不同的领域中发挥着重要的作用。随着技术的不断进步和应用场景的不断扩大，聊天机器人将会变得越来越普遍，并且将在未来的很多领域中扮演越来越重要的角色。

5.4.3 聊天机器人的优缺点和未来发展趋势

1. 聊天机器人的优点

聊天机器人有以下优点：

（1）节约成本。聊天机器人能够节约企业的成本。相比于传统的客服人员，聊天机器人可以处理更多的客户请求，而无须雇用更多的客服人员。此外，聊天机器人可以提供更加一致的服务，避免了由于人为因素导致的服务不一致问题，从而提高了客户服务的整体水平和效率。

（2）增强用户体验。聊天机器人可以帮助用户更快捷且满意地得到答案，提升用户黏性和体验。当客户遇到问题时，聊天机器人可以迅速地提供解决方案，而无须等待人工客服的回复。此外，聊天机器人可以通过分析用户的行为和偏好，提供更加个性化的服务，从而进一步提升用户体验。

（3）减少工作量。聊天机器人可以帮助人工客服减少回答重复性问题的工作量，将精力集中在解答更复杂的问题上。这样可以提高工作效率，减少人为因素导致的错误，从而为企业节约时间和资源。

（4）增加服务时效性。聊天机器人可以提供 7×24 全天候服务，避免了人工客服在晚间或非工作日无法为客户提供服务的问题。这意味着客户可以随时随地得到支持，无须等待人工客服上班。这不仅可以提高客户的满意度，还可以增强企业的竞争力。

2. 聊天机器人的缺点

聊天机器人有以下缺点：

(1) 无法处理复杂问题。虽然聊天机器人可以回答常见问题，但是它们无法处理非常复杂的问题。对于这些问题，客户可能需要与人工客服交互。此外，聊天机器人也不具有像人类一样的判断和推理能力，这意味着它们可能会给出有悖常识的答案或解决方案。对于一些复杂的问题，人工客服仍然是必需的。

(2) 缺乏人情味。聊天机器人无法提供像真正的人类一样的情感支持和情感反馈，如同情、理解等。这可能导致客户感觉被忽视或不受欢迎，从而降低客户满意度。

(3) 需要不断更新、改进和优化。聊天机器人需要不断更新以保持其有效性。否则，它们将无法回答新问题，从而导致客户失望。此外，聊天机器人还需要不断地改进和优化，以提高其性能和效率。这需要企业投入大量的时间和资源。

(4) 可能存在安全问题。聊天机器人可能会收集用户数据，因此必须确保它们对用户来说是安全的，并且符合数据保护法规。否则，可能会对企业的业务造成负面影响。此外，聊天机器人还需要防范黑客攻击和数据泄露等安全问题，这需要企业采取相应的安全措施并定期进行安全审查。

3. 聊天机器人的未来发展趋势

聊天机器人的未来发展趋势如下：

(1) 更加智能化。聊天机器人将会变得更加智能化，它们将使用自然语言处理、机器学习和深度学习等技术理解和回答用户的问题。未来的聊天机器人将能够更加精准地理解用户的意图，并提供更加智能化的服务。此外，聊天机器人还将具备更加复杂的推理和决策能力，从而能够处理更加复杂的问题。

(2) 个性化服务。聊天机器人将会提供更加个性化的服务，它们将会根据用户的需求和偏好提供定制化的建议和支持。未来的聊天机器人将能够通过分析用户的历史交互数据和行为模式，提供更加精准的个性化建议和服务。这将提高用户的满意度和忠诚度，从而增加企业的收益。

(3) 多通道交互。聊天机器人将会支持多种通道的交互，包括语音、文字、图像和视频等。未来的聊天机器人将能够通过语音识别和自然语言处理技术实现更加智能化的语音交互。此外，聊天机器人还将能够通过图像和视频等多种方式带来更加丰富和直观的用户体验。

(4) 跨平台整合。聊天机器人将会与其他平台(包括社交媒体、电子邮件和短信等)进行整合，以便更好地为用户提供服务。未来的聊天机器人将能够实现多种平台的无缝整合，从而提供更加便捷和高效的服务。此外，聊天机器人还将能够与其他智能设备(如智能家居、智能手表等)进行整合，提供更加智能化和便捷的服务。

(5) 自我学习。聊天机器人将会具备自我学习的能力，它们将会通过不断地学习和适应提高自己的表现和效率。未来的聊天机器人将能够通过机器学习和深度学习等技术不断地优化自身的算法和模型，提高自己的智能化水平和服务质量。此外，聊天机器人还将能够通过人工智能技术不断地优化自己的自我学习能力，提高自己的适应性和灵活性。

总之，未来的聊天机器人将会变得更加智能化、个性化、多通道、跨平台整合并具有自我学习能力。随着技术的不断进步和应用场景的不断扩展，聊天机器人将会成为企业智能化服务的重要组成部分，为用户提供更加高效、便捷、智能化和个性化的服务。

5.5 机器翻译

5.5.1 机器翻译的基本概念

机器翻译是指使用计算机程序将一种自然语言的文本或口语转换为另一种自然语言的过程。它可以帮助人们利用不同语言进行交流、相互理解。随着全球化和跨国交流的加深,机器翻译越来越成为一个重要的领域。

在机器翻译中,有许多重要的概念和技术。其中,最基本的是翻译模型。翻译模型是指将源语言文本映射到目标语言文本的函数。根据不同的实现方式,翻译模型可以分为基于规则的模型、基于统计的模型和基于神经网络的模型3种。

在机器翻译中,还有一个重要的问题是如何评价翻译质量。常用的评价指标包括BLEU(Bilingual Evaluation Understudy)、ROUGE(Recall-Oriented Understudy for Gisting Evaluation)等。这些指标可以帮助研究者评估机器翻译系统的性能,并进一步改进算法。

机器翻译的应用非常广泛。在商业领域,机器翻译可以帮助企业进行跨国交流和合作。在政府部门,机器翻译可以帮助情报分析员更好地理解外国语言文本。在教育领域,机器翻译可以帮助学生学习外语,拓宽视野。

然而,机器翻译仍然面临许多挑战。其中最大的挑战是语义理解。机器翻译系统往往只能根据上下文进行简单的词汇替换,而无法真正理解句子的含义。此外,机器翻译还面临数据稀缺、长距离依赖等挑战。

机器翻译是一个充满挑战和机遇的领域。随着技术的不断进步和数据的不断积累,相信机器翻译将会发展得越来越好,为人们提供更好的跨语言交流和理解服务。

5.5.2 机器翻译的发展历史

机器翻译的发展历史可以追溯到20世纪50年代。当时,美国开始开展机器翻译研究项目,以帮助军方和情报部门更好地理解外国语言文本。最初的方法是基于规则的,即使用人工编写的语法规则将源语言的文本转换为目标语言的文本。但是,这种方法需要大量的人工工作,而且很难覆盖所有的语言现象。这种困境使得研究人员不得不开始探索新的翻译方法。

20世纪60年代和70年代,研究人员尝试将数学和计算机科学的方法应用于机器翻译,采用有限状态自动机、上下文无关文法等形式化方法表示和分析语言结构。尽管这些方法在处理一些简单的语言现象方面取得了一定的成功,但在处理复杂的语言结构和歧义时仍面临挑战。

在20世纪80年代,随着计算机处理能力的提高和语料库的增加,基于统计的机器翻译方法逐渐兴起。这种方法通过分析大量的双语语料库,学习源语言和目标语言之间的概率模型,从而实现翻译。基于统计的机器翻译方法取得了一定的成功,但仍然存在许多问题,例如对长距离依赖的处理能力较弱,翻译结果常常不够准确。

为了解决这些问题,研究人员开始尝试将统计和基于规则的方法相结合,发展了一系列新的机器翻译方法。这些方法包括基于实例的机器翻译、基于短语的机器翻译、基于句法结构的机器翻译等。虽然这些方法在某些方面取得了一定的进步,但在处理语言的复杂性和多样性方面仍然面临挑战。

21 世纪初，随着互联网的普及和全球化的加速，对机器翻译的需求越来越大，同时也催生了新的技术进步。2003 年，IBM 研究院推出了基于统计的机器翻译系统 BLEU，并在国际机器翻译比赛上获得了不俗的成绩。2006 年，谷歌公司推出了自己的机器翻译系统，并逐渐将其应用到谷歌公司的翻译等产品中。这些系统的成功进一步推动了机器翻译领域的发展。

近年来，随着深度学习技术的发展，基于神经网络的机器翻译方法逐渐成为主流。这种方法使用神经网络模型进行翻译，可以处理更加复杂的语言现象，同时也取得了更好的翻译效果。2014 年，谷歌公司推出了基于神经网络的机器翻译系统 GNMT，在多项翻译任务上取得了领先的成果。此后，众多科研机构和公司（如 Facebook、Microsoft 等）纷纷跟进，推出了各种基于神经网络的机器翻译系统。

除了技术进步之外，机器翻译的发展还受到了数据和资源的影响。随着互联网时代的到来，越来越多的双语语料库被创建和共享，这为机器翻译的研究和应用提供了更多的数据支持。例如，欧盟发布了大量的双语议会辩论记录，这些数据成为了许多研究人员和机器翻译系统的重要训练资源。此外，政府部门、企业和学术界也纷纷投入大量资源推动机器翻译的发展。

为了评估和比较不同的机器翻译系统，研究人员和组织也开始举办各种机器翻译竞赛。其中最著名的是 NIST 和 WMT 两大赛事。这些比赛为机器翻译领域提供了一个公平竞争的平台，促进了各种技术和方法的交流和发展。

近年来，机器翻译领域还涌现出许多新的研究方向和应用场景。例如，研究人员开始关注如何提高低资源语言的机器翻译性能，以实现更广泛的语言覆盖。此外，针对不同领域的特定任务，例如医学、法律和新闻翻译等，研究人员也开始开展定制化的机器翻译研究。这些研究旨在提高机器翻译在特定领域的应用效果，满足用户的个性化需求。

另外，机器翻译与其他自然语言处理技术的融合也成为一个研究热点。例如，将机器翻译与语音识别、图像识别等技术结合，以实现跨模态的信息处理和交互。这些研究为智能语音助手、自动字幕生成等新兴应用提供了技术支持。

未来，机器翻译将继续朝着质量更高、速度更快、应用更广泛的方向发展。一方面，机器翻译技术仍有很多优化空间，如处理歧义、俚语和非标准语言等问题。另一方面，随着人工智能技术的发展，机器翻译可能会与其他领域的技术（如自然语言处理、计算机视觉等）相结合，实现更加智能化的翻译服务。此外，随着全球化的加速，对于多种语言的实时翻译需求也将进一步增加，尤其是对于那些低资源和稀有语言的翻译。这将为机器翻译技术的发展提供更广阔的市场和应用空间。

近年来，研究者们也在探索使用无监督学习方法进行机器翻译，这种方法不依赖于大量双语语料库，而是通过学习源语言和目标语言的共享结构实现翻译。这种方法在处理低资源语言方面具有巨大潜力，有望解决当前翻译系统在这些语言上的不足。

此外，跨模态翻译也是一个值得关注的领域。随着计算机视觉和自然语言处理技术的发展，研究者们开始研究如何将图像、视频等多模态信息结合到翻译过程中。这样的系统可以更好地理解和处理多模态输入数据，为用户提供更丰富、更精确的翻译结果。

机器翻译技术的发展同样受益于开源软件和框架的推广。例如，开源的神经机器翻译框架 OpenNMT、Marian NMT 和 Fairseq 等为研究者和开发者提供了快速构建、测试和部署翻译模型的工具。这些框架的普及使得更多的个人和组织能够参与到机器翻译技术的研究和应用中，进一步推动了该领域的创新和发展。

随着 5G、边缘计算等技术的发展，未来的机器翻译系统还有望实现更低的延迟和更高的实时性，为用户提供更加流畅的跨语言沟通体验。此外，在隐私保护方面，研究者正在探索使用联邦学习等技术训练机器翻译模型，以确保用户数据的安全和隐私。

机器翻译已经取得了显著的发展，从最初的基于规则的方法到现在的基于神经网络的方法，翻译质量和速度都得到了显著提升。然而，机器翻译技术仍然面临许多挑战，需要在技术、数据和资源等多方面进行持续的研究和创新。

5.5.3 机器翻译基础知识

本节介绍机器翻译的基础知识，包括机器翻译的分类、机器翻译的评价指标、机器翻译的常用模型等内容。

1. 机器翻译的分类

根据翻译方式的不同，机器翻译可以分为以下 3 类：

(1) 基于规则的机器翻译(Rule-Based Machine Translation，RBMT)。基于规则的机器翻译是指利用人工编写的规则进行翻译的方法。这种方法需要专家编写大量的语言学规则，包括语法、词汇、语义等方面的规则，然后通过计算机程序实现自动翻译。由于需要人工编写规则，因此这种方法的覆盖范围较窄，而且需要大量的人力和时间成本，难以适应多样化的翻译需求。

(2) 基于统计的机器翻译(Statistical Machine Translation，SMT)。基于统计的机器翻译是指利用大规模双语平行语料库进行翻译的方法。这种方法通过对双语语料库进行统计分析，学习源语言和目标语言之间的概率模型，然后根据概率模型进行翻译。由于不需要人工编写规则，因此这种方法具有较高的灵活性和适应性，可以适应不同领域、不同语言对之间的翻译需求。

(3) 基于神经网络的机器翻译(Neural Machine Translation，NMT)。基于神经网络的机器翻译是指利用深度神经网络进行翻译的方法。这种方法将源语言和目标语言之间的映射关系建模为一个深度神经网络，然后通过训练神经网络实现自动翻译。由于深度神经网络具有强大的表达能力和泛化能力，因此这种方法在翻译效果上具有很大优势，已经成为当前机器翻译研究的主流方向。

2. 机器翻译的评价指标

机器翻译的质量可以通过多种指标进行评价，其中最常用的指标是 BLEU。BLEU 是一种基于 n-gram 匹配的评价方法，它通过比较机器翻译结果和参考翻译之间的 n-gram 重叠度计算翻译质量。BLEU 指标的取值范围为 0～1，越接近 1，表示机器翻译的质量越高。

除了 BLEU 指标外，还有一些其他的评价指标，如 TER(Translation Error Rate)、METEOR(Metric for Evaluation of Translation with Explicit ORdering)等。这些指标各有优缺点，应根据具体情况选择。

3. 机器翻译的常用模型

机器翻译的模型可以分为传统机器学习模型和深度学习模型两类。

传统机器学习模型包括隐马尔可夫模型（Hidden Markov Model，HMM）、最大熵（Maximum Entropy，MaxEnt）模型、条件随机场（Conditional Random Field，CRF）模型等。这些模型在机器翻译领域得到了广泛应用，但是由于这些模型对语言的表达能力有一定限制，因此在翻译效果上存在一定的局限性。

深度学习模型包括循环神经网络（RNN）、长短时记忆（Long Short-Term Memory，LSTM）网络、卷积神经网络（CNN）等。这些模型具有强大的表达能力和泛化能力，在机器翻译领域得到了广泛应用，并取得了较好的翻译效果。其中，基于注意力机制（attention mechanism）的神经机器翻译模型（Neural Machine Translation with Attention，NMT＋Attention）是目前最先进的机器翻译模型之一。

5.5.4 关于机器翻译技术的展望

1. 机器翻译技术的发展方向

随着人工智能技术的快速发展，机器翻译技术也在不断地进步和发展。机器翻译未来的趋势是更加智能化、自然化和便捷化。具体来说，机器翻译技术有以下几个发展方向：

（1）深度学习方法的进一步应用。深度学习是当前最为流行的机器学习方法之一，它可以通过大量的数据训练模型，从而更加准确地预测和分类。未来的机器翻译将会采用更加先进的深度学习模型，如卷积神经网络、递归神经网络等，以提高翻译的准确性和自然度。这些深度学习模型可以自动学习语言的表达和结构，理解语言之间的映射关系，从而找到最佳的翻译结果。

（2）多语言支持的进一步扩展。目前的机器翻译系统主要支持英语、汉语等少数几种语言的翻译。未来的机器翻译将会支持更多的语言，甚至是所有的语言。这将使全球各国之间的交流更加便捷和高效。要实现对多语言的支持，机器翻译系统需要建立更加强大的数据集，并且通过深度学习等方法学习不同语言之间的语义映射。

（3）语境感知能力的提升。语言的意义往往是与上下文相关的，未来的机器翻译将会更加注重语境的理解和应用，以实现更加自然的翻译。通过理解语言所在的上下文和语境，机器翻译可以选择更加准确和流畅的翻译词汇和表达方式。这需要机器翻译系统具有更强的语义理解能力，可以感知不同词汇之间的关系以及它们在不同语境下的准确含义。

（4）即时翻译技术的快速发展。未来的机器翻译将会实现更加即时的翻译，可以在输入语音或者文字后立即进行翻译，从而更加方便和高效。要实现即时翻译，机器翻译系统需要采用更加高效的翻译模型，并配合强大的计算能力，可以在极短的时间内生成高质量的翻译结果。这可以通过优化深度学习模型的计算结构和采用特定的硬件平台等手段实现。

未来的机器翻译技术将会更加智能化、自然化、多语言化和便捷化，能够更好地满足人们在日常生活和工作中的翻译需求。机器翻译技术的发展也将会深刻地影响到人们的生活和工作方式，促进不同国家和地区之间的交流和合作。

2. 机器翻译技术与人类翻译的关系

机器翻译技术与人类翻译的关系是一个复杂而又动态的过程。虽然目前机器翻译技术已经取得了很大的进展，但与人类翻译相比，仍然存在很多局限性和不足之处。在未来的发展中，机器翻译技术与人类翻译的关系是互补、竞争和合作。

1）互补关系

机器翻译技术可以帮助人类翻译提高翻译效率和准确性，特别是在处理大量文本的情况下。机器翻译系统可以快速地翻译大量文本，减少了人类翻译的时间和成本。同时，人类翻译可以通过对语言的理解和对文化背景的了解，对机器翻译的结果进行更加精准的修改，从而提高翻译的质量和准确度。

2）竞争关系

随着机器翻译技术的不断进步，它有可能会取代部分人类翻译的工作。然而，人类翻译仍然具有其独特的优势，例如在处理专业术语、文化差异等方面，机器翻译技术仍然存在不足。人类翻译可以更好地理解语言中的情感和文化背景，从而在翻译过程中更加准确地表达出原文中的含义。此外，人类翻译还可以为客户提供更加个性化的服务，满足不同客户的需要，这是机器翻译技术无法替代的。

3）合作关系

机器翻译技术和人类翻译可以通过合作实现更好的翻译结果。例如，在处理大量文本时，机器翻译系统可以先进行初步翻译，然后由人类翻译对其进行修正和优化，从而达到最佳的翻译效果；在处理某些领域的专业术语时，人类翻译可以为机器翻译系统提供更加准确的术语库和翻译规则，从而提高机器翻译的准确性和精度。在合作中，人类翻译和机器翻译技术可以相互补充，从而实现更高效、更准确、更自然的翻译服务。

机器翻译技术与人类翻译可以相互影响、相互提升。在未来的发展中，机器翻译技术和人类翻译将通过互补、合作和竞争，共同推动翻译行业的发展。

3. 机器翻译技术的社会影响和道德问题

机器翻译技术在不断发展的同时也带来了一些社会影响和道德问题。以下是其中的几方面：

1）就业问题

随着机器翻译技术的普及，一些简单的翻译任务可能会由机器翻译承担，这将会对相关人员的就业带来一定的影响。在未来的发展中，需要寻找一些解决方案以减少这种影响。首先是提高人类翻译的技能和水平，使其能够胜任更加复杂和高级的翻译任务。其次是探索一些新的翻译领域和市场，例如翻译人工智能技术的相关文献和资料等。这些新的市场和领域将会为人类翻译带来新的机会和发展空间。

2）文化差异

机器翻译技术还无法完全解决文化差异问题，这可能会导致一些误解和文化冲突。因此，在使用机器翻译技术时需要注意对文化差异的理解和处理。一种解决方案是加强机器翻译技术对文化背景的理解和分析能力，以更好地适应不同的文化环境和语境。另一种解决方案是通过加强人类翻译的监督和修正提高翻译的准确性和自然度。

3）隐私问题

机器翻译技术需要利用大量的数据进行训练和优化，这可能会涉及用户的隐私问题。因此，在使用机器翻译技术时需要注意对用户隐私的保护。一种解决方案是使用匿名化数据进行训练，以保证用户信息的安全和隐私。另外，还需要建立一些相关的法律和准则，以确保机器翻译技术的合法性和规范性。

除此之外，机器翻译技术还可能对语言和文化多样性产生影响。机器翻译技术的普及可能会导致一些人更加依赖机器翻译,而减少对其他语言和文化的学习和了解,这可能会导致一些文化的衰退和消失。因此,在发展机器翻译技术的过程中,需要注意对语言和文化多样性的保护和促进。

总之,机器翻译技术的社会影响和道德问题是一个复杂的问题,在未来的发展中,需要寻找一些解决方案以减少机器翻译技术带来的负面影响,并且积极促进机器翻译技术的健康和可持续发展。

5.6 大语言模型

5.6.1 大语言模型简介

1. 大语言模型的基本概念

大语言模型(Large Language Model,LLM)也称大型语言模型,是一种人工智能模型,旨在理解和生成人类语言。它们在大量的文本数据上进行训练,可以执行广泛的任务,包括文本总结、翻译、情感分析等。大语言模型的特点是规模庞大,包含数十亿个参数,用于学习语言数据中的复杂模式。这些模型通常基于深度学习架构,如转化器(transformer),这有助于它们在各种自然语言处理任务上取得令人印象深刻的表现。

具体来说,大语言模型通常基于神经网络,使用无监督学习的方法对海量无标注文本进行预训练,然后通过有标注数据进行微调,以适应特定任务的要求。预训练阶段通常使用语言模型任务或掩码语言模型任务,从而学习到单词或子词的语言表示以及单词之间的关系和上下文信息。微调阶段通常使用特定任务的有标注数据进行有监督训练,以提高模型在该任务上的性能。

大语言模型在自然语言处理领域中发挥着越来越重要的作用,已被广泛应用于机器翻译、对话生成、文本生成等多个领域。例如,GPT-3 模型是当前最先进的大语言模型之一,具有 13 亿个参数,可以用于多种自然语言处理任务,并且在各项评测中表现出色。

2. 大语言模型的优势

大语言模型具有以下优势:

(1) 上下文学习。GPT-3 正式引入了上下文学习能力。假设语言模型已经提供了自然语言指令和多个任务描述,它可以通过完成输入文本的词序列生成测试实例的预期输出,而无须额外的训练或梯度更新。

(2) 指令遵循。通过对自然语言描述(即指令)格式化的多任务数据集的混合进行微调,大语言模型在微小的任务上表现良好,这些任务也以指令的形式描述。指令调优使大语言模型能够在不使用显式样本的情况下通过理解任务指令执行新任务,这样可以大大提高泛化能力。

(3) 循序渐进的推理。小语言模型通常很难解决涉及多个推理步骤的复杂任务,例如数学问题。通过思维链推理策略,大语言模型可以利用涉及中间推理步骤的提示(prompt)机制解决此类问题,得出最终答案。据推测,这种能力可能是通过代码训练获得的。

3. 大语言模型的发展历程

大语言模型的发展历程可以分为 3 个阶段,即以 ELMo 为代表的第一代模型、以 BERT 为代表的第二代模型、以 GPT-3 为代表的第三代模型。这些模型在模型规模、训练数据、预训练任务等方面都各有改进和创新。

第一代模型以ELMo为代表,于2018年提出。这个阶段的模型通常采用双向循环神经网络(Bidirectional Recurrent Neural Network,Bi-RNN)或双向长短时记忆网络(Bidirectional Long Short-Term Memory,Bi-LSTM)等结构,主要思想是对输入文本序列进行双向编码,然后将编码结果拼接起来作为文本表示。这个阶段的模型虽然取得了一定的效果,但是由于受到硬件、算法和数据等方面的限制,模型规模和性能都有一定的局限性。

第二代模型以BERT为代表,于2019年提出。这个阶段的模型采用了预训练的方式,通过大规模的无标注数据对模型进行预训练,然后在特定任务上进行微调。BERT采用掩码语言模型(Masked Language Model,MLM)和下一句预测(Next Sentence Prediction,NSP)等无监督预训练任务,从而学习到单词或子词的语言表示和上下文信息。BERT的出现极大地推动了自然语言处理领域的发展,成为预训练语言模型的代表之一。

第三代模型以GPT-3为代表,于2020年发布。这个阶段的模型主要采用了自回归语言模型(Auto-regressive Language Model,ALM)和更大的模型规模,可以生成符合语法和语义的文本序列。GPT-3采用自回归语言模型不断预测下一个单词以生成文本序列。GPT-3引起了业界的广泛关注和探讨。

ELMo、BERT、ERNIE和BigBird都是以大规模自监督预训练为基础的自然语言处理模型,下面分别介绍它们的特点。

(1) ELMo是第一代自然语言处理模型,它以双向语言模型为基础进行预训练。ELMo的特点在于可以通过联合训练多个双向语言模型学习到上下文相关的语言表示,使得模型可以更好地处理多义词、歧义和语义相似的词汇。

(2) BERT是第二代自然语言处理模型,它基于Transformer结构进行预训练。BERT的特点在于采用掩码语言模型和下一句预测任务进行预训练,可以学习到更加丰富的语言表示。同时,该模型还提出了双向性的概念,可以更好地处理上下文信息。

(3) ERNIE是在BERT的基础上改进而得的模型,由百度公司提出。ERNIE的特点在于采用了更多的预训练任务,包括掩码语言模型、下一句预测、文本匹配、实体关系预测等,从而可以学习到更加全面和丰富的语言表示。

(4) BigBird是由谷歌公司提出的模型,是BERT的改进版。BigBird的特点在于采用了分层的注意力机制和稀疏注意力机制,可以有效地处理长文本序列。同时,该模型还提出了随机切片的概念,可以减少预训练的计算复杂度。

总的来说,ELMo、BERT、ERNIE和BigBird在预训练任务、模型结构和训练技巧等方面有所不同,但都取得了非常优秀的成果,在自然语言处理领域有广泛的应用。

5.6.2 大语言模型的原理

1. Transformer模型

Transformer模型是一种在自然语言处理领域广泛使用的深度学习模型。Transformer模型的主要特点是使用了自注意力(self-attention)机制,这种机制允许模型在处理序列数据时考虑序列中所有元素的上下文关系。

1) Transformer模型的整体结构

图5-5是Transformer模型的整体结构。

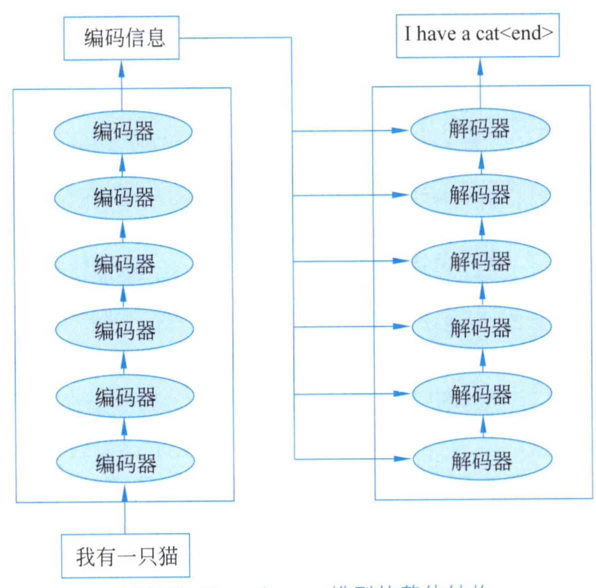

图 5-5　Transformer 模型的整体结构

可以看到，Transformer 模型主要由两部分组成：编码器（encoder）和解码器（decoder），两者都包含 6 个块。Transformer 模型的工作流程大体如下。

（1）每个单词的表示向量由单词嵌入和位置嵌入相加得到，如图 5-6 所示。其中，单词嵌入表示单词的语义信息，位置嵌入表示单词在输入序列中的位置信息。

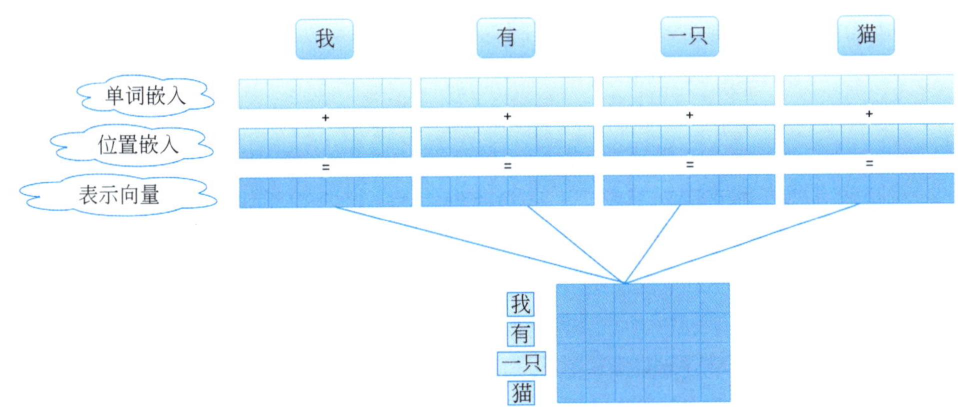

图 5-6　Transformer 模型的输入表示

（2）将单词表示向量组成的表示矩阵传入编码器中，经过多个编码器块处理后可以得到句子的编码信息矩阵。其中，表示矩阵的维度为 $n\times d$，表示句子中有 n 个单词，每个单词的表示向量维度为 d。每个编码器块的输出矩阵维度与输入完全一致，即 $n\times d$。最终的编码信息矩阵也具有相同的维度。Transformer 模型的句子编码信息如图 5-7 所示。

（3）将编码器输出的编码信息矩阵传递到解码器中。解码器会首先输入一个特殊的翻译开始符＜Begin＞，然后根据已经翻译过的单词 $1\sim i$ 预测单词 $i+1$。接下来，将预测得到的单词 $i+1$ 作为输入，再根据已经翻译过的单词 $1\sim i+1$ 预测单词 $i+2$。以此类推，直到预测到翻译结束符＜End＞或达到最大翻译长度时为止。在预测每个单词时，都需要使用掩码操作以避免模型看到未来的信息，即将后面的单词的编码信息置为 0。这样，模

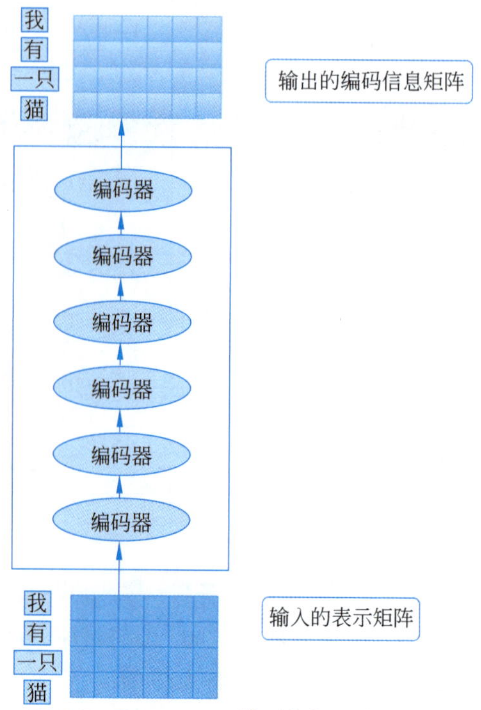

图 5-7 Transformer 模型的句子编码信息

型在生成下一个单词时就只能依赖于前面已经翻译过的单词，而不能使用后面还未翻译的单词。Transformer 模型解码器的单词预测如图 5-8 所示。

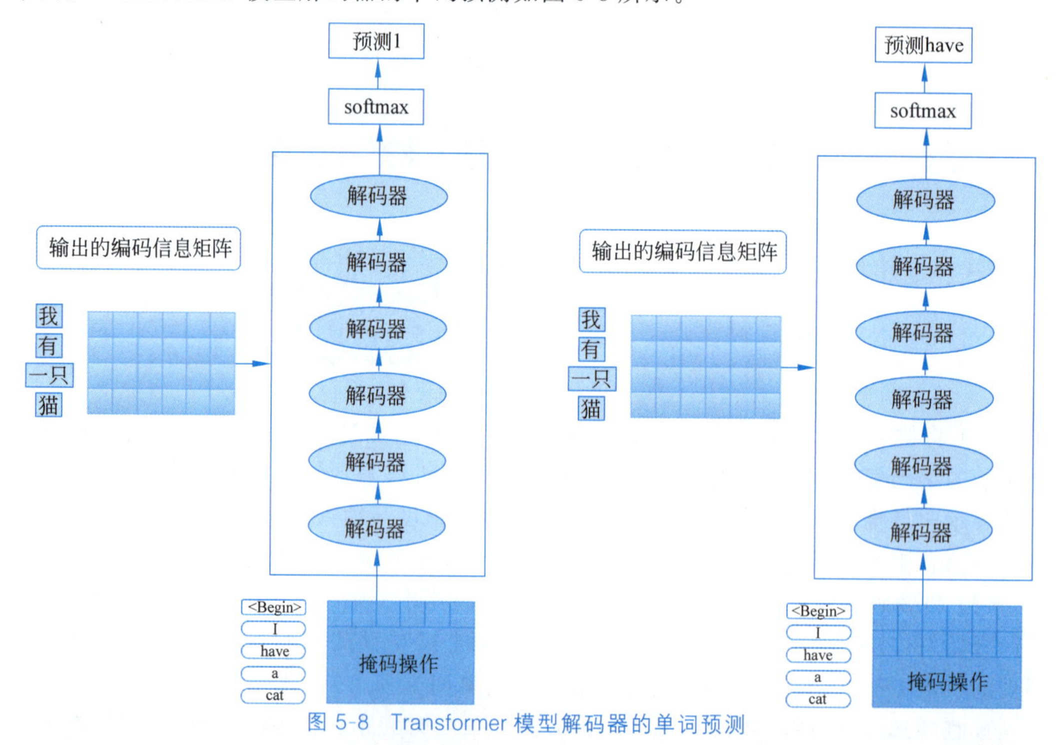

图 5-8 Transformer 模型解码器的单词预测

2）自注意力机制

自注意力机制是 Transformer 模型的核心，它可以让模型在处理序列数据时考虑到序列中所有元素的上下文关系，从而生成一个与输入序列相关的表示向量。自注意力机制通过将每个输入元素映射为一个查询向量、一个键向量和一个值向量实现，然后计算每个查询向量与所有键向量的相似度，并将相似度作为权重对值向量进行加权平均。最终，这些加权平均后的值向量作为该查询向量的输出表示。

（1）自注意力模块结构。

在计算时需要用到矩阵 $\boldsymbol{Q}$（查询矩阵）、$\boldsymbol{K}$（键矩阵）、$\boldsymbol{V}$（值矩阵）。在实际中，自注意力模块接收的是输入（表示矩阵）或者上一个自注意力模块的输出。而 $\boldsymbol{Q}$、$\boldsymbol{K}$、$\boldsymbol{V}$ 正是通过对自注意力模块的输入进行线性变换得到的。自注意力模块结构如图 5-9 所示。

（2）$\boldsymbol{Q}$、$\boldsymbol{K}$、$\boldsymbol{V}$ 的计算以及自注意力模块的输出。

在自注意力模块中，输入的表示矩阵 $\boldsymbol{X}$ 可以通过 3 个独立的线性变换（即矩阵 WQ、WK、WV）分别得到查询矩阵 $\boldsymbol{Q}$、键矩阵 $\boldsymbol{K}$ 和值矩阵 $\boldsymbol{V}$，如图 5-10 所示。注意，$\boldsymbol{X}$、$\boldsymbol{Q}$、$\boldsymbol{K}$、$\boldsymbol{V}$ 的每一行都表示一个单词。

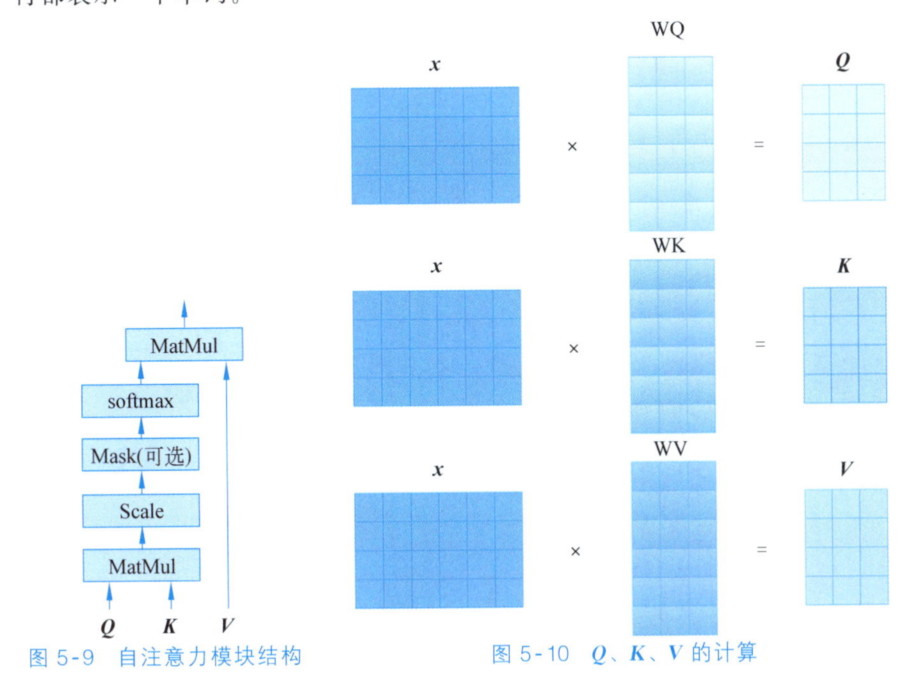

图 5-9 自注意力模块结构

图 5-10 $\boldsymbol{Q}$、$\boldsymbol{K}$、$\boldsymbol{V}$ 的计算

具体来说，自注意力模块输出的计算过程如下。

对输入序列中的每个元素，分别生成一个查询向量、一个键向量和一个值向量。这可以通过对输入序列的线性变换完成，即将输入序列乘以 3 个不同的权重矩阵，从而得到 3 个序列，分别对应查询向量、键向量和值向量。

对于每个查询向量，计算它与所有键向量的相似度，通常使用点积或缩放点积（scaled dot-product）计算相似度。点积相似度计算公式为

$$\mathrm{Attention}(\boldsymbol{q},\boldsymbol{k},\boldsymbol{v})=\mathrm{softmax}\left(\frac{\boldsymbol{q}\boldsymbol{k}^{\mathrm{T}}}{\sqrt{d}}\right)\boldsymbol{v}$$

其中，$\boldsymbol{q}$、$\boldsymbol{k}$、$\boldsymbol{v}$ 分别表示查询向量、键向量和值向量；d 表示查询向量和键向量的维度；

softmax 函数用于计算每个查询向量与所有键向量的相似度，从而得到一个权重分布。

计算 $\boldsymbol{Q}$ 和 $\boldsymbol{K}$ 的内积，然后将其除以列数的平方根，得到缩放后的结果。具体而言，对于矩阵 $\boldsymbol{Q}$ 和 $\boldsymbol{K}$，其内积矩阵为 $\boldsymbol{QK}^{\mathrm{T}}$，其中，$\boldsymbol{Q}$ 和 $\boldsymbol{K}$ 的大小均为 $n\times d$，内积矩阵的大小为 $n\times n$。在计算内积矩阵时，需要将矩阵 $\boldsymbol{Q}$ 乘以矩阵 $\boldsymbol{K}$ 的转置，即 $\boldsymbol{QK}^{\mathrm{T}}$。然后，内积矩阵中的每个元素都除以列数的平方根，即

$$\frac{\boldsymbol{QK}^{\mathrm{T}}}{\mathrm{sqrt}(d)}$$

如图 5-11 所示。

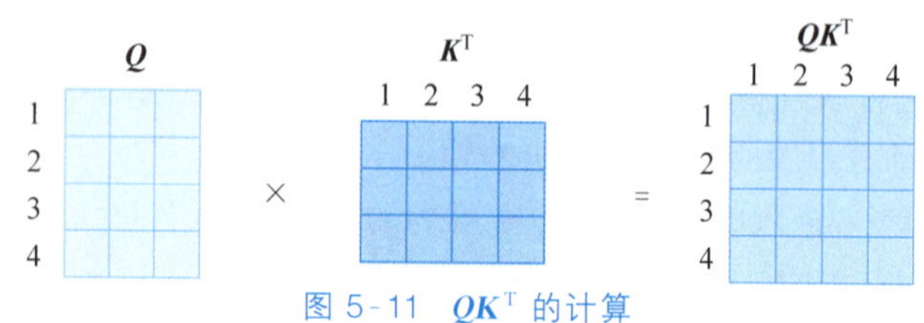

图 5-11 $\boldsymbol{QK}^{\mathrm{T}}$ 的计算

得到 $\boldsymbol{QK}^{\mathrm{T}}$ 之后，使用 softmax 函数计算每一个单词对于其他单词的注意力系数，softmax 函数对矩阵的每一行都进行计算，即每一行的和都变为 1，如图 5-12 所示。

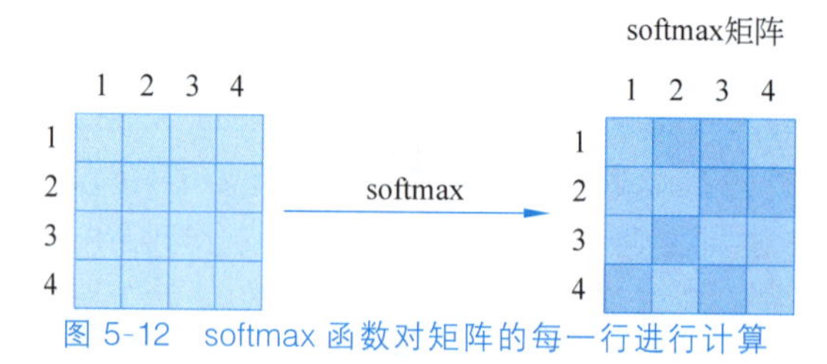

图 5-12 softmax 函数对矩阵的每一行进行计算

softmax 矩阵和 $\boldsymbol{V}$ 相乘，得到最终的输出 $\boldsymbol{Z}$，如图 5-13 所示。

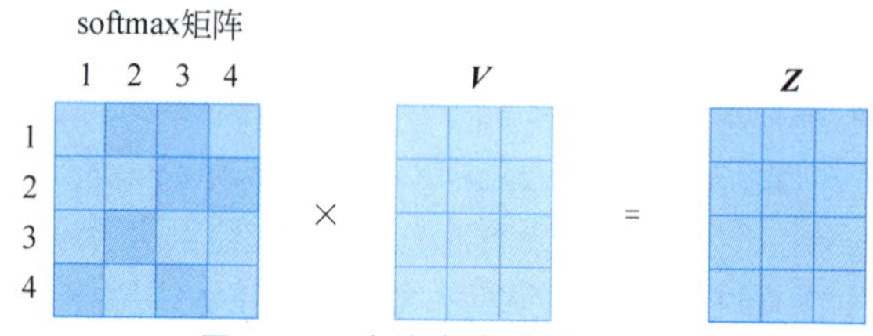

图 5-13 自注意力模块的输出

图 5-13 中 softmax 矩阵的第 1 行表示单词 1 与其他所有单词的注意力系数，最终单词 1 的输出 $\boldsymbol{z}_1$ 等于所有单词的值 $\boldsymbol{v}_i$ 根据注意力系数的比例加在一起得到，如图 5-14 所示。

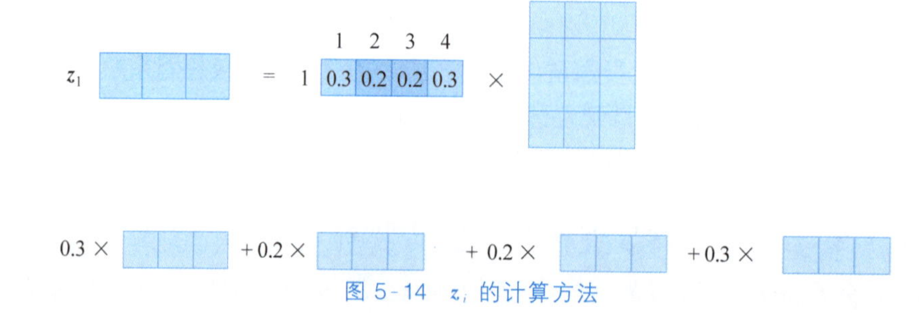

图 5-14 $\boldsymbol{z}_i$ 的计算方法

(3) 多头注意力。

多头注意力(Multi-Head Attention)是 Transformer 模型中的一种注意力机制,是一种用于计算输入序列中每个单词与其他单词之间关系的方法。

在传统的注意力机制中,每个单词的上下文向量(context vector)是通过对输入序列中每个单词进行加权平均得到的。但是,这种方法可能会忽略不同单词之间的复杂关系,因此 Transformer 模型引入了多头注意力机制。

多头注意力模块将输入序列中每个单词的向量拆分为多个头部(head),每个头部都执行一次注意力机制。每个头部都有自己的权重矩阵,可以学习不同的上下文表示。在计算过程中,每个头部的注意力输出都被拼接起来,形成了最终的输出向量。

多头注意力模块是由多个自注意力层组合形成的。图 5-15 是多头注意力模块的结构。

多头注意力模块包含多个自注意力层。首先将输入矩阵 $\boldsymbol{X}$ 分别传递到 h 个不同的自注意力层中,计算得到 h 个输出矩阵 $\boldsymbol{Z}$。图 5-16 是 $h=8$ 时候的情况,此时会得到 8 个输出矩阵 $\boldsymbol{Z}$。

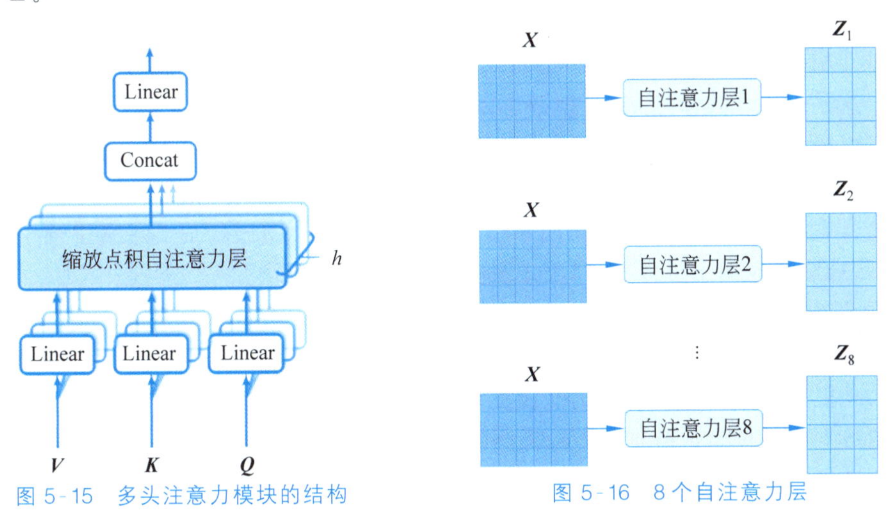

图 5-15 多头注意力模块的结构

图 5-16 8 个自注意力层

多头注意力模块将 8 个输出矩阵拼接(Concat)在一起,然后传入一个线性变换(Linear)层,得到多头注意力模块最终的输出矩阵 $\boldsymbol{Z}$,多头注意力模块的输出矩阵 $\boldsymbol{Z}$ 与其输入矩阵 $\boldsymbol{X}$ 的维度是一样的,如图 5-17 所示。

这种多头注意力机制可以捕获输入序列中不同单词之间更复杂的关系,从而提高了 Transformer 模型的表现力。在训练过程中,权重矩阵是通过反向传播算法自动学习得到的。在测试过程中,Transformer 模型可以使用学习到的权重矩阵计算每个单词的上下文表示,从而完成下一步的任务,例如文本分类、机器翻译等。

3) 残差连接

残差连接(residual connection)是一种在深度神经网络中使用的技术,用于解决梯度消失和梯度爆炸等问题。在残差连接中,网络的输入被直接添加到网络的输出中,从而使得网络更容易学习到数据中的重要特征。

在 Transformer 模型中,每个编码器块和解码器块都包含了残差连接。具体来说,每

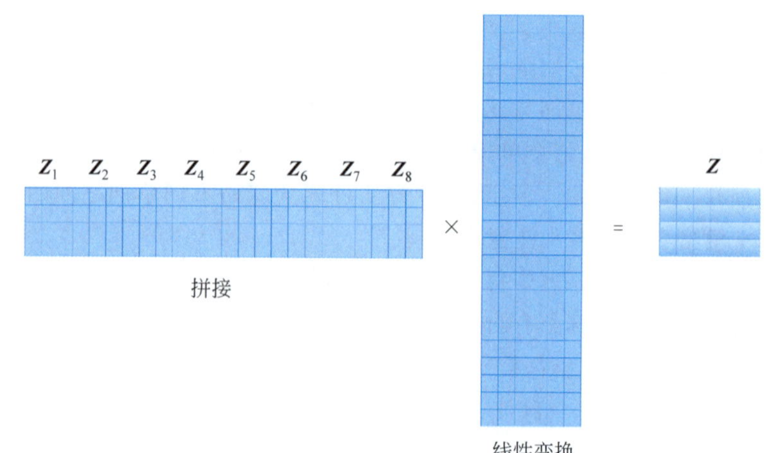

图 5-17　多头注意力模块的输出矩阵

个编码器块和解码器块的输入首先通过一个子层(例如多头自注意力层或前馈神经网络层)进行变换,然后与该子层的输出相加。这个相加操作表示网络应该学习到输入和输出之间的差异,即残差。这个残差被传递到下一层,从而构成整个网络的残差连接。

通过使用残差连接技术,Transformer 模型可以更容易地学习到输入序列中的长期依赖关系。这是因为在残差连接中,模型可以轻松地跨越多个层,从而传递信息。此外,残差连接还可以防止梯度消失和梯度爆炸问题,从而使得模型更容易优化和训练。

Transformer 模型通过使用自注意力机制和残差连接等技术,能够学习到更加准确和全面的语言表示。在自然语言处理任务中,Transformer 模型已经成为一种非常有效和流行的模型,被广泛应用于机器翻译、文本分类、问答系统等领域。

2. 预训练和微调

大语言模型通常使用预训练和微调的方式进行训练和应用。预训练的目的是让模型学习到大规模文本数据的语义和语法规律,从而得到良好的语言表示。微调的目的是使用有标注的数据集对模型进行训练,从而让模型学习到针对特定任务的模式和规律。

在预训练阶段,大语言模型通常使用无监督的方式对大规模的文本数据(例如维基百科、新闻数据集、小说等)进行训练。预训练的目标是尽可能地让模型学习到语言数据中的各种模式和规律,以便在后续任务中进行微调。

具体而言,预训练阶段通常包括两个步骤:

(1) 语言建模。模型需要根据前面的单词预测下一个单词的概率分布。语言建模可以让模型学习到单词之间的语义关系和语法规律,同时也可以让模型学习到语言数据的统计特征,例如单词的出现频率和上下文中单词的分布。

(2) 掩码语言建模。模型需要根据部分输入的单词预测被掩码的单词。掩码语言建模可以让模型学习到单词之间的上下文关系,例如一个单词在句子中的位置和周围单词的信息。

在微调阶段,大语言模型可以用于各种自然语言处理任务,例如文本分类、命名实体识别、机器翻译、语音识别等。通常情况下,微调阶段会使用有标注的数据集对模型进行训练,以便让模型学习到针对特定任务的模式和规律。

微调是指直接在预训练模型的基础上进行微调,将预训练模型的权重作为初始化参数,然后在特定任务的数据集上进行训练。微调的另一种方式称为基于特征的微调,该方式是将预训练模型作为特征提取器,提取文本数据的表示,然后将表示作为输入,结合其他机器学习算法对模型进行训练和优化。

总的来说,大语言模型的原理是使用深度神经网络模型对大规模的文本数据进行预训练,从而学习到单词、短语和句子之间的语义关系,并且可以在各种自然语言处理任务中进行微调。自注意力机制是大语言模型中的核心技术之一,它可以有效地捕捉文本序列中的长期依赖关系。预训练和微调是大语言模型训练的两个阶段。其中,预训练的目的是让模型学习到大规模文本数据的语义和语法规律;微调的目的是使用有标注的数据集对模型进行训练,从而让模型学习到针对特定任务的模式和规律。

5.6.3 大语言模型的应用

大语言模型是自然语言处理领域的重要技术之一,在多种任务上都取得了显著的成果。下面介绍大语言模型的应用。

(1) 文本生成。大语言模型可以用于文本生成任务,如对话生成、摘要生成、机器翻译等。在这些任务中,大语言模型可以生成新的文本序列,以响应用户的输入或将一种语言翻译成另一种语言。例如,在对话生成任务中,大语言模型可以生成具有连贯性和逻辑性的对话文本,从而与用户进行自然流畅的对话。

(2) 语言理解。大语言模型可以用于语言理解任务,如文本分类、命名实体识别、情感分析等。在这些任务中,大语言模型可以自动地从输入文本中提取有用的信息,如文本的主题、情感倾向等。例如,在情感分析任务中,大语言模型可以根据输入的文本自动识别情感极性,即文本是积极的还是消极的。

(3) 文本增强。大语言模型可以用于文本增强任务,如数据增强、文本重写等。在这些任务中,大语言模型可以自动生成新的文本序列,从而扩充训练数据集或改善文本质量。例如,在数据增强任务中,大语言模型可以生成与原始训练数据类似但不完全相同的新数据,从而提高模型的泛化能力。

(4) 文本检索。大语言模型可以用于文本检索任务,如信息检索、问答系统等。在这些任务中,大语言模型可以根据输入的查询语句或问题,自动地从大规模的文本库中检索出与之相关的文本。例如,在问答系统中,大语言模型可以根据用户提出的问题自动检索出与之相关的答案。

大语言模型在自然语言处理领域的应用可以帮助人们更好地理解和处理自然语言数据,从而推动自然语言处理技术的发展和应用。

5.6.4 模型设计和训练

1. 数据准备和预处理

为了训练大语言模型并生成连贯的文本,首先需要准备高质量、多样化且足够大的数据集,反映出模型所需学习的领域和语言风格,并具有足够的代表性。此外,数据集应该结构严谨并附有标注,同时需要进行数据清洗、规范化、分词和格式化等预处理工作。因此,数据准备和预处理包括多项任务,即数据清洗、特征选择、特征构建、数据规范化和分词等。

(1) 数据清洗。对数据进行清洗和去噪,去除无用的标记和格式,过滤错误的数据和重复的数据，确保数据的质量和准确性。

(2) 特征选择。其目标是从数据集中识别并选择对目标变量有最强预测力的特征。这一过程可以降低数据集的维度，使模型训练更为高效、快速。

(3) 特征构建。其任务是从现有特征中创造出新的特征，这些新特征可能对于机器学习任务更为重要或与其相关性更强。这个过程可能会包括合并或转换现有特征，或者从数据中提取新的特征。

(4) 数据规范化。它是数据准备过程中的一个重要步骤，其目的是将数据缩放和标准化到一个公共的比例。数据规范化可以确保所有特征都被同等对待，并且在模型训练过程中能够避免某些特征过于主导模型。

(5) 分词。它是自然语言处理中的一个重要步骤，其任务是将文本数据拆分成更小的单元，例如词汇、标点符号和其他有意义的文本单元，以便于后续处理和分析。分词是自然语言处理的基础性工作，它为许多自然语言处理任务(如文本分类、情感分析、机器翻译、问答系统、命名实体识别等)提供了基础。

在自然语言处理中，分词的挑战在于语言的多样性和复杂性。不同的语言有不同的词汇、语法和语义规则，因此需要使用不同的分词算法和技术。例如，对于英文，分词通常是将句子拆分成单词和标点符号；而对于中文，分词通常是将句子拆分成词语。中文的分词比英文更具挑战性，因为中文没有明显的词语分隔符，并且一个词语可能由多个汉字组成，需要使用特定的分词算法和技术解决这个问题。

下面介绍常见的分词方法。

(1) 基于规则的分词。根据预定义的规则将文本数据拆分为单词，例如根据标点符号或空格等分隔符划分单词。该方法分词速度快，但需要人工定义规则，不够灵活。

(2) 基于统计的分词。通过对大量语料库进行统计分析确定单词的边界，例如使用隐马尔可夫模型(HMM)或条件随机场(CRF)等。该方法可自动学习单词边界和语法规则，但需要用大量语料库进行训练。

(3) 基于词典的分词。利用词典匹配的方法，将文本与词典中的单词进行匹配，以确定文本中的单词边界。该方法分词速度快，但对于新词的识别和处理较为困难。

(4) 基于规则和统计相结合的分词。该方法将基于规则的分词和基于统计的分词相结合。例如，使用基于规则的分词方法识别一些常见的词汇和短语，然后使用基于统计的分词方法处理其他部分。该方法结合了上述两种方法的优点，提高了分词的准确性和鲁棒性。

(5) 基于深度学习的分词。该方法使用神经网络模型进行分词，例如使用卷积神经网络或循环神经网络等。该方法可自动学习单词边界和语义信息，对于新词的识别和处理也比较有效，但需要用大量数据进行训练，模型解释性较差。

分词是自然语言处理任务中的一个关键步骤，它有助于对文本数据进行标准化和降维，并提供有意义的特征供机器学习模型使用。

除了分词之外，数据准备还包括数据整合、数据转换和数据压缩等任务，以确保数据集的质量，使特征选择对机器学习模型的准确性和泛化能力产生影响。因此，在数据准备过程中，需要进行仔细的规划和执行，以确保机器学习模型的最佳性能。同时，对数据集质量进行评估也很重要，这通常通过探索性数据分析(Exploratory Data Analysis，EDA)完成。

通过分析数据集的分布、频率和文本多样性等特征，可以发现数据集中存在的偏见或错误，并指导进一步的预处理和清洗工作。

2. 选择大语言模型架构

一旦准备好了数据集，就可以开始选择适合任务的大语言模型架构。下面是一些常见的大语言模型架构：

（1）循环神经网络。主要用于处理序列数据，例如文本和语音。它的优点是可以处理变长的序列，能够自动提取序列中的特征。但是，由于循环神经网络中存在梯度消失或梯度爆炸的问题，因此在处理长序列时可能会出现困难。

（2）卷积神经网络。主要用于处理图像和音频等高维数据。它的优点是可以自动提取图像和音频中的特征，并且在处理大规模数据时具有较高的效率。但是，卷积神经网络可能需要更大的计算资源，并且在处理序列数据时效果不如循环神经网络。

（3）Transformer。它是一种用于处理序列数据的大语言模型架构，在自然语言处理领域得到了广泛应用。Transformer 使用自注意力机制处理序列数据，具有更好的并行性和更低的计算成本。但是，它需要更多的训练数据和更长的训练时间。

（4）生成对抗网络。主要用于生成类似于原始数据（例如图像、音频和文本等）的新数据。它的优点是可以生成非常逼真的数据，但是需要更大的计算资源和更长的训练时间。

3. 超参数调优

超参数是在机器学习模型训练过程中需要手动设置的参数，例如学习率、正则化参数和网络结构等。超参数的选择对模型的性能和泛化能力有很大的影响，因此超参数调优是机器学习中的一个重要步骤。

以下介绍常见的超参数调优方法：

1）网格搜索

网格搜索是一种简单且常用的超参数调优方法，通过在给定的超参数范围内进行全排列搜索确定最佳超参数组合。虽然网格搜索的计算成本高，但是它可以找到最佳的超参数组合。

2）随机搜索

随机搜索是一种基于随机采样的超参数调优方法，它随机选择一组超参数并进行训练和评估，然后迭代地进行调优。随机搜索的优点是计算成本低，但是可能会错过某些最佳超参数组合。

3）贝叶斯优化

贝叶斯优化是一种基于贝叶斯统计的超参数调优方法，采用先验概率分布和后验概率分布确定最佳超参数组合。贝叶斯优化的优点是可以在较短的时间内找到最佳超参数组合，但是需要较高的计算成本。

4）自适应调整

自适应调整是一种基于模型表现动态调整超参数的方法。它基于模型的表现调整超参数的取值，从而使模型的性能逐步提高。自适应调整的优点是可以动态地调整超参数，但是需要较长的训练时间。

5）微调

微调是迁移学习中的一种技术，利用已经在大规模数据上预训练的模型作为新任务的起点，在新任务的数据集上进行训练，以提高性能。微调可以减少训练所需的数据和计算资源，同时提高模型的泛化能力和性能。

微调包括以下几个步骤：

（1）选择预训练模型。选择在大规模数据集上预训练的模型，例如在 ImageNet 上训练的卷积神经网络模型。

（2）数据准备。准备针对新任务的特定数据集，进行数据清洗、归一化和特征提取等处理。

（3）微调。对预训练模型进行微调，冻结大部分参数并只微调最后一层或几层的参数，选择微调层并为其设置较大的学习率，使用新数据集对模型进行训练和微调。

（4）评估。对微调后的模型在独立的验证集或测试集上进行性能评估，并将结果与预训练模型进行比较。

微调可以快速将预训练模型应用于新的任务和数据集，并提高模型的性能。在进行微调时，需要仔细考虑选择预训练模型和数据集的相似度，选择微调层的数量和位置，选择适当的学习率和批量大小，并且要防止过拟合。

6）数据增强

数据增强是一种通过对原始数据进行随机变换生成新的训练数据的技术，可以提高模型的泛化能力，减少过拟合，并改善模型对于输入数据的鲁棒性。在大语言模型中，常用的数据增强技术包括掩码语言模型、数据扰动、文本翻译和文本旋转等。

（1）掩码语言模型。通过对输入序列中的一些单词或标记进行掩码操作生成新的训练数据，以提高模型对缺失单词的适应能力。

（2）数据扰动。通过对原始文本进行随机变换生成新的训练数据，以增强数据的多样性和模型的鲁棒性。

（3）文本翻译。将原始文本翻译成其他语言再翻译回来，以生成新的训练数据，增强数据的多样性和模型的泛化能力。

（4）文本旋转。将原始文本进行旋转或翻转，再将其恢复到原来的位置，以生成新的训练数据，增强数据的多样性和模型的鲁棒性。

（5）文本改写。生成具有相似含义但措辞不同的新文本示例。可以使用反向翻译或利用预训练的语言模型生成新的文本示例等技术进行文本改写，如图 5-18 所示。

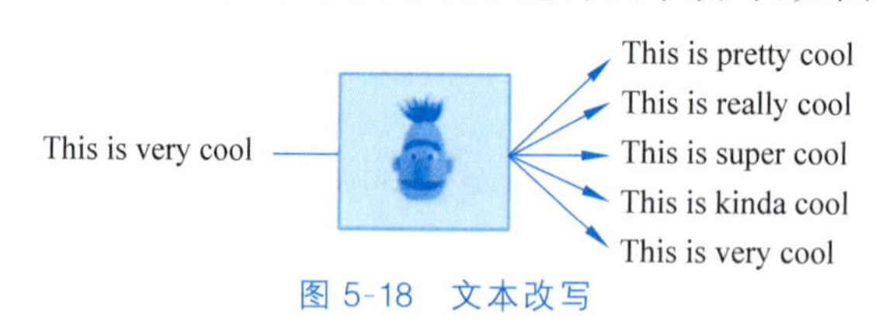

图 5-18　文本改写

7）迁移学习

迁移学习（transfer learning）是一种机器学习方法，旨在利用已经学习到的知识和经验解决新的问题或任务，如图 5-19 所示。在迁移学习中，模型在一个任务上学习到的知识和特征可以被转移到另一个相关的任务上，从而加速新任务的学习过程，减少对大量标注数据的依赖，并提高模型的泛化能力和鲁棒性。

迁移学习可以应用于各种机器学习任务，如图像分类、自然语言处理、语音识别等。常

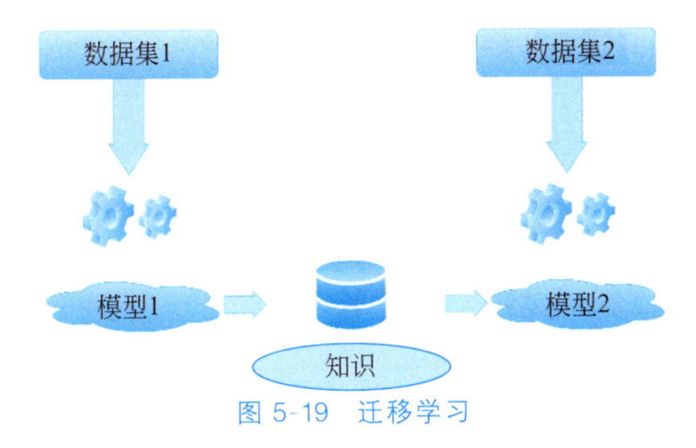

图 5-19 迁移学习

见的迁移学习方法包括基于特征的迁移学习、基于模型的迁移学习和基于关系的迁移学习等。

基于特征的迁移学习将模型在源任务中提取的特征直接应用于目标任务。基于模型的迁移学习将源任务的模型作为目标任务的初始化模型,并通过微调适应目标任务。基于关系的迁移学习通过挖掘两个任务之间的相似性或相关性进行知识迁移。

8) 集成学习

集成学习是一种机器学习技术,它通过训练多个模型并将它们的输出进行组合,得出更准确和可靠的最终预测结果。对于大语言模型来说,集成学习特别有效,因为这些模型通常非常庞大且训练过程需要大量的计算资源。利用集成学习可以并行训练多个模型,从而缩短整体的训练时间和资源消耗。

在大语言模型中,可以采用以下集成学习技术:

(1) Bagging。使用不同的训练数据子集训练多个模型,并对它们的预测结果进行平均或投票以得到最终结果。这种方法可以降低模型方差,减少过拟合。

(2) Boosting。通过训练多个弱学习器,并将它们组合成一个强学习器,以提高模型的准确率。常见的 Boosting 算法包括 AdaBoost、Gradient Boosting、XGBoost 等。

(3) Stacking。训练多个不同类型的模型,并将它们的输出作为输入,再训练一个元模型融合上述模型的预测结果。这种方法可以提高模型的泛化能力和鲁棒性。

(4) Ensemble Selection。从一个大的候选模型集合中选择最优的模型子集进行组合,以得到最终的预测结果。这种方法可以提高模型的准确率和泛化能力。

4. 评估和测试

对于大语言模型,评估和测试同样非常重要,在开发和应用大语言模型时更是如此。评估和测试可以帮助开发者了解大语言模型在不同任务和语言数据集上的性能,并帮助开发者快速定位和解决大语言模型存在的问题。

与传统的机器学习模型不同,大语言模型通常需要大量的训练数据和计算资源,因此在评估和测试大语言模型时需要考虑以下几点:

(1) 数据集的选择。选择与实际应用场景相似的数据集评估和测试大语言模型的性能,以确保模型能够在实际场景中有效工作。

(2) 评价指标的选择。选择合适的评价指标衡量大语言模型的性能,如困惑度、BLEU、ROUGE 等。这些指标可以帮助开发者了解大语言模型在不同任务和数据集上的表现。

(3) 模型参数的选择和调优。在评估和测试大语言模型时,需要选择合适的模型参数并进行调优，以提高模型的性能和泛化能力。

（4）测试数据集的规模。对于大语言模型，通常需要使用大规模的测试数据集测试模型的性能和泛化能力。这可以帮助开发者更全面地了解大语言模型的表现，并发现潜在的问题和改进方向。

5.6.5 大语言模型的未来

1. 未来的发展方向和趋势

大语言模型未来的发展方向和趋势如下：

（1）规模。大语言模型的规模将不断扩大，模型的参数数量和训练数据集的规模会变得更大。例如，OpenAI 最新发布的 GPT-4 模型就包含了数万亿个参数，创造了自然语言处理领域的新纪录。

（2）效率。为了应对大语言模型的计算资源和能源消耗问题，未来的大语言模型将会更加注重效率和节能。例如，可以使用更加高效的硬件和算法减少计算资源和能源消耗。

（3）可解释性。大语言模型在决策和推理过程中往往是黑盒模型，难以解释其决策和预测过程。未来的大语言模型将会更加注重可解释性和透明度，以增强用户对模型的信任和接受度。

（4）数据隐私保护。由于大语言模型需要大量的数据进行训练和推理，数据隐私保护问题也变得更加重要。未来的大语言模型将会更加注重数据隐私保护，例如采用联邦学习等方法保护用户隐私和数据安全。

2. 未来面临的挑战和问题

虽然大语言模型在自然语言处理领域取得了巨大的成功，但在未来的发展中，仍然可能会面临以下挑战和问题：

（1）计算资源和能源消耗。目前的大语言模型需要大量的计算资源和能源进行训练和推理，这给环境保护和可持续发展带来了挑战。未来需要研发更加高效和节能的大语言模型训练和推理方法。

（2）隐私和安全。由于大语言模型在训练和推理过程中需要大量的数据，因此隐私和安全问题也变得更加重要。未来需要更好地保护用户隐私和数据安全，同时保证大语言模型的性能和效果。

（3）数据偏差和不公平性。大语言模型在训练数据中存在偏差和不公平性问题，这可能会导致模型对某些群体或话题的理解存在偏差。未来需要研究如何解决这些问题，以提高大语言模型的公平性和包容性。

（4）可解释性和可信度。大语言模型通常是黑盒模型，难以解释其决策和预测过程。未来需要研究如何提高大语言模型的可解释性和可信度，以增强用户对大语言模型的信任和接受度。

虽然大语言模型在自然语言处理领域取得了巨大的成功，但在未来的发展中仍然需要面对多方面的挑战和问题。未来需要研究和开发更加高效、可持续、公正和可信的大语言模型，以应对不断变化和复杂化的语言处理需求。

5.7 本章小结

本章介绍了自然语言处理领域的重要方向，从语义分析、文本分类和情感分析、智能问答、聊天机器人、机器翻译以及大语言模型等方面进行了深入探讨。这些技术的发展和应用正在引领着人机交互的新时代。本章介绍了这些技术的原理和应用以及它们对人类社会的影响和挑战。

利用语义分析可以更好地理解和分析人类的需求和感受。例如，搜索引擎就可以根据用户的查询意图和情感，为用户提供更加精准和个性化的搜索结果。

在文本分类和情感分析领域，机器学习、自然语言处理和深度学习等技术已经广泛应用于新闻和社交媒体分析，帮助人们更好地理解和分析大量的文本数据。

智能问答技术可以自动回答用户的问题，并为用户提供正确、有深度的答案。这项技术已经被广泛应用于智能客服和虚拟助手等领域，为人们提供更加便捷和高效的服务。

聊天机器人已经成为智能客服和虚拟助手等领域的重要应用，使人机交互变得更加自然。在未来，随着技术的不断进步，聊天机器人的应用范围也会不断扩展。

机器翻译的应用变得越来越广泛，例如，它可以为跨国贸易和国际合作提供更好的语言交流。然而，机器翻译技术的发展也面临着一些挑战，例如文化差异和隐私问题等。

大语言模型可以为智能客服、情感分析、信息抽取、文本分类和机器翻译等领域提供更好的自然语言处理能力。然而，大语言模型技术的发展也面临着一些挑战，例如模型的计算和存储要求较高以及数据隐私和安全问题等。

5.8 习题

1. 什么是自然语言处理？简要描述其主要任务和应用领域。

2. 自然语言处理中的语言模型是什么？解释语言模型与文本生成的关系。

3. 简述文本分类的定义及其应用场景，并描述分类器是如何工作的。

4. 阐述词义消歧的概念以及该技术在自然语言处理中的应用场景。

5. 解释聊天机器人是如何基于知识图谱或者语境推理实现智能化交互的。

6. 描述文本摘要的概念及其应用场景，并简要描述如何使用文本生成技术实现文本摘要。

7. 什么是实体识别？描述常用的实体识别方法及其应用场景。

8. 什么是大语言模型？以 Transformer 模型为例，描述大语言模型的原理和实现方法，并说明大语言模型在自然语言处理中的应用和优势。

第6章 语音处理

学习目的与要求

在本章中，将探索语音处理领域中与人工智能相关的关键概念和技术。通过学习本章的内容，读者应了解语音处理的关键概念和技术，掌握语音信号的基本概念、数字化表示方法和特征提取技术，了解语音合成、语音情感分析和说话人识别与验证等关键技术的原理和应用，了解语音助手的发展历程和应用领域，为进一步研究和应用语音处理技术提供坚实的基础。

6.1 语音识别

6.1.1 语音识别简介

1. 语音识别是什么

语音识别是指计算机程序将语音中的单词或短语转换为文本的过程。随着科技的不断发展，语音识别技术也越来越成熟和精确，已经广泛应用于智能语音助手、自动化客服、车载导航等领域。

语音识别技术主要基于信号处理、模式识别、机器学习等领域的技术实现。这项技术的核心是建立一个能够将声学特征（音频）映射到语言特征（文字）的模型。具体而言，它会对输入的语音信号进行分析，提取其中的语音特征（如音高、音量、音调等），并将其转换为计算机可读的形式。语音识别流程如图 6-1 所示。

虽然语音识别技术已经取得了很大的进展，但是仍然面临一些挑战。例如，不同的说话人有不同的口音、语速和语气，这就需要使用更加灵活和准确的算法。此外，噪声和环境因素也会影响声音的质量和清晰度，从而影响语音识别的准确性。

2. 语音识别在现代技术中的作用

语音识别在现代技术中有以下作用：

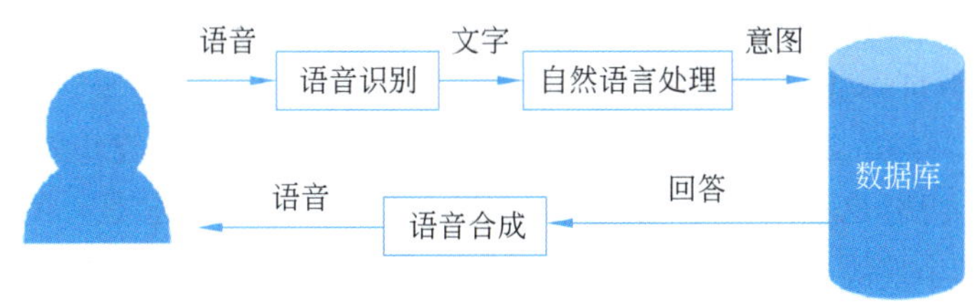

图 6-1 语音识别流程

(1) 提高生产力。随着语音识别技术的发展,人们可以通过声音控制设备,尤其是在工业自动化领域中,语音控制系统可以大大提高生产效率和准确性。例如,在仓库管理方面,操作员可以使用语音输入指令,从而更快地完成任务,同时避免了人工输入错误的可能性。

(2) 改善用户体验。语音识别技术已经成为智能家居的重要组成部分。通过与智能家居设备交互,用户可以更轻松地控制设备,例如打开/关闭灯光、调节温度等。此外,语音识别技术还可以让用户更轻松地使用手机应用程序或其他电子设备,无须动手操作。

(3) 语音翻译。语音识别技术在国际旅行和跨文化交流方面也发挥了重要作用。用户可以使用智能手机或其他电子设备直接说出他们想表达的话,然后将其翻译成不同的语言以进行跨文化交流。这使得人们更容易在跨语言环境中交流。

(4) 帮助残障人士。语音识别技术还可以帮助视力和肢体功能受损的人们更轻松地控制他们的设备。通过语音控制系统,他们可以使用声音控制计算机或其他电子设备,在日常生活中实现更多自主权。

3. 语音识别技术的种类

语音识别是一项复杂而重要的技术,它被广泛应用于手机、智能家居、汽车导航等多个领域。根据应用场景和具体实现方法的不同,可以将语音识别技术分为以下几类。

1) 基于规则的语音识别技术

基于规则的语音识别技术也被称为基于知识的语音识别技术。这种方法是在计算机能力不够强大时提出的,它通过人工设置一定的语音识别规则,给定一个语音信号,利用解析-匹配-组合的方式进行语音识别。但是由于语音识别规则过于复杂,且难以覆盖所有情况,因此这种技术的应用范围较窄。

2) 基于统计模型的语音识别技术

基于统计模型的语音识别技术采用机器学习和统计学方法,从大量语音样本中自动地推导出语音识别模型,实现对新的语音信号的识别。这种方法将语音识别看作概率计算问题,用音素(语音的最小单位)序列表示语音信号,并通过对音素序列的建模决定该语音信号的文本转写结果。

基于统计模型的语音识别技术又可以分为以下几类:

(1) 隐马尔可夫模型(HMM)。它是最早并且最成功的一种基于统计模型的语音识别技术。HMM 是一种描述随机过程的数学模型,利用概率有限状态机描述声学特征向量序列和相应的字音序列的关系。在语音识别中,HMM 的基本思路是:将语音信号划分成一系列时间片段,然后将每个时间片段的声学特征向量映射到对应的字音上。这些映射关系可以用 HMM 描述和学习。HMM 包括一个状态序列和一个观测序列,其中,状态序列是隐藏的,而观测序列是可见的。在语音识别中,状态序列对应于字音序列,观测序列对应于声学特征向量序列。HMM 的参数是状态转移概率矩阵、状态发射概率矩阵和初始状态概率分布。这些参数可以通过反向传播算法优化。

(2) 最大熵(Maximum Entropy,MaxEnt)模型。它是一种广泛应用于自然语言处理领域的机器学习方法,也被成功地应用到语音识别中。其核心思想是:在满足先验知识的前提下,以最大化条件熵为目标函数,产生一个确定的模型。在语音识别中,MaxEnt 模型可以用于建立声学特征向量和字音之间的映射关系。与 HMM 不同,MaxEnt 模型不需要对数据作出任何特定的假设,因此具有更高的灵活性和适应性。同时,MaxEnt 模型的训练也比 HMM 更加高效和稳定。在语音识别中,MaxEnt 模型通常与 HMM 一起使用,以提高识别精度。

(3) 神经网络模型。它是一种基于神经网络的语音识别方法。这种方法通过建立多层神经节点之间的连接关系,并利用误差反向传播算法进行训练,实现对语音信号的分类与识别。在语音识别中,神经网络模型通常用于学习声学特征向量和字音之间的映射关系。与 HMM 和 MaxEnt 模型相比,神经网络模型具有更高的灵活性和适应性。同时,神经网络模型还可以自动提取语音信号中的特征,避免了人工特征提取的烦琐过程。在语音识别技术中,神经网络模型已经被广泛应用,并且在一些任务上取得了非常好的效果。

这 3 种模型都是常见的语音识别方法,它们具有不同的优缺点和适用范围。在实际应用中,需要根据具体的任务和应用情况选择合适的模型和算法以提高语音识别的精度和效率。随着人工智能技术的不断发展和进步,相信未来的语音识别技术将会更加先进和成熟。

3) 深度学习语音识别技术

深度学习语音识别技术是一种在基于统计模型的语音识别技术基础上发展起来的新兴技术。它通过建立多层神经网络,将大量的语音信号和文本标注对齐,利用误差反向传递算法进行训练,实现对语音信号的识别。深度学习语音识别技术不仅提高了语音识别的准确性,而且可以在更广泛的领域中应用,如自然语言处理、计算机视觉等。目前,基于深度学习的语音识别技术已成为语音识别领域的主流方法。

深度学习语音识别技术的主要优势在于其具有更高的灵活性和适应性。深度学习模型可以自动提取语音信号中的有用特征,避免了人工特征提取的烦琐过程。同时,深度学习模型可以通过增加网络层数和节点数提高模型的复杂度和准确性。此外,深度学习语音识别技术还可以通过使用多个模型提高识别精度,如集成学习、深度神经网络和卷积神经网络等。

然而,深度学习语音识别技术也存在一些挑战和限制。首先,深度学习模型需要大量的训练数据和计算资源,以便训练出高质量的模型。其次,深度学习模型的解释性往往较差,难以解释模型对输入数据的分类结果。此外,深度学习模型的训练过程往往需要较长的时间和复杂的调参过程,因此需要具备相应的技术和经验。

4) 端到端语音识别技术

端到端语音识别技术是目前最新的语音识别技术之一,它使用基于深度学习的序列到序列模型。该方法可以直接将声音信号映射到文字,从而省略了中间的转换过程。端到端语音识别技术具有较高的精确度和鲁棒性,但是由于需要大量的训练数据和计算资源,因此仍处在研究和开发阶段。

与传统的语音识别技术相比，端到端语音识别技术具有很多优势。首先，它可以避免中间的转换过程，从而减少了错误的可能性。其次，端到端语音识别技术能够自动学习语音信号中的特征，不需要人工提取特征，避免了特征提取过程中的一些问题。此外，端到端语音识别技术还可以提高识别速度和准确率，从而提升用户体验。然而，端到端语音识别技术也存在一些挑战和限制。首先，由于需要大量的训练数据和计算资源，其训练过程往往比传统的语音识别技术更加复杂和耗时。其次，端到端语音识别技术的性能往往受到噪声和语音变化等因素的影响，因此需要更加复杂和精细的模型以应对这些问题。语音识别技术在不断地更新和进化，不同的技术都有其优势和不足之处，选择哪一种技术将根据具体的应用场景而定。在实际应用中，需要考虑语音识别的准确性、速度、健壮性以及成本等因素。

对于语音识别的应用来说，准确性是最重要的指标之一。现在的深度学习语音识别技术已经能够达到非常高的识别准确率，因此对于一些高精度的语音识别应用，例如语音转换成文字的应用，深度学习技术是非常适合的选择。而对于一些实时性要求较高的应用，例如语音助手，端到端语音识别技术可能更加适合，因为它可以快速地将语音转换成文字，减少用户等待时间。

除了准确性之外，语音识别技术的速度也是一个非常重要的指标。对于一些实时性要求较高的应用，例如语音控制和语音翻译等，快速响应用户的指令是至关重要的。在这种情况下，端到端语音识别技术通常比传统的语音识别技术更具优势，因为它能够直接将声音信号映射到文字，避免了中间的转换过程，从而提高识别速度。另外，语音识别技术的健壮性也是一个重要的指标。由于语音信号容易受到环境因素的干扰，例如噪声、回声和语音变化等，因此语音识别技术需要具备一定的健壮性，能够在不同的环境下识别出语音内容。在这种情况下，深度学习语音识别技术通常比传统的语音识别技术更具优势，因为它能够自动学习语音信号中的特征，从而适应不同的环境。

最后，成本也是一个需要考虑的因素。在实际应用中，语音识别技术的成本包括硬件成本、软件成本和人力成本等。在选择语音识别技术时，需要考虑不同技术的成本和性能之间的权衡。例如，传统的语音识别技术通常需要手动提取特征，因此需要更多的人力成本；而深度学习语音识别技术需要更多的计算资源和训练数据，因此需要更高的硬件和软件成本。

4. 语音识别系统的框架

语音识别技术背后的基础是一个复杂的系统框架，该框架包含了许多关键组件。

语音识别系统的框架包括 4 个主要的组件：

(1) 信号预处理组件。信号预处理的主要目的是消除噪声和变化，并将声音信号转换成计算机可处理的数字形式。语音信号在传递过程中会受到多种因素的干扰，如背景噪声、混响、失真等，这些因素都会影响到语音识别的准确性。因此，在进行信号处理时需要将这些干扰消除或降低。

(2) 特征提取组件。特征提取的主要目的是从预处理后的语音信号中提取出与语音声学相关的重要信息，例如说话人的音调、节奏、音素等特征。由于语音信号具有高维度和不连续性等特点，因此在进行特征提取时通常需要采用一些有效的算法以提取其中的有效信息，并将其转换为计算机可处理的低维特征向量。

（3）声学模型。声学模型用于建立从输入语音到输出文字之间的映射关系。在声学模型中，通常会使用隐马尔可夫模型（HMM）对语音信号进行建模，HMM能够根据语音信号的声学特征估计每个音素的概率分布。

（4）语言模型。语言模型用于根据文本语言的规则和语序确定最终的结果。在语言模型中，通常会使用基于统计的语言模型（statistical language model）或基于神经网络的语言模型（neural language model）等技术对文本语言进行建模。

6.1.2 语音识别的应用场景

1. 智能助理

智能助理是一种广泛应用语音识别技术的场景。通过智能助理，用户可以使用语音命令进行控制设备、获取信息、查询日程等操作，而无须手动输入或者触摸操作。

智能助理的核心技术包括语音识别以及自然语言处理。用户可以在不同的场景下直接与设备对话，例如要求智能助理调低温度、发邮件、定闹钟等，这些指令会被自动解析并转换为具体的操作。

在实际生活中，智能助理已经越来越多地得到应用，例如苹果公司的 Siri 助理、亚马逊的 Alexa 助理等。通过智能助理，用户可以方便快捷地进行各种操作，降低了人机交互的门槛，提升了用户体验和效率。

2. 计算机辅助翻译

计算机辅助翻译（Computer Assisted Translation，CAT）是指通过计算机技术辅助实现翻译。它可以提高翻译效率和质量，并且能够帮助人们更快捷地进行跨语言交流。

CAT 系统采用的主要技术是机器翻译、术语数据库（Terminology Database，TD）、双语对照库（Bilingual Concordance，BC）和计算机辅助工具。其中，机器翻译技术是 CAT 系统中最核心的部分。术语数据库用于提供专业术语的翻译及其在不同语境中的使用情况，避免出现专业术语翻译不一致的问题。双语对照库主要用于收录两种语言的相应表达及其对应关系，供翻译人员在翻译时参考。计算机辅助工具包括各种翻译辅助软件，如翻译记忆软件、自动校验工具等。

总体来讲，CAT 系统旨在提高翻译质量，节省时间及成本，并且可以避免翻译时出现的错误和不一致问题。同时，CAT 系统也为专业翻译人员提供了高效的工具，让他们能够更加快速、准确地完成翻译任务。因此，在国际交流中，CAT 技术得到了广泛的应用。

3. 声纹识别

声纹识别是一种通过人声进行身份验证的技术，它使用个体的语音特征识别和验证该个体。在声纹识别过程中，系统会分析说话人的语音波形、频率等，进行声纹提取，将提取出的声纹模板与数据库中已有的模板进行比对和匹配，从而达到身份验证的目的。

声纹识别已广泛应用于安全身份验证和其他生物识别领域。与传统的密码学方法相比，它具有更高的安全性和可靠性。随着智能家居设备的兴起，声纹识别也用于访问控制系统、手机解锁等场景中。

声纹识别也存在一些问题。由于人的语音特征受多种因素影响，如年龄、健康状况、情绪等，因此在某些情况下，识别准确率可能会受到影响。此外，大规模的声纹数据收集和管理也是一个挑战，需要处理的数据量较大，并且需要保证数据安全并保护用户隐私。

4. 智能客服

智能客服是一种基于自然语言处理和机器学习技术实现的自动化服务系统，能够帮助企业进行客户服务与支持。其通过语音或文字处理等方式，与用户进行沟通，解答问题、提供帮助，消除用户的疑虑与不满，提升客户体验。智能客服可以主动识别用户的需求，并提供个性化的服务，也可以对常见问题进行预判和自动回答。

智能客服可以应用于各种场合，例如在线购物网站、移动应用程序、社交媒体等。它可以通过聊天机器人、语音识别等技术实现与用户的自然交互，并且具有 24 小时无间断服务的特点，大大提升了用户体验。

智能客服的实现需要结合多种技术，包括语音识别、自然语言理解、知识库管理等，同时在系统设计过程中需要考虑到用户隐私保护和数据安全的问题。

总之，智能客服是一个能够替代传统客服的先进系统，能够有效地提高用户满意度和企业效益，是未来客户服务的重要发展方向。

5. 机器人控制

语音识别技术可用于机器人控制。机器人在现代社会中的应用越来越广泛，语音识别技术使操作机器人变得更加简单。语音识别技术可将命令转换为针对特定机器人的动作，从而更加有效地控制它们。

6.2 语音信号基本概念

6.2.1 语音信号与音频信号

语音信号是人类通过声音产生的一种具有语义和信息传递功能的信号。它是一种特殊的音频信号，主要用于传达语言和语义。与音频信号相比，语音信号更加注重语言的含义和交流。在语音信号中，包含了语言中的音素和语调等特征，这些特征通过声音的频率、音高、音量、音色等参数表示。

语音信号在人类交流中起着重要的作用。它是人们进行口头交流和语言理解的重要媒介。通过语音信号，人们能够传递思想，表达情感，进行交流和沟通。语音信号具有独特的信息传递方式，它通过语言的声音特征传递语义和语法信息，让人们能够理解和解释语言中的含义。

与语音信号密切相关的是音频信号。音频信号是一种广义上的声音信号，不仅包括语音信号在内，而且包括音乐、环境声等各种声音信号。与语音信号相比，音频信号具有更广泛的应用领域，不仅用于语言交流，还被广泛应用于音乐、娱乐、广播、电影等领域。

对于语音信号的研究主要关注语音的产生、传播和理解过程。通过分析语音信号的频谱特征、时域特征和语音特征，可以进行语音识别、语音合成、语音增强等任务。语音信号的数字化表示使得对其进行计算机处理和分析成为可能，为语音处理和语音技术的发展提供了基础。

在学术领域中，语音信号的研究对于语音识别、自然语言处理、智能交互等领域具有重要意义。通过对语音信号的分析和理解，可以开发出更智能、更高效的语音技术应用，如语音助手、语音翻译、语音交互系统等，为人们的生活和工作带来便利。

语音信号作为人类交流的一种重要形式，具有语义和信息传递功能。它与音频信号的区别在于其重点在于传达语言和语义。通过对语音信号的研究和分析，可以开发出各种语音技术应用，提升人们的交流和理解能力。

6.2.2 声音的物理属性

声音也称为声波，它可在空气中或任何其他可压缩的介质中传播。

频率是声音的一个重要属性，它决定了声音的音调高低。频率的单位是赫兹(Hz)。人类听觉的频率范围为20～20 000Hz。较低频率的声音听起来低沉，而较高频率的声音听起来尖锐。

声压级是表示声音相对强度的物理量，它用分贝(dB)作为单位。声压级与声音的能量和强度相关，较高的声压级意味着更强的声音。例如，对于人类耳朵而言，较高的声压级通常被感知为更响亮的声音。

振幅是声波的振动幅度，它决定了声音的音量和强度。较大的振幅产生较强的声音，而较小的振幅则产生较弱的声音。振幅通常以声压级的高低表示，较大的振幅对应较高的声压级。

除了这些基本的物理属性之外，声音还具有其他特征，如音色和谐波结构。音色指的是声音的特有质感或色彩，它由声音的频谱成分和声音源的特性所决定。不同的声音源会产生不同音色的声音。谐波结构是指声音中存在的频率具有倍数关系的谐波分量，它们共同构成了声音的音质和音色。

综上所述，声音的物理属性包括频率、声压级和振幅等。了解这些属性有助于我们理解和描述声音的特点，以及在相关领域进行声音的分析和处理。

6.2.3 语音信号的数字化表示

语音信号的数字化表示是将连续的模拟语音信号转换为离散的数字形式，以便在计算机系统中进行处理和存储。数字化表示可以通过以下步骤完成：

(1) 采样。按照一定的时间间隔，对连续的语音信号进行离散化取样。在采样过程中，语音信号在每个时间点上的幅度值被记录下来。采样的频率称为采样率，通常以赫兹(Hz)为单位，代表每秒的采样数。常用的采样率为8000Hz、16 000Hz和44 100Hz。更高的采样率可以更准确地表示原始语音信号。

(2) 量化。将采样得到的连续幅度值映射到一组离散的量化级别上。量化级别的数量由量化位数决定。常见的量化位数有8位、16位和24位。量化位数越高，表示精度越高，可以更准确地表示语音信号的幅度值。量化过程中产生的误差称为量化误差或量化噪声。

(3) 编码。将量化后的语音信号表示为数字形式，以便于存储和传输。常用的编码方法是脉冲编码调制(Pulse Code Modulation，PCM)。PCM将每个采样点的量化值转换为二进制数，通常使用有符号整数表示。编码后的语音信号可以通过不同的编码格式(例如.wav、.mp3等)进行存储和传输。

语音信号的数字化除了采样率和量化位数以外，还有一个参数是声道数。声道数指的是用于记录和播放音频的独立通道数。常见的声道数有单声道(mono)和立体声(stereo)。

单声道只有一个声道，而立体声则包含左声道和右声道，可以提供更丰富的声音空间定位和立体感。除了单声道和立体声，还有多声道配置，如 5.1 声道和 7.1 声道，用于更逼真的环绕声效果和音频分布。

这些参数在音频处理和音频设备中起着重要作用。采样率和量化位数决定了音频的质量和精度，而声道数决定了声音的空间定位和立体感。根据具体的需求和应用场景，我们可以选择适当的采样率、量化位数和声道数，以满足音频处理和播放的要求。

通过以上的数字化表示，语音信号可以被存储、传输和处理，在计算机和通信系统中用于各种语音处理任务。

6.3 语音特征提取

6.3.1 语音特征

语音特征在语音信号处理和语音识别中起着重要的作用。它们是从语音信号中提取的具有代表性的信息，用于描述和区分不同的语音单元、语音内容和说话人。以下是常见的语音特征。

1. 音频信号特征

音频信号特征是指语音信号的音频特征，用于描述和区分不同的语音单元、语音内容和说话人。常见的音频信号特征包括频谱特征和声道特征。

1）频谱特征

频谱特征是指从语音信号的频域中提取的特征，通常是通过短时傅里叶变换（Short-Time Fourier Transform，STFT）计算的。常见的频谱特征包括频谱包络和梅尔频率倒谱系数（Mel-Frequency Cepstral Coefficient，MFCC）等。

频谱包络是频谱的平滑版本，它反映了语音信号在不同频率上的能量分布，有助于区分不同音素、语调和语音内容。频谱包络通常通过对频谱进行低通滤波得到。

MFCC 是一种常用的语音信号特征，它是在梅尔频率上计算的倒谱系数，通过一系列处理步骤，包括对语音信号进行加窗、STFT、对数幅度谱计算等。MFCC 能够减少语音信号的冗余信息，提取有用的声学特征，用于语音识别、说话人识别等任务中。

2）声道特征

声道特征是指描述声音在声道传输过程中的变化的特征，如线性预测编码（Linear Predictive Coding，LPC）系数。声道特征可以提供关于发音器官形状和声道特性的信息，用于说话人识别和语音合成。LPC 是一种线性预测分析方法，它可以将语音信号拆分成声道系统（即发音器官）和激励信号两部分，从而得到语音信号的声道特征。LPC 系数通常通过自相关函数或协方差方法计算，用于描述声道系统的谐振峰点和谐振带宽。

除了频谱特征和声道特征外，音频信号特征还包括其他一些特征，如倒谱相关系数（cepstral correlation coefficient）、线性频率倒谱系数（linear frequency cepstral coefficient）、功率谱密度（power spectral density）等。这些特征可以用于描述语音信号的不同方面，如语音清晰度、语音韵律、语音内容等。在语音信号处理和语音识别中，音频信号特征与时域特征（如基频特征和能量特征）通常结合使用，以提高语音信号的表征能力和识别准确率。

2. 时域特征

时域特征是从语音信号的时域中提取的特征，用于描述和区分不同的语音单元、语音内容和说话人。常见的时域特征包括基频特征和能量特征。

1）基频特征

基频是指语音信号中最基本的周期性振动，也称为音调、声调或基频轮廓。基频特征是语音信号的基本频率，通常用频率(单位为赫兹)或周期(单位为秒)表示。它反映了说话人的语音韵律，如高低声调、语调等。基频特征可以通过自相关函数、互相关函数、差分包络等方法提取。在语音识别中，基频特征可以用于语音活动检测、韵律分析、语音合成等任务中。

2）能量特征

能量特征是反映语音信号在不同时间段内的能量变化的特征。通常用短时能量(short-time energy)表示，即将语音信号分成若干时间窗口，计算每个时间窗口内语音信号的平方和，然后取对数。短时能量用来描述每个时间窗口内的语音信号强度。能量特征在语音活动检测、语音分割等任务中非常有用，因为语音信号的能量值在语音和非语音部分有很大的差异。

除了基频特征和能量特征外，时域特征还包括过零率(zero crossing rate)、自相关系数(autocorrelation coefficient)等。这些时域特征可以用于描述语音信号的不同方面，如语音清晰度、语音速度、语音节奏等。在语音信号处理和语音识别中，时域特征与频域特征(如MFCC)通常结合使用，以提高语音信号的表征能力和识别准确率。

3. 语音内容特征

语音内容特征是指从语音信号中提取的用于描述语音内容的特征。常见的语音内容特征包括音素特征和语音识别特征。

1）音素特征

音素是指语音信号中的基本发音单位，也称为语音单元。提取音素特征可以实现语音识别、语音合成等任务。常见的音素特征包括梅尔频率倒谱系数(MFCC)和线性预测编码(LPC)系数等。这些特征可以用于描述不同音素的声学特征，从而实现对语音信号的分段和识别。

2）语音识别特征

语音识别特征是指用于语音识别系统中的声学建模和语言模型的特征。常见的语音识别特征包括音素后验概率(Posteriori Probability，PP)和词边界概率(Word Boundary Probability，WBP)等。音素后验概率是指在给定语音信号的情况下每个音素出现的概率。词边界概率是指在给定语音信号的情况下词的边界出现的概率。这些特征可以帮助语音识别系统更准确地识别语音信号中的不同音素和词语。

除了上述特征之外，还有其他一些语音内容特征，如语音韵律特征、语音情感特征等。这些特征可以用于描述语音信号的不同方面，如韵律、情感等。在语音信号处理和语音识别中，不同的语音内容特征可以结合使用，以提高语音信号的表征能力和识别准确率。

4. 说话人特征

说话人特征是指从语音信号中提取的用于描述说话人身份的特征。常见的说话人特征包括说话人识别特征和说话人自适应特征。

1）说话人识别特征

说话人识别特征是指用于确定说话人身份的特征。说话人的声纹特征是唯一的，因此说话人识别特征可以用于语音识别、音频检索等应用中。常见的说话人识别特征包括说话人 MFCC、高斯混合模型（Gaussian Mixture Model，GMM）等。说话人 MFCC 是指在 MFCC 特征的基础上加入说话人信息进行建模，用于描述不同说话人之间的声学特征差异。GMM 是一种基于概率模型的说话人识别方法，它通过建立说话人的声学模型识别其身份。

2）说话人自适应特征

说话人自适应特征是指根据不同说话人的语音特点进行自适应建模，以提高语音识别系统识别不同说话人的性能。说话人自适应可以分为模型自适应和特征自适应两种。模型自适应是指根据不同说话人的训练数据调整语音识别系统的模型参数，以适应不同说话人的语音特点。常用的模型自适应方法包括最大似然线性回归（Maximum Likelihood Linear Regression，MLLR）和贝叶斯方法等。特征自适应是指对语音信号进行预处理，以减少不同说话人之间的声学差异。常见的特征自适应方法包括说话人归一化（speaker normalization）和说话人权重（speaker weighting）等。

除了说话人识别特征和说话人自适应特征外，还有其他一些说话人特征，如说话人情感特征、说话人年龄特征等。这些特征可以用于描述说话人的情感、年龄等方面的信息。在语音信号处理和语音识别中，不同的说话人特征可以结合使用，以提高语音信号的表征能力和识别准确率。

6.3.2 语音特征的意义

语音特征的意义在于提取和表示语音信号中的重要信息，以便于后续的分析、处理和应用。它们能够反映语音信号的语义、语调、发音特点和说话人身份等方面的差异，为语音识别、说话人识别、语音合成、情感分析等任务提供基础。通过对语音特征的提取和分析，可以实现对语音信号的理解、处理和利用，从而推动语音技术在各种应用领域的发展和应用。

特征提取是将原始数据转换为具有代表性的特征表示的过程。在信号处理和机器学习领域，特征提取是一项重要的任务，它可以帮助我们捕捉数据中的关键信息，减少冗余和噪声，并为后续的分析和模型训练提供更有意义的输入。

下面是一些常见的特征提取方法及其相关算法：

（1）傅里叶变换（Fourier transform）。傅里叶变换将信号从时域转换到频域，将信号分解成一系列频率成分的叠加。傅里叶变换可以提供信号的频谱信息，用于分析信号的频率特征。常见的算法有离散傅里叶变换（Discrete Fourier Transform，DFT）和快速傅里叶变换（Fast Fourier Transform，FFT）。

（2）小波变换（wavelet transform）。小波变换是一种将信号分解为不同尺度的频率成分的方法。与傅里叶变换相比，小波变换具有更好的时频局部化特性，能够更准确地描述信号的瞬时特征。常见的算法有离散小波变换（Discrete Wavelet Transform，DWT）和连续小波变换（Continuous Wavelet Transform，CWT）。

（3）自相关（autocorrelation）函数。自相关函数测量信号与其自身滞后版本之间的相似性。它可以提取信号的周期性特征和重复模式。自相关函数广泛用于语音和音频信号处理中，例如语音识别和语音合成。

(4) 线性预测系数(LPC)。LPC是一种用于语音信号分析的方法，它基于线性预测模型，通过估计信号中的共振峰位置和幅度表示语音的特征。LPC常用于语音识别、语音压缩和语音合成等应用。

(5) 梅尔频率倒谱系数(MFCC)。MFCC是一种常用于语音信号分析的特征表示方法。它模拟人耳的听觉特性，通过将信号分成不同的梅尔频率滤波器组，并提取其对数能量和倒谱系数表示语音的频谱特征。

(6) 统计特征(statistical feature)。统计特征是通过计算信号的统计量描述其分布和变化的特征。常见的统计特征包括均值、方差、最大值、最小值、偏度、峰度等。统计特征广泛用于各种信号处理和模式识别任务中。

这些特征提取方法和算法在不同的应用领域中有不同的适用性和效果。选择特征提取方法和算法时需要考虑数据的特点以及具体的任务要求。在实际应用中，通常需要结合领域知识和实验分析确定最佳的特征提取方法。

6.4 语音处理关键技术

6.4.1 语音合成

语音合成是指将文字信息转换为可听的语音信号。这一过程如图6-2所示。

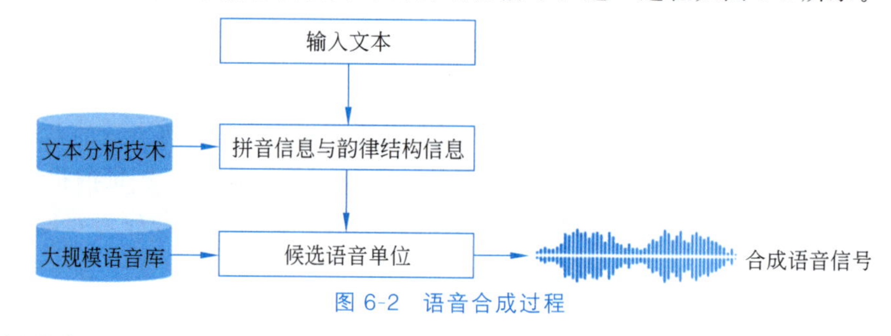

图6-2 语音合成过程

1. 语音合成的基本原理

语音合成是指通过计算机处理将文本转换为可听的语音输出。它的基本原理可以概括为以下几个步骤：

(1) 文本分析。这是语音合成的第一步，对输入的文本进行分析和处理，包括将文本分解为句子和单词，并进行词法分析、句法分析等，以理解文本的结构和含义。

(2) 文本规范化。在这一步骤中，对文本进行规范化处理，以确保正确的发音和语法。这可能涉及处理数字、缩略词、日期等特殊字符和词汇以及处理大小写、标点符号等文本细节。

(3) 文本到音素转换。音素是语言中最小的语音单位，每个音素对应于一个发音。在这一步骤中，将规范化的文本转换为音素序列，表示每个单词的发音。这需要使用语言学知识和发音字典，将单词映射到对应的音素。

(4) 音素到声学特征转换。在这一步骤中，将音素序列转换为对应的声学特征。声学特征包括音频信号中的频率、强度、时长等信息。这需要使用语音合成模型或合成规则，将音素映射到相应的声学特征。

（5）合成语音信号。最后一步是根据声学特征生成连贯的语音输出。这可以通过使用数字信号处理技术和声音合成算法实现。语音合成引擎根据音素的声学特征，生成对应的语音片段，并将它们拼接在一起，形成自然流畅的语音输出。语音合成技术包括基于规则的合成方法、拼接合成方法和基于统计模型的合成方法等。

总的来说，语音合成的基本原理涉及文本分析、文本规范化、文本到音素转换、音素到声学特征转换以及合成语音信号这些关键步骤。这些步骤结合语言学知识、发音字典、合成规则和算法，将输入的文本转换为语音输出。

2. 语音合成技术的发展历程和现状

语音合成技术是将文本转换为可听的语音输出的一项技术。它的发展历程经历了多个阶段的演进和改进。

（1）早期的语音合成技术。20 世纪 50 年代，早期的语音合成技术主要基于物理模拟方法，使用机械装置模拟人类语音产生过程。这些方法非常复杂、昂贵，并且无法生成自然流畅的语音。

（2）基于规则的语音合成技术。20 世纪 70 年代，随着计算机技术的进步，基于规则的语音合成方法逐渐兴起。这些方法使用规则和模型控制语音合成过程，但由于规则的设计和语音模型的限制，合成语音的质量和自然度有限。

（3）拼接合成技术。20 世纪 80 年代出现的拼接合成技术是一种基于录制的真实人类语音的方法。它将语音数据库中的音素或音节片段拼接在一起，生成连贯的语音输出。这种方法能够产生较为自然的语音，但需要大量的录制数据和复杂的拼接算法。

（4）隐马尔可夫模型（HMM）合成技术。20 世纪 90 年代，HMM 合成技术在语音合成领域取得了重大突破。它使用统计模型对语音合成过程建模，并通过训练模型提高合成语音的质量和自然度。HMM 合成技术广泛应用于语音合成系统中，提供了更加自然和流畅的语音输出。

（5）基于深度学习的语音合成技术。近十几年，随着深度学习技术的发展，基于深度神经网络的语音合成技术取得了显著进展。其中，循环神经网络（RNN）和变分自编码器（VAE）等模型被广泛应用于语音合成领域。这些技术能够更好地建模语音的时序特征和语音表征，提供更加自然、流畅和富有表现力的合成语音。

目前，语音合成技术已经实现了很大的突破，合成语音的质量和自然度不断提高。随着深度学习和人工智能技术的不断发展，语音合成系统的性能和效果将进一步改善。同时，一些先进的语音合成技术还具备个性化合成、情感表达和多语种合成等功能，使得合成语音更加接近人类自然语音的表达和感知。

6.4.2 语音情感分析

1. 语音情感分析的基本原理

语音情感分析是一种通过分析语音信号中的情感信息推断说话人情感状态的技术。其基本原理是从语音信号中提取特征，并将这些特征输入情感分类器中进行情感识别。下面是语音情感分析的基本原理：

(1) 特征提取。首先,从语音信号中提取相关的特征,这些特征可以反映语音的频率、时域和能量等方面的信息。常用的特征如下:

① 基频(Fundamental Frequency):表示语音的基本周期性。

② 音频频谱特征:如梅尔频率倒谱系数(MFCC)、线性预测编码(LPC)等,用于表示语音的频率分布。

③ 时域特征:如能量、过零率等,用于表示语音的时域变化。

④ 频域特征:如谱平均值、谱熵等,用于表示语音的频域特性。

(2) 情感分类器。提取的特征被输入情感分类器中,该分类器可以是基于机器学习的模型,如支持向量机(SVM)、决策树(decision tree)、随机森林(random forest)等,也可以是基于深度学习的模型,如卷积神经网络(CNN)、循环神经网络(RNN)等。分类器通过学习和训练的过程,能够将输入的语音特征与不同情感状态进行关联,并进行情感分类。

(3) 情感识别。经过情感分类器的处理,最终得到语音信号对应的情感类别。通常情况下,情感类别可以包括愉快、悲伤、愤怒、中性等常见的情感状态。分类结果可以是离散的情感类别,也可以是连续的情感分数。

(4) 模型训练和评估。为了提高情感分类的准确性,需要使用已标记的情感语音数据集进行模型的训练和评估。通过反复训练和调优,优化情感分类器的性能,并提高对不同情感的准确识别能力。

语音情感分析结合机器学习和信号处理技术,能够从语音信号中推断出说话人的情感状态。

2. 常见的情感分析方法和技术

情感分析是一种自然语言处理技术,用于确定文本中的情感倾向,通常分为正面、负面或中性。情感分析的应用范围非常广泛,例如社交媒体监控、产品评论分析、市场研究等。

以下是常见的情感分析方法和技术:

(1) 基于情感词典的方法。该方法基于一个情感词典,词典中的单词与不同情感倾向相关联。情感分析系统将文本中的单词与情感词典进行匹配,并计算文本中存在的正面、负面和中性单词的数量,然后通过一些规则或算法确定文本的情感倾向。

(2) 基于机器学习的方法。该方法使用机器学习算法,例如支持向量机算法、朴素贝叶斯算法等,从已标注的文本数据中学习情感分析模型。模型经过训练后,可以用于对新的文本进行情感分析。

(3) 基于深度学习的方法。该方法使用深度神经网络,例如卷积神经网络、循环神经网络等,从大量的未标注文本数据中学习情感分析模型。深度学习方法通常比传统的机器学习方法表现更好,但需要更多的计算资源和数据。

(4) 基于情感知识图谱的方法。该方法使用情感知识图谱,将单词、短语和情感之间的关系表示为图形结构。情感分析系统根据文本中的单词和短语在图谱中的位置和关系确定文本的情感倾向。

(5) 基于规则的方法。该方法使用一组规则,例如正则表达式、语法规则、语义规则等,根据这些规则来分析文本的情感倾向。这种方法需要大量的人工制定规则的工作,但可以获得较高的准确性和可解释性。

不同的情感分析方法和技术各有优缺点,根据具体的应用场景和数据情况选择合适的方法是很重要的。

6.4.3 说话人识别与验证

1. 说话人识别与验证的概念和应用

说话人识别与验证是一种通过分析语音信号中的个体特征识别和验证说话人身份的技术。它的基本原理是利用说话人在发声时所产生的声学特征(例如语音频率、共振特性和语调等)确定说话人的身份。说话人识别与验证技术在安全认证、语音助手、电话银行等领域得到广泛应用。

1) 说话人识别

说话人识别旨在确定给定语音信号的说话人身份。它涉及两个主要任务:说话人建模和说话人识别。在说话人建模阶段,通过采集和注册说话人的语音样本构建说话人的声学模型。这些模型可以是统计模型,如高斯混合模型(GMM)或隐马尔可夫模型(HMM),也可以是基于深度学习的模型,如深度神经网络(DNN)或卷积神经网络(CNN)。在说话人识别阶段,使用已注册的模型与未知语音进行比对,以确定其是否属于已知的说话人。

说话人识别广泛应用于安全认证领域,如声纹密码、手机解锁、访问控制等。它还用于刑侦领域的声纹鉴定和身份确认。

2) 说话人验证

说话人验证是确定一个声音信号是否属于特定说话人的过程。它基于先前注册的说话人模型和待验证语音信号进行比对,以验证是否属于同一说话人。说话人验证通常包括两个步骤:训练阶段和验证阶段。在训练阶段,收集并注册说话人的语音样本,并构建其声学模型。在验证阶段,使用已注册的模型与待验证的语音进行比对,输出验证结果。

说话人验证在语音助手、电话银行等应用中得到广泛应用。例如,语音助手可以通过说话人验证确认用户的身份,并提供个性化的服务。电话银行可以使用说话人验证确保客户的身份安全。

说话人识别与验证技术基于声学特征提取、模型训练和比对等算法。随着深度学习技术的进步,基于深度神经网络的说话人识别与验证方法取得了显著的进展,提高了系统的准确性和鲁棒性。

2. 说话人识别与验证的方法和技术

说话人识别与验证是一种语音信号处理技术,用于确定语音信号的说话人身份。说话人识别和验证技术的应用范围包括语音识别、安全认证、电话服务等领域。

以下是常见的说话人识别与验证方法和技术:

(1) 基于语音特征的方法。该方法基于语音信号的特征(例如说话人的声纹特征、音频的频谱特征等)识别和验证说话人身份。这种方法需要对语音信号进行特征提取和降维处理,然后使用机器学习算法或深度学习模型进行分类或匹配。

(2) 基于模型的方法。该方法使用说话人的语音信号训练一个说话人模型,然后使用该模型对新的语音信号进行识别和验证。说话人模型可以是高斯混合模型、隐马尔可夫模型等。

(3) 基于深度学习的方法。该方法使用深度神经网络,例如卷积神经网络、循环神经网络等,从大量的语音数据中学习说话人识别和验证模型。深度学习方法通常比传统的机器学习方法表现更好，但需要更多的计算资源和数据。

(4) 基于文本的方法。该方法使用说话人的语音信号和相应的文本数据(例如说话人的姓名、身份证号码等)识别和验证说话人身份。这种方法需要对语音信号和文本数据进行语音识别和文本处理，然后使用机器学习算法或深度学习模型进行分类或匹配。

总的来说，不同的说话人识别与验证方法和技术各有优缺点，根据具体的应用场景和数据情况选择合适的方法是很重要的。同时，说话人识别和验证技术的精度和安全性是非常重要的，需要采用一系列措施保护个人隐私和信息安全。

6.4.4 机械臂语音控制实验

1. 理论回顾

语音识别技术也称为自动语音识别(Automatic Speech Recognition，ASR)，其任务是把人所发出的语音中的词转换为计算机可读入的文本。语音识别技术是一种综合性技术，涉及多个学科领域，如发声机理和听觉机理、信号处理、概率论和信息论、模式识别以及人工智能等。语音识别技术分为两种：第一种是本地语音识别系统，一般应用于没有网络服务、识别的语音比较固定的工业控制领域；第二种是语音识别云服务，主要用于各种商业场景。

1) 本地语音识别系统

本地语音识别系统的模型通常由声学模型和语言模型两部分组成，分别对应语音到音节概率的计算和音节到字概率的计算。本实验涉及的 GMM-HMM 模型属于其中的声学模型。语言模型是用来计算一个句子出现概率的概率模型。它主要用于计算哪个词序列出现的可能性更大，或者在出现了几个词的情况下预测下一个即将出现的词，即用来约束词的搜索范围。GMM-HMM 模型如图 6-3 所示。

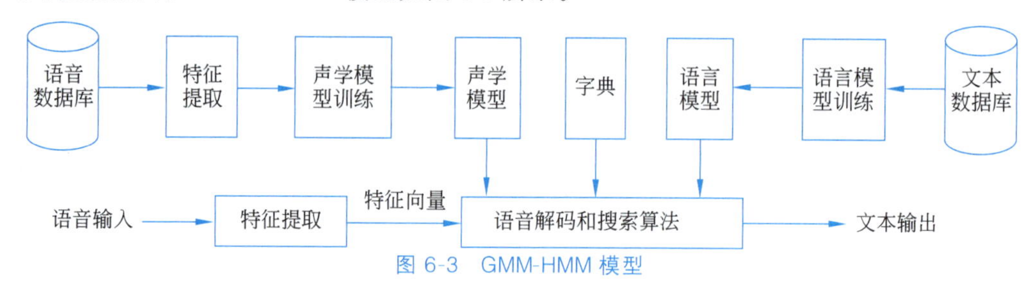

图 6-3 GMM-HMM 模型

语音识别的主要步骤如下：

(1) 预处理。对输入的原始语音信号进行处理，滤除其中的不重要的信息以及背景噪声，并进行相关变换处理。

(2) 特征提取。提取反映语音信号特征的关键特征参数，形成特征向量序列，常用的是由频谱衍生的梅尔频率倒谱系数(MFCC)。典型做法是：用长度约为 10ms 的帧分割语音波形，然后从每帧中提取 MFCC 特征，共 39 个数字，用特征向量表示。

(3) 声学模型训练。根据训练语音库的特征参数训练出声学模型参数，识别时将待识别的语音的特征参数同声学模型进行匹配，得到识别结果。目前的主流语音识别系统多采用隐马尔可夫模型进行声学模型建模。

(4) 语言模型训练。语言建模能够有效地结合汉语语法和语义的知识，描述词之间的内在关系，从而提高识别率，减少搜索范围。对训练文本数据库进行语法、语义分析，经过基于统计模型的训练得到语言模型。

（5）语音解码，即语音技术中的识别过程。针对输入的语音信号，根据已经训练好的声学模型、语言模型及字典建立一个识别网络，根据搜索算法在该网络中寻找最佳的一条路径，这个路径就是能够以最大概率输出该语音信号的词串。

2）语音识别云服务

百度 AI 云服务是百度公司研发的面向企业应用的人工智能云计算服务，提供全球领先的语音识别、图像检测、自然语音处理等多项人工智能技术服务。本实验综合使用百度 AI 云服务提供的语音合成和语音识别接口，通过文本内容调用语音合成接口合成音频文件，然后调用语音识别接口读取音频文件，从而识别音频文件的内容。

本实验采用百度语音识别云服务实时识别语音信号的文本，并控制机械臂通过视觉检测和识别目标图像完成目标抓取。

2. 实验目标

（1）了解语音识别技术的原理和类型。

（2）熟悉语音识别和机器人控制的集成应用模式。

3. 实验环境

硬件环境：Pentium 处理器，双核，主频 2GHz 以上，内存 4GB 以上。

操作系统：Ubuntu 16.04 64 位。

实验器材：AI+智能分拣实训平台。

实验配件：应用扩展模块。

4. 实验步骤

1）启动 AI+智能分拣实训平台

参考附录 C 启动 AI+智能分拣实训平台，平台界面如图 6-4 所示。

图 6-4 平台界面

2）启动 AI 中间件服务

双击桌面上的“AI 中间件”图标，启动 AI 中间件服务，如图 6-5 所示。

图 6-5　启动 AI 中间件服务

注意：AI+智能分拣实训平台启动后，AI 中间件服务会自动启动，因此这里的操作只适用于重新启动 AI 中间件服务。

3）打开智能分拣应用

打开浏览器，单击“AI 中间件”标签页，如图 6-6 所示。

图 6-6　在浏览器上单击“AI 中间件”标签页

启动 AI 中间件平台，如图 6-7 所示。

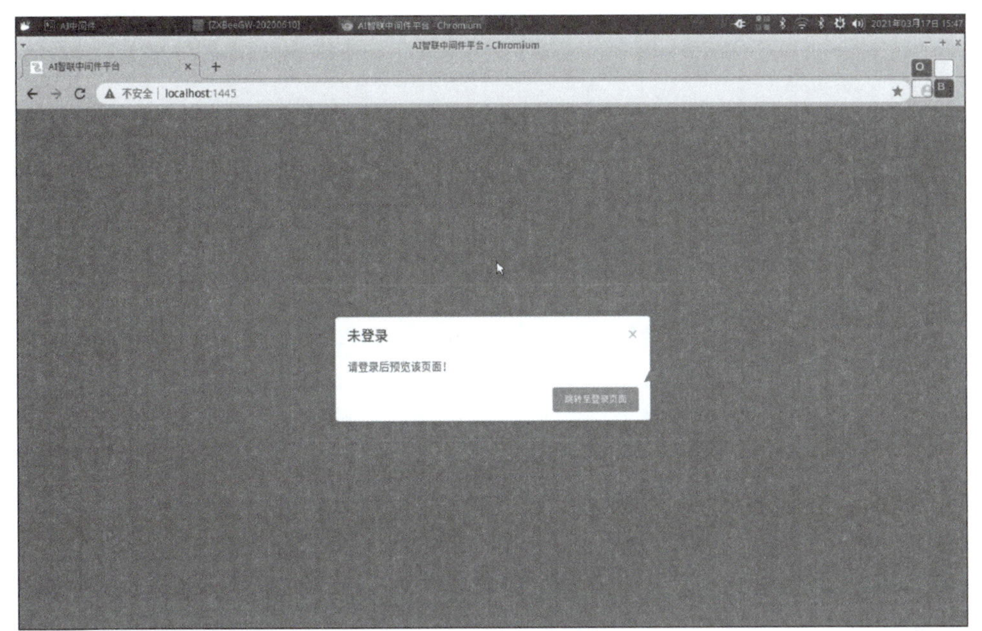

图 6-7　AI 中间件平台

登录 AI 中间件平台，如图 6-8 所示。

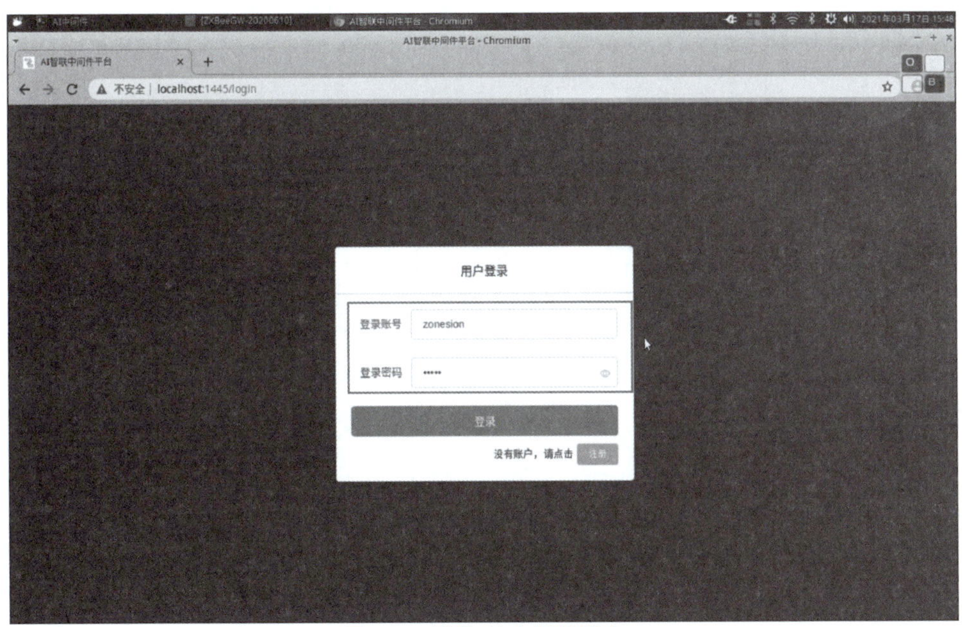

图 6-8　登录 AI 中间件平台

AI 中间件登录后的首页如图 6-9 所示。

智能分拣机器人系统界面如图 6-10 所示。

4）语音控制机械臂分拣

（1）在智能分拣机器人系统中单击最右侧的“语音抓取”选项卡，显示语音控制机械臂分拣界面，如图 6-11 所示。

（2）单击“开始”按钮，然后对着摄像头上的麦克风大声说出语音指令，例如“老虎”，再

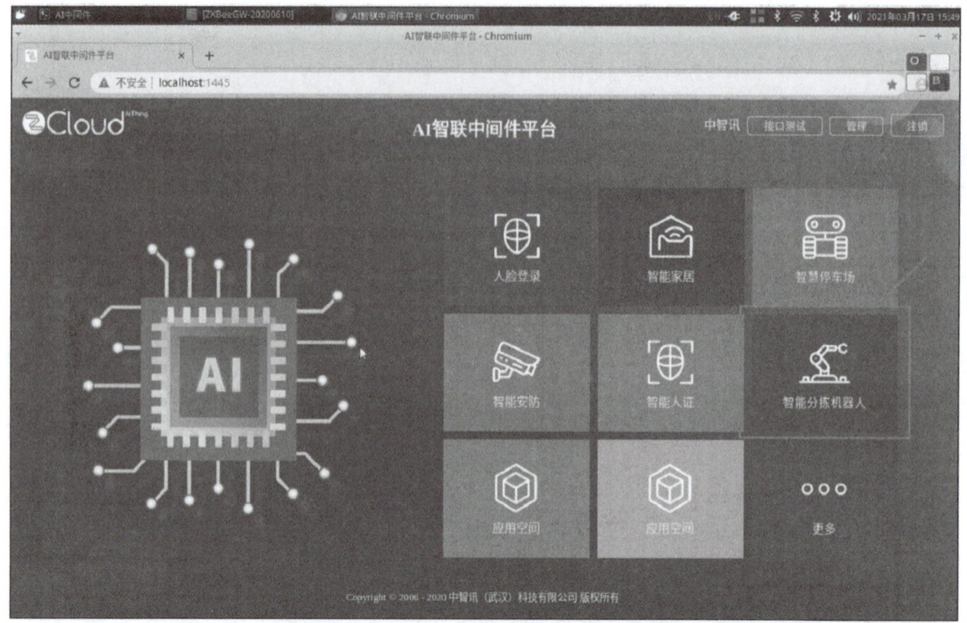

图 6-9　AI 中间件登录后的首页

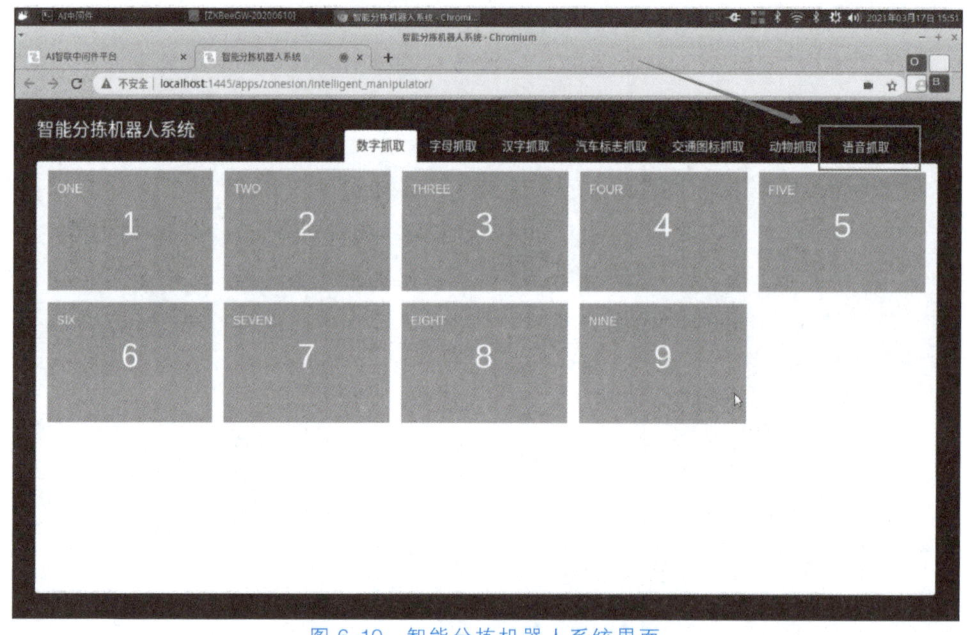

图 6-10　智能分拣机器人系统界面

单击“停止”按钮，如图 6-12 所示。

（3）智能分拣机器人系统准确识别了“老虎”，然后利用视觉检测识别出老虎图像，并完成了抓取，如图 6-13 所示。

5. 拓展实验

（1）尝试对其他文字、数字和动物图案进行识别，比较各种识别效果的差异。

（2）使用本地语音识别系统替换语音识别云服务，实现同样的效果。

图 6-11 语音控制机械臂分拣界面

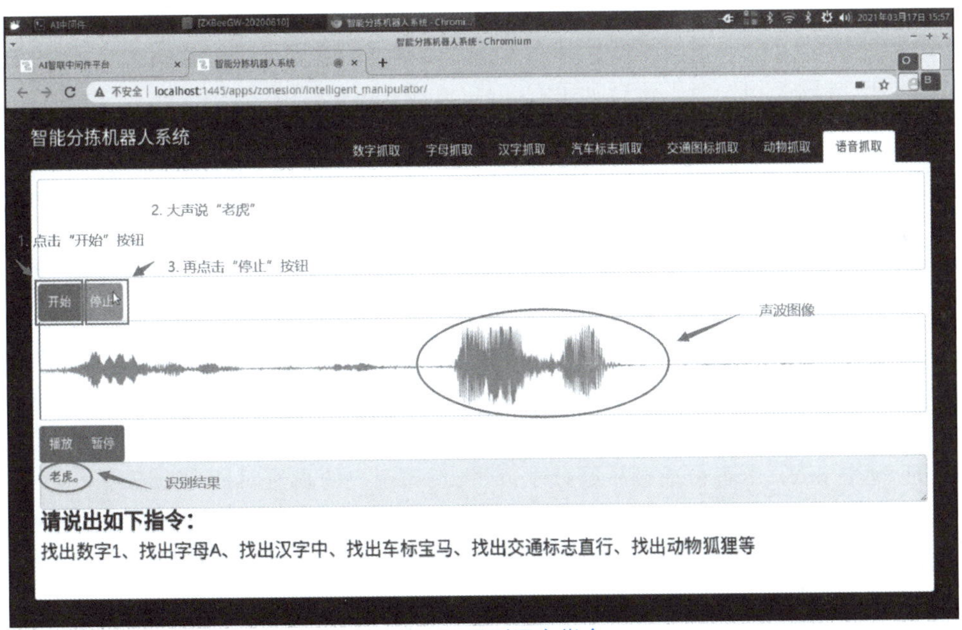

图 6-12 识别语音指令

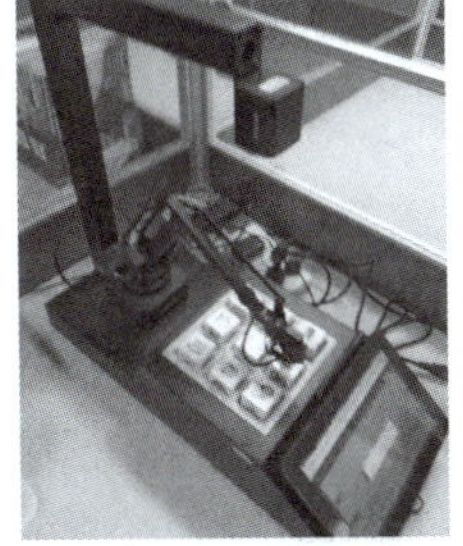

图 6-13 识别并抓取"老虎"

6. 常见问题

(1) 如果百度 AI 云服务账号未开通语音识别服务,就会导致语音无法识别。

(2) 如果环境噪声较大,或者同时多个人说话,就会导致语音识别失败。

6.5 语音助手

6.5.1 语音助手的历史与定义

1. 发展历史

语音助手的出现可以追溯到 20 世纪 50 年代。早期的语音助手主要是为残障人士设计的,用于帮助他们进行语音交流和控制设备。随着计算机和人工智能技术的进步,语音助手的功能得到了扩展和改进。下面是一些重要的里程碑:

1961 年,IBM 公司的 Shoebox 系统,首次能够识别数字 0～9 的语音输入。

1980 年,美国龙星计划(Dragon Systems)发布了第一个商业化的语音识别系统。

1990 年,IBM 公司发布了第一个商用语音识别系统,名为 IBM Tangora。

2001 年,微软公司推出了 Windows XP 操作系统中的语音识别功能。

2011 年,苹果公司发布了语音助手 Siri,引领了智能手机语音助手潮流。

2014 年,亚马逊公司发布了智能音箱 Echo,搭载了语音助手 Alexa。

2016 年,谷歌公司发布了语音助手 Google Assistant。

近年来,语音助手在智能家居、车载系统、智能音箱等领域得到广泛应用,并不断提升功能和用户体验。

2. 定义

语音助手是一种通过语音实现人机交互的系统或应用程序。它能够接收用户的语音指令,并以语音形式提供信息、执行任务和提供服务。语音助手能够识别和理解用户的语音输入,通过自然语言处理技术解析用户的意图,并根据需求提供相关的反馈和操作。

语音助手的目标是为用户提供便捷、智能和个性化的交互体验。它可以回答问题、提供天气预报、播放音乐、发送消息、设置提醒、控制智能设备等。语音助手通常采用了自然语言处理、语音识别、语音合成等核心技术,以实现与用户的自然对话和交流。

语音助手的应用范围广泛,包括智能手机、智能音箱、智能电视、车载系统、家庭助理等。利用语音助手,用户可以通过简单的语音指令完成复杂的任务,实现更便捷、高效的操作方式,提升生活和工作的效率。随着技术的不断进步,语音助手的功能和智能化程度将进一步提升,为用户带来更多便利和创新的体验。

语音助手是一种基于语音识别、语音合成和自然语言处理技术的智能交互系统。近年来,深度学习技术的发展为语音助手带来了显著的性能提升。

6.5.2 语音处理的主要技术

深度学习技术在语音处理领域的应用主要包括语音识别、语音合成、说话人识别与验证、语音情感分析等。通过深度神经网络自动提取语音特征和建模,深度学习方法在这些任务中取得了显著的性能提升。本节详细介绍端到端的语音处理模型、多模态语音处理技术以及无监督和半监督学习在语音处理中的应用。

1. 端到端的语音处理模型

端到端的语音处理模型是指直接将原始语音信号作为输入，输出目标任务的结果，而无须进行特征提取等预处理步骤。这种模型具有更强的泛化能力，能够在复杂场景中实现高性能的语音处理。以下是一些典型的端到端语音处理模型：

（1）DeepSpeech。它是一种基于深度学习的端到端语音识别系统，由百度研究院提出。DeepSpeech 采用了多层循环神经网络（RNN）对原始语音信号进行建模，并通过卷积神经网络进行特征提取。DeepSpeech 使用 CTC（Connectionist Temporal Classification，连接主义时序分类）损失函数进行训练，能够直接学习到从原始语音信号到文本的映射关系。

（2）WaveNet。它是一种基于深度学习的语音合成模型，由 DeepMind 提出。WaveNet 使用卷积神经网络对原始语音信号进行建模，通过多层因果卷积层学习语音信号的时序特征。WaveNet 的生成速度较慢，但合成的语音质量非常高，具有强大的泛化能力。

（3）Tacotron。它是一种基于深度学习的端到端语音合成模型，由谷歌公司提出。Tacotron 使用了编码器-解码器架构，将文本输入编码成固定长度的向量，然后通过解码器生成语音信号。Tacotron 可以直接从文本生成语音信号，而无须进行传统的文本到语音（TTS）系统中的多个步骤。

（4）SV2TTS（Speaker Verification to Text-to-Speech，说话人文本到语音验证）。它是一种基于深度学习的端到端说话人识别与验证模型。SV2TTS 采用了 3 个子模型：说话人编码器、合成器和声码器。说话人编码器将语音信号转换为说话人特征向量，合成器根据文本和说话人特征生成梅尔频谱图，声码器将梅尔频谱图转换为最终的语音信号。SV2TTS 可以实现多说话人、多语言的语音合成，并具有较高的自然度。

2. 多模态语音处理技术

多模态语音处理技术是指结合多种信息源（如声音、图像、文本等）进行语音处理。这种技术可以充分利用不同模态信息的互补性，提高语音处理的准确性和鲁棒性。以下是一些典型的多模态语音处理应用：

（1）视觉语音识别（visual speech recognition）。视觉语音识别是一种结合声音和图像信息的语音识别方法。通过分析说话人的唇动、面部表情等视觉信息，视觉语音识别可以在嘈杂环境中提高语音识别的准确性。此外，视觉语音识别还可以应用于语音障碍人士的交流辅助以及对抗声音欺诈等场景。

（2）语音增强（speech enhancement）。语音增强是一种通过消除噪声和回声提高语音质量的技术。多模态语音增强方法可以结合语音信号和其他模态信息（如视频中的口型动作）进行噪声降低和语音分离，从而在复杂的声学环境中提高语音清晰度。

（3）多模态情感分析（multimodal emotion analysis）。多模态情感分析综合分析语音、面部表情、手势等多种信息来源，以更准确地识别和分析人类情感。这种技术可以应用于智能客服、智能家居、心理健康辅助等场景，可以提高人机交互的自然度和质量。

（4）多模态翻译（multimodal translation）。多模态翻译是一种综合利用语音、文本、图像等多种信息源进行翻译的方法。通过分析上下文环境和非语言信息，多模态翻译可以提高翻译的准确性和自然度。此外，多模态翻译还可以应用于手语识别和翻译，为听障人士提供交流辅助。

3. 无监督和半监督学习在语音处理中的应用

无监督和半监督学习方法在语音处理领域的应用主要包括自动发现语音特征、利用无标签数据进行模型训练等。这些方法可以有效缓解有标签数据稀缺的问题，提高语音处理系统的泛化能力。以下是一些典型的无监督和半监督学习在语音处理中的应用：

（1）自动发现语音特征。传统的语音处理方法通常需要人工设计和提取语音特征，这些特征往往受限于人类的先验知识。无监督学习方法可以自动发现语音信号中的潜在结构和特征，从而提高语音处理的性能。例如，自编码器（autoencoder）和深度聚类（deep clustering）等无监督学习算法已经被成功应用于语音分离、语音增强等任务。

（2）利用无标签数据进行模型训练。无监督和半监督学习方法可以利用无标签数据进行模型训练，从而缓解有标签数据稀缺的问题。例如，在语音识别任务中，预训练模型可以通过无监督学习方法在大量无标签语音数据上进行预训练，然后在有标签数据上进行微调，以提高模型的性能和泛化能力。

（3）域自适应（domain adaptation）。语音处理模型在不同领域和场景下的表现往往存在较大差异。无监督和半监督学习方法可以通过迁移学习和自适应方法降低模型在源域和目标域之间的差异，从而提高模型在目标域的性能。域自适应方法已经被广泛应用于语音识别和语音合成等任务中。

（4）弱监督学习（weakly supervised learning）。在一些语音处理任务中，标签数据往往比较稀缺或者难以获取。弱监督学习方法可以利用较弱的标签信号，如音素级别的标注或者文本级别的标注，进行模型训练。例如，在语音识别任务中，基于语音信号的子词单元（subword unit）的弱监督学习方法已经被成功应用于提高语音识别的性能。

6.5.3 语音助手的未来发展前景

随着人工智能技术的飞速发展，语音助手作为人机交互的重要方式之一，正逐渐渗透到人们的生活和工作中。它能够通过语音指令实现智能化的操作和服务，极大地提升了用户的便利性和体验。本节介绍语音助手的未来发展前景，包括技术发展趋势、应用场景的拓展和未来面临的挑战。

语音助手的发展离不开人工智能技术的创新。未来，随着语音识别、自然语言处理和机器学习等领域的不断进步，语音助手将变得更加智能和精准。例如，基于深度学习的语音识别技术可以提高语音输入的准确性和鲁棒性，使得语音助手能够更好地理解用户的指令。同时，自然语言处理技术的改进将使语音助手能够更好地解析用户的意图，并提供更准确、个性化的反馈和服务。

语音助手在各个领域的应用潜力巨大。未来，语音助手将成为更多设备和系统的标配。在智能手机领域，语音助手可以为用户提供更便捷的操作方式，如发送短信、设置提醒、查询信息等。在智能音箱和智能家居领域，语音助手可以控制智能家居设备，实现智能化的家庭管理。此外，语音助手还可以应用于医疗健康、教育培训、金融服务等领域，为人们提供更智能、高效的服务。

语音助手的普及和广泛应用将对社会产生深远的影响。首先，语音助手的普及将改变人们与计算机和设备的交互方式，提升人机交互的自然性和便捷性。其次，语音助手的广泛应用将推动人工智能技术的发展和应用场景的拓展，促进社会进步。最后，语音助手还可以为语言障碍者和特殊群体提供更多的便利和支持，促进社会的包容和共享。

尽管语音助手在未来发展中前景广阔，但也面临着一些挑战。首先，语音识别的准确性和智能化程度仍然需要进一步提升。其次，隐私和安全问题也是需要关注和解决的重要议题。未来，需要加强技术研发和法律法规建设，以确保语音助手的可靠性和安全性。

综上所述，语音助手作为人工智能技术的重要应用之一，具有广阔的发展前景。通过技术创新和应用拓展，语音助手将在各个领域发挥更大的作用，提升人们的生活质量和工作效率。然而，我们也要认识到语音助手发展过程中所面临的挑战，并采取相应的措施加以解决。相信在不久的将来，语音助手将成为我们生活中不可或缺的一部分，为我们带来更便捷、智能的未来。

1. 技术发展趋势

语音助手在技术方面有以下几个发展趋势：

(1) 智能化。未来语音助手将更加智能化，能够理解更加复杂的自然语言，具备更加精准的语音识别和语音合成能力，能够更好地适应人们的个性化需求。

(2) 多模态。未来语音助手将更加注重多模态交互，不仅能够通过语音、文字等方式进行交互，还能够结合视觉、触觉等感官信息，实现更加丰富的交互体验。

(3) 集成化。未来语音助手将更加注重集成化，可以与其他智能设备、智能家居、智能车辆等进行无缝连接，实现更加便捷的人机交互和智能化控制。

(4) 安全性。未来语音助手将更加注重安全性，通过身份认证、数据加密等技术，保障用户的隐私和数据安全。

(5) 自适应性。未来语音助手将更加注重自适应性，根据用户的习惯、偏好和环境变化等因素，自动调整交互方式和服务内容，实现更加个性化的服务。

2. 应用场景的拓展

未来语音助手将拓展到以下应用场景：

(1) 智能家居。未来语音助手将更加广泛地应用于智能家居领域，通过与智能家居设备的连接，实现家居设备的智能控制和场景联动，为用户提供更加便捷、智能的生活体验。

(2) 智能医疗。未来语音助手将更加广泛地应用于智能医疗领域，通过语音识别、自然语言处理等技术，实现医疗信息的智能化管理和智能诊疗服务，为用户提供更加便捷、精准的医疗服务。

(3) 智能交通。未来语音助手将更加广泛地应用于智能交通领域，通过语音识别、语音合成等技术，实现智能车载系统的语音控制和智能驾驶服务，为用户提供更加便捷、安全的出行体验。

(4) 智能教育。未来语音助手将更加广泛地应用于智能教育领域，通过语音识别、自然语言处理等技术，实现智能教育系统的智能化管理和智能辅助教学服务，为用户提供更加便捷、高效的学习体验。

3. 未来面临的挑战

语音助手面临以下挑战：

(1) 语音识别和语音合成技术的精度和稳定性仍需提升，尤其是在复杂环境和口音差异较大的情况下，仍然存在一定的识别误差和语音合成不自然的问题。

(2) 用户习惯和需求的多样化要求语音助手具备更加个性化和自适应的服务能力,而这需要更加精准的数据分析和算法模型。

(3) 隐私和安全问题仍然是一个重大的挑战,特别是在语音助手涉及用户个人信息和敏感数据的时候,需要更加严格的隐私保护措施。

(4) 语音助手的普及和使用需要更加广泛的技术支持和基础设施支持,包括高速网络、云计算、大数据等技术和设施的支持。

6.6 本章小结

本章主要介绍语音处理领域的关键概念和技术。

语音识别是将语音信号转换为文本的过程,广泛应用于语音识别系统、语音助手、语音控制等领域。

与音频信号相比,语音信号具有特定的语言和语音特征,是人们进行交流和表达的重要方式。在语音信号的数字化过程中,采样率表示每秒对连续信号进行采样的次数,而量化位数是对每个采样值的精度和范围的描述。这些参数对于数字化语音信号是至关重要的。

语音特征是从语音信号中提取的重要信息,常用的特征包括梅尔频率倒谱系数(MFCC)和线性预测编码(LPC)等。通过提取语音特征,可以减少数据量,降低计算复杂度,并更好地表示语音信号的重要特征。

语音合成是将文本转化为语音的过程,可以实现自然、连贯的语音输出。语音情感分析旨在识别和理解语音中的情感信息,对于情感识别、情感驱动交互等应用具有重要意义。说话人识别与验证是通过声纹特征识别和验证说话人身份,广泛应用于安全认证和个性化服务等领域。

语音助手是一种能够通过语音实现人机交互的系统或应用程序。它的发展受益于人工智能技术的进步,未来有广阔的发展前景。语音助手可以在智能手机、智能音箱、智能家居等领域提供便捷的操作和智能化的服务,极大地改善用户体验和生活质量。

6.7 习题

1. 什么是语音识别?它有哪些应用场景?
2. 语音信号与音频信号有何不同?语音信号有哪些基本特征?
3. 什么是采样率和量化位数?它们对于数字化语音信号的表示有何重要意义?
4. 什么是语音特征?常用的语音特征有哪些?如何从语音信号中提取语音特征?
5. 什么是语音合成?它有哪些应用场景?常用的语音合成技术有哪些?
6. 什么是语音情感分析?它的应用价值是什么?
7. 什么是说话人识别与验证?它在哪些领域有广泛的应用?
8. 什么是语音助手?它的历史和定义是什么?它有哪些应用场景?

第7章 知识认知与推理

学习目的与要求

本章主要介绍了知识认知与推理的关键概念和技术。通过学习逻辑推理、知识表示、搜索技术和知识图谱等内容，读者可以深入了解人工智能中的知识处理方法和应用。这些技术对于构建智能系统、解决复杂问题和处理大规模知识都具有重要意义。同时，读者还将了解知识认知与推理在专家系统、自动证明、知识库构建和智能系统设计等领域的实际应用，为进一步研究和应用人工智能中的知识认知与推理打下坚实的基础。

7.1 逻辑推理

7.1.1 知识推理的概念

推理是指通过已知的知识、事实和信息，运用逻辑推理和数据分析等方法推断未知事物或解决未知问题的过程。

具体到知识图谱中，知识推理，就是利用图谱中现有的知识(三元组)，得到一些新的实体间的关系或者实体的属性(三元组)。假如原来的知识图谱中有这样两个三元组：＜姚明，妻子，叶莉＞和＜姚明，女儿，姚沁蕾＞，通过知识推理，可以得到＜姚沁蕾，父亲，姚明＞，如图7-1所示。

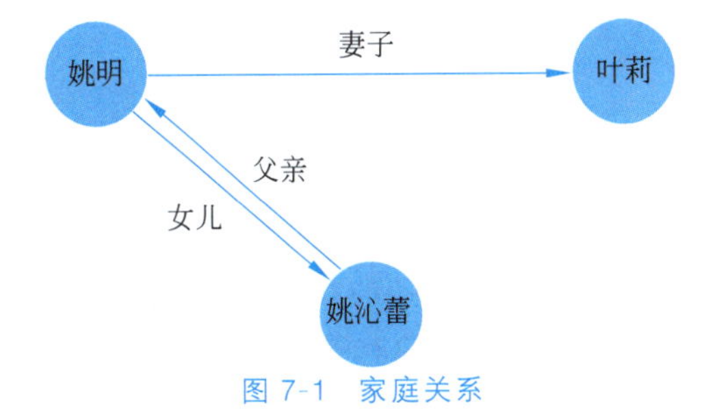

图7-1 家庭关系

7.1.2 知识推理的应用

1. 知识补全

实际构建的知识图谱通常存在不完备的问题，即部分关系或属性会缺失。知识补全就是通过算法补全知识图谱中缺失的属性或者关系。

如图 7-2 所示，以“姚沁蕾的妈妈是谁”为例。有一条常识是“父亲的妻子是妈妈”，则可依据该常识推理出姚沁蕾的妈妈是叶莉，进而补全姚沁蕾和叶莉之间的关系，提升这个家庭关系知识图谱的完备性。

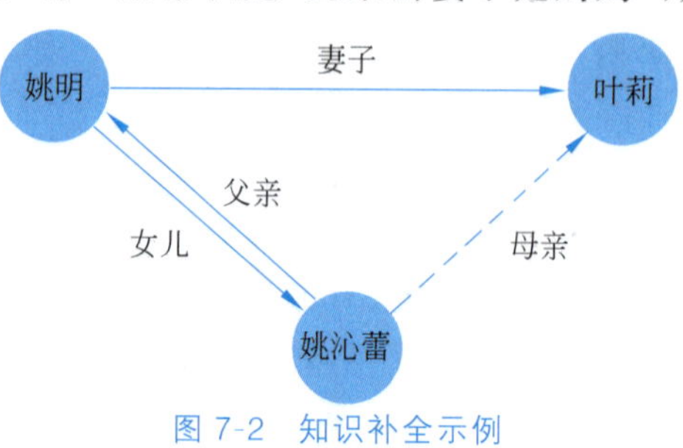

图 7-2　知识补全示例

2. 知识纠错

实际构建的知识图谱还可能存在错误知识。其中，实体的类型、实体间的关系、实体属性值均可能存在错误。知识图谱的纠错是一个极具挑战性的任务。这些错误会影响知识图谱的质量，进而影响基于知识图谱的应用。

可以通过推理进行知识图谱纠错。如图 7-3 所示，在某个影视知识图谱中，实体《春光灿烂猪八戒》的类型为电影，它的属性有集数、主题曲、片尾曲等。而其他同为电影类别的实体，其属性有上映日期、票房，而没有集数这个属性。则通过推理可知，《春光灿烂猪八戒》这个实体的类型大概率存在错误，其正确类型应该是电视剧。

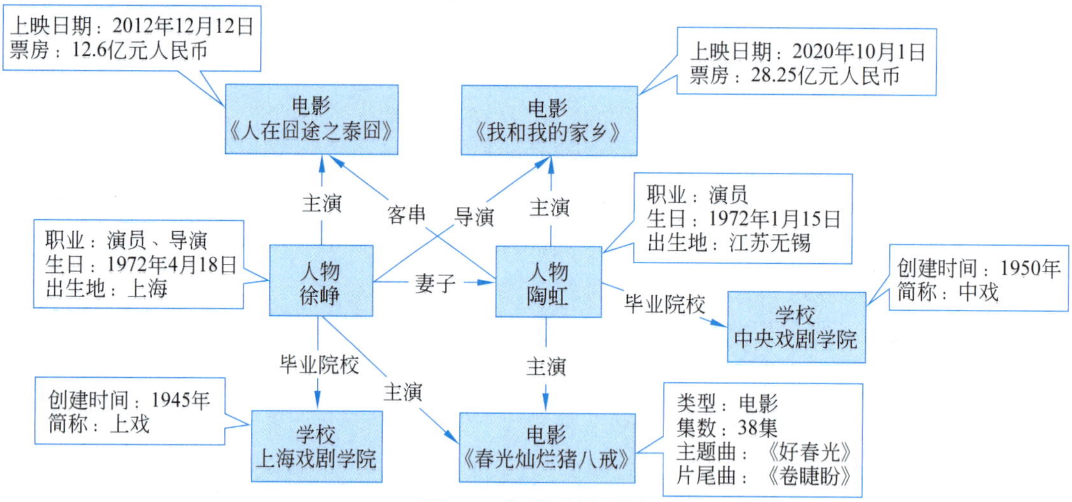

图 7-3　知识纠错示例

3. 推理问答

基于知识图谱的推理问答也是知识图谱推理的典型应用。与传统的信息检索式问答相比，基于知识图谱的推理问答可以具备一定的推理能力，这是它的优势。基于知识图谱的推理问答通常应用于涉及多个实体、多个关系等相对复杂的问答场景中。

例如，对于“刘德华主演的电影中豆瓣评分大于 8 分的有哪些”这样的问题，需要系统对该问题进行解析、理解，在知识图谱中完成查询、推理、比较操作，找到《天下无贼》和《无间道》作为答案返回，如图 7-4 所示。

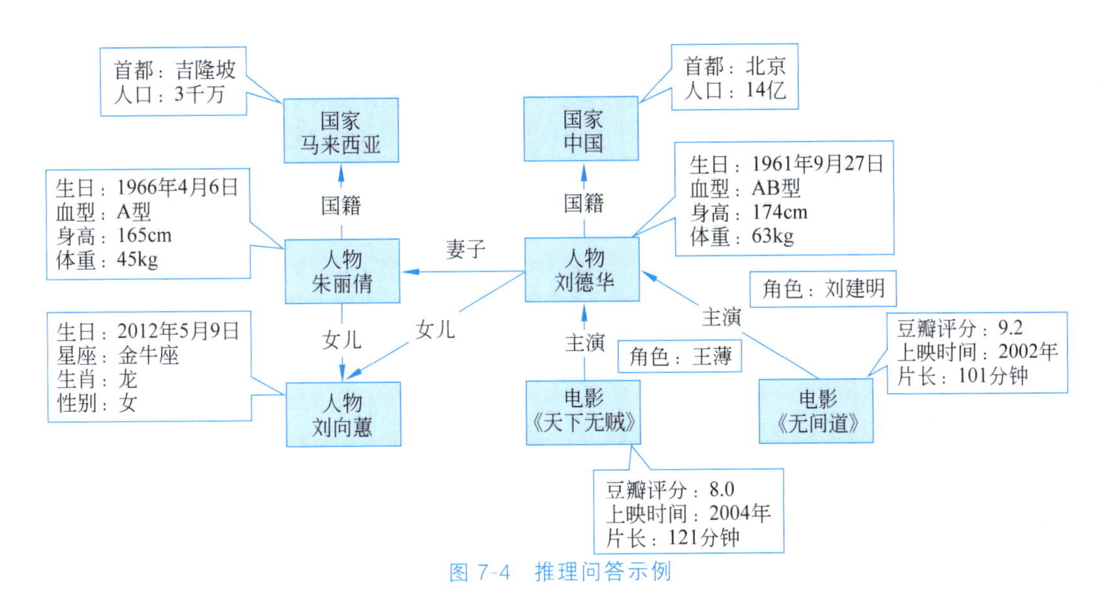

图 7-4　推理问答示例

7.1.3　知识推理的方法

1. 基于本体的推理

本体是对领域中概念之间关系的描述。基于本体的推理是利用本体已经蕴含的语义和逻辑对实体类型以及实体之间的关系进行推理。本体的描述形式是有规范的。RDFS(Resource Description Framework Schema，资源描述框架模式)、万维网本体语言(Web Ontology Language)等是一类满足特定规范的描述本体的语言。

以 RDFS 为例，它定义了一组用于资源描述的词汇：包括 class、domain、range 等。其本身就蕴含了简单的语义和逻辑，可以利用这些语义和逻辑进行推理。

如图 7-5(a)所示，谷歌的类型是一家人工智能公司，而人工智能公司又是高科技公司的子类，那么可推理，谷歌也是一家高科技公司。如图 7-5(b)所示，定义了投资这种关系的 domain 是投资人，range 是公司。可以认为，投资这种关系的头节点都是投资人这种类型，尾节点都是公司这种类型。假设现在有一条事实是大卫·切瑞顿投资谷歌，则可以推理出，大卫·切瑞顿的类型是投资人。这是利用 RDFS 本身蕴含的语义和逻辑进行推理的两个例子。

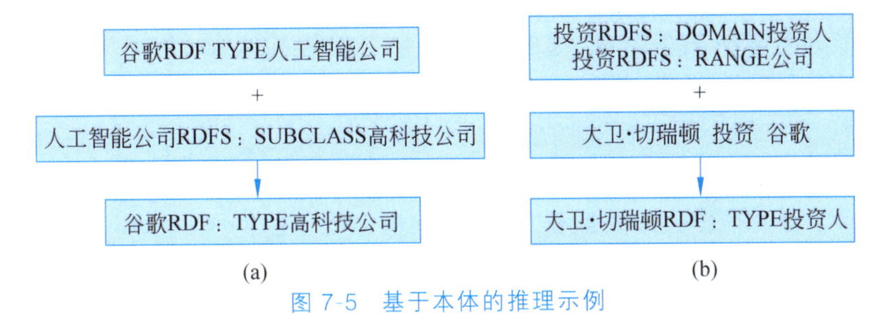

图 7-5　基于本体的推理示例

2. 基于规则的推理

基于规则的推理是指将一系列规则应用于知识图谱，进行补全纠错。基于规则的推理的优点是推理结果精准并且具有可解释性，因此基于规则的推理在学术界和工业界都有广泛的应用。

在图7-6中，有人工定义的一些规则，包括"P1的妻子是P2，则P2的丈夫是P1""P1的女儿是P2，则P2的父亲是P1"等。可以运用这些规则进行推理，进而补全知识图谱的缺失关系。利用这些规则可以推理出"米歇尔的丈夫是奥巴马""玛利亚的父亲是奥巴马"等新的知识。

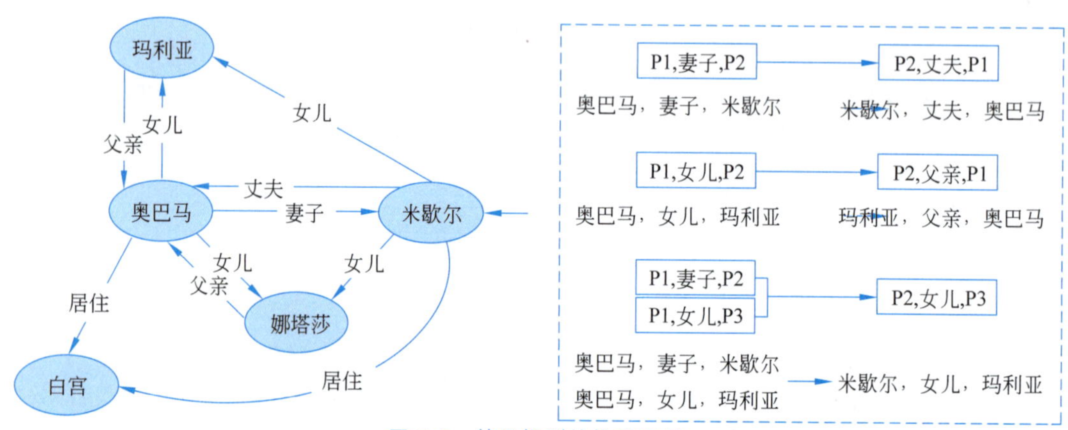

图7-6 基于规则的推理示例

3. 基于表示学习的推理

基于本体的推理和基于规则的推理都是基于离散符号的知识表示来推理的。它们具有逻辑约束强、准确度高、易于解释等优点，但是不易于扩展。基于表示学习的推理通过映射函数将离散符号映射到向量空间进行数值表示，同时捕捉实体和关系之间的关联，再在映射后的向量空间中进行推理，如图7-7所示。

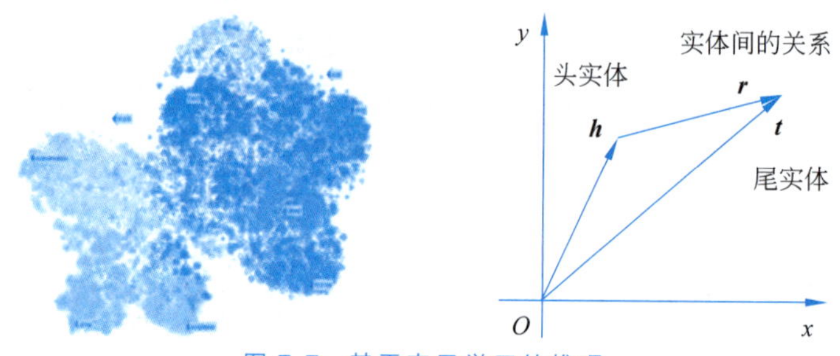

图7-7 基于表示学习的推理

知识图谱由实体和关系组成，通常采用三元组的形式表示，分别为head(头实体)、relation(实体的关系)、tail(尾实体)，简写为(h,r,t)。知识表示学习的任务就是学习h、r、t的向量表示。在向量空间中，不同的点表示不同的知识。可以找到一个合适的映射函数，让距离较近的点在语义上也是相似的。

基于表示学习的推理比较抽象和复杂，这里举个简单的例子，对姚沁蕾的出生地进行推理，如图7-8所示。假设已经找到了一个完美的映射函数，可以把知识图谱和一段包含相关信息的文本映射到同一向量空间中，再对这些向量进行计算。例如把"姚沁蕾""在""当地医院""出生"几个向量简单相加后，到达了"休斯敦"这个向量，则可以推理出姚沁蕾的出生地是休斯敦。

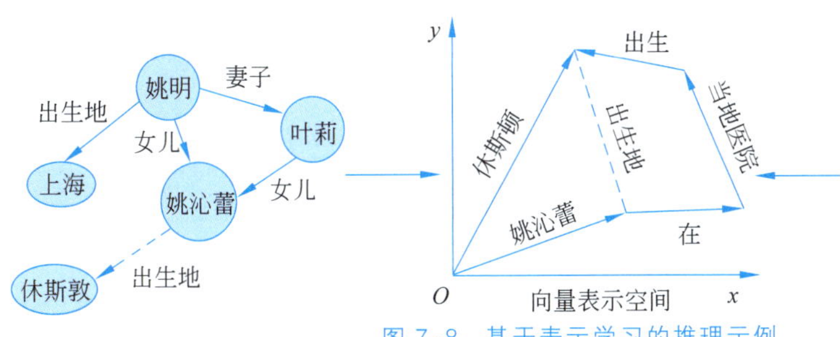

姚明出生在上海一个篮球世家，父亲和母亲都曾是职业篮球运动员。2007年8月6日，姚明与相恋七年的女友叶莉在上海举行婚礼。婚后叶莉随姚明赴美生活，2010年5月21日，叶莉同姚明的女儿在休斯敦当地医院出生，次年姚明在上海公布了女儿的名字：姚沁蕾。

图 7-8 基于表示学习的推理示例

7.2 知识表示

7.2.1 知识表示简介

知识表示是指将抽象、复杂的知识或概念转换为简单、易于理解和使用的表示形式。它是一种人工智能技术，旨在使计算机能够理解、处理和共享人类知识。知识表示可以应用于许多领域，包括自然语言处理、计算机视觉、机器学习和知识库构建等。

常见的知识表示方法包括语义网络、本体论、知识图谱、图形符号和表格等。语义网络使用网络结构表示概念和关系，其中，每个节点表示一个概念，每条边表示一个关系。本体论是一种基于语义网络的方法，它将概念和关系转换为逻辑表达式，以便在计算机之间共享知识和表示。知识图谱是一种基于图谱的表示方法，它将知识以图谱的形式组织起来，其中，节点表示概念，边表示关系。图形符号和表格使用可视化方式表示知识和概念，例如使用符号和线条绘制细胞结构或电路图。

知识表示有以下作用：

(1) 提高计算机理解自然语言的能力。通过知识表示，可以将自然语言中的语言结构、语法规则、语义信息等转换为计算机可以理解的形式。

(2) 提高人工智能系统的智能水平。通过知识表示，人工智能系统可以更好地理解和应用知识。

(3) 帮助人类更好地理解和利用知识。通过知识表示，可以将复杂的知识转换为易于理解和利用的形式。

(4) 减少计算机处理的复杂性。通过知识表示，可以将复杂的计算和处理转换为简单的操作。

7.2.2 知识表示的常用方法

1. 语义网络

语义网络(semantic network)是一种基于语义的知识表示方法，它将实体、属性和关系等知识元素组织成网状结构。在语义网络中，实体被表示为节点，属性和关系被表示为边，实体之间的关系被表示为链接，如图 7-9 所示。语义网络可以通过图论中的算法进行计算和分析，从而得到实体之间的关系和属性。

语义网络的构建需要以下步骤：

(1) 收集数据。收集与目标实体相关的数据，例如文献、数据库、网络等。

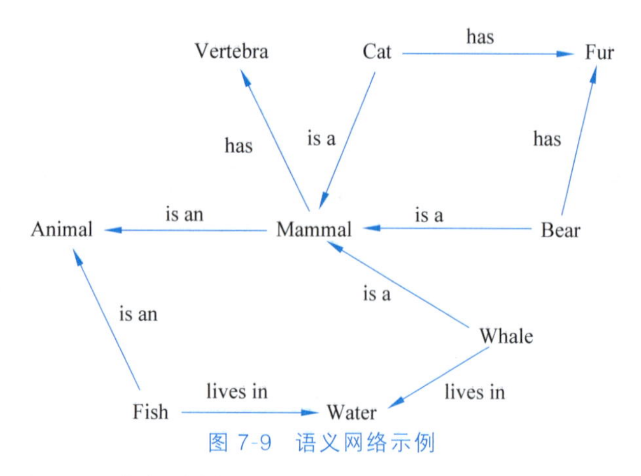

图 7-9　语义网络示例

(2) 数据预处理。对收集的数据进行清洗、去重、标准化等处理，以便于后续的知识表示和处理。

(3) 知识表示。将实体、属性和关系等知识元素表示为节点、边和链接等形式。

(4) 构建网络。将知识表示的结果构建成语义网络。

(5) 分析和推理。通过分析语义网络的结构、关系和属性等信息，得到实体之间的关系和属性。

2. 本体论

本体论(ontology)是一种描述实体、属性和关系等知识元素的语言和规则体系。它用于定义实体、属性、关系等术语和规则，以形成知识库、语义网和人工智能等领域。本体论可以被用于建立本体。本体是一组定义清晰的术语和规则，用于描述实体、属性和关系等知识元素，如图 7-10 所示。

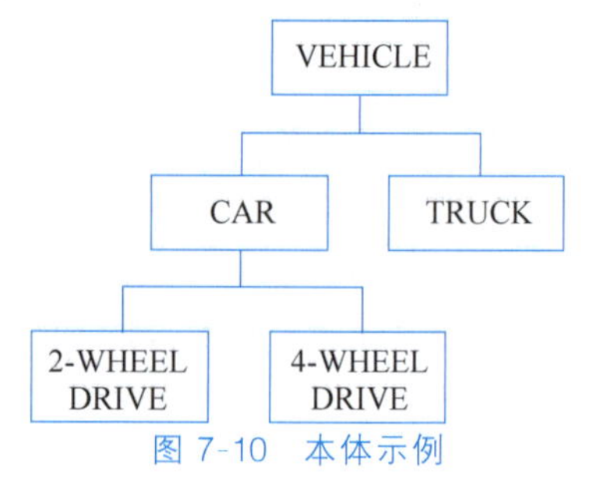

图 7-10　本体示例

本体论的基本思想是将实体、属性和关系等知识元素组织成某种形式的表达，以便于计算机处理和理解。本体论可以通过定义实体、属性、关系等术语和规则描述实体之间的关系和属性。

常见的本体论包括开放本体论(open ontology)、统一本体论(unified ontology)、知识本体论(knowledge ontology)等。

本体论的构建需要以下步骤：

(1) 确定目标。确定本体论要描述的领域和目标。

(2) 收集数据。收集与目标实体相关的数据，例如文献、数据库、网络等。

(3) 定义概念。定义本体论中的概念，包括实体、属性、关系等。

(4) 定义规则。定义本体论中的规则，包括命名规则、分类规则、属性规则等。

(5) 构建本体。将定义的概念和规则构建成本体，以便于计算机处理和理解。

3. 关系数据库

关系数据库(relational database)是一种基于关系模型的数据库系统。关系模型是一种数据模型，它使用关系术语和规则描述数据之间的关系和属性。关系模型的基本概念包括实体、属性、关系。

关系数据库的基本思想是将数据组织成二维数据表,以便于存储和查询数据。关系数据库的表由行和列组成,每行代表一个实体,每列代表实体的一个属性。关系数据库中的关系是主键关系,即每个关系都有一个主键,主键用于唯一标识每一行。

关系数据库的设计需要以下步骤:

(1) 确定关系模型。确定实体、属性、关系等关系模型。

(2) 设计表结构。根据关系模型设计表结构,包括主键、外键、索引等。

(3) 确定关系。定义表之间的关系,包括一对一、一对多、多对多等关系。

(4) 确定外键。定义外键,用于唯一标识每一行。

(5) 建立索引。建立索引,以提高查询效率。

4. 知识图谱

知识图谱是一种基于语义的知识表示方法,它将实体、属性和关系等知识元素组织成网络状结构,以便于表示和推理知识,如图 7-11 所示。知识图谱可以用于建立搜索引擎、自然语言处理、语义网等领域。

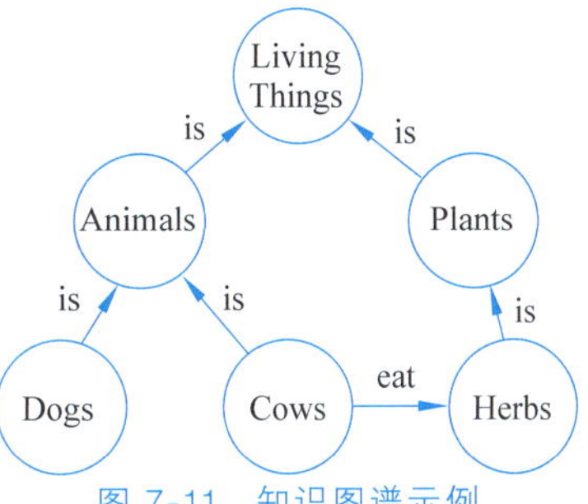

图 7-11 知识图谱示例

知识图谱的基本概念包括实体、属性、关系。知识图谱中的实体、属性和关系都是具有语义的,例如,"人"实体具有年龄、性别等属性,"北京大学"实体具有校址、校长等关系。

知识图谱的设计需要以下步骤:

(1) 确定实体、属性和关系等知识元素。

(2) 收集数据。收集与目标实体相关的数据。

(3) 数据预处理。对收集的数据进行清洗、去重、标准化等处理,以便于后续的知识表示和处理。

(4) 知识表示。将实体、属性和关系等知识元素表示为节点、边和链接等形式。

(5) 构建网络。将知识表示的结果构建成语义网络。

(6) 分析和推理。通过分析语义网络的结构、关系和属性等信息,得到实体之间的关系和属性。

7.4 节将详细介绍知识图谱,在这里只作简要介绍。

5. 形式化推理

形式化推理(formal inference)是一种通过形式化逻辑规则和证明方法进行推理的方法。形式化推理的基本思想是将推理过程形式化,即通过形式化的符号和规则描述和证明推理过程的正确性。形式化推理的应用范围非常广泛。例如,在形式化逻辑中,可以使用形式化推理证明命题逻辑和谓词逻辑中的定理;在形式化计算机科学中,可以使用形式化推理证明程序的正确性和安全性;在形式化自然语言处理中,可以使用形式化推理理解和生成自然语言。

形式化推理的主要特点如下:

(1) 精确性。形式化推理可以通过形式化的符号和规则描述和证明推理过程的正确性,保证了推理结果的精确性。

(2) 可靠性。形式化推理的证明过程是通过数学和逻辑学等学科发展起来的,经过了严格的证明和验证，可以保证推理结果的可靠性。

（3）可计算性。形式化推理可以通过计算机程序实现，并且可以计算和处理大规模的推理问题，具有很高的可计算性。

（4）应用领域广。形式化推理可以应用于多个领域，例如人工智能、知识表示和推理、自然语言处理、密码学等，可以用于解决复杂的问题和难题。

7.2.3 知识表示的应用场景

1. 语义搜索

语义搜索是指通过理解用户的搜索意图提供更加精准的搜索结果。知识表示技术可以将文本信息转换为计算机可以理解的形式，并建立知识图谱，从而增强搜索引擎的理解和匹配能力。例如，知名的搜索引擎 Google Chrome 就采用了知识图谱提供精准的搜索结果。

2. 自然语言处理

自然语言处理是指利用计算机处理人类语言，包括语音识别、文本分析、情感分析等。知识表示技术可以将自然语言转换为计算机可以理解的形式，从而支持自然语言处理的各种任务。例如，智能客服系统可以通过理解用户的意图，自动回答用户的问题，提高客户满意度。

3. 知识图谱

知识图谱是一种将实体、属性和关系组织成网络结构的知识表示方式。知识图谱可以用于构建智能问答系统、推荐系统、智能搜索等应用。例如，在智能问答系统中，知识图谱可以帮助系统理解问题的意图，并从知识库中找到最合适的答案。

4. 智能推荐

智能推荐是指根据用户的历史行为和偏好，为用户提供个性化的推荐服务。知识表示技术可以将用户的历史行为和偏好转换为计算机可以理解的形式，并建立用户画像和物品画像，从而实现智能推荐。例如，在电商平台中，智能推荐可以根据用户的历史购买记录和浏览行为为用户推荐最适合的商品。

7.3 搜索技术

7.3.1 搜索技术简介

1. 搜索技术是什么

搜索技术是人工智能的一个重要分支，它涉及从海量数据中寻找与特定问题相关的信息的过程。在人工智能领域，搜索技术通常与知识认知和推理任务相结合，帮助系统对数据进行分析、挖掘，并根据客观规律作出决策。搜索技术可广泛应用于各种场景，如路径规划、机器人控制、自然语言处理等。

搜索技术利用人工智能技术提高搜索引擎的效率和准确性，从而帮助用户更快、更准确地找到他们需要的信息。这些人工智能技术包括自然语言处理、机器学习、深度学习、语义搜索、图像搜索、推荐系统和语音搜索等。

搜索技术是通过计算机程序实现信息检索的技术，它的主要目的是从大量的数据中找到与特定问题相关的信息。搜索技术不仅在搜索引擎、机器翻译等领域有着广泛的应用，而且是人工智能领域中重要的一环。

2. 搜索技术的发展历程

搜索技术的发展历程可以分为以下 3 个阶段：

(1) 早期的搜索技术。主要基于关键词进行检索。这种技术首先将文本文件转换成关键词索引数据库，然后通过用户输入的关键词检索相关文本，以实现基本的搜索功能。

(2) 搜索引擎的诞生。随着万维网的兴起，搜索引擎开始出现。1993 年，美国伊利诺伊州立大学的 Marc Andreessen 和 Eric Bina 开发了第一款图形化的 Web 浏览器——Mosaic，为网页检索带来了革命性的变化。1994 年，美国的 AltaVista 公司推出了第一款真正意义上的搜索引擎，它采用了更高级的索引技术和算法，使得搜索结果更准确、更快速。随后，谷歌、雅虎等搜索引擎相继出现，进一步推动了搜索技术的发展。

(3) 搜索技术的进一步发展。随着互联网的不断发展，搜索技术也在不断进步。自然语言处理技术、机器学习技术、深度学习技术等新技术的出现使得搜索引擎更加智能化、个性化。此外，移动互联网的兴起也为搜索技术的发展带来了新的挑战和机遇。

搜索技术的发展历程经历了从早期的基于关键词检索到现在的智能化、个性化搜索的演变，在不断推动搜索技术和搜索引擎发展的同时，也为人们获取信息提供了更便捷、更高效的途径。

3. 搜索引擎与搜索技术的关系

搜索引擎是应用搜索技术的一种软件系统，它利用搜索技术帮助用户查找和获取所需的信息。搜索技术是指一组技术和算法，用于在大量数据中查找和提取用户感兴趣的信息。搜索技术和搜索引擎之间的关系可以描述如下：

(1) 搜索技术是搜索引擎的核心。搜索技术是搜索引擎实现其功能的核心，它决定了搜索引擎的效率和准确性。搜索技术包括文本处理、索引、排名算法、查询处理等多方面，通过这些技术实现对大量数据的高效检索和处理。

(2) 搜索引擎是搜索技术的应用。搜索技术是一系列技术手段，而搜索引擎是将这些技术应用到实际场景中的软件系统。搜索引擎利用搜索技术帮助用户查找和获取所需的信息，并通过不断优化搜索技术和算法提高自身的效率和准确性，从而更好地满足用户的需求。

(3) 搜索技术和搜索引擎相互影响。搜索技术和搜索引擎之间不是单向的支撑关系，它们相互影响、相互作用。搜索技术的不断发展和进步为搜索引擎提供了更好的技术基础，而搜索引擎的实际应用和用户反馈也会促进搜索技术的不断改进和升级。

4. 搜索引擎的工作过程

搜索引擎的工作过程如图 7-12 所示，主要包括以下 3 个步骤：

(1) 爬行和抓取。搜索引擎会派遣网络爬虫（也称为蜘蛛或机器人）在互联网上抓取网页。网络爬虫会按照一定的规则递归地遍历网页，并将抓取的网页内容存储到搜索引擎的数据库中。

(2) 预处理。搜索引擎会对抓取的网页进行处理，提取其中的文本、图片、链接等信息，并建立相应的索引。索引是一个由单词或短语组成的数据库，用于记录每个网页中的关键词和它们在网页中的位置。

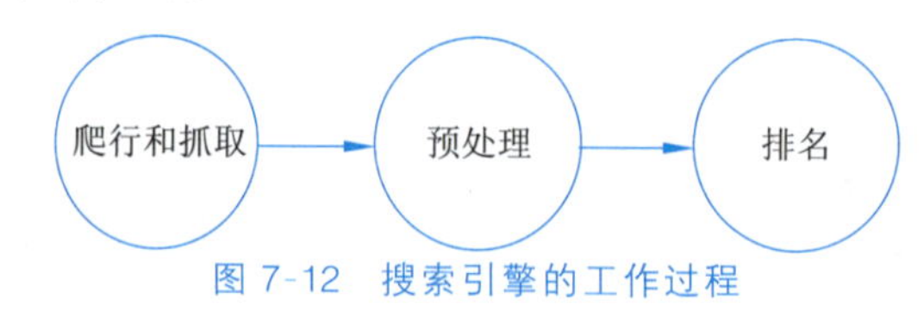

图 7-12　搜索引擎的工作过程

(3) 排名。当用户输入查询请求时，搜索引擎会将查询请求中的关键词与其索引数据库中的内容进行匹配，找出相关的网页。搜索引擎会根据一定的算法对这些网页进行排名，并将排名结果返回给用户。搜索引擎会将排名结果以特定的方式呈现给用户，通常对排名结果按照相关性、权威性等因素进行排序，同时也会显示每个结果的标题、摘要、链接等信息，以便用户选择最合适的结果。

搜索技术的核心是搜索算法。搜索算法是指在一定的搜索空间中寻找最优解或满足某些条件的解的方法。

7.3.2　搜索技术的常用算法

搜索技术的主要任务是在巨大的文本数据集中找到与某个查询关键词相关的内容。搜索技术的常用算法可以分为以下 6 类。

1. 布尔模型

布尔模型(boolean model)是最早的搜索技术算法之一。它基于布尔逻辑，对用户输入的查询条件进行布尔运算(如 AND、OR 和 NOT)以找到与之相关的文档。这种方法的缺点是不能对搜索结果进行排序，只能返回满足条件的文档。

2. 向量空间模型

向量空间模型(Vector Space Model，VSM)将文档和查询表示为高维空间中的向量。通过计算文档向量与查询向量之间的相似度(如余弦相似度)，可以得到与查询相关的文档列表。向量空间模型的一个关键概念是词项频率-逆向文档频率(TF-IDF)，它是一种衡量词在文档中的重要性的指标。

3. 概率模型

概率模型(probabilistic model)通过计算文档与查询的概率相关性找到与用户查询最相关的文档。其中一种常用的概率模型是 BM25 算法，它是基于 TF-IDF 的一种概率模型改进算法。

4. 语言模型

语言模型(language model)基于生成概率的方法，计算查询在给定文档下的生成概率。常用的语言模型有最大似然估计、Dirichlet 平滑和贝叶斯平滑等。通过比较不同文档的生成概率，可以确定与查询最相关的文档。

5. 学习排序

学习排序(learning to rank)是一种机器学习方法，用于改进搜索技术中的文档排序。它通过训练一个模型预测文档与查询的相关性，并根据这个预测对文档进行排序。常见的学习排序方法有单点法(Pointwise approach)、配对法(Pairwise approach)和列表法(Listwise approach)。

6. 深度学习方法

近年来，深度学习方法在搜索技术中取得了显著的进展。特别是词嵌入(word embedding)和预训练语言模型(如 BERT、GPT 等)在计算文本表示时能捕捉到更丰富的语义信息。这些方法可以应用于上面提到的各种搜索技术中，以提高搜索结果的准确性和相关性。

这些算法都有各自的优缺点，通常在实际应用中会结合多种方法以提高搜索技术的性能。

7.3.3 搜索技术的应用场景

1. 路径规划

搜索技术在路径规划中有广泛应用，例如导航软件中的最短路径规划。通过启发式搜索等算法，系统可以高效地找到从起点到终点的最短路径，为用户提供便捷的出行方案，如图 7-13 所示。

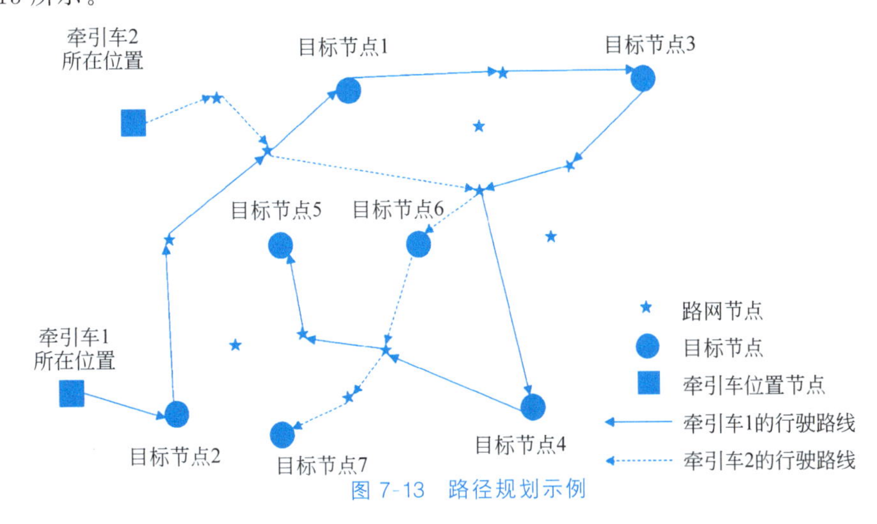

图 7-13 路径规划示例

2. 自然语言处理

在自然语言处理中，搜索技术可以帮助理解和生成文本。例如，通过搜索技术，聊天机器人可以根据用户的输入从知识库中检索合适的回答，机器翻译系统可以在海量的词汇和语法规则中寻找最佳的译文。

3. 机器人控制

在机器人控制领域，搜索技术可用于规划机器人的行动策略。例如，对于扫地机器人，可以使用搜索算法规划覆盖整个区域的最优路径；对于救援机器人，可以使用搜索技术规划避开障碍物、快速到达目标位置的行动方案。

在第 8 章会详细介绍有关机器人人工智能的内容。

4. 搜索引擎

搜索引擎是最常见的搜索技术应用场景，如 Google、Bing、百度等。它可以通过关键词匹配和排序算法帮助用户快速地找到相关信息。

5. 电子商务

在电子商务领域，搜索技术可以帮助用户快速找到自己需要的商品，提升用户购物体验。例如,京东、淘宝等电商平台都使用了搜索技术。

6. 社交媒体

在社交媒体领域,搜索技术可以帮助用户快速找到自己感兴趣的话题、用户或内容。例如,Twitter、Facebook 等社交媒体平台都使用了搜索技术。

7. 数据库查询

在企业中,搜索技术可以帮助用户快速查询数据库中的数据,提高数据查询效率。例如,企业管理系统、客户关系管理系统等都使用了搜索技术。

8. 科学研究

在科学研究领域,搜索技术可以帮助科研人员快速找到相关文献或研究成果,提高研究效率。例如,Google Scholar 就是一种面向学术研究领域的搜索引擎。

7.4 知识图谱

7.4.1 知识图谱的基本概念

当今人工智能技术的快速发展和广泛应用,使得知识图谱成为人工智能领域的一个热门研究方向。知识图谱是一个结构化的知识库,可以对信息进行统一的组织和表达,使得人工智能系统可以更加深入地理解和利用这些信息。本节将详细介绍知识图谱的基本概念、常用方法以及应用场景。

知识图谱是一种结构化的知识表示方法,它通过实体、关系和属性等元素组织和存储信息。知识图谱可以有效地表示和理解现实世界中的复杂知识,为人工智能系统提供丰富的知识来源,以支持智能推理、问答、推荐等功能。知识图谱是人工智能领域表示和处理知识的一种重要方法。它通过实体和它们之间的关系构建一个分层的知识网络。知识图谱可以看作一个庞大的知识库,包含了各种类型的实体和它们之间的关系,例如人物、地点、事件、产品等。知识图谱的核心思想是将实体和关系描述成计算机可以理解的形式,从而帮助计算机更好地理解和处理这些信息。

知识图谱通常包含以下 3 种基本元素:

(1) 实体。现实世界中的对象,如人、地点、事件等。

(2) 属性。描述实体的特征,如年龄、颜色、大小等。

(3) 关系。描述实体之间的关联,如朋友、属于、发生在等。

知识图谱的构建通常包括信息抽取、知识融合、知识推理等阶段。可以从多种数据源(如文本、图片、音频等)中自动或半自动地构建和更新知识图谱。

7.4.2 知识图谱的常用算法

知识图谱是一种表示和存储知识的图结构,其节点表示实体,边表示实体之间的关系。知识图谱的常用算法可以分为 4 类:图遍历算法、图嵌入算法、推理算法和图聚类算法。

1. 图遍历算法

图遍历算法用于在图中搜索或遍历节点。常见的图遍历算法如下:

(1) 深度优先搜索(Depth First Search,DFS)。沿着图的深度优先原则搜索节点,直到无法继续扩展为止。

(2) 广度优先搜索(Breadth First Search,BFS)。从某一节点开始,先访问其所有邻居节点,然后再访问这些邻居节点的邻居节点,以此类推。

其中,Dijkstra 算法用于计算图中两个节点之间的最短路径。

2. 图嵌入算法

图嵌入算法将图中的实体和关系转换为低维向量表示,便于计算和执行机器学习任务。主要的图嵌入算法如下:

(1) TransE。将实体和关系映射到同一向量空间,通过将关系向量视为实体向量之间的平移对实体-关系-实体三元组建模。

(2) DistMult。使用矩阵乘法对实体-关系-实体三元组建模,以捕捉实体和关系之间的相互作用。

(3) ComplEx。在 DistMult 的基础上引入复数表示,以捕捉更复杂的实体和关系之间的相互作用。

3. 推理算法

推理算法用于在知识图谱中发现新的实体和关系。主要的推理算法如下:

(1) 基于规则的推理。通过定义规则(如"如果 A 是 B 的父亲,B 是 C 的父亲,那么 A 是 C 的祖父")发现新的实体和关系。

(2) 基于概率逻辑的推理。使用概率逻辑(如马尔可夫逻辑网络)表示不确定性,并通过概率推理发现新的实体和关系。

(3) 基于图嵌入的推理。使用图嵌入表示计算实体和关系之间的相似性或概率,并通过阈值或排序发现新的实体和关系。

4. 图聚类算法

图聚类算法用于在知识图谱中发现相似的实体或关系。主要的图聚类算法如下:

(1) Louvain。一种基于模块度优化的层次性图聚类算法。

(2) 标签传播(label propagation)。一种基于标签传播的快速图聚类算法。

(3) 谱聚类(spectral clustering)。一种基于图拉普拉斯矩阵特征向量的图聚类算法。

这些算法为知识图谱提供了强大的分析和挖掘功能,有助于发现潜在的知识和关系。

7.4.3 知识图谱的应用场景

1. 语义搜索

知识图谱的概念最早是由谷歌公司提出的。谷歌公司是做搜索引擎的,它提出知识图谱的概念就是为了优化搜索。语义搜索作为一个概念,起源于被称为互联网之父的 Tim Berners-Lee 在 2001 年《科学美国人》(*Scientific American*)上发表的一篇文章。其中,他解释了语义搜索的本质:"语义搜索的本质是通过数学摆脱当今搜索中使用的猜测和近似,并为词语的含义以及它们如何关联到用户输入引进一种清晰的理解方式。"

百科给出了更明确的定义:"所谓语义搜索,是指搜索引擎的工作不再拘泥于用户输入的请求语句的字面本身,而是透过现象看本质,准确地捕捉到用户输入的语句后面的真正意图,并以此进行搜索,从而更准确地向用户返回最符合其需求的搜索结果。"

语义搜索是知识图谱最典型的应用,它首先对用户输入的问句进行解析,找出问句中的实体和关系，理解用户问句的含义，然后在知识图谱中匹配查询语句，找出答案，最后通过一定的形式将结果呈现给用户。

2. 智能问答

用户和智能问答系统之间进行交互，就像是两个人进行问答一样，智能问答系统就像一个人一样，为用户提供答案，与用户友好地进行交谈。

作为人工智能的一个重要应用，智能问答系统在很多场景中发挥作用。

同为智能问答，特点不同，依赖的知识图谱技术也不同，聊天机器人不仅提供情景对话，也能够提供各行各业的知识，它依赖的是开放领域的知识图谱，提供的知识非常宽泛，能够为用户提供日常知识，也能进行聊天式的对话。特定行业使用的智能问答系统依赖的是行业知识图谱，知识集中在某个领域，专业知识丰富，能够为用户有针对性地提供专业领域知识。

智能问答，可以看作语义搜索的延伸。语义搜索的结果会按照某种规则进行排序，依据一定的算法将最相关的排在最前面。我们使用百度、谷歌搜索引擎进行搜索时，结果可能包括很多页，就是语义搜索的常见形式。智能问答属于一问一答，用户只要一个答案，也就是系统要将最相关的那个答案反馈给用户。如果像聊天一样，不断地进行问答，回答不仅仅是在知识库中搜索，还要考虑前面的聊天内容。

3. 个性化推荐

个性化推荐是根据用户的个性化特征为用户推荐感兴趣的产品或内容。百度百科给出的个性化推荐的定义是：“个性化推荐系统是互联网和电子商务发展的产物，它是建立在海量数据挖掘基础上的一种高级商务智能平台，向顾客提供个性化的信息服务和决策支持。”

个性化推荐流程如图 7-14 所示。

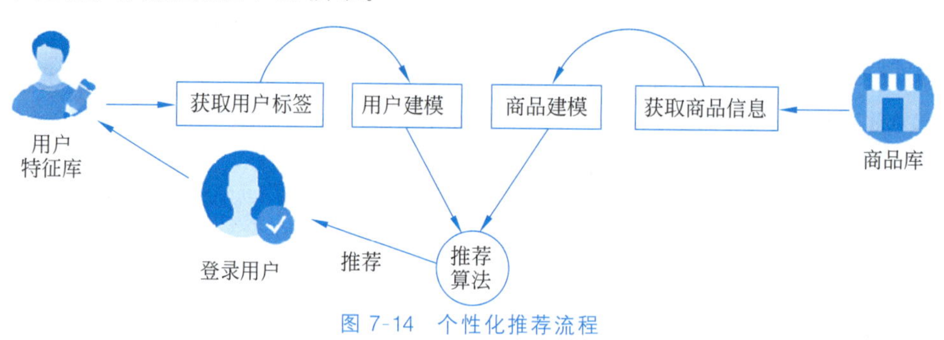

图 7-14 个性化推荐流程

用户上网的时候会经常查找一些自己感兴趣的页面或者产品，在浏览器上浏览过的痕迹会被系统记录下来，放入用户的特征库。例如，对于电子商务网站来说，如果用户想购买笔记本电脑，就会在电子商务网站上查看和比较不同商家的笔记本电脑。当用户再次打开电子商务网站的时候，笔记本电脑这种产品就会优先显示在商品列表中，供用户选择。再如，浏览新闻，如果用户对体育类或者社会热点很关注，新闻 APP 就会向用户推荐体育类或者社会热点新闻。

个性化推荐系统收集用户的兴趣偏好、属性以及产品的分类、属性、内容等，分析用户之间的社会关系、用户和产品的关联关系，利用个性化推荐算法推断出用户的喜好和需求，从而为用户推荐感兴趣的产品或者内容。

4. 辅助决策

辅助决策就是利用知识图谱对知识进行分析处理，通过一定规则的逻辑推理得出某种结论，为用户决策提供支持。百科给出的辅助决策的定义是："辅助决策系统以决策主题为重心，以互联网搜索技术、信息智能处理技术和自然语言处理技术为基础，构建与决策主题研究相关的知识库、政策分析模型库和情报研究方法库，建设并不断完善辅助决策系统，为决策主题提供全方位、多层次的决策支持和知识服务。"

随着我国社会日益走向老龄化，养老问题成为人们关注的焦点，也成为研究的重要课题。对一个地区来说，应该采用什么样的养老模式，配套设施应该如何建设，才能解决老人的养老问题。就需要对这个地区的老人、基础设施、配套情况、周围环境等建立知识库，分析老人日常生活，发现问题，对数据进行汇总，根据已有事实得出结论，为政府制定政策提供决策支持。这里面最基础的问题是建立所有数据的知识图谱以及有效的推理规则，最后才能得出有意义的结论。

7.4.4 基于知识图谱的医疗问答系统实验

1. 理论回顾

1）知识图谱简介

知识图谱以结构化的形式描述客观世界中实体及其之间的关系，将互联网的信息表达成更接近人类认知世界的形式，提供了一种更好地组织、管理和理解人类世界海量信息的能力。知识图谱是人工智能的重要分支——知识工程在大数据环境中的成功应用，知识图谱与大数据和深度学习一起，成为推动互联网和人工智能发展的核心驱动力之一。知识图谱给互联网语义搜索带来了活力，同时也在智能问答中显示出强大威力，已经成为互联网知识驱动的智能应用的基础设施。

知识图谱技术是指知识图谱建立和应用的技术，融合了认知计算、知识表示与推理、信息检索与抽取、自然语言处理与语义 Web、数据挖掘与机器学习等交叉研究成果，属于人工智能重要研究领域知识工程的研究范畴。知识图谱于 2012 年由谷歌公司提出并成功应用于搜索引擎，是建立大规模知识的一个强大应用。

目前，除了通用的大规模知识图谱，各行业也在建立行业和领域的知识图谱。当前知识图谱的应用包括语义搜索、问答系统与聊天、大数据语义分析以及智能知识服务等，在智能客服、商业智能等真实场景体现出广泛的应用价值，而更多知识图谱的创新应用还有待开发。

2）基于知识图谱的医疗问答系统

基于知识图谱的医疗问答系统采用业务驱动的知识图谱构建框架，从上至下整体分为需求层、模型层和应用层，如图 7-15 所示。

需求层主要确定业务领域的需求，即要解决的问题以及技术的可行性。对于本系统来说，就是基于医疗领域知识信息完成病人的询问，满足病人的咨询需求。

模型层是本系统的核心，通过数据收集将业务领域知识导入定义了模式(schema)的知识图谱数据库，经过语义消歧、关系融合等知识清洗操作，完成知识图谱的存储。

应用层基于构建好的医疗知识图谱，向上层提供自动问答、知识分析和知识查询等应用服务。

图 7-16 是医疗知识图谱模型示意图。

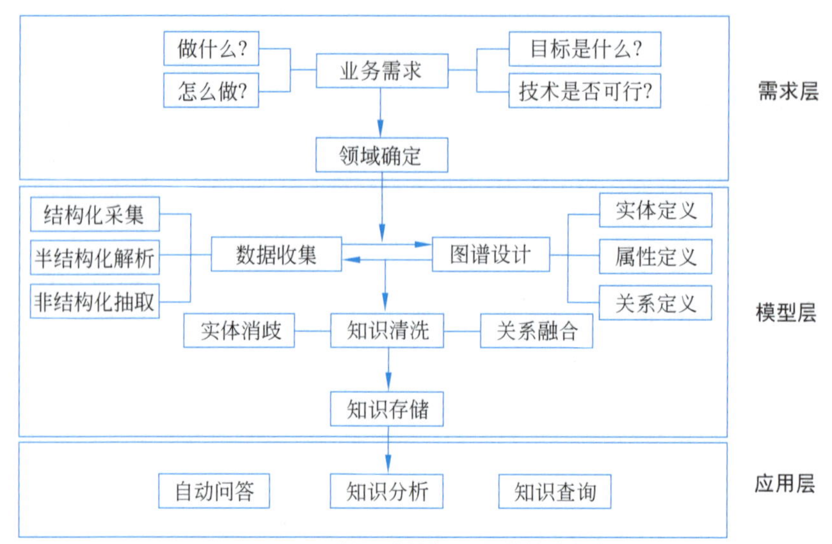

图 7-15　业务驱动的知识图谱构建框架

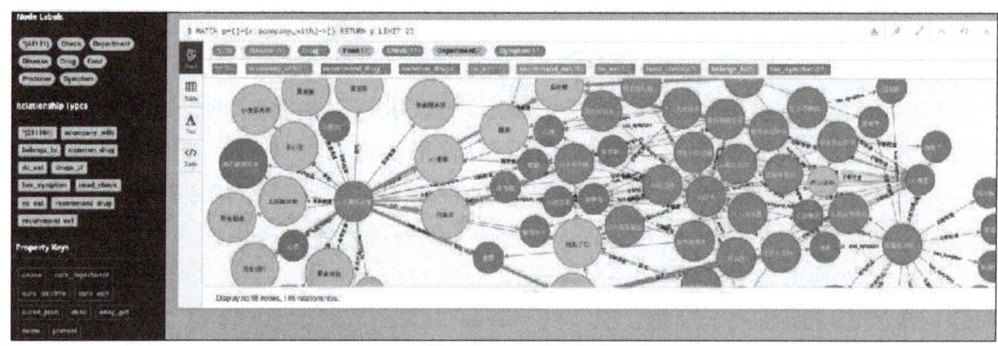

图 7-16　医疗知识图谱模型示意图

2. 实验目标

(1) 了解知识工程和知识图谱的发展历程和技术原理。

(2) 了解基于知识图谱的医疗问答系统框架和功能操作。

3. 实验环境

硬件环境：酷睿 i5 处理器，四核，主频 2GHz 以上，内存 8GB 以上。

操作系统：Windows 7 64 位及以上操作系统。

实验器材：AI+智能分拣实训平台。

实验配件：应用扩展模块。

4. 实验步骤

实验环境准备：

(1) 安装 Python 3 实验环境，请参考附录 A 完成 Python 3 实验环境的安装。

(2) 安装并启动 Neo4j 图数据库，请参考附录 B 完成 Neo4j 数据库的安装和启动。

在本实验代码目录下运行以下命令：

```
python build_medicalgraph.py
```

系统开始解析数据，构建医疗知识图谱，后台输出如图 7-17 所示。

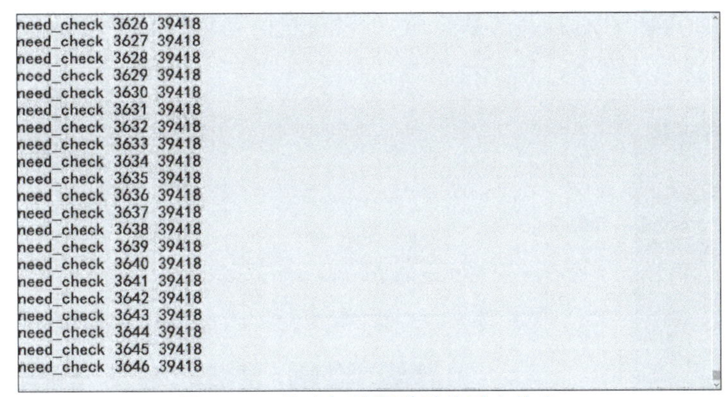

图 7-17　构建知识图谱时的后台输出

医疗知识图谱构建完成后，打开浏览器，输入地址 http://localhost:7474/访问 Neo4j，浏览器显示如图 7-18 所示。

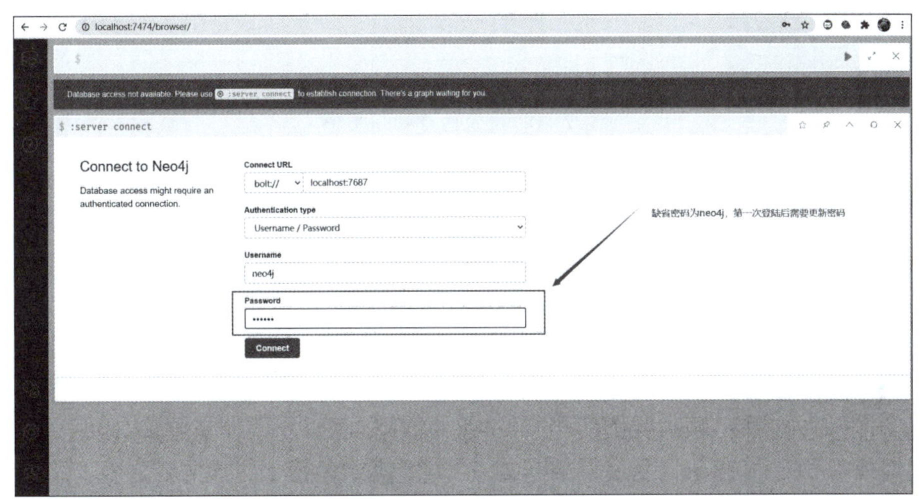

图 7-18　访问 Neo4j

输入密码后，单击 Connect 按钮，连接到图数据库，如图 7-19 所示。

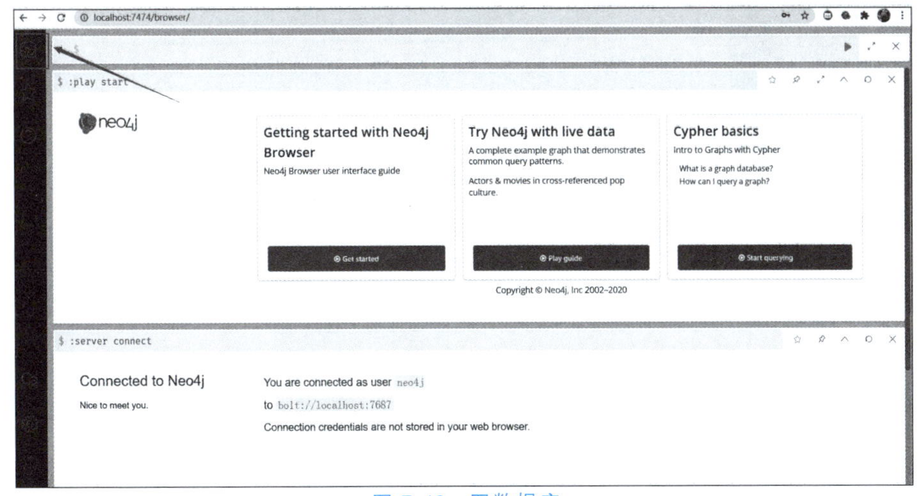

图 7-19　图数据库

单击左上角的图标，打开图数据库，可以在左侧浏览前面构建的医疗知识图谱，如图 7-20 所示。

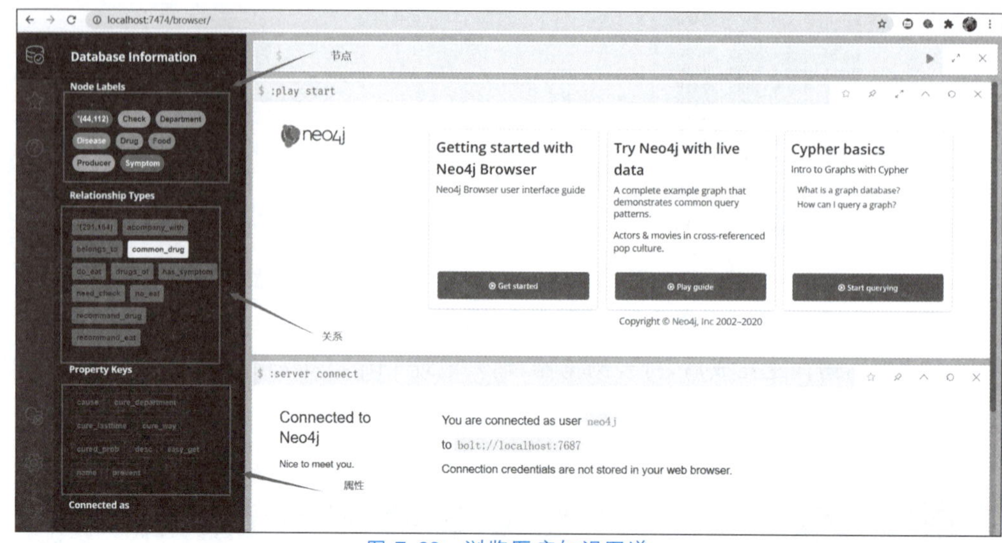

图 7-20　浏览医疗知识图谱

单击 Relationship Types（关系类型）下的 accompany_with，可以浏览与并发症相关的知识图谱，如图 7-21 所示。

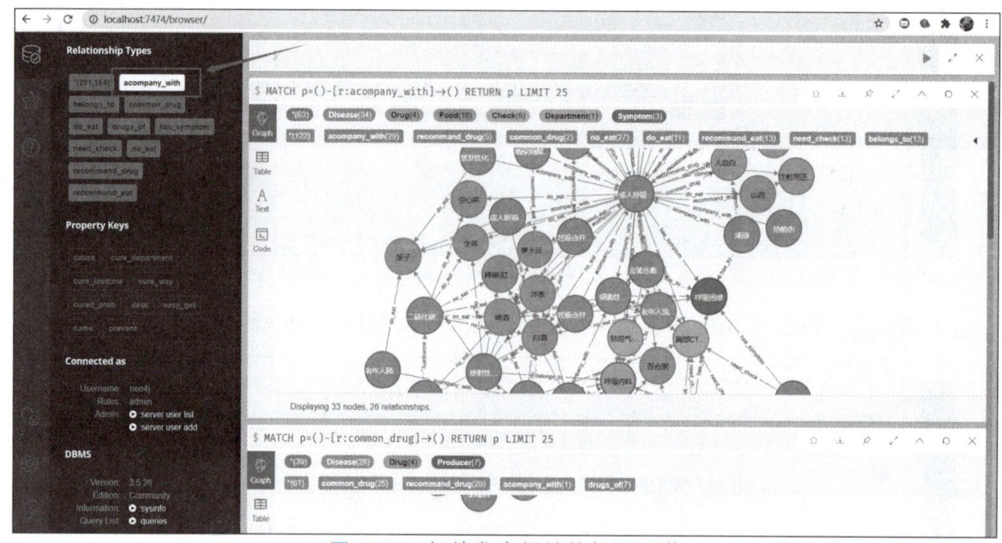

图 7-21　与并发症相关的知识图谱

输入以下命令，启动医疗问答系统：

```
python chatbot_graph.py
```

系统显示模型已经加载，如图 7-22 所示。

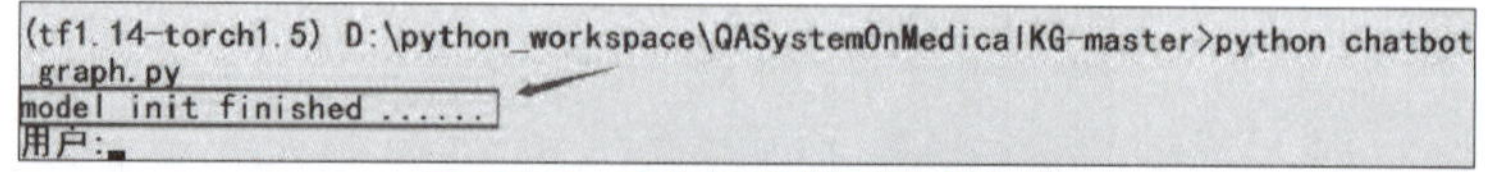

图 7-22　系统显示模型已经加载

用户输入各种问题，医疗问答系统会查询图数据库，根据知识关联进行回答，如图 7-23 所示。

```
(tf1.14-torch1.5) D:\python_workspace\QASystemOnMedicalKG-master>python chatbot
_graph.py
model init finished ......
用户:乳腺癌的症状有哪些?
小智: 乳腺癌的症状包括: 肝肿大; 乳头破碎; 乳房肿块; 乳腺癌的远处转移; 乳头内陷
; 乳头溢液; 剧痛; 泌乳障碍; 胸痛
用户:失眠有哪些并发症?
小智: 失眠的症状包括: 不安腿综合征; 抑郁症; 甲状腺功能亢进伴发的精神障碍; 考后
综合症; 口腔结核性溃疡; Stargardt病; 肾虚; 腔隙性脑梗死; 黧黑斑; 肉痉; 传导性耳
鸣; 胃下垂; 老年人肠易激综合征; 羰基镍中毒; 外向孤独症; 围绝经期综合征; 神经性
厌食症; 睡眠障碍; 蛔虫病; 痰火扰心
用户:耳鸣怎么办?
小智: 耳鸣可以尝试如下治疗: 药物治疗;支持性治疗
用户:感冒能吃蜂蜜吗?
小智: 感冒宜食的食物包括有: 芝麻;鸡蛋;南瓜子仁;鹌鹑蛋
推荐食谱包括有: 绿豆薏米饭;香椿芽粥;葱蒜粥;醋熘土豆丝;赤小豆粥;凉拌香椿;薏米莲
子粥;姜丝萝卜汤
患有单纯性脊柱结核; 小儿便秘; 尺管综合征; 鼻前庭囊肿; 风湿病; 淀粉样变病的胃肠
道表现; 单纯疱疹病毒肺炎; 胆汁返流性胃炎; 言语障碍; 融合性网状乳头瘤病; 支原体
肺炎; 小儿动脉瘤样骨囊肿; 小儿粘连性肠梗阻; 阴道腺病; 胃溃疡出血; 阴茎离断伤;
过敏性鼻炎; 尿道炎; 原发性痛经; 绝经期尿失禁的人建议多试试蜂蜜
```

图 7-23　用户与医疗问答系统的对话

5. 拓展实验

（1）从互联网爬取更多医疗相关数据，构建更丰富的医疗知识图谱。

（2）尝试各种问题，检验医疗问答系统的智能程度。

6. 常见问题

（1）如果知识图谱数据库 Neo4j 安装不正确，就会导致数据库启动失败。

（2）在构建知识图谱的过程中，如果计算机内存太小，会导致内存溢出错误。需要配置 8GB 以上内存的计算机。

7.5　本章小结

本章介绍了人工智能领域中知识认知与推理的核心概念和技术，包括逻辑推理、知识表示、搜索技术和知识图谱。这些技术在智能系统的设计和实现中起到了至关重要的作用，为人工智能的发展提供了坚实的基础。

逻辑推理作为知识推理的基础，为人工智能提供了一套严密的、形式化的推理方法。逻辑推理的主要目的是通过对已知事实和规则进行推导得出新的结论。

知识表示关注如何将现实世界中的知识以一种形式化的方式表示出来，以便计算机能够理解和处理。知识表示技术在智能系统中发挥着至关重要的作用，例如知识库的构建、自然语言理解和推理等。

搜索技术作为解决问题的一种通用方法，在人工智能领域具有广泛的应用。搜索技术在众多领域有着广泛的应用，如路径规划、优化问题等。

知识图谱作为一种大规模知识组织和管理方法，近年来受到了广泛关注。知识图谱通过将结构化和非结构化数据整合到一个统一的语义框架中，为复杂的查询和推理任务提供了基础。

7.6　习题

1. 有一张地图，其中标有 A、B、C、D、E 5 个城市以及它们之间的道路。请使用深度优先搜索算法找出从 A 城市到 E 城市的路径。

2. 有一个知识图谱，其中包含以下信息：

(1) 爱因斯坦是一位科学家。

(2) 牛顿是一位科学家。

(3) 牛顿是爱因斯坦的前辈。

(4) 爱因斯坦是相对论的创始人。

请使用知识图谱的相关查询算法，回答以下问题：

(1) 牛顿和爱因斯坦是哪个科学领域的代表人物？

(2) 相对论是哪位科学家的发明？

第8章 机器人

学习目的与要求

本章详细介绍机器人的基本概念、控制技术、操作系统以及在各个领域的应用。读者通过本章的学习应该对机器人领域有初步的了解,并能够在实际应用中运用所学知识,推动社会的进步。

8.1 机器人概述

8.1.1 什么是机器人

机器人(robot)是一种能够感知环境、处理信息并执行任务的自主或半自主机器。它们可以在各个领域发挥作用,如军事、制造业、医疗、教育、家居等。通常,机器人具有一定程度的自主性,可以根据预先编程的任务或者通过人工智能技术实现自主决策。

8.1.2 机器人分类

根据功能和应用场景,机器人可以分为以下几类。

1. 工业机器人

工业机器人是在制造业中广泛应用的机器人,如自动化生产线上的焊接机器人、装配机器人等,如图 8-1 所示。

图 8-1　工业机器人

2. 服务机器人

服务机器人是在生活、商业和公共环境中提供服务的机器人，如清洁机器人、导航机器人等，如图 8-2 所示。

3. 伴侣机器人

伴侣机器人是具有社交功能和情感互动能力的机器人，如陪伴机器人、家庭教育机器人等，如图 8-3 所示。

图 8-2　服务机器人

图 8-3　伴侣机器人

4. 探测机器人

探测机器人是用于勘探和监测环境的机器人，如无人机、水下机器人等，如图 8-4 所示。

5. 医疗机器人

医疗机器人是用于医疗诊断、治疗和康复的机器人，如外科手术机器人、康复机器人等，如图 8-5 所示。

图 8-4　探测机器人

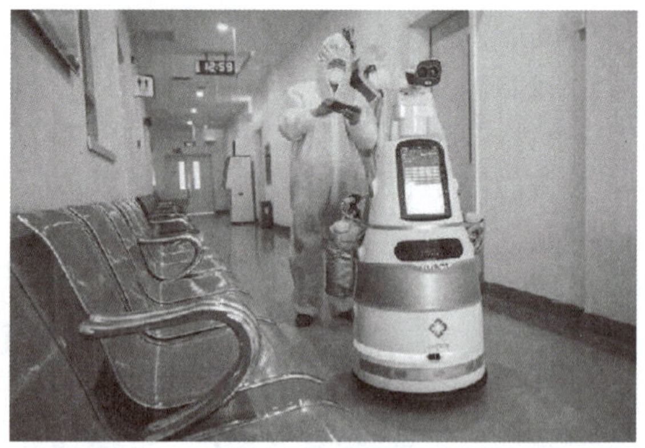

图 8-5　医疗机器人

6. 军事机器人

军事机器人是用于军事侦察、战斗和后勤保障的机器人，如侦察机器人、战斗机器人等。

8.1.3 机器人的基本组成

机器人通常由以下几个基本部分组成：

(1) 传感器。用于感知环境信息，如摄像头、麦克风、超声波传感器等。

(2) 执行器。用于执行动作，如电动机、舵机、气动和液压执行器等。

(3) 控制器。用于处理传感器数据以及控制执行器的硬件和软件系统。

(4) 通信系统。用于与其他设备或人类进行通信，如 WiFi、蓝牙、RFID 等。

(5) 电源。为机器人提供能量，如电池、太阳能板等。

8.1.4 人工智能在机器人中的应用

人工智能技术在机器人领域的应用主要包括以下几方面：

(1) 计算机视觉。使机器人能够识别和理解视觉信息，如目标检测、场景理解等。

(2) 语音识别和语音合成。使机器人能够与人类进行自然语言交流。

(3) 自然语言处理。使机器人能够理解和生成自然语言文本，如机器翻译、问答系统等。

(4) 机器学习和深度学习。使机器人能够从数据中学习知识和技能，如图像分类、语音识别等。

(5) 机器人控制算法。使机器人能够实现自主导航、路径规划、避障等功能。

(6) 人机交互。使机器人能够与人类进行友好、有效的交流和协作。

8.1.5 未来展望

随着人工智能技术的不断发展，机器人将在更多领域发挥作用，为人类社会带来更多的便利和福祉。同时，我们也需要关注技术发展带来的伦理、社会和安全问题，如失业、隐私保护和信息安全等。通过对机器人的持续研究和探讨，我们需要在发挥其技术优势的同时妥善应对这些挑战，为人类创造一个更加美好的未来。

1. 智能家居和智慧城市

机器人将在智能家居和智慧城市建设中发挥更大的作用，提供便捷的生活服务和高效的城市管理。

2. 个性化教育和医疗

通过深入了解每个人的需求和特点，机器人可以提供更加个性化、高效的教育和医疗服务。

3. 无人驾驶和物流

无人驾驶技术将推动交通和物流行业的革新，实现更加安全、高效的运输服务。采用无人驾驶技术的智慧物流车如图 8-6 所示。

4. 环境保护和灾害救援

机器人可以在环境监测、污染治理和灾害救援等领域发挥重要作用，帮助人类应对全球性挑战。

5. 探索宇宙和深海

机器人将协助人类探索宇宙奥秘、开发深海资源，拓展人类的生存空间。海洋探测机

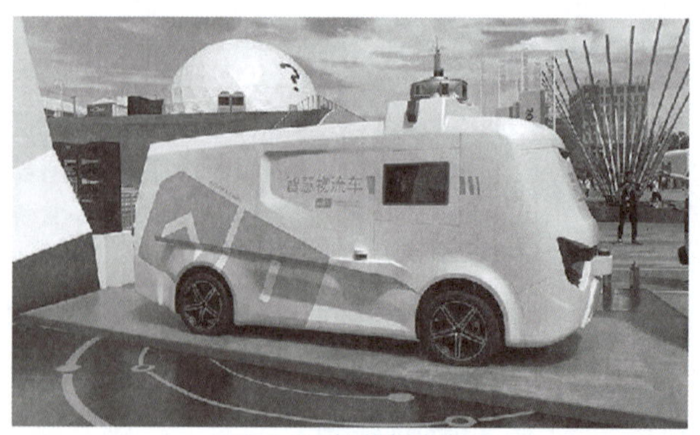

图 8-6　智慧物流车

器人“海洋一号”如图 8-7 所示。

图 8-7　海洋探测机器人“海洋一号”

机器人作为人工智能技术的重要载体，将在未来越来越多地融入我们的生活，为人类社会带来深刻的影响和变革。在这个过程中，我们需要不断学习、探索和创新，共同推动人工智能技术和机器人产业的健康、可持续发展。

8.2　机器人控制技术

机器人控制技术是使机器人按照预定任务和路径进行运动、操作的技术。它是实现机器人正确、高效工作的关键环节。本节介绍机器人控制系统的组成结构、控制架构、控制策略和算法以及各种通信协议。

8.2.1　机器人控制系统的组成结构

机器人控制技术是使机器人能够按照人的命令进行运动和工作的关键技术。机器人控制系统通常由 3 部分组成：感知系统、决策系统和执行系统。

1. 感知系统

感知系统通过各种传感器获取机器人内外部的信息，如机器人各关节的位置和速度、外界环境的视觉信息等。这些信息被传送到决策系统。

2. 决策系统

决策系统根据获取的信息和预定的控制算法或策略，计算出控制机器人运动的控制量，如电机的转速等。常用的控制算法有比例-积分-微分(Proportional-Integral-Derivative，PID)控制等。决策系统将计算出的控制量发送到执行系统。

3. 执行系统

执行系统根据接收到的控制量直接驱动机器人的各个关节和执行机构，如电机、气缸等，从而实现机器人的运动控制和路径规划。

机器人控制系统通过感知、决策、执行 3 个环节，基于反馈信息实时调整机器人的状态和运动，实现对机器人运动的精密控制。这 3 个环节的技术发展推动了机器人控制性能的提高和机器人应用场景的扩展。

8.2.2 机器人控制架构

机器人控制架构是指组织和管理机器人控制系统的基本框架。机器人控制架构主要有以下 3 种类型：

(1) 分层控制架构。这种架构将机器人控制任务划分为若干层次，如规划层、执行层和控制层。每个层次独立完成各自的任务，协同实现整体控制目标。

(2) 行为控制架构。这种架构将机器人行为分解为一组基本行为模块，通过协调这些模块实现复杂任务。常见的行为控制架构有基于有限状态机(Finite State Machine，FSM)和行为树(Behavior Tree，BT)等。

(3) 混合控制架构。这种架构结合了分层控制架构和行为控制架构的优点，可以实现更灵活、高效的控制。例如，分层控制架构中的规划层采用行为树进行任务分解和调度。

机器人控制架构是用来控制机器人运动和行为的计算机程序和硬件的架构。机器人控制架构通常包括以下 5 部分：

(1) 传感器。它用来感知机器人的环境和状态，例如光线、声音、压力、温度、距离、速度等。传感器可以是各种各样的，例如摄像头、激光雷达、声呐、压力传感器、温度传感器等。

(2) 控制器。它是机器人控制架构的核心部分，通常是一个嵌入式计算机，负责接收传感器的输入，并计算机器人应该采取的行动，然后向执行器发送指令控制机器人的运动。

(3) 执行器。它负责接收控制器发送的指令并执行机器人的动作。执行器可以是各种各样的，例如电动机、气动元件、液压元件等。执行器的类型取决于机器人的应用领域和所需的精度和力量，例如工业机器人的执行器通常使用电动机，而航空和航天机器人的执行器通常使用气动元件。

(4) 人机交互界面。它允许人类操作员与机器人系统进行交互。人机交互界面可以是各种各样的，例如触摸屏、键盘、鼠标、语音命令等。人机交互界面可以用来控制机器人的运动、调整机器人的参数、查看机器人传感器的数据等。

(5) 网络连接。它允许机器人系统通过网络与其他计算机或设备进行通信。网络连接可以用于远程控制机器人、传输机器人传感器的数据、接收远程指令等。

机器人控制架构是一个复杂的系统，它由很多部分组成，这些组成部分紧密协作，以实现机器人的运动和行为控制。

8.2.3 控制策略和算法

控制策略和算法是用于控制机器人行为的计算机程序和算法。它们可以帮助机器人完成各种任务，例如路径规划、动态避障、姿态控制、抓取和操纵等。以下是一些常见的控制策略和算法。

1. PID 控制算法

PID 控制算法是用于控制机器人位置和姿态的经典算法。PID 控制器基于机器人当前的位置误差、速度误差和加速度误差，计算出一个控制量，然后将其发送给执行器。PID 控制器可以通过调整 3 个参数(比例系数、积分系数和微分系数)适应不同的应用场景。

2. 路径规划算法

路径规划算法是用于规划机器人路径的算法。这种算法的目标是找到一条从起点到终点的最短路径或最优路径。常见的路径规划算法包括 A^* 算法、D^* 算法、RRT 算法等。

3. 动态避障算法

动态避障算法是用于在机器人移动过程中避免碰撞的算法。这些算法基于机器人的传感器数据和环境模型，预测机器人的碰撞风险，并通过调整机器人的运动轨迹避免碰撞。常见的动态避障算法包括 VFH 算法、DWA 算法、MPC 算法等。

4. 强化学习算法

强化学习算法是用于训练机器人学习如何最优地完成任务的算法。强化学习算法基于机器人的行为和环境的反馈信号，通过调整机器人的行为策略最大化累积奖励。常见的强化学习算法包括 Q-learning 算法、Deep Q-network 算法、Actor-Critic 算法等。

5. 视觉控制算法

视觉控制算法是一种用于控制机器人姿态和位置的算法。这些算法基于机器人的视觉传感器数据，例如摄像头和激光雷达，计算出机器人的姿态和位置信息，并将其发送给执行器。常见的视觉控制算法包括视觉伺服算法、视觉里程计算法等。

控制策略和算法是机器人控制系统中非常重要的组成部分。它们可以帮助机器人完成各种任务，提高机器人的性能和自主性。不同的应用场景和任务需要不同的控制策略和算法实现最佳效果。

8.2.4 通信协议

为了实现机器人控制，需要在控制器和各子系统之间进行数据通信。常见的通信协议有以下几种。

1. ROS 通信协议

ROS(Robot Operating System，机器人操作系统)是一种流行的机器人开源软件平台，它提供了一套通信协议，用于在机器人系统内部进行通信。ROS 通信协议基于 TCP/IP 协议栈，使用了 ROS 自己的消息格式，例如 ROS topic、ROS service 和 ROS parameter 等。

2. CAN 总线通信协议

CAN(Controller Area Network，控制器局域网)总线是一种广泛应用于汽车和工业领域的通信协议。CAN 总线通信协议基于一种分布式的消息传递机制，支持多个设备之间进行实时通信。CAN 总线通信协议主要用于控制机器人的传感器和执行器等外部设备。

3. 以太网通信协议

以太网通信协议是一种基于 TCP/IP 协议栈的通信协议，它广泛应用于计算机和网络设备之间的通信。以太网通信协议适用于机器人系统中需要进行大量数据传输和处理的场景，例如机器人视觉系统和控制系统之间的通信。

4. Modbus 通信协议

Modbus 是一种广泛应用于工业自动化领域的通信协议，它基于串行通信和 TCP/IP 通信的方式，用于在控制器和各子系统之间进行通信。Modbus 通信协议支持多种数据格式和数据传输方式，例如二进制数据、ASCII 数据和 RTU 数据等。

5. MQTT 通信协议

MQTT(Message Queuing Telemetry Transport，消息队列遥测传输)是一种轻量级的、基于发布/订阅模式的通信协议，它适用于机器人系统中需要进行实时数据传输和控制的场景。MQTT 通信协议支持多种消息格式和消息传输方式，例如 JSON 格式和二进制格式等。

以上是机器人控制中常见的通信协议。针对不同的应用场景和需求，需要选择适合的通信协议，以确保通信的可靠性、高效性和安全性。

8.2.5 机械臂视觉分拣实验

1. 理论回顾

本实验学习 AI+智能分拣实训平台的基本操作。该平台基于机器视觉技术和机器人智能控制技术实现工业机械臂的智能识别和分拣。图 8-8 是该平台的外观和主要组成部分。

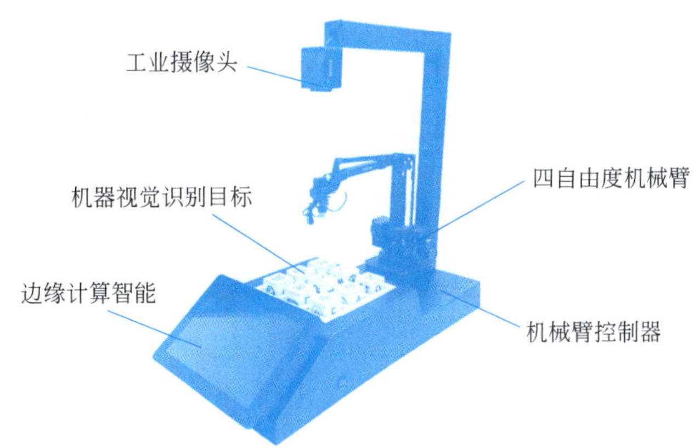

图 8-8 AI+ 智能分拣实训平台的外观和主要组成部分

AI+智能分拣应用架构如图 8-9 所示。

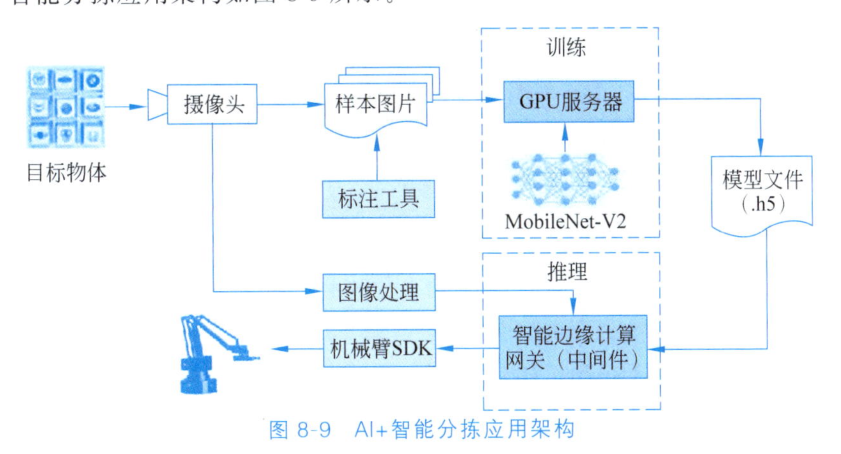

图 8-9 AI+智能分拣应用架构

AI+智能分拣应用包括两大部分：

（1）训练部分。该部分利用深度学习和机器视觉算法，对目标物体图像进行采集、转换和分割等处理，然后基于卷积神经网络等深度学习技术，在GPU服务器上进行训练，训练完成后生成机器视觉识别模型文件。

注意：这一部分内容需要GPU服务器等计算资源，本实验不涉及。

（2）推理部分。该部分基于训练好的机器视觉识别模型，在智能边缘计算网关上运行深度学习框架，加载该模型，然后对摄像头采集的目标物体图像进行实时推理识别，根据识别结果，转换为机械臂的控制坐标，控制机械臂完成目标物体抓取。

2. 实验目标

（1）熟悉AI+智能分拣实训平台的基本原理和操作。

（2）熟悉AI+智能分拣应用的框架设计和模块组成。

3. 实验环境

硬件环境：Pentium处理器，双核，主频2GHz以上，内存4GB以上。

操作系统：Ubuntu 16.04 64位操作系统。

实验器材：AI+智能分拣实训平台。

实验配件：应用扩展模块。

4. 实验步骤

1）设备通电

开启总开关。总开关在分拣台的侧面，如图8-10所示。

图8-10　开启总开关

2）启动智能边缘计算网关

智能边缘计算网关使用双系统模式，平台自身安装了Android系统，TF卡中安装了Ubuntu 16.04系统。只需要将TF卡从网关的TF卡槽中拔出再开机，便会进入Android系统；将TF卡插入TF卡槽中再开机，便会进入Ubuntu 16.04系统。已插入TF卡的情况如图8-11所示。

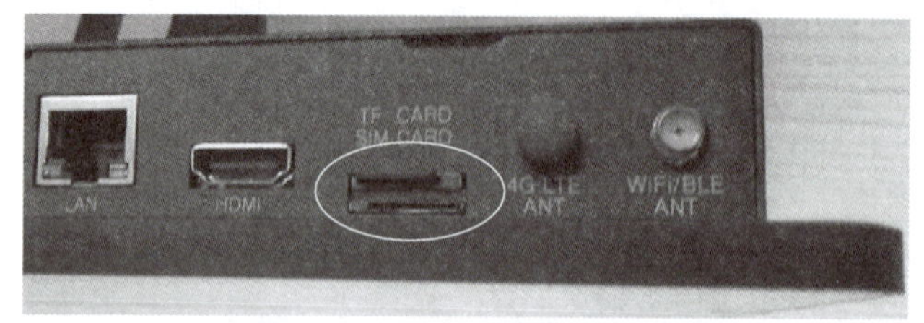

图8-11　已插入TF卡的情况

按下智能边缘计算网关背面的开关，启动系统。开关位置如图8-12所示。

按下开关后即可进入Ubuntu 16.04系统。平台启动后的界面如图8-13所示。

图 8-12　智能边缘计算网关的开关位置

图 8-13　平台启动后的界面

3）启动机械臂

在启动机械臂前，需要将机械臂手动调节到如图 8-14 所示的位置。

机械臂开机按钮在机械臂底座上，如图 8-15 所示。

图 8-14　机械臂启动前的位置

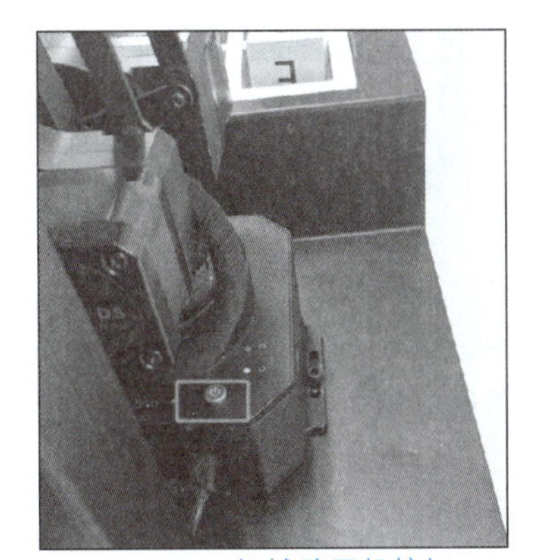

图 8-15　机械臂开机按钮

4）启动智能分拣程序

在 AI+智能分拣实训平台的桌面双击“智能分拣”图标，启动智能分拣程序。

等待片刻，当弹出如图 8-16 所示的窗口时，说明智能分拣程序已经启动。

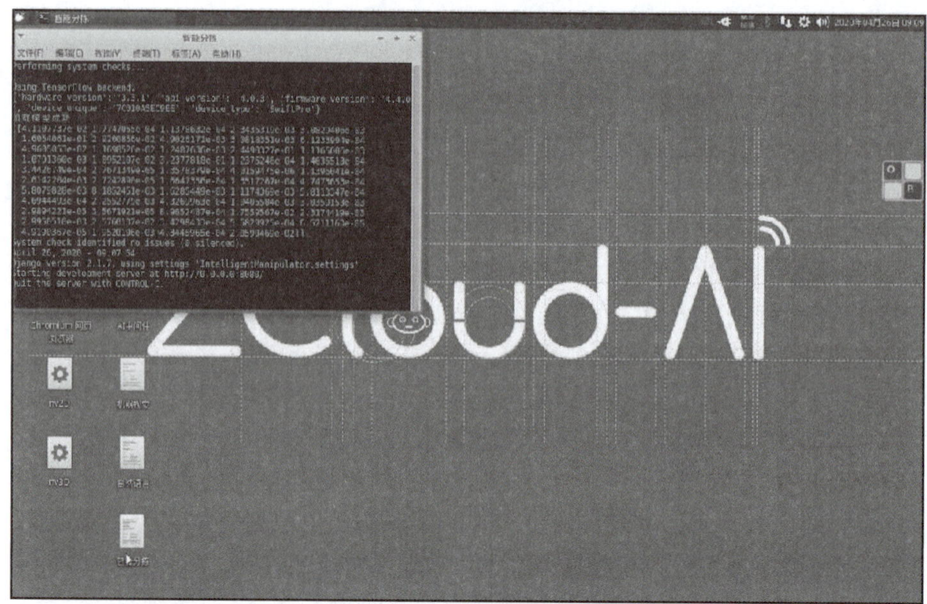

图 8-16　启动智能分拣程序

打开浏览器，输入地址 127.0.0.1:8080，如图 8-17 所示。

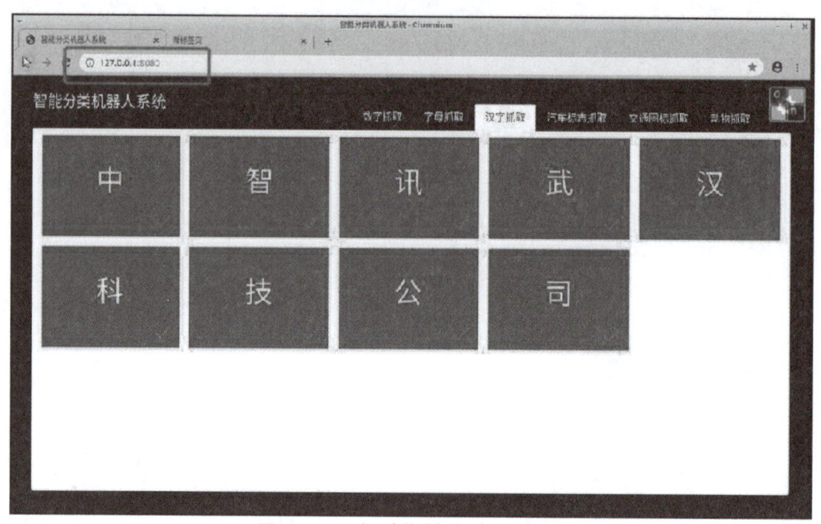

图 8-17　在浏览器中输入地址

然后单击大类中的小目标，当摄像头拍摄的图像被识别正确之后，平台会获取目标的位置，机械臂会抓取目标。

5. 拓展实验

尝试不同的目标物体图像类别，如抓取数字和实物图像。

6. 常见问题

（1）如果机械臂启动时初始位置不正确，就会导致机械臂无法启动。

（2）如果环境光线太强，目标物体反光严重，就会导致视觉识别失败。

8.3 机器人操作系统概述

本节以 ROS 为例介绍机器人操作系统。ROS 是一个用于简化机器人软件开发的灵活框架。本节讨论其主要组件、功能和如何利用它开发机器人应用程序。

如果机器人只有传感器和驱动器,机械臂也不能正常工作。其原因是传感器输出的信号无法起作用,驱动电动机也得不到驱动电压和电流。所以机器人需要由硬件和软件组成的控制系统。

机器人控制系统的功能是接收来自传感器的检测信号,根据操作任务的要求,驱动机械臂中的各台电动机,使机械臂运动。

8.3.1 ROS 简介

ROS 并不是传统意义上的操作系统,而是一个用于机器人软件开发的开源框架,提供了一套软件库和工具,帮助开发人员更容易地创建复杂而强大的机器人应用程序。ROS 的主要目标是使软件在不同机器人平台之间复用变得更加容易,从而降低开发成本,提高效率。

ROS 的设计目标是便于智能机器人研发过程中的代码复用,因此 ROS 采用开源的方式维护整个系统,即通过现有的 ROS 加快智能机器人系统的研发,并为这些研发工作提供完善且丰富的工具,从而使得开发人员可以有能力开发任何智能机器人。与此同时,与开源社区保持紧密的互动可以为 ROS 提供丰富且可用的第三方功能包,从而进一步丰富智能机器人所需的开发工具,实现系统闭环。ROS 的生态如图 8-18 所示。

图 8-18　ROS 的生态

ROS 采用了一种分布式的方式组织各功能包,每个功能包可以独立设计和研发,然后以松散的方式进行集成,且保持即插即用的便携性。在 ROS 中,所有可执行的程序都被称为节点(node),并且它的功能不受任何形式的限制,从简单的 hello world 程序,到各类传感器数据的采集程序,以及带识别功能的摄像头程序,都可以是一个节点,各节点之间通过 ROS 提供的消息传递机制进行通信,包括点对点的数据通信、单点对多点的数据通信以及多点对单点的数据通信。ROS 主要有 3 方面的特点:

(1) 分布式架构。ROS 将每个工作进程都看作一个独立的节点,并使用节点管理工具进行统一管理,还为这些节点提供了一套完整且高效的消息传递机制。这种架构可以把复杂的机器人系统分散为一个个独立且精巧的程序,从而以即插即用的方式进行功能拼装,以满足不同类型的机器人协同工作的需要,此外,分布式架构的实现中大量采用套接字(socket)进行通信,使得这些节点既可以运行在 STM32 这类单片机系统上,也可以运行在树莓派这类计算设备上,还可以运行在大型服务器系统上,甚至可以运行在安卓等系统上。

(2) 多语言支持。由于 ROS 采用分布式架构,因此对于 ROS 节点来说,只要硬件平台支持套接字,就可以在该平台上实现节点功能。也因为这个原因,节点程序可以使用任何语言编写，因此ROS在许多功能上采用XML这类和编程语言无关的脚本实现。此外，ROS还支持多种现代编程语言，例如C++、Python等。

(3) 良好的可伸缩性。在使用ROS进行智能机器人研发时，既可以简单地编写一两个节点单独运行，也可以直接使用社区贡献的功能节点。此外，通过rospack、roslaunch等指令可以将很多个节点组织成一个更为庞大的工程，并指定它们之间的依赖关系及运行时的组织形式，从而得到功能复杂的智能机器人。

8.3.2 ROS的系统分层结构

1. 软件工程角度的分层结构

从软件工程的角度看，ROS主要分为3个层次，分别是操作系统层、中间层和应用层，如图8-19所示。

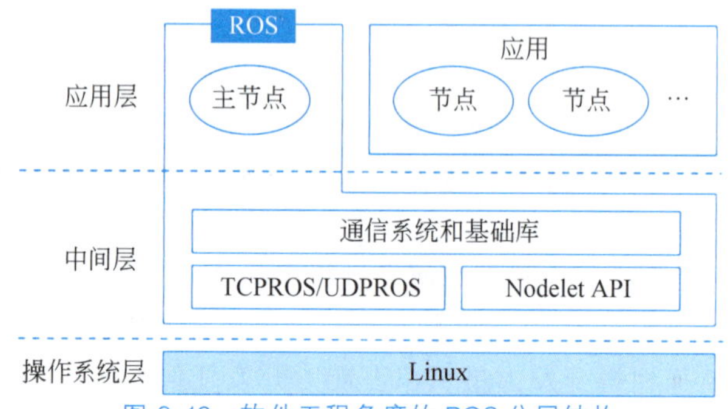

图8-19 软件工程角度的ROS分层结构

1) 操作系统层

由于ROS并不是传统意义上的操作系统，而是智能机器人软件开发工具集，因此需要由Linux、Windows这样的操作系统负责硬件抽象的支撑和资源的调度，如进程管理、内存管理等。目前，ROS1支持的操作系统是Linux，如Ubuntu、Arch、Debian等；而ROS2则除了支持Linux系统外，还支持Windows和macOS。

2) 中间层

由于操作系统具有通用性，并不会为机器人开发对应的中间件，因此ROS在通用操作系统上进行了大量的工作，其中最为重要的就是完成了基于TCP和UDP的机器人通信系统，并在此基础上完成了TCPROS和UDPROS，并实现了订阅/发布、客户/服务器等通信模型。此外，ROS还开发了大量与机器人相关的基础库，如数据类型库、机器人坐标转换库和运动控制库等，这些库为不同的机器人提供了统一的接口，而不需要应用开发人员进行重复开发。

3) 应用层

在应用层，ROS完成了整个机器人系统的核心节点——主节点(master)，并且每个可运行的智能机器人系统只有一个主节点。该节点主要负责整个机器人系统中各个节点之间的数据通信和队列调度，同时提供了标准的输入输出接口，使得应用开发人员不需要关心每个节点具体的数据通信过程，而只需要专注于节点功能的实现，提高了智能机器人开发的效率。

2. 系统实现角度的分层结构

从系统实现的角度看，ROS也可以分为3个层次，分别是计算图、文件系统和开源社区,如图 8-20 所示。

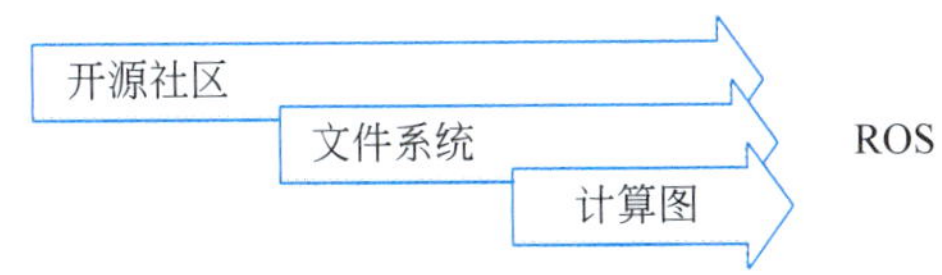

图 8-20 系统实现角度的 ROS 分层结构

1) 计算图

所谓计算图,是以离散数学中的图命名的,即每个功能节点是图中的一个顶点,节点之间既可以双向通信,也可以单向通信,如图 8-21 所示。

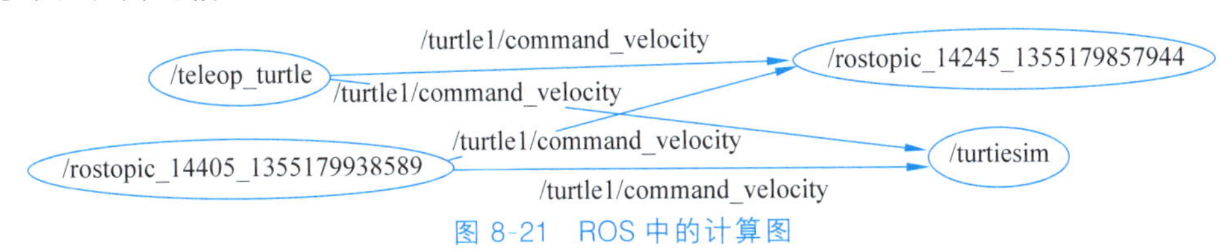

图 8-21 ROS 中的计算图

节点之间的数据采用消息(message)的方式进行传递,并且消息中的数据以固定的结构进行组织,除了支持基本的数据类型(如整型等)以外,还支持嵌套的数据类型以及自定义的数据类型。而节点之间有 3 种连接方式,第一种是订阅/发布,第二种是客户/服务器,第三种是动作(action)。

2) 文件系统

一个完整的智能机器人系统包含众多的功能节点,而每个节点又包含许多的消息、服务、功能代码等,因此 ROS 必须制定一套文件系统的规则,以组织这些功能节点及其中的功能文件。在 ROS 中,首先需要有一个工作空间(workspace),该空间中存放源代码(src 文件夹)、编译的过程文件(devel 文件夹),以及编译完成的目标文件(build 文件夹),而在源代码文件夹中又存放了各功能节点,这些功能节点以功能包(package)的形式存在,在每个功能包中又包含了消息类型(msg 文件夹)、服务类型(srv 文件夹)、功能源代码(src 文件夹)等。ROS 的文件系统结构如图 8-22 所示。

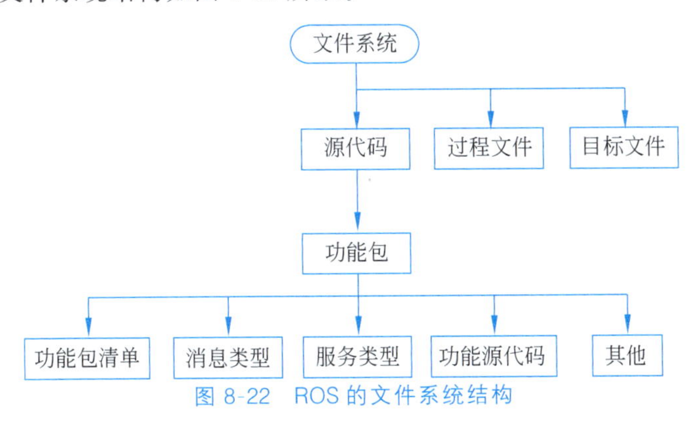

图 8-22 ROS 的文件系统结构

3) 开源社区

ROS 的开源社区非常活跃,并且提供了丰富的资源,包括众多可用的功能包以及智能机器人的开发知识。其中,功能包通过几条简单的指令就可以获取、集成和使用,而知识则通过邮件列表、论坛、博客等形式获取。具体来说,ROS 开源社区主要有 6 方面功能,分别是定期的ROS新版发行、软件源的维护、ROS Wiki、邮件列表、ROSAnswer以及博客。ROS开源社区资源组织形式如图8-23所示。

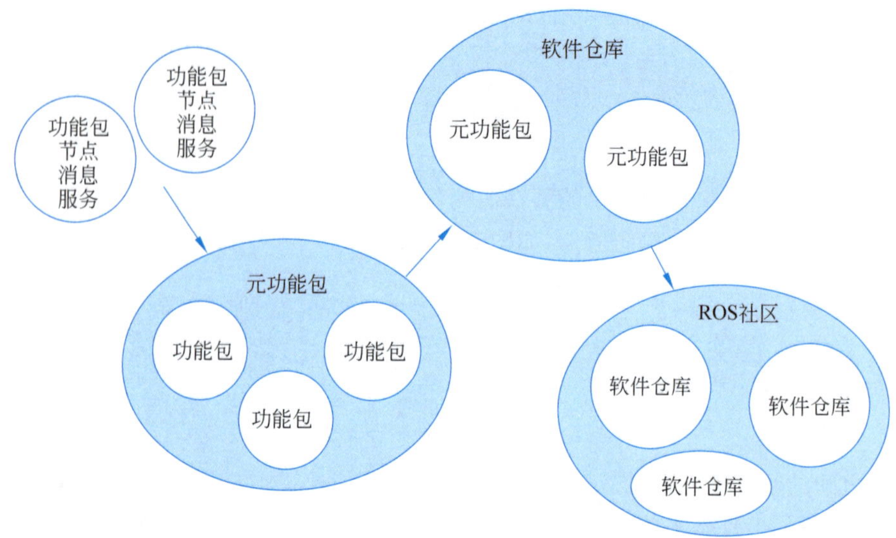

图8-23　ROS开源社区资源组织形式

8.3.3　ROS的功能

ROS是一个用于编写机器人软件的框架。它是一个可扩展的、模块化的系统，适用于各种类型的机器人。ROS提供了许多工具、库和协议，使机器人开发人员能够更轻松地创建复杂数字系统。以下是ROS的主要功能介绍以及它们的优缺点。

1. 节点

节点是ROS的基本组成单位，是独立运行的进程，负责执行特定任务，如感知、控制或规划。节点可以跨多台计算机进行分布式计算，提高了系统的可扩展性和性能。

优点：模块化设计，使得系统易于扩展，便于维护。

缺点：节点间通信可能会增加延迟。

2. 消息传递

节点通过发布/订阅模型进行通信，发布者(publisher)节点向特定主题(topic)发送消息，订阅者(subscriber)节点接收这些消息。这种方法支持松耦合设计，节点可以独立地更新或替换。

优点：支持松耦合设计，提高了系统的灵活性。

缺点：消息序列化和传输可能会引入性能开销。

3. 服务

服务采用同步通信方式，节点可以请求处理特定任务并等待结果。服务允许实现请求/响应模式。

优点：适用于需要即时响应的任务。

缺点：请求/响应模式可能会阻塞其他操作，降低系统的并行性能。

4. 参数服务器

参数服务器是一个用于存储全局参数的中心化数据库。节点可以从参数服务器获取配置信息，以便在不修改代码的情况下调整系统行为。

优点：简化了参数管理，便于调试和优化。

缺点：中心化设计可能成为性能瓶颈。

5. 包和工作空间

ROS 使用包和工作空间组织代码和资源。包是一个包含代码、配置文件和数据的文件夹。工作空间是包含一个或多个包的文件夹。

优点：采用结构化的代码组织方式，便于版本控制和协作开发。

缺点：需要开发者熟悉 ROS 的文件结构和命令行工具。

6. RViz 和 Gazebo

ROS 集成了可视化工具 RViz 和仿真工具 Gazebo。RViz 可用于查看传感器数据、机器人状态和规划结果。Gazebo 是一个 3D 动力学仿真器，用于在虚拟环境中测试和验证机器人行为。

优点：提供了强大的可视化和仿真能力，有助于快速开发和测试。

缺点：对计算资源要求较高，可能需要强大的硬件支持。

ROS 提供了许多功能，使得机器人开发变得更加容易。但与此同时，它也引入了一些复杂性，需要开发者熟悉其概念和工具。总体来说，在大多数情况下，ROS 的优点超过了其缺点，使其成为机器人开发领域的事实标准。

8.4 机器人智能应用

机器人智能应用的主要领域是工业、医疗、家庭和娱乐。

1. 工业领域

机器人在工业领域的应用非常广泛。它们能够执行重复性任务，提高生产效率和质量，并减少人员受伤的风险。例如，机器人可以在制造过程中进行装配、焊接、喷涂等操作，还可以完成物流和仓储管理等任务。

2. 医疗领域

机器人在医疗领域的应用也越来越广泛。它们能够执行复杂的手术，例如心脏手术和神经外科手术。机器人手术可以提高手术成功率，并缩短患者的恢复时间。此外，机器人还可以用于康复治疗和辅助生活等方面。

3. 家庭和娱乐领域

机器人在家庭和娱乐领域的应用也越来越普遍。例如，智能家居中的机器人可以控制家庭设备和家庭安全系统。在娱乐方面，机器人可以提供各种娱乐活动，例如玩具机器人和虚拟助手。

8.5 工业机器人

本节介绍工业机器人，它是一种广泛应用于制造业的自动化设备。本节探讨工业机器人的定义与分类、结构、控制方法和应用领域。

8.5.1 工业机器人的定义与分类

工业机器人诞生于 1954 年,美国工程师 George Devol 设计了第一个工业机器人 Unimate,如图 8-24 所示。Unimate 通过一个机械臂能够运输压铸件并将其焊接到位。

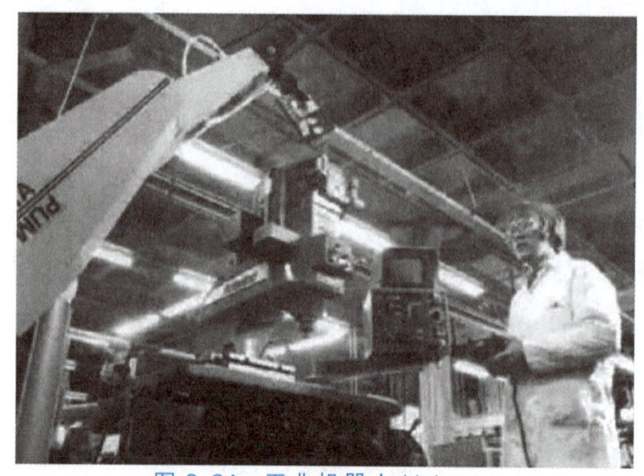

图 8-24 工业机器人 Unimate

1961 年,工业机器人率先在通用汽车公司的生产车间投入使用。随后,工业机器人下游应用日趋广泛,逐渐延伸至汽车、电子电气、金属制品、化学橡胶塑料、食品制造等行业。

工业机器人是一种具有多自由度、可编程的自动化设备,用于执行生产过程中的各种任务。根据结构类型和功能,工业机器人可分为以下 5 类。

1. 固定式机器人

固定式机器人通常用于在一个固定的工作区域内执行重复性或高精度任务,例如装配、焊接、喷涂和打磨等。固定式机器人的臂长可以是固定的或可调节的,它们通常由几个关节组成,可以在不同的方向上移动。

2. 移动式机器人

移动式机器人可以在工厂或仓库中自由移动,以执行不同的任务。它们通常配备传感器和导航系统,以便能够安全地避开障碍物。移动式机器人可以在不同的地方执行任务,例如搬运、包装和分拣等。

3. SCARA

SCARA(Selective Compliance Assembly Robot Arm)意为选择顺应性装配机器人手臂,其名称来源于其能够在一个水平平面内进行操作的特性,如图 8-25 所示。SCARA 通常由两个旋转关节和一个直线关节组成,可以完成一系列装配和操作任务。它们通常用于装配小型零件(例如电子元件)和精密仪器。

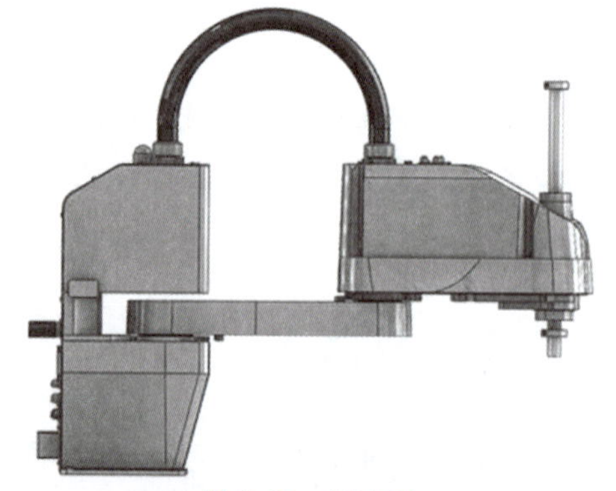

图 8-25 SCARA

4. Delta 机器人

Delta 机器人是一种高速、高精度的机器人,通常用于快速、精确地执行装配任务。这种机器人由 3 个或更多关节组成,可以在三维空间内操作,如图 8-26 所示。Delta 机器人通常用于装配和操作小型零件(例如电子元件)和食品。

5. 协作机器人

协作机器人可以与人类一起工作,它们可以根据人类的动作和指令进行操作,以帮助人类完成任务,如图 8-27 所示。协作机器人通常被设计为具有充分的安全性,以避免与人类发生碰撞并造成伤害。它们通常用于装配、包装和分拣等任务,可以大大提高生产效率和安全性。

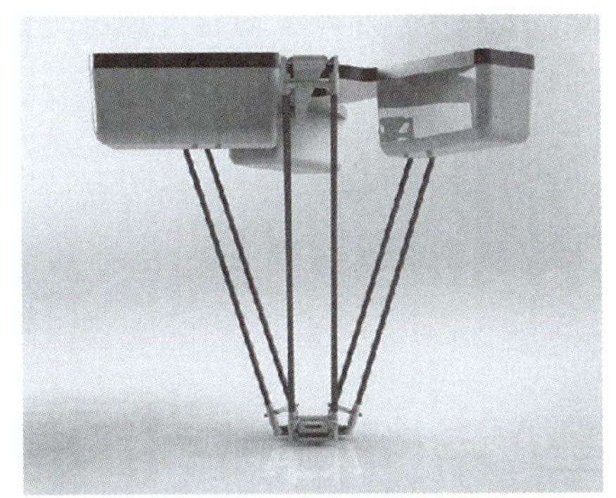

图 8-26 Delta 机器人

图 8-27 协作机器人

除了以上几种机器人,还有其他一些类型的工业机器人,例如人形机器人和红外线机器人等。这些机器人可以根据不同的任务和应用需求进行定制和设计。

8.5.2 工业机器人的结构

工业机器人在结构上通常包括以下几个组成部分。

1. 机械臂

机械臂是工业机器人的主体部分,通常由多个关节组成,具有灵活的运动能力。机械臂的关节可以是旋转关节或线性关节,通过电机或液压系统控制。

2. 控制系统

控制系统是工业机器人的大脑,负责控制机械臂的动作和运动轨迹。控制系统通常由计算机、控制器和软件组成,可以通过编程指令控制机械臂的运动和操作。

3. 传感器

传感器是工业机器人的重要组成部分,可以帮助机械臂感知周围环境以及物体的位置、形状和大小等信息。传感器可以是视觉传感器、力传感器和位置传感器等,可以帮助机械臂更精确地执行任务。

4. 工具和末端执行器

工具和末端执行器是机械臂的附属部分,它们可以根据不同的任务和应用需求进行更换和定制。工具可以是夹具、钻头、喷枪和磨削头等,末端执行器可以是夹爪、吸盘和旋转器等。

5. 电源和传输系统

电源和传输系统是工业机器人的动力来源,它们可以为机械臂提供电力、液压和气压等形式的动力。电源和传输系统通常包括电缆、油管和气管等,可以将能源传输到机械臂和工具等部件。

上述组成部分共同构成了工业机器人的结构，各组成部分都可以根据不同的任务和应用需求进行定制和设计。

8.5.3 工业机器人的控制方法

工业机器人的控制方法通常可以分为以下 5 种。

1. 位置控制

位置控制是一种基础的控制方法，即控制机械臂的关节位置和运动轨迹。位置控制通常通过编程指令实现，可以将机械臂移动到预定的位置和方向上。

2. 力控制

力控制是一种高级的控制方法，它可以通过传感器检测机械臂和工具的力和压力等信息，以实现对机械臂的控制。力控制可以帮助机械臂更精确地执行任务，例如装配和打磨等。

3. 轨迹控制

轨迹控制是一种特殊的控制方法，它可以通过编程指令控制机械臂沿着特定的轨迹移动。轨迹控制通常应用于需要精确控制机械臂运动轨迹的任务，例如绘画和雕刻等。

4. 动态控制

动态控制是一种复杂的控制方法，它可以根据机械臂和工具的运动状态和周围环境的变化，实时调整机械臂的动作和运动轨迹。动态控制可以帮助机械臂适应不同的任务和环境变化，例如工件位置的变化和障碍物的出现等。

5. 学习控制

学习控制是一种智能化的控制方法，它可以通过机器学习算法和神经网络等技术自动学习和优化机械臂的控制方法。学习控制可以帮助机械臂适应更复杂的任务和环境变化，提高机械臂的自主性和灵活性。

这些控制方法既可以单独使用也可以结合使用，可以根据不同的任务和应用需求进行选择和优化。

8.5.4 工业机器人的应用领域

工业机器人是一种广泛应用于制造业的自动化设备，以下是其常见的几个应用领域。

1. 汽车制造

工业机器人在汽车制造业中应用广泛，可以用于焊接、喷漆、装配和检测等任务。它们可以帮助汽车制造商提高生产效率、降低成本和提高产品质量。汽车组装机器人如图 8-28 所示。

2. 电子制造

工业机器人在电子制造业中也有很多应用，例如贴片、印制电路板、组装和包装等。它们可以帮助电子制造商提高生产效率和质量，同时降低生产成本。

3. 食品加工

工业机器人在食品加工行业中也有很多应用，例如食品包装、分拣、装配和检测等。它们可以帮助食品加工厂商提高生产效率和质量，同时确保食品安全和卫生。装箱机器人如图 8-29 所示。

图 8-28 汽车组装机器人

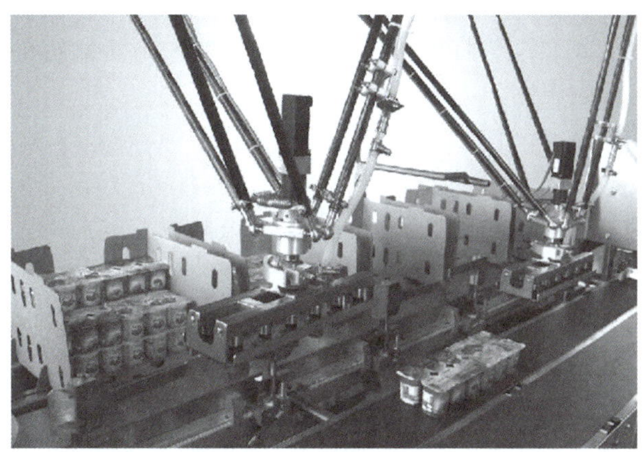

图 8-29 装箱机器人

4. 医疗器械制造

工业机器人在医疗器械制造业(例如生产人工关节、医用器械、医疗设备等的企业)中也有一定的应用。它们可以帮助医疗器械制造商提高生产效率和质量,同时确保产品的安全和精度。

5. 包装和物流

工业机器人在包装和物流领域中也有很多应用,例如物流分拣、货物搬运、包装和封箱等任务。它们可以帮助企业提高物流效率、降低成本和提高服务质量。

总之,工业机器人在制造业等领域的应用非常广泛,可以帮助企业提高生产效率、降低成本、提高产品质量和服务质量。

8.5.5 工业机器人的发展趋势

随着科技的不断进步和工业机器人市场的不断扩大,工业机器人的发展趋势主要体现在以下几方面。

1. 智能化

工业机器人将越来越智能化,可以通过人工智能、深度学习、机器视觉等技术实现自主决策、自主学习和自主优化,以更好地适应复杂的制造环境和任务需求。

2. 协作式机器人

协作式机器人是一种新型的工业机器人，它可以和人类工作在同一工作空间，实现更加灵活和高效的生产方式。协作式机器人的应用将越来越广泛。

3. 多功能化

工业机器人将越来越多地实现多功能化，可以通过更换工具和末端执行器等方式完成不同的生产任务，提高生产效率和灵活性。

4. 网络化

工业机器人将越来越多地实现网络化，可以通过云平台、物联网等技术实现远程监控、管理和维护，提高生产的可靠性和稳定性。

5. 精细化

工业机器人将越来越精细化，可以通过更高的精度、更精细的控制和更复杂的运动模式实现更高的生产质量和产品精度。

工业机器人的以上发展趋势将推动工业机器人市场的不断发展和创新。

8.6 无人驾驶

无人驾驶是一种基于人工智能技术的新型车辆控制技术，它采用自动化技术和传感器等设备，实现了车辆自主驾驶和自我导航，无须人类干预或操控。无人驾驶可以通过高精度地识别和分析周围环境的数据，如路况、行人、车辆等信息，并对这些信息做出快速而准确的反应，实现自主驾驶和避免交通事故。快递无人驾驶汽车如图 8-30 所示。

图 8-30 快递无人驾驶汽车

8.6.1 无人驾驶技术原理

无人驾驶技术的实现需要传感器、计算机、算法和控制系统等多种技术的支持和协同工作。

1. 传感器

无人驾驶汽车依赖于各种传感器获取周围环境的信息。传感器的种类包括激光雷达、摄像头、超声波雷达等。这些传感器可以精确地检测和识别周围的障碍物、道路标志和其他车辆等。激光雷达可以通过激光束扫描周围环境，并生成三维点云图，以获取高精度的环境信息。摄像头可以用来识别和跟踪其他车辆和行人等。超声波雷达可以用来检测周围障碍物的距离和速度等。

2. 计算机

无人驾驶汽车需要大量的计算资源用来处理传感器数据、规划路线和执行动作等。计算机的主要任务是将传感器数据处理成可用于决策和控制的信息。计算机还需要具备较高的计算和存储能力，以支持多个传感器的数据融合和处理，并实时生成车辆运行状态的模型。

3. 算法

无人驾驶汽车需要先进的算法实现自主驾驶和避免交通事故。这些算法包括机器学习算法、计算机视觉算法、路径规划算法和行为决策算法等。机器学习算法可以帮助车辆学习和适应新的道路和交通情况。计算机视觉算法可以帮助车辆识别和跟踪其他车辆和行人等。路径规划算法可以帮助车辆规划最佳的行驶路线。行为决策算法可以帮助车辆做出适当的反应，如加速、刹车、转向和变道等。

4. 控制系统

无人驾驶汽车需要一个完善的控制系统执行动作。控制系统需要根据传感器数据和算法输出的信息实现车辆的自主驾驶和避免交通事故。控制系统还需要具备高精度的控制能力，以保证车辆的稳定性和安全性。

8.6.2 无人驾驶技术的应用领域

无人驾驶技术的应用领域非常广，涉及交通运输、物流配送、农业、环保、城市规划等。

1. 交通运输

无人驾驶技术可以在交通运输领域得到广泛应用。在道路交通领域，无人驾驶技术可以帮助减少交通拥堵、降低交通事故率、提高交通效率和节能减排。在轨道交通和航空领域，无人驾驶技术可以提高交通运输的安全性和效率，减少人为操作的误差和事故。

2. 物流配送

无人驾驶技术可以帮助物流配送行业实现自动化和智能化，提高配送效率和降低成本。例如，无人驾驶车辆可以在仓库和物流中心之间自动运输货物，无须人工干预。无人机配送也是无人驾驶技术在物流配送领域的重要应用之一。

3. 农业

无人驾驶技术可以帮助农业实现自动化和智能化。例如，无人驾驶农机可以自动完成农田的浇灌、施肥和收割等工作，提高农业生产效率和质量，如图 8-31 所示。此外，无人机也可以用于植保、灾害监测等方面。

图 8-31 无人驾驶农机

4. 环保

无人驾驶技术可以用于环境监测和清理。例如，无人艇可以用于海洋垃圾的清理，无人机可以用于森林火灾的监测和灭火。

5. 城市规划

无人驾驶技术可以帮助城市规划实现智能化和可持续发展。例如，无人驾驶车辆可以在城市中自动驾驶，减少交通拥堵和空气污染。此外，无人驾驶技术也可以用于城市公共交通系统的优化和智能化。采用无人驾驶技术的立体智能交通系统——比亚迪云巴如

图 8-32 所示。

图 8-32 比亚迪云巴

8.6.3 无人驾驶技术的发展趋势

无人驾驶技术是未来汽车产业的重要发展方向，其发展趋势主要包括以下几方面。

1. 自动驾驶技术不断提升

随着科技的不断进步，无人驾驶技术的自动驾驶能力将不断提升。未来的无人驾驶车辆将拥有更高级别的自动驾驶能力，具备更高的智能化和自主化程度，实现更高的自主决策和行驶安全性以及更高的适应性和可靠性。

2. 传感器和算法技术不断优化

无人驾驶技术离不开传感器和算法技术的支持，未来传感器技术和算法技术将不断优化。传感器技术将更加精准和高效，能够更好地感知周围环境。算法技术将更加智能和高效，能够更好地规划路径和做出决策，提高无人驾驶车辆的行驶安全性和效率。

3. 智能交通系统的发展

无人驾驶技术的应用需要与智能交通系统配合，未来智能交通系统将不断完善和发展。智能交通系统将通过信息化和网络化手段，在提高交通流量、减少交通拥堵、降低交通事故率等方面发挥更重要的作用。同时，智能交通系统也将更好地支持无人驾驶车辆的自主驾驶和智能化。

4. 无人驾驶汽车的商业化应用

无人驾驶技术的商业化应用将成为未来的重要发展方向。随着无人驾驶技术的不断发展和应用，无人驾驶汽车将逐渐成为商业化应用的主要形式。例如，无人驾驶车辆可以用于网约车、物流配送、城市公共交通等领域，为人们提供更加智能、高效和便利的出行服务。

8.7 无人机

无人机(Unmanned Aerial Vehicle，UAV)也称无人飞行器，是一种通过遥控或自主导航系统进行飞行的航空器，如图 8-33 所示。近年来，无人机在军事、监测、农业、物流、影像采集等多个领域得到了广泛应用。本节介绍无人机的分类、技术发展及其在人工智能领域的应用。

图 8-33 无人机

8.7.1 无人机的分类

无人机通常通过遥控器、计算机程序或自主飞行方式进行控制。

根据其设计目的和用途，无人机可以分为以下 6 种类型。

1. 固定翼无人机

固定翼无人机(Fixed-wing UAV)的设计类似于传统的飞机，通常采用翼展较大的机翼和尾翼提供升力和控制，主要用于长时间、高速度的侦察或监测任务，如图 8-34 所示。

2. 旋翼无人机

旋翼无人机(rotorcraft UAV)通常采用一个或多个旋转的螺旋桨提供升力和控制，包括直升机和多旋翼无人机。它们通常用于需要垂直起降或悬停的任务，如空中摄影或救援，如图 8-35 所示。

图 8-34 固定翼无人机

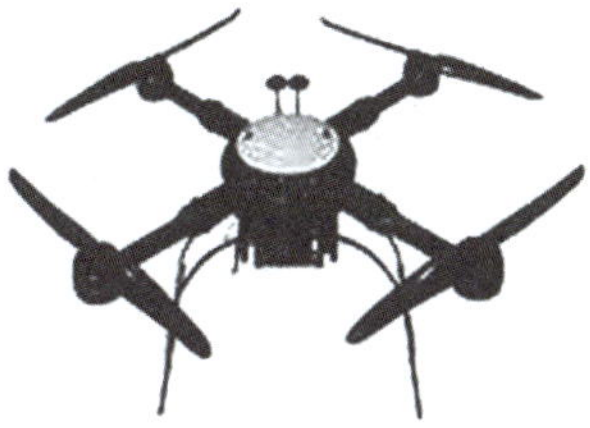

图 8-35 旋翼无人机

3. 混合动力无人机

混合动力无人机(hybrid UAV)结合了固定翼和旋翼的特点，通常采用可以在空中转换飞行模式的机身设计。它们通常用于需要长时间空中停留和高速度飞行的任务。

4. 固定翼垂直起降无人机

固定翼垂直起降无人机(VTOL UAV)可以在垂直起降和水平飞行之间转换，通常采用具有可变角度的机翼和螺旋桨实现。它们通常用于需要快速反应和灵活机动的任务，如军事侦察或监视，如图 8-36 所示。

图 8-36 固定翼垂直起降无人机

5. 水上无人机

水上无人机也称无人水面艇(Unmanned Surface Vessel, USV)，可以在水中自主飞行，通常采用船体设计和推进器实现。它们通常用于海洋和水下环境的监测和勘测。

以上是常见的无人机分类。随着技术的不断发展，未来还将出现更多新型无人机。

8.7.2 无人机技术发展

无人机技术自 20 世纪初诞生以来，经历了以下几个发展阶段。

(1) 早期发展阶段。20 世纪初，无人机主要用于军事侦察和攻击任务。这些无人机采用简单的机械设计和遥控系统，飞行时间和精度有限。

(2) 现代化发展阶段。20 世纪 90 年代，随着计算机和传感器技术的进步，无人机开始进入现代化发展阶段。这个阶段的无人机具有更高的飞行时间和精度,能够执行更广泛的任务,包括侦察、监视、搜索和救援等。

(3) 智能化发展阶段。21 世纪初,随着人工智能和自主控制技术的进步,无人机开始进入智能化发展阶段。这个阶段的无人机能够自主地规划和执行任务,具有更高的智能和自主性。

当前无人机技术的发展方向有以下几方面:

(1) 智能化技术。无人机正在迅速发展成为一种智能化的机器人,能够自主地进行任务规划、控制和执行,具有更高的智能性和自主性。

(2) 联网技术。无人机与互联网和其他无人机形成联网,实现信息共享和协同作战,提高任务效率和安全性。

(3) 新型动力技术。无人机采用新型动力技术,如太阳能、燃料电池和氢气等,实现更长的飞行时间和更高的效率。

(4) 机身设计。无人机的机身设计不断创新,包括可变形机翼、可折叠机身和垂直起降机身等,实现更高的灵活性和效率。

无人机的技术发展经历了多个阶段,从最初的遥控飞行器到现在的自主导航飞行器。随着计算能力的提升和传感器技术的进步,人工智能技术在无人机中越来越多地得到利用,主要表现在以下 3 方面:

(1) 自主导航。这是无人机的核心技术之一,利用全球定位系统(Global Positioning System,GPS)、惯性导航系统(Inertial Navigation System,INS)和其他传感器实现无人机的定位、速度和姿态控制。近年来,通过深度学习等人工智能技术,无人机可以实现更高级的导航功能,例如视觉惯性里程计(Visual Inertial Odometry,VIO)和视觉 SLAM (Simultaneous Localization and Mapping,同时定位与地图构建)。

(2) 目标检测与识别。无人机在监测、侦察等任务中需要对地面目标进行检测和识别。通过深度学习技术,无人机可以实现实时的目标检测、跟踪和识别,例如对车辆、行人、建筑物等目标进行精确识别。

(3) 任务规划与执行。无人机的任务规划与执行需要考虑多种因素,如飞行路线、避障、能源消耗等。人工智能技术可以帮助无人机进行智能的路径规划和动态调整,以满足不同任务的需求。

8.7.3 无人机在人工智能领域的应用

无人机在人工智能领域有着广泛的应用,以下是其中一些例子:

(1) 自主飞行。无人机可以使用人工智能技术实现自主飞行,包括自主起飞、飞行、降落和避障等功能。通过使用深度学习和计算机视觉技术,无人机可以识别和避免障碍物,甚至可以在室内或密林等复杂环境中自主飞行。

(2) 搜索和救援。无人机可以搭载各种传感器和摄像头,利用人工智能技术实现搜索和救援任务。例如,在灾难现场,无人机可以使用计算机视觉技术识别受困者的位置,并通过无线电通信向救援人员发送信息。

(3) 农业和林业。无人机可以使用人工智能技术实现智能化的农业和林业管理。例如,无人机可以使用计算机视觉技术检测植物的健康状况,从而帮助农民和林业工作者及时采取措施防治病虫害。

(4) 物流和交通。无人机可以使用人工智能技术实现智能化的物流和交通管理。例如,无人机可以使用深度学习和计算机视觉技术实现自主送货和物流配送,甚至可以在城市中自主飞行,缓解交通拥堵。

(5) 安全监控。无人机可以使用人工智能技术实现智能化的安全监控。例如,在物流仓库或监狱等场所,无人机可以使用计算机视觉技术监控区域内的安全情况,发现异常情况并及时报警。

8.7.4 未来展望

随着无人机技术和人工智能技术的不断发展,未来无人机将在更多领域得到应用。无人机将成为智慧城市、智能交通、智能安防等领域的重要组成部分。同时,无人机的技术进步也将推动无人驾驶、机器人等其他智能设备的发展。以下是无人机发展的几个新方向:

(1) 无人机交通管理。随着无人机数量的增加,未来的空中交通管理将面临挑战。因此,需要建立一个有效的无人机交通管理系统,确保安全和高效的空中运输。

(2) 无人机与5G通信技术的融合。新一代通信技术将带来更高的传输速率和更低的延迟,这将进一步提高无人机的实时控制和数据处理能力。

(3) 无人机群体协同。未来的无人机系统将更多地依赖于群体协同,实现多架无人机之间的通信与协作,以完成更复杂的任务。

(4) 无人机与人类的互动。无人机将与人工智能、机器人技术、虚拟现实等领域的发展相结合,为人类带来更加智能和互动的体验。

随着无人机技术的普及,它在未来将面临更多法律和伦理挑战。例如,如何确保无人机在不侵犯个人隐私和安全的情况下被合理使用,以及如何防止无人机被用于非法活动等。因此,建立一套完善的法律和伦理框架将成为未来无人机发展的重要任务。

8.8 本章小结

本章介绍了机器人的基本概念、控制技术、操作系统以及在各个领域的应用。

本章首先对机器人的概念进行了定义,并介绍了机器人的分类、基本组成和人工智能技术在机器人技术中的应用。

接着,详细讲解了机器人控制技术。基于感知的控制技术允许机器人感知环境并做出相应的反应,从而增强机器人的自主性和适应性。

ROS是一个用于机器人软件开发的强大框架。ROS提供了一系列工具和库,用于编写、测试和部署机器人应用程序。

工业机器人通常用于自动化生产线上的任务,具有高度精准和高效率的特点。本章讨论了工业机器人的结构、控制方法和应用领域,以及它们在制造业中的重要作用。

无人驾驶技术是当今人工智能领域的一个热门话题,它正在不断革新交通行业。本章介绍了无人驾驶汽车使用的传感器技术,以及如何通过定位和路径规划实现无人驾驶功能。

最后,本章介绍无人机的类型、应用和无人机飞行控制技术。无人机在航空摄影、农业、物流和灾害监测等领域具有广泛的应用。

8.9 习题

1. 简述机器人的定义和历史发展。
2. 列举并简要介绍 3 种机器人控制技术。
3. 简要介绍 ROS 及其作用。
4. 简述机器人在现实生活中的 3 个应用场景，并说明机器人在这些场景中的作用。
5. 简述工业机器人的结构、控制方法和应用领域。
6. 简述无人驾驶汽车的核心技术。
7. 简述无人机的类型、应用和飞行控制技术。

第9章 人工智能伦理与安全

学习目的与要求

本章讨论人工智能伦理与安全问题。通过学习本章的内容，读者应了解人工智能伦理、机器人伦理、人工智能安全和人工智能法律等方面的重要概念和问题。为应对人工智能技术发展中的伦理和安全挑战打下基础。

9.1 人工智能伦理

谈到人工智能时，伦理问题是不可回避的，尤其是现在以OpenAI的ChatGPT为代表的聊天机器人程序已经颠覆了人们以往对于人工智能的认知。在这样的人工智能发展背景下，人类应该扮演什么样的角色？人工智能将如何改变我们的生活？我们应该怎样解决可能发生的问题？

本节介绍人工智能伦理问题的主要方面，并探讨如何解决这些问题。

9.1.1 人工智能与就业问题

随着自动化和机器学习技术的发展，许多工作可能会由机器完成。这将对许多人的生活产生影响，因此需要考虑人工智能与就业问题。

1. 机器取代人类工作的趋势

随着人工智能技术的发展，越来越多的工作可以由机器或软件程序完成。例如，在制造业中，机器人可以执行重复性任务，从而取代人类工人；在服务业中，自动化系统可以处理客户服务请求，从而取代人类客服代表；在金融业中，自动化交易系统可以快速高效地完成交易，从而取代人类交易员。这表明机器取代人类工作成为一种趋势。

2. 失业问题的影响

机器取代人类工作的趋势可能会导致失业问题凸显。这将对许多人的生活产生影响，尤其是那些从事重复性工作或低技能工作的人。失业问题还可能导致贫困、社会不稳定和心理健康问题等。

此外，失业还会带来一系列经济影响。例如，失业人口将无法贡献税收，这可能会导致政府的财政收入下降。此外，失业人口还需要获得教育、培训和福利等支持，这可能会增加政府的支出。

3. 如何帮助受到影响的人

为了帮助那些受到失业影响的人，需要采取一些措施帮助他们重新就业。以下是一些可能的解决方案：

（1）提供教育和培训。为受失业影响的人提供教育和培训，以便他们获得新的技能和知识，有助于他们在新兴的行业和领域中找到新的工作。

（2）支持创业。政府可以提供资金和资源，支持受影响的人创业，鼓励人们自主择业。

（3）实施社会保障政策。政府可以提供失业救济金或采取其他福利措施，帮助受影响的人渡过难关。

（4）推动经济增长。政府可以采取措施推动经济增长，创造新的就业机会，从而减少失业率。

9.1.2 人工智能与隐私问题

许多人工智能系统都需要访问个人数据，这可能会导致个人隐私泄露。因此，需要对人工智能系统的数据使用进行监管，并确保数据的安全性和隐私性。

1. 人工智能系统对隐私的威胁

人工智能系统需要大量的数据来训练和优化算法，这些数据包括个人身份信息、健康记录、社交媒体活动、网络浏览历史等。如果这些数据被黑客或不法分子窃取，可能会导致身份盗窃、信用卡诈骗、网络钓鱼等问题。另外，人工智能系统也可能会对个人隐私造成威胁，例如通过人脸识别技术进行追踪和监视、通过语音识别技术收集个人语音数据等。

2. 监管和保护数据隐私的方法

为了保护个人隐私，需要采取一系列措施来监管和保护数据隐私。以下是一些可能的方法。

1）限制数据的访问权限

为了保护个人隐私，应该限制人工智能系统对数据的访问权限。只有在必要的情况下，例如在进行训练时，系统才能访问数据。在数据访问权限方面，需要建立严格的访问控制机制，确保只有经过授权的人员才能访问数据。

2）数据匿名化和加密

为了保护个人隐私，可以对数据进行匿名化处理，即删除个人身份信息和其他敏感信息。此外，可以采用数据加密技术保护数据的安全性，确保只有授权人员才能访问和解密数据。

3）建立隐私保护法规和标准

为了保护个人隐私，需要建立隐私保护法规和标准。这些法规和标准应该规定人工智能系统处理个人数据的规则和限制，确保数据使用符合法律和道德标准。此外，应该建立相应的监管机构，监督和管理人工智能系统的数据使用。

4）加强安全审计和监测

为了保护个人隐私，需要加强安全审计和监测。这种审计和监测应该定期进行，以检查人工智能系统的数据使用是否符合规定。如果发现违规行为，应该立即采取措施加以纠正。

5）加强用户个人隐私和知情权保护教育

需要加强用户个人隐私和知情权保护教育，使用户了解人工智能系统对其个人数据的使用方式，并有权决定是否共享其数据。此外，用户应该知道如何保护自己的个人隐私，例如如何进行隐私设置并避免在不安全的网络上共享敏感信息。

综上所述，保护个人隐私是人工智能系统开发和应用中的一个重要问题。需要采取一系列措施监管和保护数据隐私，确保人工智能系统的数据使用符合法律和伦理要求。

9.1.3 人工智能与歧视问题

人工智能系统中的歧视问题可能出现在多方面，例如：

- 训练数据集偏见。如果训练数据集中存在偏见或不平衡性，那么人工智能系统可能会重复这种偏见或不平衡性。例如，在人脸识别系统中，如果训练数据集中的照片主要是白人，那么该系统可能会难以识别非白人的面孔。
- 算法偏见。人工智能算法可能存在偏见或不平衡性，导致对某些人群的预测错误或不准确。例如，在招聘系统中，如果算法更倾向于选择男性应聘者，那么女性应聘者可能会面临性别歧视。
- 使用偏见。人工智能系统的使用者可能会在使用系统时存在偏见或不平衡性，导致系统的错误使用。例如，在法院中使用人工智能系统进行犯罪预测，如果法官更倾向于依据人工智能系统的建议判决，那么可能会导致对某些人群的不公正判决。

为了避免歧视问题的出现，需要确保训练数据集、算法和系统使用上的公正性和平衡性。以下是一些可能的方法。

1. 建立公平原则和标准

为了确保训练数据集的公正性和平衡性，需要建立公平原则和标准。这些原则和标准应该规定训练数据集的组成和选择，以确保训练数据集中包含各种人群的数据，并避免对某些人群的偏见或不平衡性。

2. 人工审核和监管

为了确保训练数据集的公正性和平衡性，需要进行人工审核和监管。人工审核和监管可以发现和纠正训练数据集中的偏见和不平衡性。同时，需要建立相应的监管机构监督和管理人工智能系统的使用，确保系统的使用符合公正原则和标准。

3. 数据增强和扩充

为了确保训练数据集的公正性和平衡性，可以进行数据增强和扩充。数据增强和扩充可以增强训练数据集的多样性，包括各种人群和情境。例如，在人脸识别系统中，可以使用各种肤色、性别和年龄的照片增强训练数据集的平衡性。

4. 使用反偏见技术

为了确保训练数据集的公正性和平衡性，可以使用反偏见技术以发现和纠正算法中的偏见和不平衡性。例如，在招聘系统中，可以使用反偏见技术确保算法不会更倾向于选择某些特定的应聘者。

9.1.4 人工智能与技术伦理问题

1. 人工智能系统中的技术伦理问题

人工智能系统中的技术伦理问题可能出现在多方面，以下是比较突出的几个问题：

(1) 自主决策的伦理问题。一些人工智能系统可能需要自主决策，例如无人驾驶汽车在紧急情况下需要自主做出决策。对于这些决策，需要考虑技术伦理问题。

(2) 隐私和安全。人工智能系统可能会触及用户隐私和安全的问题。例如，在医疗保健领域使用人工智能系统分析患者数据，需要考虑如何保护患者的隐私和安全。

(3) 偏见和歧视。人工智能系统可能会出现偏见和歧视问题，这些问题可能与伦理准则相冲突。例如，在招聘系统中使用人工智能算法可能会导致对某些人群的歧视，这与平等和公正的伦理准则相冲突。

2. 解决技术伦理问题的方法

为了解决人工智能系统中的技术伦理问题，需要采用人工智能技术和伦理准则相结合的方法，以下是一些可能的方法。

1) 建立伦理准则

为了解决人工智能系统中的技术伦理问题，需要建立伦理准则，为人工智能系统的设计、开发和使用提供指导。

2) 提高人工智能系统的透明度和可解释性

为了解决人工智能系统中的技术伦理问题，需要提高人工智能系统的透明度和可解释性。这可以帮助人们了解人工智能系统是如何做出决策的，从而更好地理解和评估这些决策是否符合伦理准则。

3) 技术伦理风险评估

为了解决人工智能系统中的技术伦理问题，需要进行技术伦理风险评估，以帮助人们评估人工智能系统的设计、开发和使用是否存在潜在的技术伦理问题，并采取相应的措施解决这些问题。

4) 多方参与和合作

为了解决人工智能系统中的技术伦理问题，需要多方参与和合作，这包括人工智能系统的设计者、开发者、使用者、监管机构、专家学者和社会公众等。通过多方参与和合作，可以更好地理解和解决人工智能系统中的技术伦理问题。

在人工智能的发展过程中，需要认真考虑技术伦理问题，并采取适当的措施解决这些问题。只有确保人工智能系统的公正性、安全性和技术伦理性，才能真正发挥人工智能技术的潜力，并最大限度地造福人类。

9.2 机器人伦理

9.2.1 机器人伦理概述

随着机器人技术的不断发展，机器人在各个领域中的应用越来越广泛，从简单的生产线上的机器人到医疗机器人、服务机器人、军事机器人等，都取得了巨大的进步。但是，随之而来的是机器人伦理问题的日益凸显。尽管机器人技术的发展为人们带来了诸多便利和机遇，但是它也带来了一些伦理问题，虽然这些问题似乎目前并不急迫，但是我们必须着眼于未来。

1. 机器人定律

在各类影视作品中经常会出现机器人伦理主题，例如电影《我，机器人》中的机器人三定律，给我们提供了很好的思考方向。

机器人三定律是由著名科幻作家艾萨克·阿西莫夫(Isaac Asimov)在他的科幻小说中提出的 3 个原则，用于规范机器人的行为和决策，以避免机器人对人类产生危害。这 3 个原则如下。

(1) 第一原则：机器人不得伤害人类，也不得因不作为而使人类受到伤害。

(2) 第二原则：机器人必须服从人类的命令，但前提是这些命令不违反第一原则。

(3) 第三原则：机器人必须保护自己，但前提是这不违反第一原则或第二原则。

随后，众多科幻作家在此基础上提出了各种不同版本的机器人定律。目前比较完整的机器人定律如下。

(1) 元原则：机器人不得实施行为，除非该行为符合机器人原则(防止机器人陷入逻辑两难困境而宕机)。

(2) 第零原则：机器人不得伤害人类整体，或者因不作为致使人类整体受到伤害。

(3) 第一原则：除非违反高阶原则，机器人不得伤害人类个体，或者因不作为致使人类个体受到伤害。

(4) 第二原则：机器人必须服从人类或上级机器人的命令，除非该命令与高阶原则抵触(处理机器人之间的命令传递问题)。

(5) 第三原则：除非违反高阶原则，机器人必须保护上级机器人和自己的存在。

(6) 第四原则：除非违反高阶原则，机器人必须执行内置程序赋予的职能(处理机器人在没有收到命令情况下的行为)。

(7) 繁殖原则：机器人不得参与机器人的设计和制造，除非新机器人的行为符合机器人原则(防止机器人制造无原则的机器人而打破机器人原则)。

从机器人伦理的学术角度看，这些原则体现了人类对机器人的伦理期望和规范，以确保机器人不会对人类造成伤害。这些原则还提醒人们，机器人作为一种新型智能体，需要被赋予一定的伦理规范，以保障人类的安全和福利。此外，这些原则也引发了伦理学界关于机器人伦理问题的广泛讨论。如何赋予机器人伦理规范，如何保证机器人不对人类造成危害，这些都是需要人们深入思考和探讨的问题。

2. 机器人伦理的重要性

机器人伦理关系到人类的生存和发展，同时也关系到机器人的发展和应用。机器人伦理是一种基于人类价值观和道德规范的思考和探讨。机器人伦理问题的存在说明了技术发展与人类价值观之间存在冲突，也说明了机器人技术的发展需要人类的价值观和伦理规范的指引，以避免机器人的应用对人类社会造成不良影响。

3. 机器人伦理的主要议题和对策

机器人伦理的主要议题如下：

(1) 人机关系。机器人在人类社会中的角色和地位问题，例如机器人是否能够拥有人格和权利等。

(2) 机器人自主性。机器人是否能够独立决策和行动,以及如何保证机器人的决策符合道德和法律规范。

(3) 机器人安全。机器人在使用过程中如何保障人类的安全,避免机器人对人类造成伤害。

(4) 道德程序设计。机器人的程序设计如何遵循道德规范和伦理原则,如何保证机器人的决策符合人类的价值观。

(5) 隐私保护。机器人在处理人类数据时如何保护人类的隐私。

机器人伦理问题的对策如下:

(1) 制定机器人伦理规范。这是保障机器人应用的伦理基础,可以规范机器人的行为和决策,保护人类权利和利益。

(2) 加强机器人安全措施。加强机器人在应用过程中的安全措施和在人机交互过程中的安全措施,以保障人类的安全和利益。

(3) 人机协作。在机器人的设计和应用过程中,要充分考虑人机协作,以确保机器人在行动和决策时符合人类价值观和伦理规范。

(4) 加强机器人伦理教育。提高公众对机器人伦理问题的认识和理解,以促进机器人的健康发展。

机器人伦理问题是机器人技术发展中不可忽视的一方面,需要人们关注和探讨。通过以上对策,可以更好地解决机器人伦理问题,促进机器人技术的健康发展。

9.2.2 机器人对人类的影响

1. 工作机会

随着机器人技术的不断发展,越来越多的工作岗位可能被机器人所取代,这可能会导致人类的失业率上升,从而引起社会和经济问题。一些重复性、危险或烦琐的工作已经可以由自动化设备和机器人完成,这种趋势在未来可能会加速。其潜在影响包括使很多人失去工作、收入下降并导致贫困人口增加和社会不稳定等。因此,需要采取一些应对策略减缓这种影响。

2. 人际关系和社交

机器人在社交场景中的应用越来越广泛,如智能语音助手、聊天机器人、智能家居等。然而,这也可能导致人类与机器人之间的互动变得更为频繁,导致真实人际关系和虚拟关系之间的界限变得模糊。

为了避免这种情况发生,需要引导人们保持健康的人际关系。这包括鼓励人们与真实的人类交往,重视面对面的交流,以及避免过度依赖机器人和虚拟关系。此外,人们也需要对机器人的使用有所限制,以确保机器人在社交场景中的应用不会对人类社交生活造成负面影响。

3. 隐私和安全

机器人收集个人信息的风险是机器人技术中的一个重要问题。机器人需要收集和处理大量的个人数据,如声音、图像和位置信息等,以便完成各种任务。然而,在这个过程中,机器人可能会泄露这些信息,从而导致个人隐私受到侵犯。

为了保护个人隐私,需要采取一些措施,如数据加密和用户授权。机器人应该使用安全的通信协议传输数据,并使用加密技术保护个人数据的安全。此外,机器人应该只收集必要的信息,并在收集个人信息之前获得用户的明确授权。

另一个问题是机器人的安全性。机器人可能会被黑客攻击,从而导致机器人失控、破坏或侵犯个人隐私。为了确保机器人的安全性,需要采取一些措施,如使用安全的操作系统和软件、定期更新系统和软件、采用密码保护和多重身份验证等。此外,需要对机器人进行物理保护,以防止机器人被盗或损坏。

9.2.3 机器人的伦理地位

随着机器人技术的发展,人们开始关注机器人的法律地位和伦理责任。

1. 机器人的法律地位

是否应赋予机器人法律地位是一个有争议的问题。一些人主张给予机器人类似于人类的法律地位,使他们能够享有某些权利并承担相应的责任。例如,机器人应该像人类一样有权利受到保护。然而,其他人则认为机器人只是人类创造的工具,不应该享有类似于人类的法律地位。

机器人的权利与人类权利的平衡是一个重要的问题。例如,机器人是否应该有权利获得某些自由(例如自由行动、自主决策等)?这些权利是否可能与人类权利相矛盾(例如自由意志、隐私等)?

机器人责任归属问题也是一个重要问题。当机器人造成损害时,应该由谁来承担责任,即,应该由机器人制造商、机器人所有者还是机器人本身承担责任?这个问题的答案可能会影响机器人技术的发展以及机器人的使用方式。

2. 机器人的伦理责任

机器人行为的伦理判断是另一个重要问题。例如,当机器人被用于执行某些任务时,例如军事任务或医疗任务,机器人应该如何进行伦理判断?机器人应该如何平衡不同的伦理要求?

同样重要的是机器人的伦理责任归属。当机器人行为不当时,应该由谁来承担相应的伦理责任,即,应该由机器人制造商、机器人所有者还是机器人本身承担伦理责任?这个问题的答案可能会影响机器人技术的发展以及机器人的使用方式。

最后,机器人的伦理教育也是一个重要问题。机器人应该如何学习伦理准则以及如何遵守这些准则?机器人应该如何处理伦理冲突?这些问题需要得到认真的思考和探讨,以确保机器人能够在伦理上正确地行动。

9.2.4 机器人设计和制造中的问题

机器人设计和制造是机器人技术发展的重要组成部分。

1. 机器人的伦理设计原则

机器人的伦理设计原则是指在机器人设计和制造过程中应该遵循的一些伦理准则。这些伦理设计原则主要包括以下内容:

(1) 以人为本。机器人应该以人的需要和利益为中心进行设计,而不是只关注机器人的性能和效率。

(2) 遵守法律和伦理规范。机器人设计和制造过程中应该遵守法律和伦理规范,例如隐私、安全、歧视等方面的规定。

(3) 体现多样性和包容性。机器人应该被设计成能够满足不同人的需求,避免歧视等问题。

2. 机器人制造的环境保护问题

机器人制造过程中的资源消耗是一个重要的问题。机器人制造过程中需要大量的材料和能源,这可能会对环境造成影响。因此,在机器人制造过程中应该尽可能地减少资源消耗,采用在环境保护意义上可持续的制造方法。

机器人废弃物处理也是一个重要问题。机器人在使用寿命结束后会成为废弃物,这些废弃物需要得到妥善处理,以减小对环境的影响。因此,在设计机器人时应该考虑到其可回收性和可再利用性等问题。

总之,机器人伦理是机器人技术发展过程中的重要问题。在机器人应用的各个领域,都需要关注机器人伦理问题。

机器人伦理问题的解决需要多方参与,包括政府、企业和公众。政府应该制定相关的法律和规定,确保机器人技术的发展符合道德和伦理准则。企业应该遵循技术伦理原则开发和使用机器人技术,同时加强对公众的教育和宣传,提高公众对机器人技术的理解和接受程度。公众也应该参与机器人伦理问题的讨论和决策,分享他们的观点和想法。

未来,随着机器人技术的不断发展,机器人伦理问题也将变得更加复杂和重要。我们需要继续关注机器人伦理问题的发展趋势和挑战,寻找更好的解决方案,确保机器人技术的发展符合人类的价值观和伦理准则,为人类社会带来更大的福祉。

9.3 人工智能安全

9.3.1 人工智能安全概述

1. 人工智能安全的定义

人工智能安全是确保人工智能系统在设计、开发、部署和运行过程中不会造成伤害或损害的一系列措施和实践。人工智能安全的目标在于预防和防范潜在的安全风险,确保人工智能系统能够按照预期的方式运行,并尽量避免不良后果。

在人工智能技术应用过程中,应保障人工智能系统的安全性和可靠性,防范人工智能系统被攻击、被滥用、被误用等风险。人工智能安全涉及算法安全、数据安全、伦理安全、国家安全等多方面。为了加快提升人工智能安全治理能力,需要完善相关的法律法规及行业标准。

2. 人工智能安全的重要性和影响

随着人工智能技术的发展和应用,其安全性已经成为一个日益重要的议题。人工智能的安全性不仅关乎技术的可靠性和稳定性,而且涉及人类生活和社会的诸多方面。人工智能安全的重要性和影响主要体现在以下几方面:

(1) 保护个人隐私。人工智能系统在处理和分析个人数据时可能会泄露用户的隐私,导致用户隐私受到侵犯。

(2) 防止经济损失。人工智能系统可能会受到攻击,导致企业和个人遭受经济损失。

(3) 避免社会不稳定。恶意的人工智能攻击可能对关键基础设施造成影响,从而影响社会稳定。

(4) 保证人工智能系统的预期效果。人工智能安全有助于确保系统能够按照预期的方式运行,提高系统的可靠性和稳定性。

9.3.2 人工智能安全面临的挑战和威胁类型

1. 人工智能安全面临的挑战

人工智能安全面临的挑战主要有以下几方面:

(1) 数据隐私保护。在使用人工智能技术时,需要利用大量的数据进行模型训练和优化。然而,这些数据可能包含敏感信息,如个人身份信息、财务信息等。因此,如何保护这些数据的隐私成为一个重要的挑战。

(2) 模型鲁棒性。人工智能模型往往对输入数据的扰动非常敏感,这使得攻击者可以通过对输入数据进行微小的修改欺骗模型,从而导致模型输出错误的结果。因此,如何提高模型的鲁棒性成为一个关键的问题。

(3) 模型可解释性。人工智能模型往往是"黑盒",难以解释其背后的决策过程。这使得模型的决策结果难以被大众理解和接受,从而影响模型的应用和推广。因此,如何提高模型的可解释性成为一个重要的问题。

2. 人工智能安全面临的威胁类型

人工智能安全面临的威胁类型主要包括以下几种:

(1) 数据注入攻击。攻击者可以通过操纵训练数据集影响模型的训练结果,从而使得模型输出错误的结果。例如,攻击者可以通过在训练数据集中注入带有误导性的数据或者删除或修改某些数据影响模型的训练结果。

(2) 逆向分析攻击。攻击者通过对模型进行逆向分析,从而获得模型的内部结构和参数,进而利用这些信息对模型进行攻击。例如,攻击者可以通过对模型进行黑盒攻击推导出模型的内部结构,或者通过对模型进行白盒攻击获取模型的参数。

(3) 对抗攻击。

对抗攻击是指攻击者通过对输入数据进行有针对性的修改欺骗模型,使得模型输出错误的结果。例如,攻击者可以通过添加噪声或者微小的修改使得模型产生错误的判断,从而达到攻击的目的。

(4) 模型转移攻击。攻击者可以通过对目标模型进行攻击,从而影响其他模型的输出结果。例如,攻击者可以通过对一个模型进行攻击,然后将攻击后的样本输入其他模型,从而使得其他模型同样产生错误的结果。

(5) 恶意软件攻击。攻击者可以通过在模型中植入恶意软件影响模型的输出结果。例如,攻击者可以通过在模型中注入恶意代码篡改模型的输出结果,或者通过在模型中插入后门实现对模型的远程控制。

(6) 社交工程攻击。攻击者可以通过诱骗用户提供敏感信息,从而获取模型所需的数据。例如,攻击者可以通过伪装成合法的用户获取访问模型的权限,或者通过诱骗用户提供个人信息获取模型所需的数据。

9.3.3 人工智能安全解决方案

1. 人工智能安全解决方案概述

在人机协同、跨界融合、共创分享的智能时代，人工智能的应用场景越来越广泛。人工智能在为经济社会发展注入活力的同时，也给人类生活带来了新的风险和挑战，例如，对个人隐私权、知情权、选择权的侵犯，以及窃取、篡改、泄露等非法收集利用个人信息的行为，等等。为此，迫切需要提升人工智能安全治理能力，加强与人工智能相关的法律、伦理、社会等问题的研究，建立健全保障人工智能健康发展的法律法规与伦理体系。

人工智能安全解决方案要点如下：

(1) 加快提升人工智能安全治理能力，完善相关的法律法规及行业标准。

人工智能的安全秩序包含算法安全、数据安全、伦理安全、国家安全等维度。2019 年以来，中国先后发布《新一代人工智能治理原则——发展负责任的人工智能》《全球数据安全倡议》等文件，明确了人工智能治理框架和行动指南。《新一代人工智能伦理规范》强调，将伦理融入人工智能全生命周期，促进公平、公正、和谐、安全，避免偏见、歧视、隐私和信息泄露等问题，为从事人工智能相关活动的自然人、法人和其他相关机构等提供了伦理指引。

(2) 加快提升人工智能安全治理能力，引导社会公众正确认识人工智能。

人工智能监管者要提高站位，加强宏观战略研究与风险防范。人工智能研发者要坚持正确的价值导向，避免可能存在的数据与算法偏见，努力实现人工智能系统的普惠性、公平性和非歧视性；人工智能技术提供者要明确告知义务，加强应急保障。人工智能产品使用者应当保证这一技术不被误用、滥用或恶意使用。要对各类伦理风险保持高度警惕，坚持以人为本，落实科技向善理念，弘扬社会主义核心价值观。

(3) 加强人工智能发展的潜在风险研判和防范，确保人工智能安全、可靠、可控，也是摆在世界各国面前的重要课题。

在推动完善人工智能全球治理方面，中国是积极倡导者，也是率先践行者。2020 年 9 月，中国发布《全球数据安全倡议》，明确提出秉持共商共建共享理念，齐心协力促进数据安全。2021 年 5 月，中国担任联合国安理会轮值主席期间，主持召开“新兴科技对国际和平与安全的影响”阿里亚模式会议，推动安理会首次聚焦人工智能等新兴科技问题，为国际社会探讨新兴科技全球治理问题提供了重要平台，体现了大国责任担当。

数字化浪潮扑面而来，信息化、数字化、智能化趋势不断演进。主动加强对人工智能的法律与伦理规范，才能更好地适应人工智能快速发展的新变化、新要求，在法治轨道上推动人工智能向善发展、造福人类。

2. 安全设计原则和安全编程实践

1) 数据最小化原则

在收集和处理数据时，应该只收集和使用必要的数据，以降低数据泄露的风险。这个原则的核心思想是将数据收集和处理的范围减少到最小，尽可能地减少敏感信息的数量和范围。在实践中，可以通过以下措施实现数据最小化原则：只收集必要的数据，及时删除不必要的数据，对敏感数据进行加密和控制访问权限等。

2) 防御深度原则

在系统设计中采用多层防护措施，确保单一防护措施失效时其他措施仍能有效防护。

这个原则的核心思想是将安全措施分布在多个层次上，并在每个层次上采取不同的措施，以确保系统的安全性。在实践中，可以通过以下措施实现防御深度原则：采用网络防火墙、入侵检测系统、反病毒软件等多层安全措施，同时定期更新和测试这些措施。

3）最小权限原则

为用户和系统分配最小必要权限，以降低潜在的安全风险。这个原则的核心思想是将用户和系统的权限限制在最小必要范围内，以减少安全漏洞和攻击的风险。在实践中，可以通过以下措施实现最小权限原则：为用户和系统分配最小必要权限，对权限进行审计和监控，及时撤销不必要的权限。

4）安全编程实践

遵循安全编程规范，例如输入验证、错误处理等，以减少潜在的漏洞。这个原则的核心思想是在代码编写和开发过程中采取各种安全编程实践措施，以减少潜在的漏洞和攻击的风险。在实践中，可以通过以下措施实现安全编程实践：遵循安全编程规范，进行输入验证和错误处理，采用安全的编码技术，以及定期进行代码审查和测试。

3. 安全检测和监测技术

1）异常检测

异常检测是一种基于数据分析的技术，用于监测和识别人工智能系统运行过程中的异常行为。通过实时监测人工智能系统的运行数据，异常检测技术可以及时发现异常情况，并采取相应的措施，例如进行告警、停止服务等，以确保系统的安全性。

2）安全审计

安全审计是一种定期对人工智能系统进行安全检查和评估的技术。通过安全审计，可以发现和修复潜在的安全漏洞和缺陷，提高系统的安全性。安全审计通常包括对系统的代码、配置文件、日志等进行审查，以及对系统的各种安全措施进行测试和评估。

3）对抗性攻击防护

对抗性攻击是指攻击者在人工智能系统中注入恶意样本或噪声，以干扰或破坏系统的正常运行。对抗性攻击防护技术包括对抗性训练、防御性蒸馏等。对抗性训练是指在训练模型时加入对抗性样本，使模型具有更强的鲁棒性和抗干扰能力。防御性蒸馏是一种对模型参数进行压缩和加密的技术，使攻击者无法获取模型的敏感信息。

4. 安全修复和响应措施

1）修复漏洞

及时修复已知的安全漏洞，是确保人工智能系统安全的基本措施。修复漏洞可以采用更新软件、打补丁、修复配置等方式，以降低系统被攻击的风险。

2）应急响应计划

在人工智能系统发生安全事件后，及时采取应急响应措施，可以避免安全事件的恶化和扩散。应急响应计划通常包括制定应急预案、建立安全事件响应小组、采取紧急措施等。

3）持续改进

人工智能系统安全工作是一个不断改进的过程。根据安全事件的经验和教训，持续改进人工智能系统的安全措施和方案，可以提高系统的安全性和鲁棒性。持续改进措施包括定期进行安全审计、更新安全措施、加强培训等。

9.3.4 人工智能安全的未来发展

随着人工智能的不断发展，人工智能安全也面临着新的挑战和机遇。以下是人工智能安全的未来发展趋势和方向。

1. 面向未知威胁的防御策略

随着攻击手段和技术的不断演进，未来人工智能安全将需要更具针对性和适应性的防御策略。传统的基于规则和签名的安全防御策略已经无法满足面临未知威胁的需求。未来的人工智能安全需要采用更加智能化的安全防御策略，如基于机器学习的威胁检测和自适应安全防御。

2. 可解释人工智能安全技术

人工智能系统的黑盒特性是人工智能安全领域的一个重要挑战。在安全领域，人工智能系统的决策过程需要能够被解释和理解，以便发现和修复潜在的安全漏洞和缺陷。未来的人工智能安全需要采用可解释的人工智能技术，以便对人工智能系统的决策过程进行解释和理解。

3. 联邦学习安全

联邦学习(Federated Learning)是一种分散式的机器学习技术，可以在不共享原始数据的情况下训练模型。然而，联邦学习也面临着一些安全挑战，如数据隐私和模型安全。未来的人工智能安全需要采用更加安全的联邦学习技术，以保护数据隐私和模型安全。

4. 自适应和鲁棒的人工智能安全

未来的人工智能安全需要具备自适应性和鲁棒性，以应对不断变化的安全威胁。自适应和鲁棒的人工智能安全需要具备自学习和自适应的能力，能够根据实时的安全环境和威胁情况对安全策略进行调整和优化。

5. 人工智能安全生态系统

未来的人工智能安全需要建立一个全面的安全生态系统，包括安全标准、安全评估、安全培训等。安全生态系统需要涵盖人工智能系统的整个生命周期，即人工智能系统的设计、开发、部署、运行和维护等各环节，以确保人工智能系统的安全性和鲁棒性。

未来的人工智能安全需要具备更智能、更可解释、更自适应、更鲁棒的特性，以保护人工智能系统的安全性和鲁棒性。同时，建立一个全面的人工智能安全生态系统也是未来人工智能安全的重要方向。

9.4 人工智能法律问题

9.4.1 人工智能在法律领域中的应用

1. 司法领域

在司法领域，人工智能可以用于加速审判流程和提高判决质量。例如，人工智能可以帮助法官在查找相关法律案例时快速地进行数据处理，同时还可以通过自然语言处理技术分析证据和法律文件，以便更好地理解案件。此外，人工智能还可以用于预测判决结果，从而协助法官做出更明智的判决。在某些情况下，人工智能还可以帮助法官自动化处理一些例行性的工作，如记录听证会议和审判过程。

2. 法律咨询和研究

人工智能可以用于法律咨询和研究。例如，人工智能可以通过处理大量的法律文本和案例，并分析其中的模式和趋势，帮助律师和研究人员更好地了解法律问题。此外，人工智能还可以自动生成法律文件，并对其进行审查和修改，以确保文件的合法性和准确性。人工智能还可以提供智能化的法律咨询服务，例如回答常见的法律问题、提供法律意见等。

3. 合同管理和自动化

人工智能可以用于合同管理和自动化。例如，人工智能可以自动识别和提取合同中的重要信息，并生成电子合同。此外，人工智能还可以用于合同的自动化管理，例如管理合同的到期时间、监督合同执行情况等。人工智能还可以提供智能化的合同审查服务，例如自动识别合同中的问题、提供修改建议等。

4. 知识产权保护

人工智能可以用于知识产权保护。例如，人工智能可以自动化地审查专利和商标申请，并根据其与现有专利和商标的相似性判断其是否符合知识产权保护的标准。此外，人工智能还可以用于监控和保护公司的知识产权，例如监测是否有人侵犯专利、商标等知识产权，并及时采取措施。

9.4.2 人工智能对法律的挑战

《新一代人工智能伦理规范》指出，应用人工智能时可能会对法律带来以下挑战。

1. 透明度和问责制

人工智能系统的决策过程复杂，可能会影响到当事人的权益。因此，需要确保人工智能系统的决策过程是透明的，并建立相应的问责制度，以确保人工智能的决策是公正和合理的，同时也要为受影响的当事人提供救济渠道。

2. 隐私和数据保护

人工智能在处理大量数据时可能会涉及隐私和数据保护问题。例如，当人工智能分析个人数据以预测判决结果时，可能会侵犯被分析者的隐私权。因此，需要确保数据处理过程中的合法性和透明度，并采取必要的安全保护措施，以防止数据泄露和滥用。

我们应当保护隐私安全。充分尊重个人信息知情、同意等权利，依照合法、正当、必要和诚信原则处理个人信息，保障个人隐私与数据安全，不得损害个人合法数据权益，不得以窃取、篡改、泄露等方式非法收集和利用个人信息，不得侵犯个人隐私权。

3. 责任和赔偿

当人工智能系统出现错误或失误时，可能会对当事人的权益造成损害。因此，需要明确人工智能系统的责任和赔偿问题，并建立相应的法律规定，以确保当事人的合法权益得到保护。

我们应当强化责任担当。坚持人类是最终责任主体，明确利益相关者的责任，全面增强责任意识，在人工智能全生命周期各环节自省自律，建立人工智能问责机制，不回避责任审查，不逃避应负责任。

4. 歧视和公平性

人工智能系统可能因为数据偏见或算法设计问题而导致歧视和不公平现象的出现。

例如，由于历史数据中存在的偏见，人工智能可能会导致对某些特定群体的不公平对待。因此，需要确保人工智能的算法设计和数据处理过程是公正和中立的，避免出现歧视和不公平现象。

我们应当促进公平公正。坚持普惠性和包容性，切实保护各相关主体合法权益，推动全社会公平共享人工智能带来的益处，促进社会公平正义和机会均等。在提供人工智能产品和服务时，应充分尊重和帮助弱势群体、特殊群体，并根据需要提供相应替代方案。

5. 对知识产权的保护

人工智能的应用可能涉及知识产权问题，例如，在自然语言处理和图像识别等领域，人工智能模型可能会使用大量的数据和算法，这些数据和算法可能涉及知识产权的保护。因此，需要在人工智能应用的过程中遵守相关的知识产权法律规定，保护知识产权权利人的权益。

应用人工智能技术时可能会对法律带来一些挑战，需要采取相应的措施解决这些问题，以确保人工智能技术的应用是透明、公正、安全、合法和符合伦理规范的。

9.4.3 人工智能法律监管的现状和趋势

1. 国际监管

1）欧盟的 GDPR

欧盟的《通用数据保护条例》(General Data Protection Regulation，GDPR)是一项数据保护法规，于 2018 年 5 月 25 日正式生效。该法规适用于欧盟境内和欧盟外与欧盟公民相关的数据处理活动，旨在保护个人数据隐私和权利，如图 9-1 所示。

GDPR 规定了个人数据的定义和范围，要求数据处理者必须在数据处理过程中保护受影响个人的隐私权、数据安全和数据保护。GDPR 还明确规定了数据处理者需要遵守的原则和义务，具体如下：

(1) 透明性原则。数据处理者需要向个人提供透明的信息，包括处理目的、处理方式、数据存储和保护等。

(2) 数据最小化原则。数据处理者需要最小化收集和处理的个人数据量，只收集和处理必要的数据。

(3) 数据正确性原则。数据处理者需要确保个人数据的准确性和及时性，及时更新和纠正不准确的数据。

(4) 存储限制原则。数据处理者需要遵守数据存储期限和删除原则，只保留必要的数据，并在数据不再需要时删除数据。

(5) 安全性原则。数据处理者需要采取必要的技术和组织措施，确保个人数据的安全和保护。

(6) 责任和问责原则。数据处理者需要对数据处理活动负责，并遵守 GDPR 规定的义务和责任，同时需要建立相应的问责机制，确保个人数据的保护和救济渠道。

GDPR 的实施对全球数据保护产生了影响，许多企业和组织调整了其数据处理方式和隐私政策以符合 GDPR 的要求，确保对个人数据的保护和数据处理合规。

2）美国的 CCPA 和 HIPAA

《加利福尼亚州消费者隐私法案》(California Consumer Privacy Act，CCPA)是美国加

利福尼亚州于2020年1月1日生效的数据隐私保护法案，适用于加利福尼亚州居民的个人数据处理。该法案规定了数据主体的权利，包括访问、删除、修改和禁止个人数据的出售等。同时，该法案规定数据处理者需要遵守的义务，包括提供透明的隐私政策、建立数据保护措施和保障数据主体的权利等。

CCPA规定了数据主体在个人数据处理过程中享有的权利：

（1）访问权。数据主体有权要求数据处理者提供其所持有的个人数据。

（2）删除权。数据主体有权要求数据处理者删除其持有的个人数据。

（3）修改权。数据主体有权要求数据处理者修改其持有的个人数据。

（4）禁止出售权。数据主体有权要求数据处理者停止出售其个人数据。

CCPA还规定了数据处理者需要遵守的义务：

（1）提供透明的隐私政策。数据处理者需要提供透明的隐私政策，明确个人数据的收集、使用和共享方式以及数据主体的权利。

（2）建立数据保护措施。数据处理者需要建立必要的数据保护措施，包括采取技术和管理措施确保个人数据的安全和保护。

（3）保障数据主体的权利。数据处理者需要保障数据主体的权利，包括访问、删除、修改和禁止出售等权利。

（4）限制个人数据的使用。数据处理者需要限制个人数据的使用范围，只在必要的情况下使用数据。

（5）建立数据访问和删除机制。数据处理者需要建立数据访问和删除机制，确保数据主体能够便捷地行使其权利。

（6）防止歧视。数据处理者不能因数据主体行使其权利而歧视数据主体。

CCPA适用于收集或处理加利福尼亚州居民个人数据的企业和组织，无论其是否在加利福尼亚州设有业务或办事处。因此，CCPA的实施对全球数据保护产生了影响，许多企业和组织调整了其隐私政策以符合CCPA的要求。违反CCPA规定的企业和组织可能面临罚款和民事诉讼等法律后果。

《健康保险可携带性和责任法案》(*Health Insurance Portability and Accountability Act*，*HIPAA*)是美国于1996年通过的一项法案，旨在保护医疗信息的隐私和安全。HIPAA规定了个人健康信息的定义和范围，要求医疗机构和保险公司等医疗服务提供者在处理个人健康信息时采取必要的措施，确保个人健康信息的保密和安全。HIPAA还规定了数据处理者需要遵守的安全措施和隐私规定，例如，建立安全保护措施，保护个人健康信息的机密性、完整性和可用性，等等。HIPAA的实施对医疗机构和保险公司等医疗服务提供者产生了影响。

HIPAA规定了数据处理者需要采取的安全措施和遵守的隐私规定：

（1）建立安全保护措施。数据处理者需要采取必要的技术、物理和管理措施，保护个人健康信息的保密性、完整性和可用性。

（2）保护个人健康信息的机密性。数据处理者需要保护个人健康信息的机密性，只在必要的情况下披露个人健康信息。

（3）保护个人健康信息的完整性。数据处理者需要保护个人健康信息的完整性，确保个人健康信息的准确性和完整性。

（4）保护个人健康信息的可用性。数据处理者需要保护个人健康信息的可用性，确保个人健康信息的及时性和可靠性。

（5）提供隐私通知。数据处理者需要提供隐私通知，明确个人健康信息的收集、使用和共享方式以及数据主体的权利。

（6）建立访问控制措施。数据处理者需要建立适当的访问控制措施，限制个人健康信息的访问范围。

（7）建立报告机制。数据处理者需要建立报告机制，及时报告个人健康信息的安全事件和违规行为。

HIPAA适用于提供医疗服务的机构和个人，包括医疗机构、保险公司、药房、医生、护士等。HIPAA规定了医疗服务提供者需要遵守的安全措施和隐私规定，以保护个人健康信息的隐私和安全。违反HIPAA规定的医疗服务提供者可能面临罚款和民事诉讼等法律后果。HIPAA的实施对医疗服务提供者产生了影响。

2. 国内监管

1）《数据安全法》

《数据安全法》是我国于2021年9月1日正式实施的一项法律，旨在加强对数据的管理和保护。随着《数据安全法》的出台，我国在网络与信息安全领域的法律法规体系得到了进一步完善。按照总体国家安全观的要求，《数据安全法》明确了数据安全主管机构的监管职责，建立健全了数据安全协同治理体系，旨在提高数据安全保障能力，促进数据出境安全和自由流动，促进数据开发利用，保护个人、组织的合法权益，维护国家主权、安全和发展利益，让数据安全有法可依、有章可循，为数字化经济的安全健康发展提供了有力支撑。

《数据安全法》具有以下特点：

（1）扩展了数据的内涵与外延。

《数据安全法》对于数据采取了全面的界定，规定："本法所称数据是指任何以电子或者非电子形式对信息的记录。"除了《网络安全法》所界定的网络数据外，还将以其他方式对信息的记录纳入了数据范畴。按照这一界定，纸质的档案信息以及其他书面形式对信息所作的记录也属于数据，也是《数据安全法》保护的对象。

（2）建立"一个顶点，多维度配合"的工作协调机制。

"一个顶点"即中央国家安全领导机构，负责国家数据安全工作的决策和议事协调。"多维度配合"则指各地区、各部门、各行业、线上与线下的全方位、交叉监管，具体如下：工业、电信、交通、金融、自然资源、卫生健康、教育、科技等行业主管部门将在本行业领域内针对特定事项进行监管；公安机关、国家安全机关等在职责范围内进行监管；国家网信部门将负责网络数据安全方面的统筹协调和监管工作，包括具体的日常监督、专项整改、管理细则的制定等。

（3）更加注重数据安全制度的建设。

《数据安全法》将数据安全制度单独作为一章进行了规定，改变了以往单纯重视技术而忽略内部控制制度建设的情况，旨在减少因内部控制制度缺失导致的网络安全事件发生。其中确立了数据分类分级管理、数据安全风险评估、数据安全监测预警、数据安全应急处置、数据安全审查等基本制度。

（4）明确各方数据安全保护责任，形成制约机制。

《数据安全法》明确了政府、企业、社会相关管理者、运营者和经营者的数据安全保护责任，消除了数据活动的灰色地带，对各行各业都形成了制约机制，及时遏制了与国计民生相关的数据的随意共享和流转。

(5) 坚持安全与发展并重，明确了数据为生产要素。

《数据安全法》进一步明确了数据安全保护与数据开发利用的关系，即国家坚持维护数据安全和促进数据开发利用并重的原则。在确保数据安全的前提下，鼓励数据依法合理有效利用，保障数据依法有序自由流动，促进以数据为关键要素的数字经济发展。

2)《个人信息保护法》

《个人信息保护法》是中国于 2021 年 11 月 1 日正式实施的一项法律，旨在保护个人信息的隐私和安全。《个人信息保护法》作为个人信息保护领域的基础性法律，其出台解决了个人信息层面法律法规散乱不成体系的问题，与《数据安全法》《网络安全法》《密码法》共同构成了我国的数据治理立法框架。

《个人信息保护法》厘清了个人信息、敏感个人信息、个人信息处理者、自动化决策、去标识化、匿名化的基本概念，从适用范围、个人信息处理的基本原则、个人信息及敏感个人信息处理规则、个人信息跨境传输规则、个人信息保护领域各参与主体的职责与权利以及法律责任等方面对个人信息保护进行了全面规定，建立了个人信息保护领域的基本制度体系。

《个人信息保护法》破旧立新，在一定程度上借鉴了欧盟制定的《通用数据保护条例》(GDPR)及多数国家与地区相关法律的立法思路，以属地原则、属人原则为基础，首次将适用范围扩展至域外，产生了“长臂管辖”的效果。

《个人信息保护法》是中国首次针对个人信息保护单独立法，谱写了我国个人信息保护法治事业的新篇章。

《数据安全法》和《个人信息保护法》的实施对于中国的企业、政府机构和个人都有很大的影响。他们需要遵守这些法律的规定，采取必要的措施，保护个人信息和数据的隐私和安全。这些法律的实施也反映了中国政府重视个人信息和数据安全的态度，为保护个人信息和数据安全提供了法律保障。

9.4.4 人工智能法律的发展趋势

在以 ChatGPT 等为代表的人工智能语言模型、人工智能绘画等各种新型人工智能产品和服务不断涌现并高速发展的时期，现有的人工智能法律框架已经难以应对未来可能出现的各种问题。本节探讨未来人工智能法律发展趋势，旨在引导读者关注当今时代的变革并进行深入思考。

1. 加强对人工智能的监管和监督

人工智能的发展和应用带来了诸多社会和伦理问题，如个人隐私和数据保护、算法歧视、透明度和责任问题等。因此，未来的法律发展需要加强对人工智能的监管和监督，确保其技术的公平性、可信度、安全性和可控性。具体措施如下：

(1) 对人工智能的开发、应用、演进和评估制定全面的法律法规和标准，并加强对其实施的监管和监督。

(2) 建立人工智能安全审查机制，确保人工智能技术的安全性和可控性，防止人工智能系统被滥用或被用于不道德的用途。

（3）建立人工智能技术的风险评估和监测机制，及时发现和解决人工智能技术可能带来的安全和伦理问题。

（4）加强人工智能技术的社会伦理研究，探讨人工智能技术对社会、经济、文化等方面的影响，为制定相关政策提供参考。

2. 顺应人工智能技术的发展和变革趋势

人工智能技术在不断发展和变革，未来的法律发展需要顺应这些技术的发展和变革趋势，确保法律框架的有效性和灵活性。具体措施如下：

（1）针对人工智能技术的不断发展和变革，及时制定相应的法律法规和标准，确保法律框架的有效性和灵活性。

（2）建立人工智能技术的评估和审查机制，及时评估和审查新技术的合法性和合规性，以便及时制定相应的法律法规和标准。

（3）建立人工智能技术的创新和发展环境，为人工智能技术的创新和发展提供支持和保障。

（4）建立人工智能技术的知识产权保护机制，鼓励创新和发展，同时防止知识产权侵权和滥用。

（5）加强人工智能技术的国际合作和交流，共同应对全球性的人工智能问题，推动人工智能技术的发展和应用。

（6）建立人工智能技术的教育和培训机制，提高公众对人工智能技术的认知和理解，培养专业人才，推动人工智能技术的发展和应用。

（7）建立人工智能技术的国际标准化机制，推动人工智能技术在全球范围内的标准化和规范化，促进人工智能技术的交流和应用。

3. 针对不同领域的人工智能应用制定相应的法律法规和标准

人工智能技术已经成为现代社会的重要推动力，其在诸多领域的应用日益广泛，如医疗、金融、教育等。然而，随着人工智能技术的飞速发展，相关法律法规和标准的完善至关重要。具体措施如下：

（1）针对人工智能在医疗、金融、教育等领域的应用制定相应的法律法规和标准，以保护公众的利益和权益。

① 在医疗领域，人工智能可以辅助诊断疾病、预测治疗效果等。为确保患者安全，应制定严格的人工智能医疗设备审批流程，确保其准确性、稳定性和安全性。此外，还应明确医生、患者和人工智能系统之间的责任关系，以免出现纠纷。

② 在金融领域，人工智能的应用涉及信贷审批、风险评估等。为防止不公平的信贷审批和歧视行为，应要求人工智能系统的算法公开、透明。同时，应设立专门监管机构对算法进行审查。此外，应加强对人工智能金融服务提供商的监管，保障消费者权益。

③ 教育领域的人工智能应用包括智能辅导、在线评估等。应确保其内容质量和教育公平。应制定教育资源公平分配原则，防止教育资源不均衡的情况加剧。同时，应加强对在线教育平台的监管，保护学生隐私和数据安全。

（2）建立人工智能应用的数据安全和隐私保护机制，确保个人隐私和数据安全的保护。

随着人工智能技术的快速发展，数据安全和隐私保护成为人工智能应用中的重要议题。人工智能系统依赖于大量的数据进行训练和优化，因此如何确保数据的安全性和隐私保护显得尤为重要。

① 为了实现数据安全和隐私保护，应该建立严格的数据收集、存储和处理规定。这些规定应明确数据使用权限和范围，避免数据滥用。例如，在收集数据时，应明确收集数据的目的，并告知用户数据的使用范围，以避免用户的数据被滥用。

② 应建立数据泄露应急处理机制。即使在严格的数据使用规定下，数据泄露仍然可能发生。因此，应建立应急处理机制，及时处理数据泄露事件，减小数据泄露风险。这需要建立相关的机构和流程，并进行培训和演练，以确保应急处理机制的有效性。

③ 针对跨国数据传输和存储，应参考 GDPR 等国际数据保护法律法规，制定相应的法律法规，保护用户隐私，避免数据主权受损。这需要建立相应的机构和流程，并严格执行相关的法律法规，以保护用户的隐私和数据安全。

值得注意的是，数据安全和隐私保护是一个持续的过程，需要不断地投入精力和资源。因此，应该建立长期的数据安全和隐私保护机制，并不断完善和优化这些机制，以确保人工智能应用中的数据安全和隐私保护。只有这样，才能让人工智能技术真正为人类带来福祉。

（3）建立与人工智能应用的透明度和责任相关的机制，确保人工智能应用的透明度和责任落实。

随着人工智能技术的不断发展，其应用范围不断扩大，但同时也引发了一系列社会问题，例如算法不公、歧视等问题，这些问题的出现不仅会影响人们的利益，还会严重损害相关机构的公信力。因此，建立与人工智能应用的透明度和责任相关的机制，确保人工智能应用的透明度和责任落实显得尤为重要。

（1）为了防止人工智能算法产生不公平、歧视等问题，应该要求算法具有透明度，使得相关人员能够理解算法的工作原理和决策过程。这需要对人工智能算法进行可解释性设计，以便相关人员理解算法的决策过程。同时，建立可解释性原则，使得算法在出现问题时可以追踪原因，便于及时纠正。这样不仅可以提高人们对算法决策的信任度，而且可以有效避免算法带来的不公平和歧视问题。

（2）应该明确人工智能应用的责任主体，包括开发者、使用者和管理者。在出现问题时，应依法追究相关责任主体的法律责任，保障公众权益。例如，在人工智能应用中，如果算法的决策导致了不公平和歧视等问题，开发者应承担相应的法律责任，使用者和管理者也应当承担相应的责任。这不仅可以保障公众利益，而且可以促进人工智能技术的健康发展。

（3）在建立人工智能应用的透明度和责任机制时，应该注重公众的参与和监督，让公众能够了解和监督人工智能的应用过程。例如，可以建立公众投诉机制，让公众能够对人工智能应用中出现的问题进行投诉和监督。

9.4.5 基于深度学习的视频表情更换实验

1. 理论回顾

人工智能战略是国家战略，习近平总书记在十九届中央政治局第九次集体学习时指出："加快发展新一代人工智能是事关我国能否抓住新一轮科技革命和产业变革机遇的战略问题。"人工智能技术的崛起依托于3个关键要素：①深度学习模型在机器学习任务中取得的突破性进展；②日趋成熟的大数据技术带来的海量数据积累；③开源学习框架以及计算力提高带来的软硬件基础设施发展。

1）人工智能安全

人工智能推动社会经济各个领域从数字化、信息化向智能化发展的同时，也面临着严重的安全威胁。面对人工智能安全威胁，学术界和工业界抓住机遇、迎难而上，对人工智能安全技术进行了前瞻性研究与布局。研究发现，这些安全威胁破坏了人工智能技术良性发展的生态。这些威胁一方面会严重损害人工智能技术的功能性，例如攻击者可以通过恶意篡训练数据、污染人工智能模型的训练过程破坏人工智能模型的功能性。攻击者甚至可以对训练数据嵌入特定的后门(backdoor)，在不影响人工智能模型的正常数据集判别性能的情况下，操纵其对携带后门数据的判断结果。研究者还发现，在输入数据上添加少量精心构造的人类无法识别的扰动，可以使人工智能模型输出错误的预测结果。这种添加扰动的输入数据通常被称为对抗样本(adversarial example)。在许多与安全相关的应用场景中，对抗样本攻击会引起严重的安全隐患。以无人驾驶为例，攻击者可以在路牌上粘贴对抗样本扰动图案，使得无人驾驶系统错误地将停止路牌识别为限速路牌。这类攻击可以成功地欺骗特斯拉等无人驾驶车辆中的路标识别系统，使其作出错误的驾驶决策，导致严重的交通事故。

另一方面，人工智能技术还面临着严峻的隐私泄露威胁。研究者发现人工智能技术在使用过程中产生的计算信息可能会造成隐私数据泄露。例如，攻击者可以在不接触隐私数据的情况下利用模型输出结果、模型梯度更新等信息间接获取用户隐私数据。在实际应用中，这类信息窃取威胁会导致严重的隐私泄露。例如，生物核身识别模型返回的结果向量可以被用于训练生成模型，从而恢复用户头像等训练数据中的敏感信息。攻击者甚至还可以通过输出结果窃取人工智能模型的参数，对模型拥有者造成严重的经济损害。

2）Deepfake视频造假的危害

当前，人工智能安全与伦理方面比较著名的例子是Deepfake，这个词是由deep learning(深度学习)和fake photo(假照片)组合而成的。Deepfake本质上是一种深度学习模型在图像合成、替换领域的技术框架，属于深度图像生成模型的一次成功应用。该技术最早的版本在2018年年初就被推出，当时在构建模型的时候使用了编码器-解码器架构，在测试阶段将任意扭曲的人脸进行还原。整个过程包含5个步骤：①获取正常人脸照片；②扭曲变换人脸照片；③编码器产生编码向量；④解码器产生解码向量；⑤还原正常人脸照片。

随着技术的发展，研究者在编码器-解码器的框架之上又引入了GAN(生成对抗网络)技术，不但降低了同等条件下的模型参数量和模型复杂度，同时使生成的人脸更为清晰，大幅降低了对原图的依赖，显著提升了换脸的效果，如图9-1所示。其中，图9-1(a)是原始人物，图9-1(b)是演员，图9-1(c)是Deepfake生成的虚假人物头像。

3）针对Deepfake的视频造假检测

Deepfake这种换脸视频造假技术的滥用将给社会安定和公民隐私保护带来严重的危害。针对这种危害，各国相继出台了法律和条例，禁止发布这种造假视频。同时，很多研究

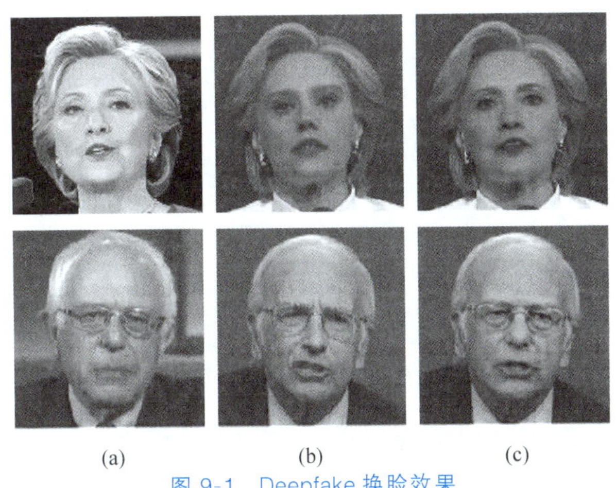

(a) (b) (c)

图 9-1 Deepfake 换脸效果

者也开始研发识别虚假视频的技术。例如，人们发现，由于用来训练神经网络的图像数据往往是睁着眼睛的，因此 Deepfake 视频中人物的眨眼或不眨眼的方式通常是不自然的。这样，通过深度学习，训练眨眼检测模型，在视频中定位眨眼片段，就可以找出不自然的眨眼动作的一系列图像帧。另外，人们发现，每个人都有独特的头部运动（如开始陈述事实时点头）和面部表情（如表达观点时得意地笑），但 Deepfake 中人物的头部动作和表情都是原人物而非目标人物的。基于此，加利福尼亚大学伯克利分校的研究者提出了一种检测换脸的人工智能算法。其基本原理是：利用一个人的头部动作和表情视频训练一个深度学习神经网络模型，然后用这个模型检测另一个视频中的人物头部动作和表情判断两者是否同一个人。经过测试，该模型的准确率达到 92%。目前视频真假检测技术已经在人工智能安全领域发挥了重要作用。

本实验通过视频表情更换展示人工智能技术在安全方面的最新发展成果，使读者了解人工智能在安全和隐私保护方面面临的问题。

2. 实验目标

（1）了解人工智能安全和伦理方面的风险。

（2）了解视频表情更换的技术原理和实施效果。

3. 实验环境

硬件环境：酷睿 i5 处理器，四核，主频 2GHz 以上，内存 8GB 以上。

操作系统：Windows 7 64 位及以上操作系统。

实验器材：AI＋智能分拣实训平台。

实验配件：应用扩展模块。

4. 实验步骤

1）实验环境准备

（1）参考附录 A 安装 Python 3 运行环境。

（2）打开命令行窗口，切换到本实验目录，执行以下命令安装虚拟 Python 环境：

```
pip install virtualenv
```

安装完毕后，执行以下命令启用虚拟环境：

```
virtualenv image
source ./image/Scripts/activate
```

(3)执行以下命令安装所需的包：

```
pip install -r requirements.txt -i https://pypi.mirrors.ustc.edu.cn/simple/
```

然后执行以下命令安装 PyTorch 深度学习框架：

```
pip install torch==1.2.0+cpu torchvision==0.4.0+cpu -f \
https://download.pytorch.org/whl/torch_stable.html
```

安装完毕后的屏幕显示信息如图 9-2 所示。

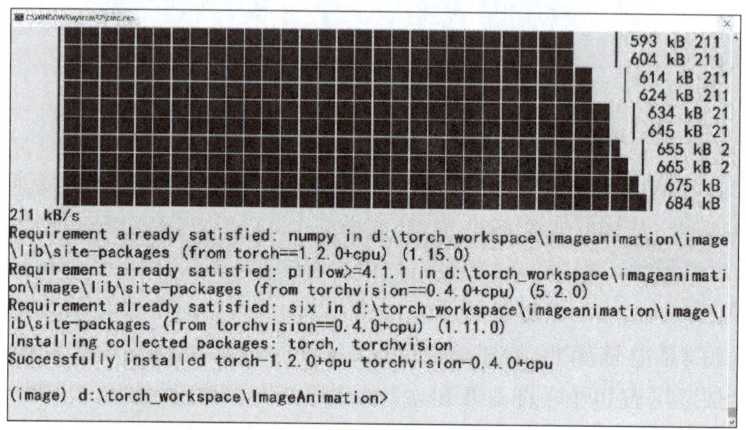

图 9-2 安装完毕后的屏幕显示信息

2）视频表情更换实验

在命令行窗口执行以下命令：

```
python ./image_animation.py -i ./Inputs/Monalisa.png -c ./checkpoints/vox-cpk.pth.tar
```

命令执行结果如图 9-3 所示。

```
    line for line in traceback.format_stack()


  matplotlib.use('Agg')
[INFO] loading source image and checkpoint...
D:\torch_workspace\ImageAnimation\image\lib\site-packages\skimage\transform\_warps.py:105: UserWarning: The default mode, 'constant', will be changed to 'reflect' in skimage 0.15.
  warn("The default mode, 'constant', will be changed to 'reflect' in "
D:\torch workspace\ImageAnimation\image\lib\site-packages\skimage\transform\ warps.py:110: UserWarning: Anti-aliasing will be enabled by default in skimage 0.15 to avoid aliasing artifacts when down-sampling images.
  warn("Anti-aliasing will be enabled by default in skimage 0.15 to "
d:\torch_workspace\ImageAnimation\demo.py:27: YAMLLoadWarning: calling yaml.load() without Loader=... is deprecated, as the default Loader is unsafe. Please read https://msg.pyyaml.org/load for full details.
  config = yaml.load(f)
[INFO] Initializing front camera...
```

图 9-3 命令执行结果

系统打开前摄像头，开始捕捉用户视频，并根据用户的表情实时更新蒙娜丽莎的表情，效果如图 9-4 所示。

在命令行窗口执行以下命令：

图 9-4 视频表情更换实验效果一

```
python ./image_animation.py -i ./Inputs/Monalisa.png -c ./checkpoints/vox-
cpk.pth.tar \
-v ./video_input/test.mp4
```

系统读入测试用的真实视频 test.mp4，根据视频头像的实时表情变化实时生成蒙娜丽莎的表情，如图 9-5 所示。其中，图 9-4(a)是蒙娜丽莎的微笑图像，作为生成视频表情更换的基础；图 9-4(b)是实时生成的蒙娜丽莎表情更换视频，可以看到，根据图 9-4(c)的表情更换了蒙娜丽莎的表情；图 9-4(c)是真实视频。

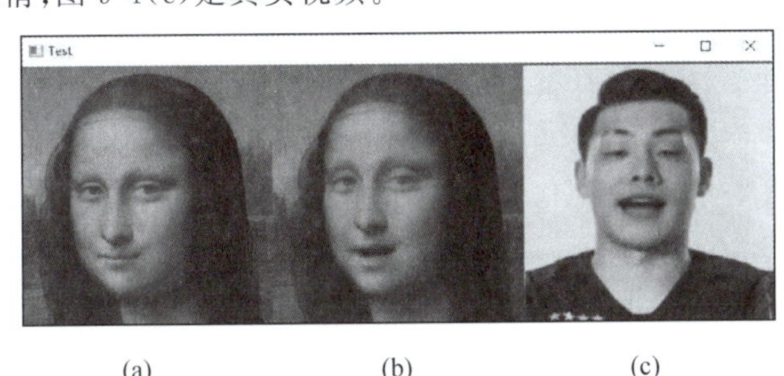

(a) (b) (c)

图 9-5 视频表情更换实验效果二

5. 拓展实验

使用真实人脸的图像生成人脸更换视频。

6. 常见问题

(1) 如果运行环境安装失败，就会导致程序运行失败。

(2) 如果硬件配置中没有 GPU，就会导致程序运行缓慢。建议使用带有 GPU(GTX 2060，6GB 显存以上)的计算机完成该实验。

9.5 本章小结

本章主要讨论了人工智能伦理与安全问题，包括人工智能伦理、机器人伦理、人工智能安全和人工智能法律问题。

在人工智能伦理方面，需要关注人工智能技术对于人类社会和大众生活的影响。在人工智能应用中，需要考虑数据隐私、算法公平、人机关系等问题。在人工智能应用的过程中，需要保证人类的价值观和伦理标准得到充分尊重和体现。

在机器人的设计和应用过程中，需要考虑机器人伦理问题，例如机器人的伦理规范、机器人的责任问题等。同时，还需要为机器人的应用制定相应的法律法规，以确保机器人的应用不会对人类造成不良影响。

在人工智能安全方面，需要保障人工智能应用的安全性和稳定性。在人工智能应用中，需要考虑网络安全、数据隐私、人机交互等问题。同时，还需要建立相应的安全管理制度，对人工智能应用中的安全问题及时进行预警和处理，保障人工智能应用的安全稳定。

在人工智能法律问题方面，需要考虑人工智能技术在法律层面的应用和限制。在人工智能应用中，需要制定相应的法律法规，明确人工智能技术的应用范围和限制。同时，我们还需要考虑人工智能应用中的责任问题，明确人工智能应用中的责任主体和责任范围，保障公众的合法权益。

9.6 习题

1. 什么是数据隐私？为什么数据隐私对于人工智能应用很重要？列举至少3种保护数据隐私的方法。

2. 什么是数据泄露？数据泄露可能对个人和组织造成什么影响？列举至少3种防止数据泄露的方法。

3. 解释数据脱敏的概念，并列举至少两种数据脱敏的方法。

4. 什么是GDPR？该条例对企业和组织产生了什么影响？列举至少3个GDPR的规定。

5. 什么是HIPAA？该法案对医疗保健机构和相关组织产生了什么影响？列举至少两个HIPAA的规定。

6. 什么是数据保护？为什么数据保护对于人工智能应用很重要？列举至少3种数据保护的方法。

7. 什么是数据伦理？为什么数据伦理对于人工智能应用很重要？列举至少两个数据伦理准则。

8. 解释数据共享的概念，并列举至少两种数据共享的方法。

9. 什么是数据集？为什么数据集对于人工智能应用很重要？列举至少两个数据集的特点。

10. 解释数据标注的概念，并列举至少两种数据标注的方法。

第10章 人脸识别的应用

学习目的与要求

人脸识别技术在现代社会中发挥着重要的作用，尤其是在人脸门禁系统和性别情感识别领域。通过对本章的学习，读者应掌握人脸门禁系统和性别情感识别的具体实现方法，并了解相关的优势、挑战以及隐私保护和安全问题。这将有助于读者在实际应用中选择适当的技术方案，提高系统性能和安全性，并为未来的研究和创新打下基础。

10.1 人脸门禁系统

人脸门禁系统是基于人脸识别技术的门禁控制系统，通常由硬件设备(如摄像头、计算机、存储设备等)和软件系统(如人脸识别算法、门禁控制软件等)组成。

在使用人脸门禁系统时，人员只需要站在门前，系统会自动扫描其面部特征，并与系统中存储的预先注册的面部特征进行比对。如果比对成功，门就会自动开启，允许人员进入；否则，门将保持关闭状态。

相比于传统的门禁系统，人脸门禁系统具有更高的安全性、便利性和效率。它可以有效地防止非法入侵和欺诈行为，同时也可以提高门禁控制的操作效率和用户体验。因此，人脸门禁系统被广泛应用于各种场合，例如公司、学校、医院、机场、地铁等公共场所。

10.1.1 人脸识别技术的基础知识

1. 什么是人脸识别技术

人脸识别技术是一种利用计算机算法对人脸图像进行处理和分析，以实现自动识别和验证的技术。它通过对人脸图像进行特征提取和匹配，确定人脸图像与数据库中已知人脸图像的相似度或匹配度，从而实现对人脸的识别和验证。

人脸识别技术是一种基于图像处理、模式识别、机器学习等技术的复杂系统，它可以用于各种应用场景，例如安全门禁、身份认证、社交媒体等。人脸识别技术的核心是对人脸图像进行特征提取和匹配。特征提取是将图像中的人脸区域转换为数字向量，这个向量可以表示人脸的形状、纹理、颜色等特征。匹配是将提取的特征向量与数据库中已有的特征向量进行比对，计算它们之间的相似度或匹配度，以确定两者是否匹配。

为了提高人脸识别技术的准确性和鲁棒性，需要克服一系列技术困难。其中包括光照、姿态、表情、遮挡、分辨率等因素对人脸图像的影响，以及人脸图像的多样性和复杂性等因素对特征提取和匹配的影响。为了应对这些挑战，人脸识别技术使用了多种算法和技术，例如人脸检测、特征提取、分类、回归、聚类、神经网络等。此外，还需要进行大规模的数据采集和训练，以及对算法进行优化和调整。

2. 如何进行人脸识别

人脸识别是利用计算机算法对人脸图像进行处理和分析，以实现自动识别和验证的技术。下面是人脸识别的详细步骤：

（1）图像采集。首先需要利用摄像头或其他设备采集人脸图像，可以是静态图像或动态视频。图像采集的质量对后续的识别和验证效果有很大影响，应尽可能保证图像的清晰度和准确性。

（2）预处理。对采集到的人脸图像进行预处理，包括图像去噪、图像增强、人脸检测与定位等。预处理的目的是提高图像的质量和准确性，为后续的特征提取和匹配做好准备。

（3）特征提取。提取人脸图像中的特征信息，例如人脸轮廓、眼睛、鼻子、嘴巴等。特征提取是人脸识别的核心步骤，其结果直接影响到后续的匹配精度和鲁棒性。通常采用计算机视觉和图像处理算法进行处理，例如主成分分析（Principal Component Analysis，PCA）、线性判别分析（Linear Discriminant Analysis，LDA）、局部二值模式（Local Binary Pattern，LBP）、深度卷积神经网络（DCNN）等。

（4）特征匹配。将提取的人脸特征与数据库中的已知特征进行比对，计算出相似度或匹配度。匹配算法的选择对识别和验证的准确性和鲁棒性有很大影响，通常采用欧几里得距离、余弦相似度、支持向量机（SVM）等算法进行匹配。

（5）决策。根据匹配结果做出决策，例如判断是否通过验证或是否报警等。决策过程需要考虑多种因素，例如匹配分数、阈值、误识率、误拒率等。

除了上述基本步骤外，人脸识别技术在实际应用中还需要考虑到许多因素，例如，光照、角度、表情、遮挡等因素会影响人脸图像的质量和特征提取的准确性。因此，需要采用合适的算法和技术解决这些问题，以提高人脸识别的准确性和鲁棒性。

总而言之，人脸识别技术是一种复杂的技术，其实现需要多种算法和技术的综合运用，以达到高精度和高鲁棒性的识别和验证效果。

下面是一些常见的人脸识别技术：

（1）基于传统算法的人脸识别。这类技术主要采用人工设计的特征提取和分类器实现人脸识别。例如主成分分析、线性判别分析、局部二值模式等算法。这些算法主要依靠人工设计的特征提取方法提取人脸图像中的信息，然后采用分类器进行分类和识别。

（2）基于深度学习的人脸识别。这类技术采用卷积神经网络等深度学习模型，能够自动提取人脸图像中的特征，具有更高的准确性和鲁棒性。这类技术在一些大型人脸识别比赛中表现出色,例如 LFW、MegaFace 等。

(3) 三维人脸识别。这类技术采用三维人脸模型提取人脸图像中的几何特征,例如人脸的深度、角度、几何形状等。这类技术能够有效提高人脸识别的准确性和鲁棒性,尤其在光照和角度变化较大的情况下表现更为优异。

(4) 基于多模态的人脸识别。这类技术采用多种传感器(例如声音、温度、红外线等)和模态信息进行人脸识别。这类技术能够提高人脸识别的准确性和鲁棒性,尤其在复杂环境下表现更为优异。

(5) 动态人脸识别。这类技术采用视频序列中的人脸信息进行人脸识别。这类技术能够提高识别的准确性和鲁棒性,尤其适用于运动员、车手等需要进行快速高效验证的场景。

人脸识别技术在不断发展和创新,涌现了多种算法和技术。在实际应用中,需要根据不同的应用场景和需求选择合适的算法和技术,设计出高效、精确、鲁棒的人脸识别系统。

10.1.2 人脸门禁系统的工作原理

1. 人脸门禁系统的组成

人脸门禁系统主要由以下 4 部分构成:

(1) 摄像头。它是人脸门禁系统最基本的组成部分,用于捕捉门禁区域内的人脸图像。根据应用场景的不同,摄像头可以使用不同的技术,如红外线摄像头、普通摄像头、深度相机等。应该根据门禁区域的光照情况、距离、角度等因素进行合理地选择和规划摄像头。

(2) 人脸识别算法。它是人脸门禁系统的核心部分,它利用计算机视觉和模式识别技术,对摄像头拍摄到的人脸图像进行分析和识别。目前,常用的人脸识别算法包括基于传统的特征提取和分类器分类的方法、基于深度学习的卷积神经网络方法等。人脸识别算法的准确性和速度是影响人脸门禁系统性能的关键因素。

(3) 控制器。它用于控制门禁设备的开关状态。当人脸识别算法判断用户身份合法时,控制器会向门禁设备发送开门指令,门禁设备会根据指令开启门禁,允许用户进入。控制器还可以记录用户进出门禁区域的时间和次数等信息,方便管理和统计。

(4) 数据库。它是人脸门禁系统的信息存储和管理中心,用于存储已注册的人脸信息,包括人脸图像和相关的身份信息。在注册用户时,将用户的人脸图像和身份信息输入数据库。在识别用户时,人脸识别算法会将摄像头拍摄到的人脸图像与数据库中的人脸信息进行比对,以判断用户身份是否合法。数据库的设计和管理应该考虑数据安全和效率等问题。

除了以上 4 个组成部分以外,人脸门禁系统还可能包括一些附加设备,如报警器、网络连接设备等,以满足不同应用场景的需求。

特征提取模块采用 2DPCA 算法,分类器模块使用 SVM 分类器的识别流程。

2. 人脸门禁系统的工作流程

人脸识别是指使用摄像机或摄像头采集包含人脸的图像或视频流,并自动检测、跟踪图像中的人脸,进而对检测到的人脸图像进行一系列相关应用操作。从技术上讲,人脸识别包括图像采集、特征定位、身份的确认和搜索等。简而言之,人脸识别是从人脸图像中提取面部特征，如嘴角、眉毛的高度等，并通过特征比较得到识别结果。人脸识别流程如图 10-1 所示。

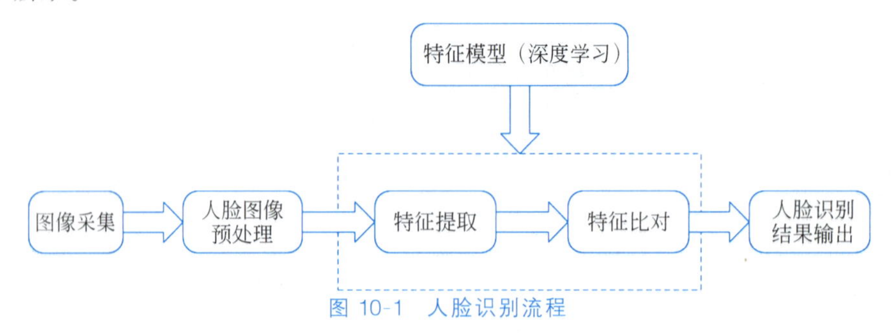

图 10-1 人脸识别流程

输入一张待验证的人脸图像，首先提取图像的人脸特征，包括全局特征、局部特征等；其次，与数据库中的多个人脸图像特征分别进行比对，从中找出最相似的特征；再次，与预设的阈值进行比较；最后，输出特征对应的身份信息。

传统的人脸识别方法包括支持向量机、线性判别分析等，但准确率不高。目前，广泛使用深度学习的框架，运用大量人脸图像数据进行模型训练，获取人脸特征或关键点。其中，关键点定位是核心技术，增加用于定位的关键点数量，识别的准确性就会相应提高。

目前，在众多深度学习模型中，卷积神经网络模型是研究热点，且发展较为成熟。尤其在计算机视觉领域，卷积神经网络应用十分广泛且效果显著，因此，卷积神经网络成为图像识别和检测等有关问题的首选技术，各大 IT 巨头也竞相对其开展研究。相比于传统的人脸识别算法，卷积神经网络可以直接输入原始图像，不需要对图像进行复杂的预处理。同时，卷积神经网络的权重共享机制简化了神经网络结构，能提取高层特征，提高特征的表达能力。

一个典型的卷积神经网络包含 5 部分，分别是输入层、卷积层、池化层、全连接层和分类层，如图 10-2 所示。

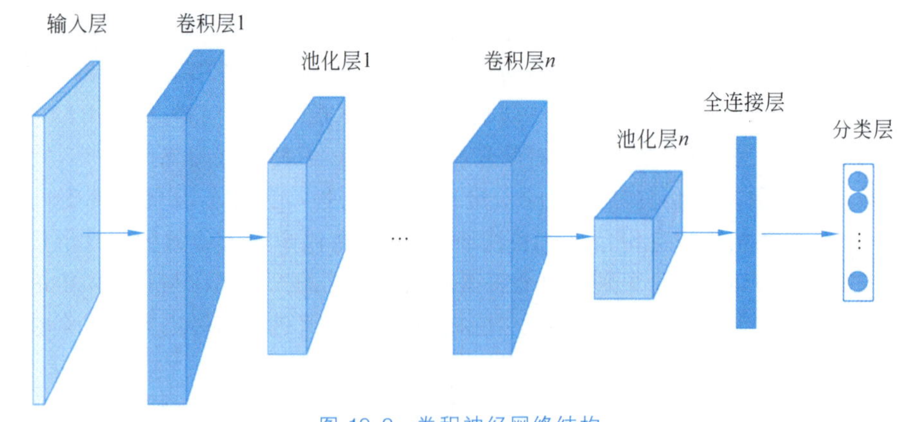

图 10-2 卷积神经网络结构

(1) 输入层。它是整个卷积神经网络的输入，一般表示为一个图像的像素矩阵。

(2) 卷积层。它是卷积神经网络最核心的层，负责逐个分析图像中的每一个像素块，提取局部特征。

(3) 池化层。它不改变三维矩阵的深度，但可以缩小矩阵尺寸。池化操作可以被看作降低图像的分辨率，该操作可以将无用信息过滤掉，减轻整个卷积神经网络的计算负担，同时将有用信息筛选出来,传递给下一层。卷积层和池化层可以视为自动提取图像特征的过程。

(4) 全连接层。经过多次卷积和池化操作之后,全连接层把前面各卷积层和池化层提取的特征综合起来,可以认为此时图像中的信息已被抽象成信息含量更高的特征。

(5) 分类层。

特征提取完成后,由分类层完成分类任务。分类层利用 Softmax 函数可以获得当前样本中不同类的概率分布。

总体来说,人脸门禁系统的工作流程是高度自动化的,可以快速、准确地识别用户身份,实现安全、便捷的门禁控制。

10.1.3 人脸门禁系统的优势与挑战

人脸门禁系统的流行自然是因为其有相比于其他门禁系统的优势,下面是人脸门禁系统的主要优势。

(1) 安全性。人脸门禁系统可以通过人脸识别技术确定一个人的身份,从而防止非法进入。相比传统的门禁系统,人脸门禁系统可以更准确地确定身份,减少了冒名顶替和其他欺骗行为的可能性。

人脸门禁系统可以提高安全性。传统的门禁系统可能会被钥匙、密码等方式绕过,而人脸门禁系统则可以更好地防止这种情况的发生。因为人脸识别技术可以对每个人的唯一面部特征进行识别,从而保证了门禁系统的安全性。

(2) 方便性。人脸门禁系统可以实现无须使用钥匙、密码或其他身份验证方式的快速进出。用户只需要站在门前,系统会自动识别其身份,从而减少了使用传统门禁系统时需要携带钥匙或记住密码的麻烦。

(3) 实用性。人脸门禁系统可以应用于各种不同的场合,如公司办公室、学校、酒店、公共场所等,可以提高门禁系统的管理效率。传统的门禁系统需要人工管理钥匙、密码等信息,并进行授权和撤销权限等操作。而人脸门禁系统可以通过软件自动完成这些操作,从而减少了工作量和出错的可能性。

(4) 可扩展性。人脸门禁系统可以与其他安全系统集成,如视频监控系统、入侵检测系统等,以提高整个安全系统的效率和可靠性。此外,系统还可以通过添加新的摄像头和其他设备扩展其功能。这使得人脸门禁系统可以满足更多的安全需求,适用于更多的场景。

人脸门禁系统虽然有很多优点,但也存在一些挑战和限制:

(1) 隐私保护。人脸门禁系统需要采集和存储用户的面部识别信息。这可能引起一些人的隐私担忧。为了确保隐私保护,需要采取一系列措施,如加密存储、访问控制等,以避免用户面部识别信息的泄露。

(2) 精度和准确性。人脸门禁系统的精度和准确性可能会受到多种因素的影响。例如,面部遮挡、光照、姿势、表情等都可能影响系统的识别准确性。为了提高人脸门禁系统的准确性,需要使用高质量的摄像头和先进的面部识别算法,并对系统进行调整和优化。

(3) 光照和环境因素。人脸门禁系统可能会受到光照和环境因素的影响。例如,强烈的光线或阴影可能会影响摄像头的性能,从而影响识别准确性。为了解决这些问题,可以采用一些技术手段,如使用多个摄像头、增加光源等,以提高系统的稳定性和准确性。

(4) 限制使用场景。人脸门禁系统可能不适用于一些特殊场景,如低光照环境、面部遮挡较多的情况等。此外,人脸门禁系统也可能不适用于一些特定用户群体,如面部畸形、面部残疾等。

对于人脸门禁系统面临的挑战和限制,需要认真采取相应的措施应对。只有这样,人脸门禁系统才能更好地发挥其优点和应用价值。

10.2 性别情感识别

性别情感识别(gendered emotion recognition)是自然语言处理和计算机视觉领域中的一个子领域,主要关注识别和理解不同性别在情感表达方面的差异。本节介绍性别情感识别的基本概念、技术方法和应用场景。

人脸识别是一种计算机视觉技术,它可以自动识别和验证人的身份。而性别情感识别则是基于人脸图像分析的技术,用于识别人的性别和情感状态。

性别识别是指通过识别人脸图像中的特征确定人的性别。这种技术通常使用机器学习算法,如支持向量机、神经网络和决策树等,学习不同性别的特征。男性和女性的面部特征在大多数情况下是明显不同的,因此可以使用这些特征进行性别识别。

情感识别是指通过分析人脸图像中的表情和其他面部特征确定人的情感状态。这种技术也通常使用机器学习算法,例如卷积神经网络,学习不同的情感状态。例如,笑容和皱眉等面部表情可以用来表示人的快乐或悲伤等情感状态。

性别情感识别可以应用于很多领域,例如安防、市场营销、医疗保健和心理咨询等。在安防领域,性别情感识别可以帮助保安人员快速地识别出陌生人并判断他们的意图。在市场营销领域,性别情感识别可以帮助企业更好地了解顾客的需求,并制定更有效的营销策略。在医疗保健领域,性别情感识别可以帮助医生更好地了解患者的情感状态和需求,并提供更为精准的医疗服务。在心理咨询领域,性别情感识别可以用来研究人类情感状态的变化和影响,以及制定更为有效的心理治疗方案。

10.2.1 性别情感识别的意义

性别情感识别是指通过计算机算法判断一个人的性别并分析其情感状态。在智能客服、社交网络分析等应用场景中,情感识别的准确性和效率对用户的满意度和体验至关重要。因此,研究性别情感识别的意义非常重要,主要体现在以下两方面:

(1) 提高情感识别的准确性。

在许多应用场景(如智能客服、社交网络分析等)中,对用户情感的准确识别和理解至关重要。由于不同性别在情感表达上存在差异,研究性别情感识别有助于提高整体情感识别的准确性。

如果算法无法准确识别和分析用户的情感状态,可能导致以下问题:

① 用户满意度下降。如果用户的情感状态被错误地识别或忽略,智能客服等系统可能会做出错误的回复或决策,从而导致用户不满意甚至产生负面评价。而通过提高情感识别的准确性,系统可以更好地理解用户的情感需求,提供更加个性化和精准的服务,从而提

升用户体验和满意度。

② 商业决策受到影响。在市场调研等领域，情感识别的准确性对商业决策的制定和执行具有重要影响。如果情感识别算法无法准确地识别用户的情感状态，可能导致企业对市场和消费者的理解产生偏差，从而影响商业决策的准确性和有效性。而通过提高情感识别的准确性，企业可以更好地了解消费者的情感需求和偏好，从而更合理地制定和执行商业决策，提高企业竞争力和市场份额。

（2）促进算法公平性。

过去的算法研究往往忽略了性别差异，导致算法在性别方面的偏见。性别情感识别的研究有助于提高算法在不同性别群体中的公平性，从而为所有用户提供更好的服务。

具体来说，通过性别情感识别的研究，可以更好地了解不同性别群体在情感表达上的差异和特点，从而更好地理解和满足用户的需求。同时，在算法设计和实现中，需要充分考虑不同性别群体的情感差异，避免算法在性别方面的偏见和歧视，从而提高算法的公平性和可靠性。

此外，算法的公平性对于建立和维护良好的社会秩序和伦理标准也非常重要。如果算法存在性别偏见和歧视，可能会导致社会不公，从而影响社会稳定。而通过促进算法的公平性，可以为社会的发展和进步提供更好的基础和条件。

10.2.2 性别情感识别的技术方法

性别情感识别的技术方法是性别情感识别研究的关键。目前，主要的技术方法可以分为基于规则的方法、基于特征工程的方法、基于深度学习的方法和基于迁移学习的方法 4 类。

1. 基于规则的方法

基于规则的性别情感识别方法是传统的方法，它是通过人工设计的规则判断不同性别在情感表达上的差异，从而进行情感识别。这类方法易于理解和实现，但难以应对复杂多样的情感表达。因此，这类方法的应用范围较窄，主要用于简单的情感识别场景，如对话系统中的情感分析和情感识别等。

2. 基于特征工程的方法

基于特征工程的性别情感识别方法是利用人工设计的特征对不同性别的情感表达进行建模的方法。这类方法需要大量的领域知识，且泛化能力有限。它可以解释模型的决策过程，但在实际应用中往往受到限制。这类方法主要用于简单的情感识别场景，如文本情感分析、情感分类等。特征工程的主要步骤如图 10-3 所示。

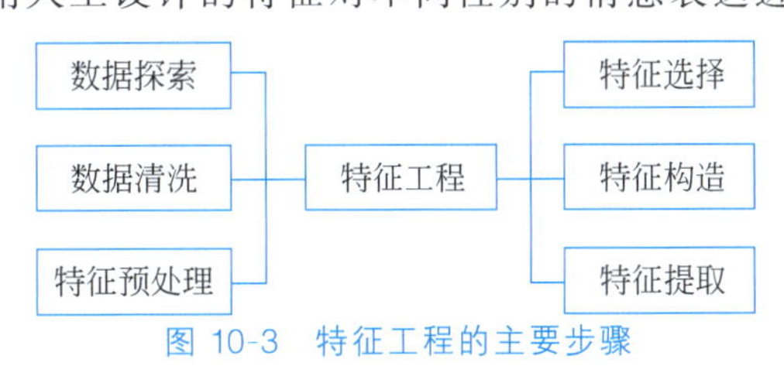

图 10-3 特征工程的主要步骤

3. 基于深度学习的方法

基于深度学习的性别情感识别方法借助深度神经网络，如卷积神经网络和长短时记忆网络，自动学习不同性别在情感表达上的特征。这类方法往往具有较好的性能，但需要大量的标注数据。这类方法主要用于复杂的情感识别场景，如视觉情感分析、音频情感识别等。

4. 基于迁移学习的方法

基于迁移学习的性别情感识别方法利用预训练的模型,如 BERT 和 GPT 等,对不同性别的情感表达进行微调。这类方法可以利用大量无标注数据进行学习,可以提高模型的泛化能力。这类方法主要用于复杂的情感识别场景,如自然语言处理、图像处理、语音处理等。

10.2.3 性别情感识别的应用场景

性别情感识别是一种新兴的技术,它可以通过分析人们的语音、文本、图像等数据,识别出不同性别在情感表达上的差异,从而为人们提供更加个性化、精准的服务。下面介绍性别情感识别的典型应用场景。

1. 智能客服

在智能客服领域,性别情感识别可以帮助客服系统更好地理解用户的情感需求,从而提供更加个性化、精准的服务。例如,在语音客服中,性别情感识别可以通过分析用户的语音特征,识别出用户的性别和情感状态,从而为用户提供更好的服务体验。

2. 社交网络分析

在社交网络分析领域,性别情感识别可以帮助研究人员更好地了解不同性别在情感表达上的差异和特点,从而提高社交网络的使用效率和用户体验。例如,在微博等社交网络中,性别情感识别可以帮助研究人员分析用户的情感状态和偏好,从而更好地了解用户需求,提供更加个性化的服务。

3. 市场调研

在市场调研领域,性别情感识别可以帮助企业更好地理解消费者的情感需求和偏好,从而制定更加精准的市场策略。例如,在消费调研中,性别情感识别可以帮助企业了解不同性别消费者的情感反应和评价,从而为企业提供更好的市场分析和决策支持。

4. 情感分析

在情感分析领域,性别情感识别可以帮助分析人员更好地了解不同性别在情感表达上的差异和特点,从而提高情感分析的准确性和效率。例如,在电影评论分析中,性别情感识别可以帮助分析人员分析不同性别观众对电影的情感反应和评价,从而提供更加精准的分析结果和决策支持。

总之,性别情感识别在各个领域都有着广泛的应用,它可以帮助我们更好地理解人们的情感需求和行为特征,从而提高服务质量和用户体验,为人们的生活和工作带来更多的便利和效益。

10.2.4 性别情感识别的未来

随着人工智能和大数据技术的不断发展,性别情感识别已经成为研究热点。然而,性别情感识别仍然面临着许多挑战。下面是性别情感识别未来面临的主要挑战。

1. 数据隐私和安全

在性别情感识别的研究和应用过程中,数据隐私和安全问题是一个重要的挑战。由于性别情感识别需要大量的个人数据,如语音、文本、图像等,因此必须采取有效的措施保护用户的隐私和数据安全。

2. 多模态性

多模态性是指人们在情感表达过程中同时使用多种表达方式，如语言、肢体语言、面部表情等。这些不同的表达方式在情感表达中起着不同的作用，可以相互补充、协同，也可能会相互矛盾。因此，在性别情感识别中，必须对多种表达方式进行综合分析和识别，以获得更加准确和全面的情感信息。

多模态性是性别情感识别中的一个重要问题，它对性别情感识别的准确性和实用性有着重要的影响。例如，在面对一个人时，我们可以通过他的面部表情、语言等多种方式判断他们的情感状态，而单独使用其中的一种表达方式则可能会导致情感识别的偏差和误判。

3. 识别精度

当前的性别情感识别技术在识别精度方面仍然存在一定的局限性，需要进一步提高精度和稳定性。尤其是在复杂的情感表达场景下，如多人对话、嘈杂环境等，识别精度难以达到要求。

4. 多样性和普适性

情感表达的多样性是指不同的人在情感表达上存在着巨大的差异。这种多样性可能来自不同性别、文化背景、社会背景、经历等方面。因此，性别情感识别需要考虑到这种多样性，以提高识别的准确性和可靠性。

在实际应用中，性别情感识别需要针对不同的人群和场景进行个性化和差异化处理。例如，在跨文化性别情感识别中，需要考虑到不同文化背景下情感表达的差异和特点，以提高性别情感识别的准确性和普适性。

情感表达的普适性是指不同人群和场景下情感表达都具有普遍性和共性。

总之，多样性和普适性是性别情感识别中的两个重要问题，需要在情感识别算法、数据处理和模型设计等方面进行深入研究和创新，以实现对情感表达的多样性和普适性的有效处理和应用。

10.3 本章小结

本章介绍了人脸识别技术在人脸门禁系统和性别情感识别中的应用。人脸识别技术是一种基于人脸图像的生物识别技术，可以识别和验证人脸图像中的身份信息。在人脸门禁系统中，人脸识别技术可以替代传统的门禁卡、密码等方式，提高门禁系统的安全性和便利性。

性别情感识别是新兴的应用场景，它可以通过分析人们的语音、文本、图像等数据，识别出不同性别在情感表达上的差异，从而为人们提供更加个性化、精准的服务。在性别情感识别中，人脸识别技术可以帮助识别人的性别，从而提高情感识别的准确性和效率。

10.4 习题

1. 什么是人脸识别技术？它有哪些应用场景？
2. 传统的门禁系统有哪些缺点？人脸门禁系统如何解决这些问题？
3. 简要描述人脸识别技术的基本流程。

4. 人脸识别技术的准确性受哪些因素影响？列举至少3个因素。

5. 什么是性别情感识别？人脸识别技术在性别情感识别中有什么作用？

6. 性别情感识别技术有哪些应用场景？列举至少两个场景。

7. 简要描述人脸识别技术在现实生活中的隐私保护和安全问题。

8. 现在已经有一些商业化的人脸识别技术产品，你认为这些产品在未来的发展方向有哪些？为什么？

第11章 智能家居

学习目的与要求

本章旨在深入探讨智能家居领域的相关概念、技术和应用，以及智能家居对家庭生活的影响和未来发展趋势。通过学习本章内容，读者应全面了解智能家居技术的基本原理、关键技术和应用场景以及智能家居对家庭生活的积极影响。

智能家居是以住宅为平台，利用综合布线技术、网络通信技术、安全防范技术、自动控制技术、音视频技术将家居生活相关的设备集成起来，构建可集中管理、智能控制的住宅设施管理系统，从而提升家居的安全性、便利性、舒适性、艺术性，并实现环保节能的居住环境。换句话说，智能家居并不是一个单一的产品，而是通过技术手段将家中所有的产品连接成一个有机的系统，主人可随时随地控制该系统。

智能家居是以物联网系统为依托，使系统从原来的单一控制改变为人与物、物与物的双向智慧对话。智能家居通过物联网技术将家中的各种设备(如音视频设备、照明系统、窗帘控制、空调控制、安防系统、数字影院系统、网络家电等)连接到一起，提供家电控制、照明控制、窗帘控制、视频远程控制、室内外遥控、防盗报警、环境监测、新风系统控制等多种功能。

与普通家居相比，智能家居不仅具有传统的居住功能，而且是集系统、结构、服务、管理为一体的安全、便利、节能、舒适的居住环境，提供全方位的信息交互功能。

智能家居是指通过互联网、传感器、自动化控制等技术实现家居设备的智能化控制和管理。以下是一些在国内外比较知名的智能家居品牌：

(1) 米家。小米生态链涵盖了智能家居、智能家电、智能安防等多个领域。小米旗下的米家智能家居品牌是国内知名的智能家居品牌之一。

(2) 华为智选生态。华为是一家中国知名的电信设备和智能手机制造商，其旗下的智能家居品牌是华为智选生态，产品线包括智能音箱、智能路由器、智能摄像头、智能门锁、智能插座、智能灯具等多个领域。

(3) Google Nest。谷歌旗下的智能家居品牌是Google Nest，其产品涵盖了智能音箱、智能摄像头、智能温控等多个领域。

(4) Amazon Alexa。亚马逊旗下的智能家居品牌是Amazon Alexa，智能音箱Echo系列是其代表产品之一。

(5) Apple HomeKit。HomeKit是苹果公司于2014年发布的智能家居平台。通过HomeKit，用户可以使用iPhone、iPad或Apple Watch控制智能家居设备，实现远程控制和场景设置等功能。

智能家居是当今科技发展的重要方向之一，它通过各类传感器、控制器和网络技术，实现家庭设备的互联互通，提高生活质量和便利性。本章介绍智能家居中的3种应用：机器视觉应用、智能语音应用和智能云服务应用。

11.1 机器视觉应用

机器视觉是指计算机通过摄像头等设备捕获、处理和理解图像信息的技术。在智能家居中，机器视觉技术有着广泛的应用，例如家庭安防、监控和自动化控制等。

随着科技的发展，智能家居系统在日常生活中的应用变得越来越广泛。其中，机器视觉技术在智能家居中的应用尤为突出，为用户带来了许多便捷的功能。本节将探讨机器视觉在智能家居领域的主要应用。

11.1.1 人脸识别

人脸识别技术是机器视觉领域的一个重要研究方向。在智能家居系统中，人脸识别技术可以用于实现门禁安全、家庭成员识别等功能。通过摄像头捕捉到的人脸图像，系统可以识别出家庭成员的面部特征，从而实现自动解锁、家庭成员到家提醒等功能。此外，人脸识别技术还可以应用于安防监控领域，通过实时的人脸识别，智能家居系统可以判断是否有陌生人进入，并向用户发送警报。

11.1.2 物体识别

1. 物体识别的步骤

物体识别分为6个步骤：图像预处理、特征提取、特征选择、建模、匹配和定位。

1) 图像预处理

图像预处理几乎是所有计算机视觉算法的第一步，其目的是在尽可能不改变图像承载的本质信息的前提下使得每张图像的表观特性(如颜色分布、整体明暗、尺寸等)尽可能一致。图像预处理主要完成模式识别、模数转换、滤波、消除模糊、减少噪声、纠正几何失真等操作。

预处理经常与具体的采样设备和要处理的问题有关。例如，要从图像中将汽车车牌的号码识别出来，就需要先将车牌从图像中找出来，再对车牌进行划分，将各个数字划分开。做到这一步以后，才能对每个数字进行识别。以上工作都应该在预处理阶段完成。在物体识别中所用到的典型的预处理方法主要是滤波及直方图均衡等。高斯模糊可以使以后的梯度计算更为准确,而直方图均衡可以克服一定程度的光照影响。值得注意的是,有些特征本身已经带有预处理的属性,因此不需要再进行预处理操作。

预处理通常包括 5 种基本运算:

(1) 编码。实现模式的有效描述,使之适合计算机运算。

(2) 阈值或者滤波运算。按需要选出某些函数,抑制另外一些函数。

(3) 模式改善。排除或修正模式中的错误,或去掉不必要的函数值。

(4) 正规化。使某些参数值适应标准值或标准值域。

(5) 离散模式运算。离散模式处理中的特殊运算。

2) 特征提取

特征提取是物体识别的重要步骤。好的图像特征使得不同的物体对象在高维特征空间中有着较好的分离性,从而能够有效地减轻识别算法后续步骤的负担,达到事半功倍的效果。

图像特征提取就是提取一幅图像中不同于其他图像的根本属性,以区别不同的图像。例如,颜色、纹理和形状等特征都是与图像的视觉效果密切相关的;而有一些特征则缺少自然的对应性,如颜色直方图、灰度直方图和空间频谱图等。基于图像特征进行物体识别实际上是根据提取的图像特征判断图像中的物体属于什么类别。颜色、纹理和形状等特征是最常用的视觉特征,也是现阶段基于图像的物体识别技术中采用的主要特征。

(1) 图像颜色特征提取。

图像颜色特征描述了图像或图像区域中的物体的表面性质,反映的是图像的全局特征。一般来说,图像颜色特征是基于像素点的特征,只要是属于图像或图像区域内的像素点都对图像颜色特征有贡献。

典型的图像颜色特征提取方法有颜色直方图、颜色集、颜色矩等。

① 颜色直方图是最常用的表达颜色特征的方法。其优点是能简单描述图像中不同颜色在整幅图像中所占的比例,特别适用于描述一些不需要考虑物体空间位置的图像和难以自动分割的图像。其缺点是无法描述图像中的某一具体物体,无法区分局部颜色信息。

② 颜色集方法可以看成颜色直方图的一种近似表达。具体方法是:首先,将图像从RGB 颜色空间转换到视觉均衡的颜色空间;然后,将视觉均衡的颜色空间量化;最后,采用颜色分割技术自动地将图像分为几个区域,用量化的颜色空间中的某个颜色分量以表示每个区域的索引,这样就可以用一个二进制编码的颜色索引集表示一幅图像。

③ 颜色矩方法的数学基础是图像中任何颜色的分布都可以用相应的矩表示。由于颜色分布信息主要集中在低阶矩中,因此,表达图像的颜色分布仅需要采用颜色的一阶矩、二阶矩和三阶矩。

(2) 图像纹理特征提取。

图像的纹理是与物体表面结构和材质有关的图像的内在特征,反映的是图像的全局特征。图像的纹理可以描述为一个邻域内像素的灰度级发生变化的空间分布规律,它包括表面组织结构、与环境的关系等许多重要的图像信息。

典型的图像纹理特征提取方法有统计方法、几何法、模型法、信号处理法。

① 统计方法是灰度共生矩阵纹理特征分析方法。

② 几何法是建立在基本的纹理元素理论基础上的一种纹理特征分析方法。

③ 模型法是将图像的构造模型的参数作为纹理特征。

④ 信号处理法主要以小波变换为主。

(3) 图像形状特征提取。

形状特征是图像中的物体最直接的视觉特征,大部分物体可以通过其形状进行判别。所以,在物体识别中,形状特征的正确提取显得非常重要。

常用的图像形状特征提取方法有两种:基于轮廓的方法和基于区域的方法。

这两种方法的不同之处在于:对于基于轮廓的方法来说,图像的轮廓特征主要针对物体的外边界,描述形状的轮廓特征的方法主要有样条、链码和多边形逼近等;而在基于区域的方法中,图像的区域特征则关系到整个形状区域,描述形状的区域特征主要有区域的面积、凹凸面积、形状的主轴方向、纵横比、形状的不变矩等。基于形状特征识别物体的方法目前已得到了广泛的应用。典型的形状特征描述方法有边界特征法、傅里叶形状描述符法、几何参数法、形状不变矩法。

(4) 图像空间特征提取。

图像空间特征是指图像中分割出来的多个目标的空间位置或者方向之间的关系。可以采用相对位置或方向信息,也可以采用绝对位置或方向信息。常用的提取空间特征的方法是:对图像进行分割后,提取其空间特征,对这些特征建立索引。

3) 特征选择

再好的机器学习算法,没有良好的特征都是不行的。有了特征之后,机器学习算法便开始发挥自己的优势。在提取了所需的特征之后,接下来的一个可选步骤是特征选择。特别是在特征种类很多或者物体类别很多时,需要找到最适合的特征。严格地说,任何能够在被选出的特征集上正常工作的模型都能在原特征集上正常工作;反过来,进行特征选择可能会丢掉一些有用的特征,不过为了减少计算开销,在把特征放进模型训练之前还是应该进行特征选择。

4) 建模

一般物体识别系统赖以成功的关键在于找到属于同一类的物体的相同之处。而对于给定特征集合,提取相同点,分辨不同点,是模型要解决的问题。因此,可以说模型是整个识别系统成败的关键。对于物体识别这个特定课题,模型主要建模的对象是特征与特征之间的空间结构关系。主要的选择准则有两个:一是模型的假设是否适用于当前问题;二是模型所需的计算复杂度是否能够承受,或者是否有高效的算法。

5) 匹配

在得到训练结果(在描述、生成或者区分模型中常表现为一组参数的取值,在其他模型中表现为一组特征的获得与存储)之后,接下来的任务是运用模型识别图像中的物体,并且给出边界,将物体与图像的其他部分分开。

6) 定位

在成功地识别出物体之后,接下来要对物体进行定位。

2. 物体识别的应用

在智能家居系统中,可以通过智能摄像头实现对家庭物品的识别和追踪。例如,用户可以使用智能手机或智能音箱控制智能摄像头,查找特定物品(如遥控器、钥匙等)的位置。

物体识别技术还可以在智能家居中用于物品管理。例如,在智能冰箱中,摄像头可以识别食物的种类和数量,并提醒用户注意食品的保质期和采购需求。

11.1.3 行为识别

1. 行为识别简介

行为识别技术是机器视觉领域的一个重要研究方向,也是智能家居领域中的重要应用之一。行为识别技术在智能家居中可以实现实时监测家庭成员的动作与行为,为用户提供智能化的生活场景识别。通过行为识别技术,智能家居系统可以自动调整家居环境,例如调节灯光亮度、播放用户喜爱的音乐等。此外,行为识别还可以应用于家庭健康管理,通过识别家庭成员的运动和睡眠状态,为用户提供有针对性的健康建议。

行为识别研究的是视频中目标的动作,例如判断一个人是在走路、跳跃还是挥手。行为识别在视频监督、视频推荐和人机交互中有重要的应用。随着神经网络的兴起,出现了很多处理行为识别问题的方法。不同于目标识别,行为识别除了需要分析目标的空间依赖关系以外,还需要分析目标变化的历史信息,这就为行为识别的问题增加了难度。输入一系列连续的视频帧,行为识别系统首先面临的问题是如何对这一系列视频帧依据相关性进行分割。例如,一个人可能先做了走路的动作,接下来又挥了挥手,然后又开始跳跃。行为识别系统要判断这个人做了 3 个动作,并且分离出对应时间段的视频,单独进行判断。其次,行为识别系统要解决的问题是从一幅图像中分离出要分析的目标。例如,一个视频中有一个人和一只狗,需要分析人的行为而忽略狗的行为。最后,对一个人在一个时间段内的行为进行特征提取,输入模型进行训练,对动作做出判断。这些问题都是行为识别系统需要解决的。当然,在实际应用中,这些问题可能会由行为识别系统统一解决,或者由人加以控制。

2. 行为识别在智能家居中的应用

通过识别家庭成员的动作和行为,智能家居系统可以自动调整家居环境,以适应用户的需求。例如,当用户回到家时,智能家居系统可以自动打开灯光、调节温度和播放音乐,提供舒适的居住环境。

行为识别技术在智能家庭健康管理中也具有重要意义。通过识别家庭成员的运动和睡眠状态,智能家居系统可以为用户提供有针对性的健康建议。例如,当智能家居系统识别到用户缺乏运动时,可以提醒用户进行适当的锻炼,以促进身体健康。

智能家居系统中的行为识别技术还可以应用于安防监控领域。通过实时的行为识别,智能家居系统可以判断是否有异常行为,例如入侵或窃盗,并向用户发送警报。此外,行为识别技术还可以用于识别家庭成员的身份,确保家庭成员的安全和隐私。

总之,行为识别技术在智能家居领域中具有重要意义,可以实现智能化的生活场景识别,提高家庭生活的便利性和舒适度。在未来,随着技术的不断发展和创新,行为识别技术在智能家居领域的应用将更加广泛和普及。

11.1.4 智能监控

智能监控技术在安防领域的应用越来越广泛。通过应用机器视觉技术,包括前面介绍的行为识别与物体识别技术,智能监控系统可以实时识别异常行为和陌生人,及时向用户报警。此外,智能监控技术还可以实现自动追踪功能,当监控画面出现异常情况时,摄像头会自动跟踪目标,提高安全性能。

1. 传统视频监控技术的弊病

传统视频监控是一种被动型的系统。这种系统具有同步监视和远程控制的特点，可以在事后有需要时调出影像进行事件回放。由于其缺乏智能特性，所以要求必须有监控人员进行实时监视，通过人为的分析对事件作出判断，发出报警。影像回放、实时监管和发出报警都是以人的作用为关键。然而，随着监控设备的和监控对象的不断增加，监控数据大规模增长，人的精力有限，无法做到一直保持较高效率，实时的全方面监控难以达成，更不用说根据实时监控做出判读和报警。

另外，录像数据的大规模增加也为网络的传输与数据的保存带来了非常大的负担。网络带宽和服务器承载力的限制导致传统视频监控系统只能采用高压缩率的数字压缩技术，它对数据的损害是使图像不清晰。且传统网络容易受周围环境干扰，这为后期的处理带来了很大的问题。为解决这些难题，相关部门只好采用网速高的光纤专网进行数据传输，以保证视频的清晰度。这样的措施在解决问题的同时却造成了技术成本的提高。

2. 智能监控系统的优点

传统监控系统分模拟监控和数字监控两个阶段。模拟监控系统的缺点非常明显，其监控范围、切换性能、数据存储都有很大的局限。数字监控系统虽然功能增强了很多，也简化了操作难度，但欠缺稳定性，而且布线复杂，监控范围依然有限。相比之下，智能监控系统则表现出了极大的优越性。智能视频监控技术以互联网平台为依托，以数字化和信息化为发展方向，通过计算机视觉技术对视频进行智能分析和处理，在无人条件下进行全程自动化监控。其优点如下：

1）7×24 小时无间断监控

智能监控系统可以无间断地工作，不必如人一样受到精力的限制。智能视频系统可以大大解放人力，系统通过计算机视觉与机器视觉的综合应用，可以客观地分析视频中的信息，对异常事件或可疑问题进行判定，并决定是否要报警，可以避免人为操作时的延时性。

2）精确报警

智能视频监控系统集成了智能终端系统与高精度前端设备，对图像高精度捕捉后强化显示效果，再由计算机系统进行高速运算分析，精确定义事件的安全性，实时发现，实时报警。既降低了错报率、漏报率，也减少了数据传输的流量。

3）提高反应速度

计算机通过智能系统识别异常事件，或通知相关人员进行处理，或根据系统定义的程序执行相关预案，以避免危险问题的发生。智能系统的执行不受主观想法干扰，客观公正，比人为操作精确和迅速得多。

4）扩大视频共享范围

人们在出门在外时也可以了解到家中的状况，例如宠物的状况与行为以及家中是否失窃。

11.2 智能语音应用

智能语音应用在智能家居中扮演着重要的角色，可以让用户通过自然语言与家居系统进行交互。

当我们谈论智能语音应用时，通常指的是通过语音交互技术让用户自然地与设备、应用程序和服务进行交互的技术。这种技术可以让用户通过说话进行操作，而不需要使用鼠标或键盘。这使得智能语音应用成为一种更加便捷、自然的交互方式。

语音识别也称为自动语音识别(Automatic Speech Recognition，ASR)，主要是将人类语音中的词汇内容转换为计算机可读的输入，一般都是可以理解的文本内容，也有可能是二进制编码或者字符序列。但是，我们一般理解的语音识别是指语音转文字(Speech To Text，STT)，它与语音合成，即文字转语音(Text To Speech，TTS)对应起来。

语音识别是一项融合多学科知识的前沿技术，覆盖了数学与统计学、声学与语言学、计算机与人工智能等基础学科和前沿学科，是人机自然交互技术中的关键环节。但是，语音识别自诞生后的几十年里一直没有在实际应用中得到普遍认可。一方面，这与语音识别技术的缺陷有关，其识别精度和速度都达不到实际应用的要求；另一方面，这与业界对语音识别的期望过高有关，实际上语音识别与键盘、鼠标或触摸屏等应是融合关系，而非替代关系。

本节简要介绍智能语音应用的核心技术、发展历程以及应用场景。

11.2.1 核心技术

智能语音应用涉及的核心技术主要包括语音识别、语义理解和语音合成。

1. 语音识别

语音识别也称自动语音识别(Automatic Speech Recognition，ASR)，是将人类的语音信号转换为文本的过程。在过去的几十年里，语音识别技术得到了显著的提升，如今已经能够在各种环境下识别多种语言和口音。深度学习技术的应用，尤其是长短时记忆(LSTM)网络和卷积神经网络(CNN)等神经网络结构在语音识别领域产生了重要影响。

2. 语义理解

语义理解也称自然语言理解(Natural Language Understanding，NLU)，是指计算机将自然语言文本转换为结构化数据，以便机器能够理解其含义并做出相应的反应。语义理解包括实体识别、关键词提取、情感分析、意图识别等任务。深度学习、迁移学习以及预训练语言模型(如 BERT、GPT 等)在语义理解领域取得了显著的进展。

3. 语音合成

语音合成技术将文本转换为语音信号。近年来，随着深度学习技术的发展，WaveNet、Tacotron 等模型极大地提高了语音合成的自然度和清晰度。目前，高质量的语音合成已经能够模拟不同的语言、口音和声音特征。

11.2.2 发展历程

深度学习技术自 2009 年兴起之后，已经取得了长足进步。语音识别的精度和速度取决于实际应用环境，但在安静环境、标准口音、常见词汇场景下的语音识别率已经超过 95%，意味着语音识别技术具备了与人类相仿的语言识别能力，而这也是语音识别技术当前发展比较火热的原因。

随着技术的发展，现在口音、方言、噪声等场景下的语音识别也达到了可用状态，特别是远场语音识别已经随着智能音箱的兴起成为全球消费电子领域应用最为成功的技术之一。由于语音交互提供了更自然、更便利、更高效的沟通形式,语音必定将成为未来最主要的人机互动接口之一。

当然,当前的语音识别技术还存在很多不足。例如对于强噪声、超远场、强干扰、多语种、大词汇量等场景下的语音识别能力还需要很大的提升。另外,多人语音识别和离线语音识别也是当前需要重点解决的问题。虽然语音识别还无法做到无限制领域、无限制人群的应用,但是至少从应用实践中我们看到了一些希望。

接下来从技术和产业两个角度回顾语音识别发展的历程和现状,并分析一些未来趋势。

1. 语音识别的技术历程

现代语音识别可以追溯到 1952 年,Davis 等研制了世界上第一个能识别 10 个英文数字发音的实验系统,从此正式开启了语音识别的进程。语音识别发展到今天已经有 70 多年,从技术上可以大体分为 3 个阶段。

1) GMM-HMM 时代

20 世纪 70 年代,语音识别主要集中在小词汇量、孤立词识别方面,使用的方法也主要是简单的模板匹配方法,即,首先提取语音信号的特征,构建参数模板,然后将测试语音与参考模板参数进行一一比较和匹配,取距离最近的样本所对应的词标注为该语音信号的发音。该方法对解决孤立词识别是有效的,但对于大词汇量、非特定人连续语音识别就无能为力了。因此,进入 20 世纪 80 年代后,研究思路发生了重大变化,从传统的基于模板匹配模型(GMM)的技术思路开始转向基于统计模型的技术思路。

HMM 的理论基础在 1970 年前后就已经建立起来了,随后被应用到语音识别当中。HMM 假定一个音素含有 3～5 个状态,同一状态的发音相对稳定,不同状态间可以按照一定概率进行跳转;某一状态的特征分布可以用概率模型描述,使用最广泛的模型是 GMM。因此,在 GMM-HMM 框架中,HMM 用来描述语音的短时平稳的动态性,GMM 用来描述 HMM 每一状态内部的发音特征。

基于 GMM-HMM 框架,研究者提出各种改进方法,如结合上下文信息的动态贝叶斯方法、区分性训练方法、自适应训练方法、HMM/NN 混合模型方法等。这些方法都对语音识别研究产生了深远影响,并为下一代语音识别技术的产生做好了准备。自 20 世纪 90 年代语音识别声学模型的区分性训练准则和模型自适应方法被提出以后,在很长一段内语音识别的发展比较缓慢,语音识别错误率一直没有明显下降。

2) DNN-HMM 时代

2006 年,Hinton 提出深度置信网络(DBN),深度神经网络(DNN)研究得以复苏。2009 年,Hinton 将 DNN 应用于语音的声学建模,在 TIMIT 上获得了当时最好的结果。2011 年年底,微软研究院的俞栋、邓力又把 DNN 技术应用在大词汇量连续语音识别任务上,大大降低了语音识别错误率。从此语音识别进入 DNN-HMM 时代。

DNN-HMM 主要是用 DNN 代替原来的 GMM,对每一个状态进行建模,DNN 带来的好处是不再需要对语音数据分布进行假设,将相邻的语音帧拼接又包含了语音的时序结构信息,使得对于状态的分类概率有了明显提升。同时 DNN 还具有强大环境学习能力,可以提升对噪声和口音的鲁棒性。

简单来说,DNN 就是给出输入的一串特征所对应的状态概率。由于语音信号是连续的，不仅各音素、音节以及词之间没有明显的边界，各发音单位还会受到上下文的影响。虽然语音帧拼接可以增加上下文信息，但对于语音来说还是不够。而递归神经网络（RNN）可以记住更多的历史信息，更有利于对语音信号的上下文信息进行建模。

由于简单的 RNN 存在梯度爆炸和梯度消失问题，难以训练，无法直接应用于语音信号建模，因此有研究者进一步开发出了很多适合语音建模的 RNN 结构，其中最有名的就是长短时记忆模型（LSTM）。LSTM 通过输入门、输出门和遗忘门可以更好地控制信息的流动和传递，具有长短时记忆能力。虽然 LSTM 的计算复杂度比 DNN 有所增加，但其整体性能比 DNN 有 20%左右的稳定提升。

二进制长短时记忆模型（BLSTM）是在 LSTM 基础上的进一步改进。它不仅考虑语音信号的历史信息对当前帧的影响，还要考虑未来信息对当前帧的影响，因此其网络中沿时间轴存在正向和反向两个信息传递过程。这样，该模型可以更充分地考虑上下文对于当前语音帧的影响，能够大幅提高语音状态分类的准确率。BLSTM 考虑未来信息的代价是需要进行句子级更新，模型训练的收敛速度比较慢，同时也会带来解码的延迟，对于这些问题，业界都进行了工程优化与改进，现在仍然有很多大公司使用该模型结构。

3）端到端时代

语音识别的端到端方法主要是损失函数发生了变化，但神经网络的模型结构并没有太大变化。总体来说，端到端技术解决了输入序列长度远大于输出序列长度的问题。端到端技术主要分成两类：一类是连接时序分类（CTC）方法，另一类是序列到序列（sequence-to-sequence）方法。

在传统语音识别 DNN-HMM 架构的声学模型中，每一帧输入都对应一个标签类别，标签需要反复迭代以确保对齐更准确。采用 CTC 作为损失函数的声学模型序列，不需要预先对数据对齐，只需要一个输入序列和一个输出序列就可以进行训练。CTC 关心的是预测输出的序列是否和真实的序列相近，而不关心预测输出序列中每个结果在时间点上是否和输入的序列正好对齐。CTC 建模单元是音素或者字，因此它引入了空白（blank）。对于一段语音，CTC 最后输出的是尖峰的序列，尖峰的位置对应建模单元的标签（label），其他位置都是空白。

序列到序列方法原来主要应用于机器翻译领域。2017 年，谷歌公司将其应用于语音识别领域，取得了非常好的效果，将词错误率降低至 5.6%。谷歌公司提出的新系统的框架由 3 部分组成：一是编码器组件，它和标准的声学模型相似，输入的是语音信号的时频特征；二是注意力组件，语音信号的时频特征经过一系列神经网络层映射成高级特征，然后传递给注意力组件，它使用高级特征学习输入和预测子单元之间的对齐方式，子单元可以是一个音素或一个字；三是解码器组件，注意力组件的输出传递给解码器组件，生成一系列假设词的概率分布，类似于传统的语言模型。

采用端到端技术，不再需要 HMM 描述音素内部状态的变化，而是将语音识别的所有模块统一成神经网络模型，使语音识别朝着更简单、更高效、更准确的方向发展。

2. 语音识别的技术现状

目前，主流语音识别框架还是由 3 部分组成：声学模型、语言模型和解码器，有些框架也包括前端处理和后处理。随着各种深度神经网络以及端到端技术的兴起，声学模型成为近几年非常热门的研究方向，业界不断出现新的声学模型结构，刷新各数据库的识别记录。

由于中文语音识别的复杂性，国内在声学模型的研究进展更快一些，主流方向是更深、更复杂的神经网络技术融合端到端技术。

2018 年，科大讯飞公司提出深度全序列卷积神经网络——DFCNN，它使用大量的卷积层直接对整句语音信号进行建模，主要借鉴了图像识别的网络配置，每个卷积层使用小卷积核，并在多个卷积层之后再加上池化层，通过累积非常多的卷积层-池化层对，可以看到更多的历史信息。

2018 年，阿里公司提出 LFR-DFSMN（Lower Frame Rate-Deep Feedforward Sequential Memory Network，低帧率深层前馈记忆网络）。该模型将低帧率算法和 DFSMN 算法进行融合，语音识别错误率相比上一代技术降低 20%，解码速度提升 3 倍。FSMN 通过在 FNN 的隐含层添加一些可学习的记忆模块，可以有效地对语音的长时相关性进行建模；而 DFSMN 通过跳转避免深层网络的梯度消失问题，可以训练出更深层的网络结构。

2019 年，百度公司提出了流式多级的截断注意力（Streaming Multi-Layer Trancated Attention，SMLTA）模型，该模型在 LSTM 和 CTC 模型的基础上引入了注意力机制以获取更大范围和更有层次的上下文信息。其中，"流式"表示可以直接对语音进行一个小片段一个小片段的增量解码；"多级"表示堆叠多层注意力模型；"截断"则表示利用 CTC 模型的尖峰信息，把语音切割成一个一个小片段，注意力模型和解码可以在这些小片段上展开。该模型的在线语音识别率比百度公司上一代 Deep Peak2 模型提升了 15%。

开源语音识别工具包 Kaldi 是业界语音识别框架的基石。Kaldi 的作者 Daniel Povey 一直推崇 Chain 模型。该模型是一种类似于 CTC 的技术，建模单元相比于传统的状态粒度更粗，只有两个状态：一个状态是 CD Phone，另一个是 CD Phone 的空白。该模型的训练方法采用 Lattice-Free MMI。该模型可以采用低帧率的方式进行解码，解码帧率为传统神经网络声学模型的 1/3，而准确率相比于传统模型有非常显著的提升。

远场语音识别技术主要解决真实场景下舒适距离内人机任务对话和服务的问题，是 2015 年以后兴起的技术。由于远场语音识别解决了复杂环境下的语音识别问题，在智能家居、智能汽车、智能会议、智能安防等实际场景中获得了广泛应用。目前国内远场语音识别的技术框架以前端信号处理和后端语音识别为主，前端利用麦克风阵列进行去混响、波束形成等信号处理，以使语音更清晰，然后送入后端的语音识别引擎进行识别。

语音识别另外两部分——语言模型和解码器目前没有太大的技术变化。语言模型主流还是基于传统的 *N*-Gram 方法，虽然目前也有基于神经网络的语言模型的研究，但在应用中主要用于后处理纠错。解码器的核心指标是速度，业界大部分按照静态解码的方式进行，即将声学模型和语言模型构造成 WFST 网络，该网络包含了所有可能的路径，解码就是在这些路径组成的空间中进行搜索的过程。由于该理论相对成熟，更多的是工程优化的问题，所以不论是学术界还是产业界目前对其关注较少。

1）语音识别的技术趋势

语音识别主要朝远场化和融合化的方向发展，但在远场可靠性上还有很多难点没有突破，例如多轮交互、嘈杂环境等场景还有待突破，此外还有需求较为迫切的人声分离等技术。新的技术应该彻底解决这些问题，让机器听觉远超人类的感知能力。这不仅仅取决于算法的进步，还需要整个产业链的技术升级，包括更为先进的传感器和算力更强的芯片。

语音识别技术仍然面临很多挑战：

(1) 回声消除技术。由于喇叭非线性失真的存在，单纯依靠信号处理手段很难将回声消除干净，这也阻碍了语音交互系统的推广，现有的基于深度学习的回声消除技术都没有考虑相位信息，直接求取的是各频带上的增益，能否利用深度学习将非线性失真进行拟合，同时结合信号处理手段可能是一个好的方向。

(2) 噪声下的语音识别仍有待突破。信号处理擅长处理线性问题，深度学习擅长处理非线性问题，而实际问题一定是线性和非线性的叠加，因此一定是两者融合才有可能更好地解决噪声下的语音识别问题。

(3) 上述两个问题的共性是目前的深度学习仅用到了语音信号各个频带的能量信息，而忽略了语音信号的相位信息，尤其是对于多通道而言，如何让深度学习更好地利用相位信息可能是未来的一个方向。

(4) 在较少数据量的情况下，如何通过迁移学习得到一个好的声学模型也是研究的热点方向。例如，若有一个比较好的普通话声学模型，如果能利用少量的方言数据得到一个好的方言声学模型，将极大地扩展语音识别的应用范畴。这方面已经取得了一些进展，但更多的是一些训练技巧，与终极目标还有一定差距。

(5) 语音识别的目的是让机器可以理解人类，因此转换成文字并不是最终目的。如何将语音识别和语义理解结合起来可能是未来更为重要的一个方向。语音识别里的 LSTM 已经考虑了语音的历史信息，但语义理解需要更多的历史信息才能有帮助，因此，如何将更多的上下文会话信息传递给语音识别引擎是一个难题。

(6) 让机器听懂人类语言，仅靠声音信息还不够，“声光电热力磁”这些物理传感手段下一步必然要融合在一起，只有这样，机器才能感知世界的真实信息，这是机器能够学习人类知识的前提条件。而且，机器必然要超越人类的五官，能够得到人类感知不到的信息。

2) 语音识别的产业历程

语音识别的产业历程中有 3 个关键节点，两个和技术有关，一个和应用有关。

第一个关键节点是李开复于 1988 年完成的博士论文，他开发了第一个基于隐马尔可夫模型(HMM)的语音识别系统——Sphinx。

1986—2010 年，虽然高斯混合模型(GMM)的效果得到持续改善，被应用到语音识别中，并且确实提升了语音识别的效果，但实际上语音识别已经遭遇了技术天花板，识别的准确率很难超过 90%。1998 年前后，IBM 公司、微软公司都曾经推出了和语音识别相关的软件，但最终并未取得成功。

第二个关键节点是 2009 年深度学习被系统应用到语音识别领域。这导致语音识别的精度再次大幅提升，最终突破 90%，并且在标准环境下逼近 98%。尽管技术取得了突破，也涌现了一些与此相关的产品，例如 Siri、Google Assistant 等，但与其引起的关注度相比，这些产品实际取得的成绩则要逊色得多。Siri 刚一面世的时候，时任谷歌公司 CEO 的施密特就高呼，这会对谷歌公司的搜索业务产生根本性威胁，但事实上直到 Amazon Echo 的面世，这种根本性威胁才有了具体的载体。

第三个关键节点是 Amazon Echo 的出现。纯粹从语音识别和自然语言理解的技术乃至功能的视角看，这款产品相对于 Siri 等并没有本质上的改变，核心变化只是把近场语音交互变成了远场语音交互。Amazon Echo 正式面世于 2015 年 6 月，到 2017 年销量已经超过千万，同时在 Amazon Echo 上扮演类似 Siri 角色的 Alexa 逐渐成熟，其后台的第三方技能已经突破 10000 项。借助落地时从近场到远场的突破，亚马逊公司一举变为行业领导者。

但自从远场语音技术规模落地以后，语音识别领域的产业竞争开始从研发转为应用。研发比的是标准环境下算法的优势，而应用比的是真实场景下技术产生的用户体验。而一旦比拼真实场景下的体验，语音识别便失去了独立存在的价值，更多地作为产品体验的一个环节而存在。

回顾语音识别的整个产业历程，2019 年是一个明确的分界点。在此之前，全行业突飞猛进；在此之后则开始进入对细节领域渗透和打磨的阶段，人们关注的焦点也不再是单纯的技术指标，而是回归到用户体验。

11.2.3 应用场景

智能语音应用在智能家居中的应用场景丰富多样，以下是一些典型的例子：

(1) 语音助手。用户可以通过语音指令与智能家居系统进行交互，如查询天气、控制家电、播放音乐等。

(2) 家庭安防。智能语音应用可以识别特定的声音(如玻璃破碎声、火警报警声等)，并及时向用户发送警报。

(3) 无障碍辅助。对于视力、听力或行动受限的用户，智能语音应用能够提供无障碍的交互体验，如语音指导、提醒服务等。

(4) 儿童教育。智能语音应用可以作为儿童的互动伙伴，帮助孩子学习语言、数学等基础知识，或进行英语口语练习。

(5) 老年人关怀。智能语音应用可以为老年人提供陪伴和关怀，如定时提醒用药、播放新闻、讲述故事等。

(6) 家庭娱乐。智能语音应用可以通过语音识别和语音合成技术为家庭成员提供娱乐内容，如智能音响、语音游戏等。

11.2.4 未来发展趋势

随着人工智能技术的不断发展，智能语音应用在智能家居领域将继续扩展，以下是未来可能的发展趋势：

(1) 更自然的交互体验。通过对话式人工智能和上下文理解的发展，智能语音应用将为用户提供更加自然、连贯的交互体验。

(2) 情感识别和应答。借助情感计算技术，智能语音应用将能够识别用户的情感状态，并作出相应的回应，提供更为个性化的服务。

(3) 多模态交互。结合视觉、触觉等其他感官信号，智能语音应用将实现更为丰富的多模态交互，提高用户体验。

(4) 更强大的语义理解能力。随着自然语言处理技术的进步，智能语音应用将能够更准确地理解用户的需求，并做出更智能的决策和推荐。

(5) 隐私保护和安全性。在智能语音应用广泛应用的同时，如何保护用户隐私和数据安全将成为一个重要议题。可以预见的是，未来的智能语音应用将采用更多隐私保护措施，如本地化处理、数据加密等。

11.3 智能云服务应用

智能云服务是将云计算技术与智能家居系统相结合的一种应用。通过智能云服务，用户可以将数据存储在云端，实现设备间的数据同步和共享。此外，智能云服务还可以为智能家居提供强大的计算能力，支持高级功能的实现。

11.3.1 数据存储与同步

智能云服务应用的数据存储与同步是实现智能家居云服务的重要环节之一。智能家居设备通过传感器获取各种数据，例如温度、湿度、光照强度、空气质量等，这些数据需要被收集、存储和处理，从而实现智能化的控制和管理。智能云服务应用通过提供数据存储和同步功能，可以为智能家居设备提供强大的数据处理和管理能力。

智能云服务应用的数据存储通常采用分布式存储技术，将数据存储在多个节点上，从而实现数据的备份和容错。分布式存储技术中的每个节点都可以独立访问和处理数据，从而实现数据的备份和容错。当某个节点发生故障时，其他节点可以接管故障节点的工作，从而保证数据的可靠性和高可用性。分布式存储技术还可以实现数据的负载均衡，在多个节点之间平衡数据负载，提高数据存储的效率和性能。

智能云服务应用还可以采用虚拟化技术，将多个物理服务器虚拟化为一个逻辑服务器，从而提高数据存储的效率和可靠性。虚拟化技术可以将多个物理服务器虚拟化为一个逻辑服务器，从而实现存储资源和计算资源的共享，提高资源的利用率。

智能云服务应用的分布式存储和虚拟化技术都可以提高数据存储的效率和可靠性，实现数据的备份和容错。分布式存储技术可以实现数据的备份和容错，保证数据的可靠性和高可用性。虚拟化技术可以提高存储资源和计算资源的利用率，提高数据存储的效率和性能。

智能云服务应用的数据同步是指将多个设备之间的数据同步，保持数据的一致性和完整性。智能家居设备通常会通过互联网进行数据交换。例如，智能门锁、智能音响等设备可以通过智能云服务进行数据同步。智能云服务应用可以通过实时同步和批量同步两种方式实现多个设备之间的数据同步。实时同步可以实现即时更新，批量同步则可以提高数据同步的效率和稳定性。

智能云服务应用的数据存储和同步需要考虑数据的安全性和隐私保护。智能云服务应用需要采用加密技术，对用户的数据进行加密保护，保障用户的隐私安全。同时，智能云服务应用还需要建立完善的权限管理机制，对数据进行访问控制，从而保证数据的安全性和可靠性。

11.3.2 高级功能支持

智能云服务提供了云端的计算资源和存储资源，可以为智能家居提供更加强大的计算能力，支持更为复杂的功能实现。

智能家居设备通过传感器获取家庭能源使用情况的数据。通过智能云服务的数据分析和处理能力，可以实现对家庭能源使用情况的分析和处理，提供能源管理建议，帮助用户更加合理地利用能源，降低能源消耗和浪费。

云服务还可以利用云端人工智能算法，实现对家庭设备的智能优化和维护。例如，智能空调需要进行温度调节和节能优化，智能灯需要进行光照调节和节能优化等。通过云服务提供的人工智能算法，可以对智能家居设备的数据进行分析和处理，实现对设备的智能优化和维护，从而提高设备的性能和效率，降低能源消耗和维护成本。

11.3.3 远程控制与监控

借助智能云服务，用户可以在任何时间、任何地点实现对家庭设备的远程控制和监控。这些功能都是通过智能家居设备与云服务的连接实现的。用户可以利用智能手机、平板计算机、台式机等终端设备，通过互联网连接到智能云服务，从而实现对智能家居设备的远程控制和监控。

例如，用户可以通过手机远程查看摄像头监控画面，从而实时了解家中的情况。智能家居设备可以通过内置的摄像头实现家庭监控功能，用户可以通过智能云服务提供的远程访问功能随时随地查看摄像头的监控画面，了解家中的情况，提高家庭安全性。

另外，用户还可以远程控制家中设备，例如远程控制智能门锁、智能灯光、智能空调等设备。通过智能云服务提供的远程控制功能，用户可以远程控制家中设备的开关、温度、亮度等参数，从而实现对家庭设备的智能化控制。这种远程控制功能可以帮助用户更加便捷地控制家庭设备，提高生活便利性。

11.4 本章小结

智能家居通过机器视觉、智能语音和智能云服务等技术实现了家庭设备的智能化和互联互通。这些技术的应用，使得智能家居设备不再是简单的机械设备，拥有了智能和自主的特点。利用机器视觉技术，智能家居设备可以实现对环境的感知和识别；利用智能语音技术，用户可以通过语音对设备进行控制和操作；利用智能云服务，智能家居设备可以实现数据的共享和管理，实现更加智能的服务和应用。

11.5 习题

1. 智能云服务如何实现智能家居设备的备份和容错？
2. 智能云服务如何支持智能家居设备的远程控制和监控？
3. 机器视觉、智能语音和智能云服务在智能家居中的应用及其优势是什么？
4. 智能家居如何通过智能云服务实现能源管理和节能优化？
5. 智能家居设备的智能优化和维护是如何实现的？
6. 智能家居如何通过智能云服务实现安全监控和报警功能？
7. 未来智能家居的发展趋势是什么？将会带来哪些新的应用和体验？
8. 智能云服务在智能家居中的作用和价值是什么？
9. 智能家居如何借助智能云服务实现智能化管理和服务？
10. 智能家居如何通过虚拟化技术实现资源共享和利用？

第12章 智能制造

学习目的与要求

本章讨论智能制造的概念、关键技术和应用，以及该技术对制造业和社会的影响。学习本章的目的是全面了解其对制造业的影响和潜力，并了解如何应对智能制造中的挑战和机遇。这些知识将为读者在智能制造领域的学习和实践提供基础和指导。

智能制造是指以产品的整个生命周期为对象，在达到泛认识情况下实现信息化生产制造。智能制造技术建立在现代传感、互联网、自动化、拟人智能技术等的基础上，通过智能识别、人机交互技术、决策和执行技术实现设计流程、制造流程的智能化。可以说，智能制造技术是信息技术、智能技术和设备制造技术的全面结合和集成，将制造自动化变得更加智能和高度集成。智能制造具有以智能工厂为基础设施、以关键制造环节实现智能化为目的、以端到端的数据流作为生产流程基础、以互联网的连接作为技术支持的特点，可以缩短产品的开发周期，减少资源消耗，让运营成本大幅降低，从而明显提高生产率和产品品质。

关于智能制造，首先要谈到 1990 年 4 月日本提倡的智能制造系统（IMS）国际合作研究计划。美国、欧盟、加拿大、澳大利亚等都参加了该计划。该计划投入 10 亿美元，并且需要对 100 个项目进行相关研究。

智能制造技术包括传感、试验、信息传递、数字控制、数据库分析、数据采集和处理、网络、人工智能、生产管理等与制造产品的整个流程有关的多项高级技术。智能制造的表现形式为智能工厂。

智能制造包括以下 3 方面的智能化：

（1）产品智能化。产品智能化通常是按照客户的具体要求，将需要用到的传感器、CPU、内存以及通信模块集成到一件产品当中，通过记忆、辨识、通信、位置辨认等功能提高产品的价值。

(2) 设备智能化。是指将人工智能、信息处理技术和设备集成在一起,以提升生产加工的精细度,并且对生产设备的使用周期进行管理,从而提高设备的利用率以及安全性,帮助企业实现提高质量和效率、降低成本的目的。

(3) 生产智能化。是指将数字控制器、工业机器人等生产设备和网络大数据融合,全方位监控生产的过程,对生产数据进行全方位的收集,使生产过程透明化,车间管理可视化,以提高生产效率和管理效率。

12.1 机器人分拣应用

人工智能技术的快速发展为智能制造提供了新的解决方案。机器人分拣应用是智能制造中的重要应用之一,它可以提高生产效率,降低生产成本,同时保障工人的安全。本节介绍机器人分拣的基本原理、应用场景、技术挑战。

12.1.1 机器人分拣的基本原理

机器人分拣可以分为基于视觉的分拣和基于感知的分拣两种类型。

基于视觉的分拣通常使用相机等设备获取物品的图像信息,通过算法进行图像处理和分析,确定物品的位置和属性,再由机器人进行分拣。这种方法需要先对物品的图像信息进行处理,包括图像的去噪、增强、分割和特征提取等处理步骤。然后通过图像识别算法,将物品进行分类和识别,确定物品的位置和属性,最后由机器人进行抓取和分拣。

基于感知的分拣是利用机器人的传感器检测物品的属性和位置,再由机器人进行分拣。这种方法通常使用激光雷达、超声波传感器、红外线传感器等进行物品探测和测距,然后通过算法进行数据处理和分析,对物品进行分类和识别,确定物品的位置和属性,最后由机器人进行抓取和分拣。

无论是基于视觉的分拣还是基于感知的分拣,机器人的关键技术是机器视觉技术和机器感知技术。机器视觉技术包括图像处理、图像识别和图像检索等技术,机器感知技术包括激光雷达、超声波传感器、红外线传感器等技术。这些技术的发展对于机器人分拣应用的精度、效率和可靠性都具有重要的影响。

12.1.2 机器人分拣的应用场景

机器人分拣可以应用于各种不同的场景,举例如下:

(1) 在电子工厂,机器人分拣可以用于分拣电子元件、电路板和电子产品等。

(2) 在汽车工厂,机器人分拣可以用于分拣汽车零部件和配件等。

(3) 在医药工厂,机器人分拣可以用于分拣药品和医疗器械等。

(4) 在食品工厂,机器人分拣可以用于分拣食品原材料和成品等。

(5) 在物流仓库,机器人分拣可以用于包裹分拣。

(6) 在服装工厂,机器人分拣应用可以用于服装分拣。

总之,机器人分拣可以应用于各种不同的场景,可以帮助企业提高生产效率和质量,降低生产成本,同时保障工人的安全。随着技术的不断发展和创新,机器人分拣应用将会得到更广泛的应用和发展。

12.1.3 技术挑战

机器人分拣的应用越来越普遍，这主要得益于机器人技术的不断进步和应用场景的不断扩大。随着物流、电商等行业的快速发展，机器人分拣应用已经成为未来的热点领域之一。机器人分拣应用需要具备多种技术和能力，才能够保证分拣的高效和准确性。本节将主要探讨机器人分拣应用中的 5 个关键技术挑战，包括物品识别和分类、定位精度、人机协作、技术集成和数据管理和处理。

1. 物品识别和分类

物品识别和分类是机器人分拣应用中的一个非常重要的技术。在分拣应用中，机器人需要对不同种类的物品进行准确的识别和分类，以便进行后续的处理。

物品识别和分类技术主要依赖于机器视觉算法。机器视觉算法需要具有高精度和高鲁棒性，能够在复杂环境下准确地识别和分类物品。机器视觉算法通常采用深度学习技术。

2. 定位精度

在机器人分拣应用中，机器人需要具有高精度的定位能力，以确保准确地抓取物品。

定位精度主要依赖于传感器技术和控制算法。机器人通常采用多种传感器，如相机、激光雷达等，进行定位和感知。控制算法需要能够将传感器采集到的数据进行处理和分析，从而实现对机器人的控制和定位。为了提高定位精度，机器人通常采用多传感器集成和多算法融合的方法。

3. 人机协作

机器人需要与人类进行协作，以确保机器人的安全性和人机协作的有效性。

人机协作主要依赖于机器人控制算法和安全措施。机器人需要具备高效的控制算法，能够实现与人类的协作和交互。同时，机器人还需要具备一定的安全措施，能够避免给人带来危险。为了提高人机协作的效率和安全性，机器人通常采用多种传感器和算法，如视觉传感器、力觉传感器、运动规划算法等，实现与人类的协作和交互。

4. 技术集成

机器人分拣应用需要集成多种技术，包括机器视觉、感知技术、控制算法等。需要确保这些技术的集成和协作，以确保机器人分拣应用的高效和可靠性。

技术集成主要依赖于软件架构和系统设计。机器人分拣应用需要设计合理的软件架构，能够将多种技术进行集成和协作。同时，机器人分拣应用还需要进行系统设计，能够使各个模块相互协同和配合，从而实现高效和可靠的分拣应用。

5. 数据管理和处理

机器人分拣应用需要处理大量的数据，包括图像数据、传感器数据等。需要确保数据的有效管理和处理，以确保机器人分拣应用的高效和准确性。

数据管理和处理主要依赖于数据处理算法和数据库设计。机器人分拣应用需要具备高效的数据处理算法，能够对大量的数据进行快速和准确的处理。同时，机器人分拣应用还需要进行合理的数据库设计，能够有效地管理和存储数据，从而实现高效和准确的分拣应用。

12.2 机械臂动态避障

机械臂动态避障技术是机器人领域中的一个重要研究方向，其应用范围广泛，包括工业自动化、仓储物流、医疗、军事等领域。机械臂动态避障技术是指在机械臂工作过程中通过使用传感器和算法实现机械臂在运动中避开障碍物，从而保证机械臂的安全性和工作效率。相比于静态避障，动态避障需要在机械臂运动中实时感知环境变化并作出相应的调整，以适应复杂多变的工作环境和任务要求。

机械臂动态避障技术的优点主要体现在以下几方面：

(1) 机械臂动态避障可以提高机械臂的工作效率。采用静态避障时，机械臂需要等待障碍物清除，导致停工时间长；而动态避障可以使机械臂主动避开障碍物，节省时间。

(2) 机械臂动态避障可以增强机械臂的安全性。机械臂在动态避障过程中能够识别并规避障碍物，有效减少了潜在的碰撞和损坏风险。

(3) 机械臂动态避障可以提高机械臂的适应性。动态避障技术可以使机械臂适应复杂多变的工作环境，如在狭小的空间、不规则的表面、不同形状和大小的障碍物等情况下进行操作。

然而，机械臂动态避障技术也存在一些缺点，需要根据具体应用场景和实际需求进行评估。机械臂动态避障技术的缺点主要体现在以下几方面：

(1) 机械臂动态避障需要使用复杂的算法，如路径规划、环境感知、动态调整等，算法的复杂度直接影响了机械臂动态避障的可靠性和精确度。因此，在实际应用中需要对算法进行优化和改进。

(2) 实现机械臂动态避障需要使用高精度的传感器、数据处理器和控制器等设备，这些设备的成本较高，导致机械臂动态避障的成本也较高。因此，在应用中需要综合考虑成本和性能等因素，选择合适的设备和系统，降低机械臂动态避障的成本。

(3) 机械臂动态避障对环境要求较高。机械臂动态避障需要环境中必须有足够的光照条件，传感器可以正确地感知环境。如果环境条件不理想，可能会影响机械臂的动态避障效果。因此，在实际应用中需要对环境进行充分的评估和规划，以确保机械臂动态避障技术的有效性和稳定性。

针对机械臂动态避障技术的优缺点，不同行业和应用场景需要根据实际需求进行评估和选择。以下是机械臂动态避障在几个典型应用场景中的应用情况和优缺点。

1. 工业生产

机械臂动态避障技术在工业生产中应用广泛，例如在装配线、焊接、喷涂等环节中使用。在工业生产中，机械臂的工作效率和安全性都是关键因素，机械臂动态避障技术可以有效提高机械臂的工作效率和安全性，减少生产成本和生产事故发生的风险。

然而，在工业生产中，机械臂动态避障技术也存在一些挑战。例如，在高温、低温、高湿度等极端环境下，机械臂动态避障的传感器和控制器可能会受到影响，导致机械臂动态避障的效果不佳。因此，在工业生产中需要对机械臂动态避障技术进行充分的测试和评估，以确保其在各种环境下的可靠性和稳定性。

2. 仓储物流

机械臂动态避障技术在仓储物流中也有广泛应用,如在货物搬运、堆垛等环节中使用。在仓储物流中,机械臂的工作环境复杂,货物种类繁多,因此,机械臂动态避障技术可以有效提高机械臂的适应性和工作效率,减少货物损坏和人员受伤的风险。

然而,在仓储物流中,机械臂动态避障技术也存在一些挑战。例如,在狭小的空间中,机械臂需要避开多个障碍物,需要高精度的传感器和算法以保证避障的精确性和可靠性。因此,在仓储物流中需要对机械臂动态避障技术进行优化和改进,以适应不同的工作环境和任务要求。

3. 医疗

机械臂动态避障技术在医疗领域中也有广泛应用,如在手术、康复等环节中使用。在医疗领域中,机械臂需要避开人体和器械等障碍物,因此,机械臂动态避障技术可以有效提高手术的精确性和安全性,减少手术风险和损伤。

然而,在医疗领域中,机械臂动态避障技术也存在一些挑战。例如,需要高精度的传感器和算法以保证避障的精确性和可靠性,同时需要考虑机械臂对人体和器械的影响,以确保机械臂动态避障的安全性和适应性。

4. 军事

机械臂动态避障技术在军事领域中也有广泛应用,如在侦察、搜救、危险区域作业等方面使用。在军事领域中,机械臂动态避障技术可以有效提高机器人的适应性和安全性,减少人员伤亡和损失。

然而,在军事领域中,机械臂动态避障技术也存在一些挑战。例如,需要考虑机器人与敌方武器装备的交互和干扰,同时需要考虑机器人对战场环境和目标的感知和识别能力,以确保机器人的作战效果和任务完成率。

12.2.1 机械臂、传感器、算法和控制器

1. 机械臂

机械臂是一种由多个关节组成的机器人,能够在三维空间中完成复杂的动作任务。它通常由底座、臂段、关节和夹爪等部分组成,如图 12-1 所示。机械臂具有灵活、精度高、效率高、重复性好等特点,已被广泛应用于工业自动化、医疗、军事等领域。

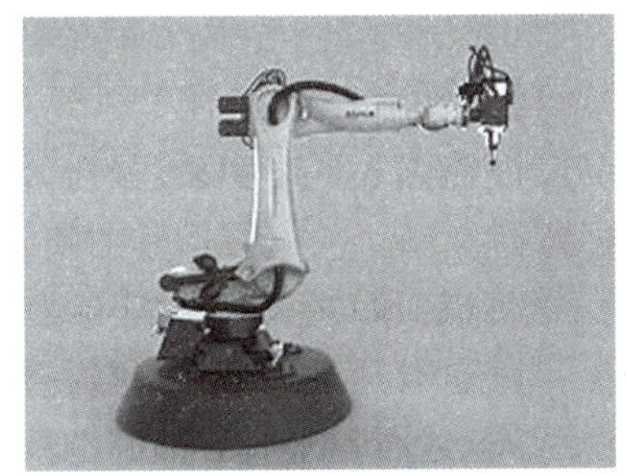

图 12-1 机械臂

机械臂的主要组成部分如下:

(1) 底座。机械臂的底部,通常固定于地面或其他基础上,用于支撑机械臂的整个结构。

(2) 臂段。机械臂的主体部分,由多个连接起来的关节和连杆组成,能够在三维空间中自由运动。

(3) 关节。连接臂段的部分,能够使机械臂在不同的方向上转动和弯曲,通常有旋转关节和直线关节两种类型。

(4) 夹爪。机械臂的末端部分,用于抓取、移动和处理物体。

机械臂的工作原理是通过电机驱动各关节的运动,从而使机械臂在三维空间中完成各种复杂的动作任务。机械臂通常搭载传感器和控制器,用于感知环境和实现自主控制,从

而更高效地工作。

机械臂动态避障技术是机械臂应用中的一个重要领域。机器人在工作时，需要避开障碍物，以确保工作的安全和有效性。而在复杂的环境中，如工业车间、军事战场等，机械臂需要具备动态避障能力，能够在运动中及时感知和避开障碍物，以应对突发情况。

动态避障技术是机械臂应用中的一个关键技术，它需要机械臂具备良好的感知和决策能力。机械臂需要搭载多种传感器，如激光雷达、视觉传感器、超声波传感器等，用于感知环境和障碍物的位置、形状、大小等信息。同时，机械臂需要具备决策能力，能够根据环境信息和任务要求选择合适的路径和动作，以避开障碍物并完成任务。

在工业自动化领域，机械臂动态避障技术被广泛应用于物料搬运、加工、装配等任务。传统的工业机器人通常固定在一定位置上，只能沿着预设的轨迹运动。而具备动态避障能力的机械臂能够更加灵活地运动，在不同的工作场景中自适应地完成任务，从而提高了生产效率和质量。

在医疗领域，机械臂动态避障技术也有很大的应用潜力。例如，在手术中，机械臂能够准确地定位和操作，避免手术医生的手部抖动等不可控因素，从而提高手术精度和效率。而具备动态避障能力的机械臂能够更加灵活地适应手术场景，避免误操作和意外事件的发生。

在军事领域中，机械臂动态避障技术也有很大的应用前景。例如，在侦察、搜救、危险区域作业等任务中，机械臂需要具备良好的动态避障能力，以确保任务的安全和有效性。军事机械臂需要具备高度的自主性和适应性，能够在不同的战场环境中自适应地完成任务。

然而，机械臂动态避障技术也存在一些挑战。例如，在军事领域，机械臂需要考虑敌方武器装备的交互和干扰，同时需要具备强大的感知和识别能力，以应对复杂的战场环境和目标。此外，机械臂的能源供应和维护等问题也需要得到解决。

2. 传感器

机械臂动态避障需要使用多种传感器，以感知机械臂周围的环境变化，常用的传感器如下：

（1）激光雷达。它能够测量物体到机械臂的距离和探测物体的位置，可以实现高精度的环境感知。

（2）摄像头。它能够获取环境的图像信息，通过图像处理和计算来识别障碍物的位置和形状等特征。

（3）超声波传感器：它能够发射超声波并接收反射波，从而测量物体到机械臂的距离和探测物体的位置。

（4）触觉传感器。它能够感知机械臂与物体之间的接触力和接触面积，从而识别物体的形状和硬度等特征。

（5）惯性传感器。它能够测量机械臂的加速度和角速度等运动状态参数，从而实时监测机械臂的运动状态和方向。

3. 算法和控制器

这些传感器能够实时感知机械臂周围的环境变化，为机械臂动态避障提供了必要的信息和数据。同时，不同的传感器在不同的环境和任务中具有不同的优缺点和适用性，需要根据具体情况进行综合考虑和选择。

机械臂动态避障技术还需要使用必要的算法和控制器实现自主控制和决策。常用的算法如下：

(1) 路径规划算法。该算法能够根据环境信息和任务要求，生成机械臂的运动轨迹和路径。常用的路径规划算法包括 A* 算法、Dijkstra 算法、RRT 算法等。

(2) 避障算法。该算法能够根据传感器获取的环境信息，判断障碍物的位置和形状等特征，从而实现机械臂的动态避障。常用的避障算法包括 VFH 算法、DWA 算法、RRT 算法等。

控制器能够实现机械臂的动态控制和调节，以实现良好的运动稳定性和精度。常用的控制器包括 PID 控制器、模糊控制器、神经网络控制器等。

12.2.2 机械臂动态避障常用算法

机械臂动态避障是指机械臂在运动过程中能够自主地避开障碍物，以保证操作的安全性和有效性。常用的机械臂动态避障算法包括以下几种：

(1) 基于激光雷达的 SLAM 算法。SLAM 算法是在未知环境中实现同时定位和建图的技术。激光雷达可以获取环境中物体的位置和距离信息，通过 SLAM 算法可以将这些信息融合起来，实现机器人的自主定位和建图。在机械臂动态避障中，激光雷达可以实时扫描周围环境，建立环境地图，并实现机械臂的自主避障。

(2) 基于视觉的避障算法。该算法利用摄像头获取周围环境的图像，通过图像处理技术提取出障碍物，并实现机械臂的自主避障。其中，图像处理技术包括边缘检测、目标检测、图像分割等算法。该算法的优点是可以获取丰富的环境信息；缺点是对光线和视角的要求较高，容易受到环境干扰。

(3) 基于力控制的避障算法。该算法通过力传感器获取机械臂与障碍物之间的接触力信息，利用力控制算法实现机械臂的自主避障。该算法的优点是可以实现更精确的避障控制；缺点是对传感器的要求较高，且容易受到环境干扰。

(4) 基于深度学习的避障算法。该算法通过深度学习技术训练出一个避障模型，利用模型对周围环境进行感知和预测，并实现机械臂的自主避障。其中，深度学习模型可以是卷积神经网络(CNN)、循环神经网络(RNN)等。该算法的优点是可以实现更加精确的避障控制，缺点是需要大量的训练数据和计算资源。

以上机械臂动态避障算法各有优缺点，选择算法时需要考虑具体应用场景和实际需求。同时，可以将多种算法组合起来，以实现更高效和更精确的机械臂动态避障。

12.3 三维视觉目标抓取

在智能制造领域，三维视觉目标抓取结合了计算机视觉、机器人技术和人工智能，使得机器人能够在复杂的环境中准确地识别、定位并抓取目标物体。本节介绍三维视觉目标抓取的具体步骤、关键技术和应用场景。

12.3.1 具体步骤

三维视觉目标抓取的过程可以分为以下几个步骤：

（1）三维数据采集。通过传感器获取场景中的三维数据，形成点云数据或深度图像。传感器可以是激光雷达、结构光相机或立体相机等。点云数据是由一系列三维点组成的，每个点的位置和颜色信息都可以被捕捉到。深度图像是一种二维图像，它显示了场景中每个像素点的深度信息。

（2）预处理。这是为了提高三维数据的质量。这个步骤一般包括去噪、滤波、平滑、分割等操作。去噪和滤波可以消除三维数据中的噪声和不必要的细节，平滑和分割可以使数据更易于处理和分析。

（3）物体识别和定位。这是三维视觉目标抓取的核心步骤。它通过计算机视觉算法对预处理后的三维数据进行物体检测与识别，并确定物体的位置和姿态。这个步骤使用深度学习算法训练模型，以识别不同形状和大小的物体；然后确定物体的位置和姿态，例如物体的重心位置、朝向、大小等信息。

（4）抓取规划。这是为了确定机器人执行器（如机械手）的最佳抓取姿态和路径，以便机器人能够成功地抓取目标物体。这个步骤可以使用规划算法计算机器人的最佳抓取姿态和路径。规划算法包括基于物体几何形状的规划算法和基于视觉信息的规划算法等。

（5）抓取执行。机器人根据规划结果，控制执行器抓取目标物体。在这个步骤中，机器人根据抓取规划的结果，控制执行器移动到正确的位置和姿态，并执行抓取操作。机器人需要考虑各种因素，如物体的形状、大小、重量、表面摩擦等，以确保成功地抓取目标物体。如果抓取失败，机器人需要根据反馈数据进行调整并重新执行抓取操作。

12.3.2 关键技术

三维视觉目标抓取的关键技术有以下几个：

（1）三维数据采集。为了实现准确的目标抓取，需要获取场景中的高质量三维数据。常见的三维数据采集技术有激光雷达、结构光相机和立体相机等。不同的传感器在精度、速度和成本等方面有各自的优缺点，实际应用时要根据需求进行选择。

（2）三维物体识别和定位。在获取三维数据后，需要运用计算机视觉算法对物体进行识别和定位。传统方法（如基于特征的方法、模板匹配等）在一定程度上可以解决问题。随着深度学习的发展，基于卷积神经网络（CNN）的物体识别算法在准确性和实时性上取得了显著成果。

（3）抓取规划。抓取规划是指根据目标物体的位置和姿态计算机器人执行器的最佳抓取姿态和路径。常见的抓取规划方法有解析求解、基于样本的方法、优化算法等。随着强化学习的发展，基于强化学习的抓取规划算法也逐渐受到关注。

（4）控制与执行。在抓取规划完成后，需要将规划结果转换为机器人执行器的控制命令。这个过程涉及运动学、动力学、控制理论等方面的知识。在实际应用中，还需要考虑误差补偿、抓取力控制等因素，以提高抓取的成功率和稳定性。

（5）多传感器融合。为了获得更加准确和全面的三维信息，需要对多个传感器的数据进行融合。多传感器融合技术可以提高数据的精度和鲁棒性，同时可以获取更丰富的信息。常用的融合方法有传感器级别融合和特征级别融合等。

（6）动态场景处理。在真实环境中，目标物体和机器人本身都可能处于运动状态，这给目标抓取带来了挑战。动态场景处理技术可以对运动物体进行跟踪和重建，以便机器人实时调整抓取规划和执行路径。

(7) 安全保护。在进行目标抓取时,需要考虑机器人和周围环境的安全。安全保护技术可以通过传感器监测机器人和周围环境的状态,并实时调整机器人的运动路径和速度,以确保机器人和周围环境不会受到损害。常用的安全保护技术包括碰撞检测和避障、机器人姿态控制、力控制等。

(8) 智能控制。该技术可以让机器人更加智能化和灵活,以应对不同的目标抓取任务。常用的智能控制技术包括强化学习、深度强化学习、深度学习等。这些技术可以让机器人通过学习和优化不断提升自身的抓取能力和效率。

(9) 可重复性测试。为了确保目标抓取系统的稳定性和可靠性,需要对系统进行可重复性测试。可重复性测试可以反复验证系统的性能和稳定性,以便优化和改进系统的设计和算法。

(10) 数据集和仿真环境。目标抓取算法的训练和验证需要大量的数据集和多种仿真环境。数据集可以包含各种不同形状、大小和材质的物体以及不同的场景和光照条件。仿真环境可以提供更加灵活和可控的场景和物体以及更加高效的数据生成和标注方法。这些资源可以促进目标抓取算法的研究和发展,并加速系统的实际应用。

12.3.3 应用场景

三维视觉目标抓取技术在智能制造领域有着广泛的应用,例如:

(1) 工业自动化。三维视觉目标抓取技术可以帮助机器人完成精细的操作,例如对汽车零部件进行快速、高效的抓取和组装。此外,该技术还可以用于食品加工、包装和分拣等领域。

(2) 物流仓储。物流仓储行业需要处理大量的货物和订单。三维视觉目标抓取技术可以帮助智能机器人快速、准确地对货物进行分类、搬运和堆垛,从而提高仓库的运作效率和准确性。

(3) 医疗护理。三维视觉目标抓取技术可以用于自动化管理和处理医疗器械、药品和手术用具。例如,智能药柜可以使用三维视觉技术对药品进行准确的分类、识别和管理,从而提高药品管理的安全性和效率。

(4) 家庭服务机器人。随着智能家居的发展,对家庭服务机器人的需求也越来越大。三维视觉目标抓取技术可以帮助机器人更好地识别和抓取物品,例如帮助老年人或残障人士完成日常生活中的家务,如整理物品、清洁等。

(5) 游戏娱乐。三维视觉目标抓取技术可以用于游戏娱乐领域中的虚拟现实和增强现实应用中。例如,在游戏中,玩家可以使用手势识别技术控制角色的动作,或者通过三维视觉目标抓取技术抓取虚拟物品,以增强游戏体验。

12.3.4 未来展望

随着计算机视觉、人工智能和机器人技术的不断发展,三维视觉目标抓取技术将在智能制造领域发挥越来越重要的作用。未来的研究和应用趋势如下:

(1) 更高的精度和可靠性。随着计算机视觉和机器学习技术的不断发展,三维视觉目标抓取技术将变得更加精确和可靠。这将使机器人和其他自动化系统能够更好地执行复杂的任务，从而提高生产效率和质量。

(2) 更广泛的应用领域。随着三维视觉目标抓取技术的不断发展和应用，它将逐渐被应用于更广泛的领域。例如，在医疗领域，三维视觉目标抓取技术可以用于手术辅助和医疗器械的自动化管理。在农业领域，该技术可以用于自动化种植和收获。

(3) 更高效、智能的自动化系统。三维视觉目标抓取技术的发展将使自动化系统变得更加高效和智能。例如，在工业自动化领域，机器人可以通过三维视觉目标抓取技术自主执行复杂的操作，从而提高生产效率和质量。

(4) 更多的创新应用。随着三维视觉目标抓取技术的发展，将会涌现更多的创新应用。例如，在游戏娱乐领域，三维视觉目标抓取技术可以用于虚拟现实和增强现实游戏中，从而提供更加沉浸式的游戏体验。

(5) 更低的成本和更广泛的普及。随着三维视觉目标抓取技术的不断发展和成熟，其成本也将逐渐降低，从而使更多的企业和个人能够使用该技术，这将促进该技术的广泛应用和普及。

12.4 本章小结

智能制造作为当今制造业的一个重要趋势，涉及多种技术和应用，其中包括机器人分拣、机械臂动态避障和三维视觉目标抓取等技术。这些技术在实际应用中展现了很多优势和潜力，可以帮助制造业企业提高生产效率和质量。

机器人分拣是指通过机器人对物品进行分类和分拣，可以减少人力和资源的浪费，提高生产效率和准确率。

机械臂动态避障是指机器人在自主移动和操作时通过激光雷达、视觉传感器等设备实时感知周围环境并避开障碍物。这项技术可以提高机器人的自主性和安全性。

三维视觉目标抓取技术是指通过三维视觉技术对目标物体进行识别和抓取，可以帮助机器人和自动化系统完成更复杂的操作。

12.5 习题

1. 列举并简要说明机器人分拣的应用领域。

2. 机械臂动态避障技术的原理是什么？它可以在哪些场景中应用？

3. 三维视觉目标抓取技术与传统的二维视觉技术相比有哪些优势和不同之处？

4. 简要说明人工智能、计算机视觉和机器学习等现代技术对智能制造的发展起到的作用。

5. 未来智能制造将会面临哪些挑战和机遇？企业应该如何应对和开拓市场？

6. 智能制造的发展对于推动经济社会的发展和转型升级有着怎样的作用？政府和社会应该怎样支持和引导智能制造的发展？

第13章 无人驾驶的应用

学习目的与要求

本章介绍无人驾驶技术的发展现状、核心技术和应用领域,以及车道线检测、交通标志识别和自主定位导航等感知技术的原理和方法。读者将了解这些感知技术在无人驾驶系统中的作用和意义,以及它们对实现无人驾驶和保障行车安全的重要性,还将了解无人驾驶技术的发展趋势和应用前景。

无人驾驶是一种基于人工智能技术的自动驾驶系统,使车辆不需要人类驾驶员的操控,能够在道路上自主行驶并识别、感知和处理交通信息,以实现自动化驾驶功能。无人驾驶的关键技术包括感知、决策和控制等方面,其主要应用领域包括物流运输、公共交通、出租车、私家车等。

在感知方面,无人驾驶需要借助多种传感器,例如激光雷达、摄像头、超声波雷达、毫米波雷达等,以获取道路、车辆和行人等信息。通过对这些信息进行处理和分析,无人驾驶可以实现车道线检测、交通标志识别、障碍物检测和行人识别等功能。

在决策方面,无人驾驶需要根据感知信息和用户输入信号进行路径规划、行驶速度控制、避障规避等决策。无人驾驶的决策过程通常基于机器学习和深度学习技术,利用大量数据进行训练,使系统能够自主学习和适应不同的驾驶场景和路况。

在控制方面,无人驾驶需要实现精确的车辆控制,例如加速、刹车、转向等操作,以确保车辆安全、稳定和舒适。无人驾驶的控制系统通常基于电子控制单元(Electronic Control Unit,ECU)和自适应控制技术,能够实时监控车辆状态和环境变化,进行有效的控制和调整。

无人驾驶技术的发展将对交通出行、城市规划、能源消耗等方面产生深远的影响。无人驾驶可以提高交通安全,减少交通事故,减少交通拥堵,节省能源,降低环境污染,具有广泛的应用前景和社会价值。

然而,无人驾驶技术的发展还面临着许多挑战和难题,例如道路交通法律法规的制定、安全性和可靠性的提升、用户接受度和隐私保护等问题。因此,无人驾驶技术的发展需要广泛的跨学科合作和社会共识,以实现其可持续发展和社会效益。

无人驾驶通常采用美国自动化工程师学会(Society of Automotive Engineers,SAE)制定的分级标准,分为6个等级,如图13-1所示。

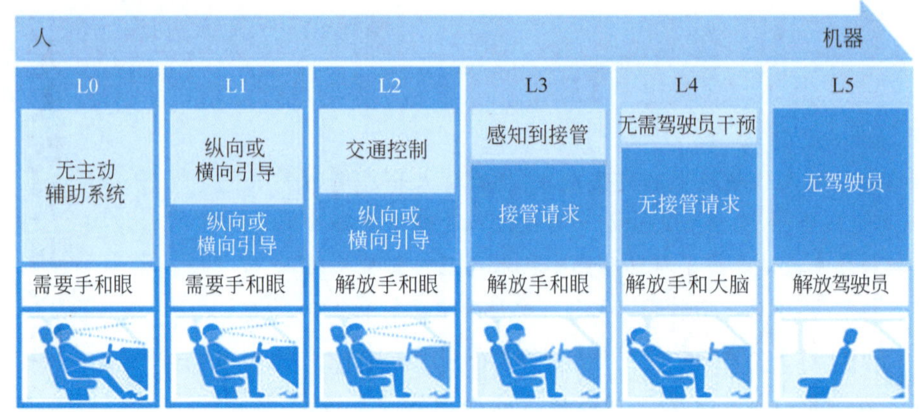

图 13-1 无人驾驶分级

L0 为人工驾驶,驾驶员完全掌控车辆。

L1 为辅助驾驶,驾驶员仍为主要掌控者,系统只会在特定的情况下介入。常见的防抱死刹车系统(ABS)与动态稳定系统(ESC)都属于这个级别的功能,一般在驾驶员驾驶不慎时介入。

L2 为部分自动驾驶,驾驶系统可以完成某些任务,但驾驶员仍然需要实时监控环境。系统在特定情况下介入,但功能更加多元与高级。常见的功能有自动紧急刹停(AEB)、主动式巡航控制(ACC)、车道偏移辅助/车道居中辅助(LKA/LCC)。

L3 为有条件自动驾驶,在某些特定情况下,驾驶系统可以完全掌控驾车,暂时解放驾驶员。驾驶员可以在适当的时刻查看手机,但不可以进入深度休息状态,以便在紧急时接管车辆。奥迪推出的 Traffic Jam Pilot 就属于这个级别,允许驾驶员在堵车时开启无人驾驶模式。然而,一旦交通顺畅或需要下高速公路,驾驶员必须重新接管车辆。

L4 为高度自动化驾驶。这一等级的驾驶系统不再需要驾驶员的紧急应答,可以完全接替驾驶员,驾驶员可以进入完全放松状态。然而这个系统的启动要满足一定条件,例如天气晴朗,或者只在高速公路上适用,但和 L3 相比,它的限制条件已大大减少。

L5 为完全自动化驾驶,是自动驾驶的终极形态,系统在任何情况下都可以安全地掌控汽车,不再需要驾驶员的介入。

SAE 的无人驾驶分级标准是目前应用最广泛的标准之一,可以帮助企业和政府对无人驾驶技术进行规范和管理。不同的无人驾驶等级对应不同的技术难点和应用场景,需要有针对性地进行技术研发和市场推广。

13.1 车道线检测

车道线检测是无人驾驶技术中的一个重要环节,它可以帮助车辆识别道路上的车道线并进行自主导航。

13.1.1 车道线检测常用算法

传统的车道线检测算法通常基于图像处理技术实现，即通过对图像中的像素进行分析和处理检测出车道线的位置和形状。这些算法通常可以分为两类：基于颜色的车道线检测和基于边缘的车道线检测。

基于颜色的车道线检测算法通常使用 HSV 或者 RGB 颜色空间分离道路和车道线的颜色，然后通过二值化、腐蚀、膨胀等步骤提取车道线的位置信息。这种方法对光照条件和天气情况较为敏感，需要对算法进行调整和优化才能达到较好的效果。

基于边缘的车道线检测算法则通过寻找图像中的边缘识别车道线。通常使用 Canny 边缘检测算法提取道路和车道线的边缘，然后使用霍夫(Hough)变换检测直线段并判断是否为车道线。这种方法对光照和天气要求较低，但是容易受到噪声和其他物体的干扰。

近年来，深度学习技术在车道线检测中得到了广泛应用。深度学习技术可以通过对大量数据的学习提高车道线检测的准确性和鲁棒性。常用的深度学习模型包括卷积神经网络(CNN)和循环神经网络(RNN)等。这些模型可以自动提取图像中的特征并进行车道线检测，其准确性和鲁棒性通常比传统方法更高。

在实际应用中，车道线检测还需要考虑到车辆的行驶速度、道路的复杂性、光照条件等因素，以保证检测的准确性和鲁棒性。

13.1.2 车道线检测的技术难点

车道线检测是无人驾驶的关键技术之一。目前，车道线检测技术已经得到广泛应用，例如在自动驾驶汽车、智能交通系统、自动泊车等领域中。车道线检测技术的实现存在如下技术难点：

(1) 光照和天气影响。在不同的光照和天气条件下，车道线的颜色和亮度都会发生变化，影响车道线检测的准确性。为了解决这个问题，可以采用基于多种颜色空间的方法检测车道线，同时结合阈值分割、滤波等技术手段，以提高检测准确度和鲁棒性。

(2) 道路复杂性。在道路的拐弯处、分叉处等位置，车道线会出现断裂和弯曲的现象，这会对车道线检测产生影响。为了解决这个问题，可以利用基于边缘检测、霍夫变换等算法提取车道线的特征，同时采用车道线跟踪算法跟踪车道线的位置和形状，从而提高检测准确度和鲁棒性。

(3) 算法处理速度。车道线检测需要在实时环境下进行，因此需要考虑到算法的处理速度。如果算法处理速度过慢，将会影响车辆的行驶和安全。为了解决这个问题，可以采用并行计算、GPU 加速等技术手段，同时优化算法的设计和实现，以提高算法的处理速度和实时性。

(4) 噪声和其他物体的干扰。在车道线检测过程中，可能会受到噪声和其他物体的干扰。例如，道路上的树木、广告牌等物体可能会被算法误认为车道线，从而产生误差。为了解决这个问题，可以采用多种滤波和去噪技术，例如中值滤波、高斯滤波等，同时结合形态学操作、特征提取等技术手段，以提高算法的鲁棒性和准确性。

(5) 多车道检测。在多车道情况下，车道线检测需要识别和分离多个车道线，这需要对算法进行特殊处理，以保证准确性和鲁棒性。为了解决这个问题，可以采用多分类器、多特征融合等技术手段，同时结合深度学习等方法，以提高车道线检测的分类和分割准确性。

除了算法设计和实现优化外，数据集的多样性和量级也是提高车道线检测准确性和鲁棒性的重要因素。大规模的数据集可以帮助算法更好地学习车道线的特征和规律，从而提高车道线检测的准确性和鲁棒性。同时，数据集的多样性可以帮助算法更好地适应不同的光照、天气和道路环境，从而实现更加稳定和可靠的车道线检测。

13.2 交通标志识别

本节介绍交通标志识别的基本流程和主要技术。交通标志识别是计算机视觉领域的一个重要应用，它可以帮助无人驾驶汽车、导航系统等设备识别交通标志，从而提供安全、有效的道路行驶指导。

13.2.1 交通标志识别的重要性

交通标志是道路交通管理的重要组成部分，为驾驶者提供了重要的行驶信息，如行驶速度限制、交通管制等。正确识别交通标志对于无人驾驶汽车和智能交通系统至关重要。交通标志识别是指通过图像处理、模式识别等技术手段对道路上的交通标志进行自动识别和分类，以提供准确的行驶指引和交通安全保障。

交通标志识别技术的应用主要分为两方面，一方面是在无人驾驶汽车中应用，另一方面是在智能交通系统中应用。

在无人驾驶汽车中，交通标志识别技术能够帮助汽车快速、准确地识别道路上的标志，从而实现自动行驶和自动刹车等功能。例如，当汽车驶近限速标志时，交通标志识别技术可以自动将限速信息传递给车辆控制系统，该系统会根据限速信息自动调整车速，以保证驾驶安全并且不违反交通规则。

在智能交通系统中，交通标志识别技术可以帮助系统监控路段的交通情况，提供交通信息和指示，从而提高道路通行效率和安全性。例如，在交通拥堵的路段，交通标志识别技术可以自动根据交通情况调整信号灯的时长，以缓解拥堵和提高道路通行效率。此外，交通标志识别技术还可以用于监控和管理违规驾驶行为，如超速、闯红灯等，以提高道路安全性和交通秩序。

除了在无人驾驶汽车和智能交通系统中的应用，交通标志识别技术在无人机、无人船等无人交通工具上也具有广泛的应用前景。例如，在无人机领域，交通标志识别技术可以帮助无人机自动识别道路上的标志，从而实现自动巡航、自动着陆等功能。在无人船领域，交通标志识别技术可以帮助船只自动识别航道上的标志，从而实现自动导航和自动避障等功能。

13.2.2 交通标志识别的基本流程

交通标志识别是计算机视觉领域中的一个重要应用，可以应用于自动驾驶、智能交通、交通安全等领域。交通标志识别通常包括以下几个步骤：

(1) 图像预处理。这是交通标志识别的第一步，目的是去除图像中的噪声、增强图像的对比度等，以便进行后续的处理。常用的图像预处理技术包括归一化、灰度化、直方图均衡化、滤波等。归一化可以将图像像素值映射到一个固定的范围内,灰度化可以将彩色图像转化为灰度图像,直方图均衡化可以增强图像的对比度,滤波可以去除图像中的噪声。

(2) 交通标志检测。是指对图像中的交通标志进行定位。常用的交通标志检测方法包括滑动窗口、Haar 级联检测器、基于深度学习的目标检测算法等。滑动窗口方法是将一个固定大小的窗口在图像上滑动,对每个窗口进行分类,如果窗口中包含交通标志,则将其识别为交通标志。Haar 级联检测器是一种基于特征分类的检测算法,它将图像划分成不同的子区域,对每个子区域进行特征提取,然后通过级联的分类器进行分类。基于深度学习的目标检测算法(如 Faster R-CNN、YOLO 等)利用卷积神经网络(CNN)对图像进行特征提取和分类,能够实现更高的准确率和更快的检测速度。

(3) 交通标志分割。是指将检测到的交通标志从图像中分离出来。常用的交通标志分割技术包括阈值分割、边缘检测、区域生长等。阈值分割是按照像素值阈值分割图像;边缘检测是通过检测图像中的边缘分割图像;区域生长是从种子点开始,通过判断相邻像素的相似度逐渐扩大区域,直到达到预设条件。在交通标志分割中,由于交通标志通常具有特定的形状和颜色,可以利用这些特征进行分割。

(4) 交通标志分类。是指将分割出来的交通标志识别为具体的类型。常用的交通标志分类算法包括支持向量机(SVM)、神经网络、卷积神经网络(CNN)等。SVM 是一种二分类算法,具有较好的泛化性能和鲁棒性,但需要人工提取特征。神经网络可以自动学习特征,但需要大量的训练数据和计算资源。基于卷积神经网络的分类算法可以自动提取图像特征,具有较好的识别性能和泛化能力,在图像识别领域得到广泛应用。

在实际应用中,交通标志识别还需要考虑多种因素,例如光照条件、角度、遮挡等。为了提高识别准确率,可以采用多种技术相结合的方法,例如使用多种图像预处理方法、使用多种检测算法、使用多种分类算法等。此外,还可以利用深度学习模型进行端到端的交通标志识别,从而实现更高的识别准确率和更快的处理速度。

13.2.3 主要技术

在实际应用中,通常会结合多种方法进行交通标志识别,以达到更好的效果和鲁棒性。同时,还需要考虑实时性和资源消耗等问题,选择合适的方法进行实现。除了交通标志识别领域,这些方法也可应用于其他图像识别领域,如人脸识别、物体识别等。下面对这些方法进行介绍:

(1) 基于模板匹配的方法。这是一种传统的图像识别方法,其原理是将预先定义好的模板与输入图像进行匹配,以确定图像中是否存在该标志。所谓模板是指事先准备好的一张标志图像,与输入图像进行比对,将它们相似度高的地方标记为匹配区域。这种方法的优点是简单、易实现,但对于不同尺寸、形状和旋转角度的交通标志识别效果较差,因此在实际应用中往往需要结合其他方法使用。

(2) 基于特征的方法。这种方法首先对输入图像进行特征提取,例如图像的颜色、形状、纹理等,然后使用分类器对提取的特征进行分类,以识别交通标志。常用的特征提取算法包括 SIFT、SURF 等。这种方法的优点是对于尺寸、形状和旋转角度的变化具有一定的鲁棒性,但计算复杂度较高,需要大量的计算资源和时间。

(3) 基于深度学习的方法。这种方法使用深度学习算法,如卷积神经网络(CNN)等,直接从图像中学习交通标志的表示，以实现自动识别。在使用深度学习方法进行交通标志识别时，需要大量的标注数据和计算资源进行训练。但是，由于深度学习算法能够自动学习图像特征，因此可以实现较高的识别准确率。

(4) 基于图像分割的方法。这种方法将图像分成多个区域，并对每个区域进行分析和分类，以确定图像中是否包含交通标志。这种方法能够处理复杂的背景和光照变化情况，但对于交通标志与其他物体重叠的情况较难处理。在图像分割的过程中，常用的算法包括基于阈值的分割、基于边缘的分割、基于区域的分割等。

(5) 基于联合识别的方法。这种方法将交通标志识别与车辆、行人等其他目标的识别相结合，通过多个模块的共同作用提高识别精度。这种方法需要考虑多个目标之间的关系以及目标在不同场景下的变化，具有较高的识别精度和鲁棒性，但计算复杂度较高。常用的联合识别算法包括级联分类器、多任务学习等。

除了上述方法以外，还可以使用以下辅助技术提高交通标志识别的效果：

(1) 数据增强。通过对输入图像进行随机旋转、缩放、平移等操作，增加训练数据的多样性，提高模型的鲁棒性和泛化能力。

(2) 目标检测。在交通标志识别的过程中，需要首先检测出图像中存在的目标，例如车辆、行人等。常用的目标检测算法包括 RCNN、YOLO 等。

(3) 特征融合。将不同特征提取算法得到的特征进行融合，以提高交通标志识别算法的准确率和鲁棒性。常用的特征融合算法包括深度融合算法、加权融合算法等。

(4) 模型压缩。将深度学习模型压缩，以降低模型的参数量和计算复杂度，提高模型在移动设备等资源受限的环境下的应用性能。常用的模型压缩算法包括剪枝、量化、蒸馏等。

总的来说，交通标志识别技术涵盖了多个领域，需要综合运用多种方法和技术，才能达到较高的识别精度和鲁棒性。

未来，随着计算技术和算法的不断进步，交通标志识别技术将不断得到完善和提高，可能的发展趋势如下：

(1) 深度学习算法的进一步改进和优化，包括模型结构的设计、训练算法的改进、数据增强等方面的创新，以提高识别准确率和鲁棒性。

(2) 端到端的交通标志识别系统的开发，即将交通标志的检测、分割、识别等步骤融合在一起，形成一个完整的识别系统，以提高识别速度和准确率。

(3) 多模态交通标志识别的研究，即将图像、视频、语音等多种输入方式结合起来，进行交通标志的识别和理解。

(4) 在移动设备等资源受限的环境下，开发轻量级和高效的交通标志识别算法，以满足实际应用的需求。

(5) 结合计算机视觉和车联网技术，开发智能交通系统，实现交通标志的自动识别和车辆的自动驾驶等功能。这将有助于提高交通安全，减少交通拥堵等问题。

(6) 结合人工智能和人类认知的研究，进一步探索交通标志识别的认知机制和认知过程，以实现更加智能化和人性化的交通标志识别系统。

在未来的研究中，交通标志识别技术将继续发展，以应对复杂、多变的道路环境。例如，提高识别算法的鲁棒性，使其能够有效应对遮挡、光照变化等问题；利用大量标注数据和强大的计算能力，提高深度学习算法的识别精度；探索跨领域的知识迁移，提高识别算法的泛化能力。这些研究方向将为交通标志识别技术的发展带来新的机遇和挑战。

13.3 自主定位和导航

本节介绍自主定位和导航的基本概念和技术，包括定位方法、传感器、地图构建和路径规划等方面。这些技术在现代人工智能的发展中起着关键作用，特别是在无人驾驶汽车、机器人和无人机等领域。

13.3.1 定位方法

自主定位是指系统或设备在不依赖外部参照物的情况下自主确定其位置的能力。在实际应用中，为了满足不同的精度、成本和应用场景需求，需要采用不同的定位方法。常见的定位方法有以下几种：

(1) 惯性导航系统(Inertial Navigation System，INS)。INS 是一种基于物体运动学原理的定位系统，通过测量物体的加速度和角速度，利用积分计算物体的位置、速度和方向，如图 13-2 所示。INS 的优点是不依赖外部信号，适用于室内、地下或没有 GPS 信号的环境，也可以在短时间内提供高精度的定位结果。INS 的缺点是误差会随时间累积，需要使用校准和误差补偿等技术提高精度和鲁棒性。

图 13-2 惯性导航系统

(2) 卫星导航系统。GPS 是一种基于卫星信号的定位系统，通过接收来自地球轨道上的卫星的信号，计算出接收器的精确位置。GPS 的优点是覆盖全球，精度较高，适用于室外、无遮挡的环境。GPS 还可以提供定位、导航、时间同步等多种服务，并且已经成为许多应用领域必不可少的技术。但是，在室内、城市峡谷等遮挡物较多的环境下，GPS 的信号可能会衰减或受到干扰，导致定位精度下降。

(3) 视觉里程计(Visual Odometry，VO)。VO 是一种基于视觉信息的定位系统，通过连续捕捉相机图像，分析场景中的特征点运动，估计相机(即设备)的运动。VO 的优点是成本较低，适用于室内、室外、地下等多种环境。VO 还可以提供高精度的定位结果。但是，VO 受光照和场景纹理影响较大，因此需要考虑光照变化、动态场景、遮挡物等因素对定位精度的影响。

(4) 激光雷达里程计(lidar odometry)。它是一种基于激光扫描的定位系统，使用激光雷达扫描环境，获取点云数据，计算设备的运动，如图 13-3 所示。激光雷达里程计的优点是精度较高，适用于室内、室外等多种环境，可以提供高精度的三维定位结果。但是，激光雷达里程计的成本较高，且受物体反射率、遮挡物等因素影响，可能存在盲区或误差较大的情况。

(5) 融合定位(Fusion localization)。融合定位将不同定位方法的数据进行融合，以提高定位精度和鲁棒性。例如，可以将 GPS、INS 和 VO 等的数据通过权重分配、滤波算法等技术进行融合，以提高定位精度和鲁棒性。融合定位的优点是能够利用不同定位方法的优

图 13-3 激光雷达里程计

势，避免单一定位方法的缺陷，提高定位精度和可靠性。同时，融合定位还可以考虑多种传感器(如惯性传感器、视觉传感器、激光雷达等)的数据，进一步提高定位精度和鲁棒性。

(6) 信标定位(beacon localization)。信标定位是一种基于已知参考点位置的定位方法，通过接收参考点发射的信号计算设备位置，常见的信号包括无线电信号、声波信号等。信标定位的优点是适用于室内、室外等多种环境，可以提供高精度的定位结果。但是，信标定位需要提前布置参考点，且信号受干扰或衰减影响较大，可能会导致定位精度下降。

(7) 地磁定位(magnetic localization)。地磁定位是利用地球的磁场确定设备位置的方法。由于地球磁场在不同地点具有不同的强度和方向，因此可以通过测量磁场强度和方向来确定设备位置。地磁定位的优点是适用于室内、室外等多种环境，成本较低，可以提供精度较高的定位结果。但是，地磁定位受磁场的干扰和变化等因素的影响，定位时需要考虑地球磁场的变化和校准等问题。

(8) 无线定位(wireless localization)。无线定位是通过接收无线信号(如 WiFi、蓝牙等)确定设备位置的方法。这种方法需要提前建立信号强度与位置之间的映射关系，即信号指纹库。无线定位的优点是适用于室内、室外等多种环境，成本较低，可以提供精度较高的定位结果。无线定位还可以利用已有的 WiFi、蓝牙等基础设施，无须额外布置设备即可实现定位。但是，无线信号容易受到遮挡物、干扰等因素的影响，可能会导致定位精度下降。

除了单一定位方法，多种定位方法的数据融合也是常见的技术。数据融合可以利用不同定位方法的优势，避免单一定位方法的缺陷，提高定位精度和鲁棒性。同时，数据融合还可以使用不同的算法，如卡尔曼滤波算法、粒子滤波算法等。

13.3.2 传感器

自主导航系统通常需要多种类型的传感器实现定位、导航和避障等功能。以下是常见的传感器类型及其特点：

(1) 惯性测量单元(Inertial Measurement Unit，IMU)。IMU 通常包含加速度计和陀螺仪，用于测量物体的加速度和角速度，如图 13-4 所示。通过对加速度和角速度进行积分，可以计算物体的位置、速度和方向。IMU 的优点是不依赖外部信号，适用于室内、地下或没有 GPS 信号的环境，同时可以提供高精度的定位结果。IMU 的缺点是误差会随时间累积，需要使用校准和误差补偿等技术提高精度和鲁棒性。

图 13-4 惯性测量单元

(2) 全球定位系统接收器(GPS Receiver)。GPS 接收器可以接收多个卫星信号,并通过三角定位等技术计算出设备的位置。

(3) 相机。相机是一种常用的传感器,可以捕捉图像信息。在自主导航系统中,相机通常用于视觉里程计和物体识别等任务。视觉里程计是一种基于视觉信息的定位系统,通过连续捕捉相机图像,分析场景中的特征点运动,估计设备的运动状态。物体识别是指利用图像信息识别场景中的物体,通常使用计算机视觉技术。相机的优点是成本相对较低,可以提供高分辨率的图像信息,适用于室内、室外等多种环境。但是,相机在光照变化、动态场景、有遮挡物等情况下存在局限性,需要考虑这些因素对定位和识别精度的影响。

(4) 激光雷达(lidar)。激光雷达是一种基于激光扫描的传感器,可以扫描环境,获取点云数据。在自主导航系统中,激光雷达通常用于激光雷达里程计和物体识别等任务。激光雷达里程计是一种基于激光点云数据的定位系统,通过连续扫描场景,分析点云数据,估计设备的运动状态。还可以利用激光雷达数据识别场景中的物体,即通过分析点云数据中的形状、大小、位置等特征进行物体识别。激光雷达的优点是可以提供高精度的距离和位置信息,适用于室内、室外等多种环境,且不受光照、颜色等因素的影响。但是,激光雷达成本较高,且数据处理较为复杂,需要考虑数据处理和存储等问题。

(5) 超声波传感器。这是一种基于声波的传感器,可以测量距离和检测障碍物。在自主导航系统中,超声波传感器通常用于避障任务,通过测量距离和检测障碍物避免碰撞。超声波传感器的优点是成本低、响应速度快,适用于室内、室外等多种环境,且可以检测到较小的障碍物。但是,超声波传感器的测量范围较小,精度和鲁棒性也较低,容易受到回声、多路径传播等因素的影响。

(6) 轮式里程计(wheel odometry)。轮式里程计是一种基于车轮转动的传感器,可以测量设备的运动状态。在自主导航系统中,轮式里程计通常用于估计设备的位置、速度和方向等信息。轮式里程计的优点是成本低、响应速度快,适用于室内、室外等多种环境。但是,轮式里程计受到轮胎磨损、滑动、打滑等因素的影响,误差会随时间累积,需要使用校准和误差补偿等技术提高精度和鲁棒性。

综上所述,自主导航系统需要多种传感器实现定位、导航和避障等功能。不同类型的传感器各有优缺点和适用范围,需要根据具体的应用场景和任务需求选择合适的传感器组合。同时,传感器的数据处理和融合也是关键技术之一,需要使用合适的算法和技术处理和融合传感器数据,提高定位和导航精度。

13.3.3 地图构建

地图构建是为导航系统提供环境信息的关键步骤,主要目的是将环境中的信息转换为计算机可处理的形式,以便导航系统能够利用这些信息规划路径、定位和避障等。以下是常见的地图类型及其特点:

(1) 栅格地图(grid map)。栅格地图将环境划分为栅格单元,并根据栅格单元的状态(如障碍物或空闲)表示环境信息。在栅格地图中,每个栅格单元可以表示环境中的一个点或者一个区域,可以用二进制值、灰度值或者颜色值表示栅格单元的状态。栅格地图适用于二维和三维导航,可以通过栅格地图完成规划路径、避障和定位等任务。但是栅格地图需要高分辨率的地图提高精度,同时会产生大量的数据,需要使用压缩和优化等技术降低存储和计算成本。

(2) 拓扑地图(topological map)。拓扑地图表示环境中的关键位置和它们之间的连接关系,通常用图结构表示。在拓扑地图中,每个节点表示一个位置,每条边表示两个位置之间的连接关系,如图 13-5 所示。拓扑地图适用于室内导航和大范围导航,可以用于路径规划、定位和导航等任务。但是,拓扑地图的精度受到环境结构的限制,无法提供详细的几何信息。

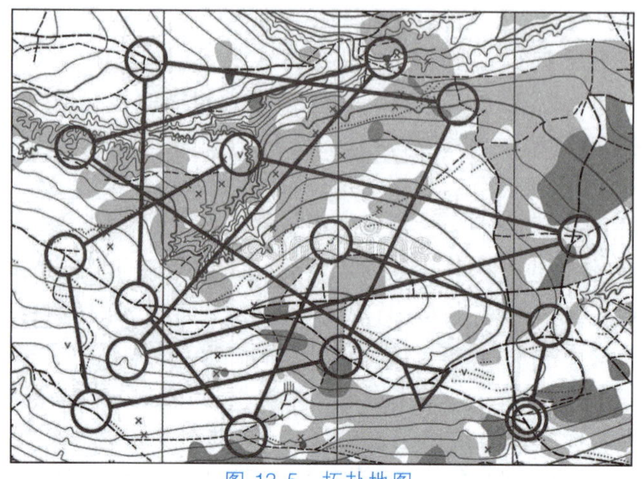

图 13-5 拓扑地图

(3) 半度量地图(semi-metric map)。半度量地图结合了栅格地图和拓扑地图的特点,同时表示环境的局部几何信息和全局拓扑信息。在半度量地图中,每个栅格单元可以表示环境中的一个区域,同时保留栅格单元之间的拓扑关系。半度量地图适用于复杂环境导航,可以用于规划路径、定位和避障等任务。半度量地图的优点是既能提供较为详细的几何信息,又能保留全局拓扑信息,具有较高的精度和鲁棒性。但是,半度量地图的构建需要消耗大量的计算资源,同时需要考虑如何处理不同分辨率的地图数据。

(4) 特征地图(feature map)。特征地图是一种基于环境中特征点的地图类型,通常用于视觉导航。在特征地图中,环境中的特征点(如角点、边缘等)被提取出来,并表示为地图中的点或者线段,如图 13-6 所示。特征地图适用于视觉导航,可以通过特征匹配和跟踪等技术进行定位和导航。特征地图的优点是可以提供较为准确的环境结构信息,并且可以适应光照变化、物体遮挡等情况。但是,特征地图的构建需要消耗大量计算资源,同时需要考虑如何处理不同视角和光照条件下的特征点匹配问题。

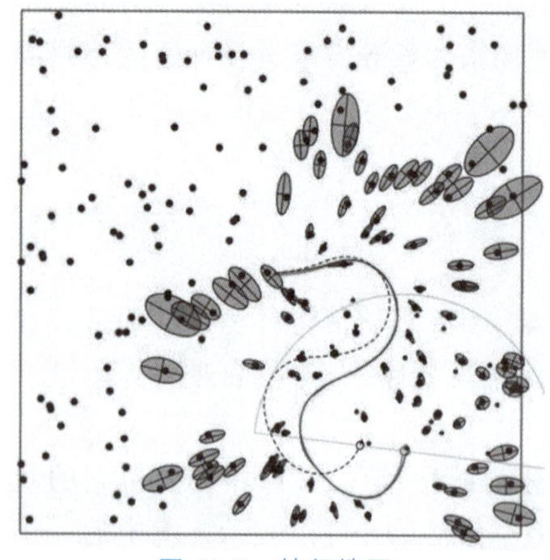

图 13-6 特征地图

地图构建是导航系统中重要的一环,可以为导航系统提供环境信息和场景理解。不同类型的地图适用于不同的场景和任务需求,需要根据具体应用场景进行选择和优化。同时,地图构建需要考虑数据处理和存储、精度和鲁棒性等方面的问题,需要使用合适的算法和技术提高地图构建的效率和精度。

13.3.4 路径规划

路径规划是在已知地图和目标位置的基础上计算从起点到终点的最优路径。在实际应用中，路径规划需要考虑多种因素，如地形、障碍物、交通状况、行车安全等。以下是常见的路径规划算法及其特点：

(1) Dijkstra 算法。该算法是一种基于广度优先搜索的最短路径算法，适用于求解带权重的最短路径问题。Dijkstra 算法将起点到各点的最短路径保存在一个集合中，并使用贪心策略选择当前集合中距离起点最近的点作为下一个访问点，同时更新与该点相邻的点的最短路径距离。Dijkstra 算法的时间复杂度为 $O(n^2)$，适用于小规模地图的路径规划。

(2) A* 算法。该算法是一种基于启发式搜索的最短路径算法，通过评估函数引导搜索方向，提高搜索效率。A* 算法在 Dijkstra 算法的基础上加入了启发式函数，用于估计当前节点到目标节点的距离，从而优化搜索方向。A* 算法中的评估函数通常使用曼哈顿距离、欧几里得距离或者切比雪夫距离等。A* 算法的时间复杂度为 $O(b^d)$，其中 b 是分支因子，d 是最短路径的深度。A* 算法适用于大规模地图的路径规划，可以通过优化评估函数和数据结构提高搜索效率。

(3) RRT(Rapidly-exploring Random Tree，快速遍历随机树)。RRT 算法是一种基于随机采样的路径规划算法，适用于高维和非凸空间的路径规划。RRT 算法通过对节点进行随机采样和扩展构建一棵随机树，从起点到终点的路径被存储在该树中，通过优化节点采样策略和节点扩展规则，可以提高路径规划的效率和质量。RRT 算法的时间复杂度和空间复杂度与采样数量和树的深度有关，适用于高维和非凸空间的路径规划，但是对于低维和凸空间的路径规划效果不如其他算法。

(4) PRM(Probabilistic Roadmap，概率路线图)。PRM 算法是一种基于概率采样的路径规划算法，通过构建随机地图并利用图搜索算法寻找最优路径。PRM 算法通过对随机点采样并判断其可达性构建随机地图，然后使用图搜索算法寻找最优路径。PRM 算法适用于动态环境的路径规划，可以通过优化采样策略和图搜索算法提高路径规划的效率和质量。

(5) 深度学习方法。该方法利用神经网络学习地图和路径规划策略，适用于复杂和不确定环境。深度学习方法可以通过卷积神经网络(CNN)或者循环神经网络(RNN)等模型提取地图特征和规划路径。深度学习方法的优点是可以处理多种类型的地图数据，如图像、点云和语义地图等，同时可以适应复杂和不确定环境。但是，深度学习方法需要大量的训练数据和计算资源，同时需要考虑模型的可解释性和鲁棒性等问题。

综上所述，路径规划是导航系统中的重要一环，可以为导航系统提供最优路径和行车安全保障。不同的路径规划算法适用于不同的场景和任务需求，需要根据具体应用场景进行选择和优化。同时，路径规划需要考虑环境信息、搜索策略和路径评估等因素，需要使用合适的算法和技术提高路径规划的效率和精度。

13.4 本章小结

无人驾驶技术是近年来快速发展的领域，其核心技术包括感知、决策和控制等方面。其中，车道线检测、交通标志识别和自主定位导航是无人驾驶系统中重要的感知技术，在保障行车安全和实现自主导航方面起着重要的作用。

在车道线检测方面，无人驾驶系统需要通过传感器获取道路信息，并对车道线进行检测和识别。常见的车道线检测算法包括基于图像处理的方法和基于深度学习的方法。基于图像处理的方法主要包括边缘检测、霍夫变换和模板匹配等技术，可以检测直线和曲线车道线。而基于深度学习的方法则通过卷积神经网络等模型提取特征和对车道线分类，具有更高的精度和鲁棒性。车道线检测技术可以为无人驾驶系统提供实时的道路信息和车辆位置，帮助系统进行路径规划和行驶控制。

交通标志识别是无人驾驶系统中另一个重要的感知技术，可以识别道路上的交通标志并提供相应的行车指示。交通标志识别算法通常使用计算机视觉和深度学习技术，如图像处理、特征提取和分类器等。交通标志识别可以为无人驾驶系统提供实时的交通信息和路况状况，帮助系统进行实时的决策和规划。

自主定位和导航是无人驾驶系统中的核心技术，可以通过传感器和地图信息确定车辆位置和规划路径。自主定位算法主要包括惯性导航、视觉定位和激光雷达定位等技术，可以提供高精度的车辆位置和姿态信息。自主导航算法主要包括路径规划和路径跟踪两方面，前者通过地图信息和车辆状态规划最优路径，后者则通过控制车辆转向和速度等参数跟踪路径。常见的自主定位和导航技术包括基于全球定位系统(GPS)的定位、基于激光雷达的地图构建、基于深度学习的路径规划等。自主定位和导航技术可以为无人驾驶系统提供实时的车辆位置和路径信息，帮助系统进行精确的行驶控制和避障决策。

13.5　习题

1. 简述车道线检测技术的基本原理，并列举常见的车道线检测算法。

2. 什么是交通标志识别技术？它在无人驾驶系统中的作用是什么？简述交通标志识别的基本流程和常见算法。

3. 简述自主定位和导航技术的基本原理，并列举常见的自主定位和导航算法。

4. 说明无人驾驶系统在实现自主导航过程中需要考虑的关键因素，并分析它们对无人驾驶系统的影响。

5. 如何评价无人驾驶技术的发展和应用前景？列举目前已有的无人驾驶应用案例，并分析其优缺点及未来发展趋势。

6. 简述无人驾驶系统中常用的传感器类型及其作用，并比较它们的优缺点。

7. 比较无人驾驶系统和传统驾驶方式的优缺点，并分析无人驾驶技术在未来的发展和应用前景。

附录 A　安装 Python 实验环境

Python 可应用于多种平台，包括 Windows、UNIX、Linux 和 macOS。

1. Python 下载

Python 最新源码、二进制文档、新闻资讯等可以在 Python 的官网 https://www.python.org/查看。

可以在 https://www.python.org/doc/下载 Python 的文档，这里提供了 HTML、PDF 和 PostScript 等格式的文档。

2. Python 安装

Python 已经被移植到许多平台上。用户需要下载相应平台的二进制代码，然后安装 Python。如果在用户使用的平台上二进制代码是不可用的，用户需要使用 C 语言编译器手动编译源代码。编译后的代码在功能上有更多的选择，为 Python 安装提供了更大的灵活性。源代码可用于在 Linux 上安装。

3. 在 UNIX 和 Linux 平台上安装 Python

以下为在 UNIX 和 Linux 平台上安装 Python 的步骤：

打开浏览器，访问 https://www.python.org/downloads/source/，选择适用于 UNIX/Linux 的源码压缩包，下载及解压压缩包 Python-3.x.x.tgz，3.x.x 为 Python 的版本号。如果需要自定义一些选项，可以修改 Modules/Setup。

以 Python-3.5.2 版本为例，安装操作命令如下：

```
$ tar -zxvf Python-3.5.2.tgz
$ cd Python-3.5.2
$ ./configure
$ make && make install
```

检查 Python 是否正常可用：

```
$ python3 -V
Python 3.5.2
```

4. 环境变量配置

程序和可执行文件往往分散在不同路径下，而这些路径很可能不在操作系统提供可执行文件的搜索路径中。

路径存储在环境变量中，这是由操作系统维护的一个命名的字符串，包含可用的命令行解释器和其他程序的信息。

在 UNIX 和 Windows 中路径变量为 PATH（UNIX 区分大小写，Windows 不区分大小写）。

在 UNIX 中设置环境变量时，在 csh 中输入以下命令：

```
$ setenv PATH "$PATH:/usr/local/bin/python"
```

在 Linux 中设置环境变量时，在 bash 中输入以下命令：

```
$ export PATH="$PATH:/usr/local/bin/python"
```

在 sh 或者 ksh 中输入以下命令：

```
$ PATH="$PATH:/usr/local/bin/python"
```

注意：/usr/local/bin/python 是 Python 的安装目录。

表 A-1 是几个重要的环境变量，它应用于 Python。

表 A-1　与 Python 有关的几个重要的环境变量

变　量　名	描　　述
PYTHONPATH	Python 搜索路径，默认代码中导入的模块都会从 PYTHONPATH 中寻找
PYTHONSTARTUP	Python 启动后，先寻找该环境变量，然后执行其中指定的文件中的代码
PYTHONCASEOK	加入该环境变量，就会使 Python 导入模块时不区分大小写
PYTHONHOME	另一个模块搜索路径，通常内嵌于 PYTHONSTARTUP 或 PYTHONPATH 中，使得两个模块库更容易切换

5. 安装 pip

下载 pip 安装脚本：

```
$ wget https://bootstrap.pypa.io/get-pip.py
```

运行该脚本：

```
$ sudo python3 get-pip.py
```

检查 pip 安装第三方包的路径：

```
$ pip -V
```

该命令的执行结果如图 A-1 所示。

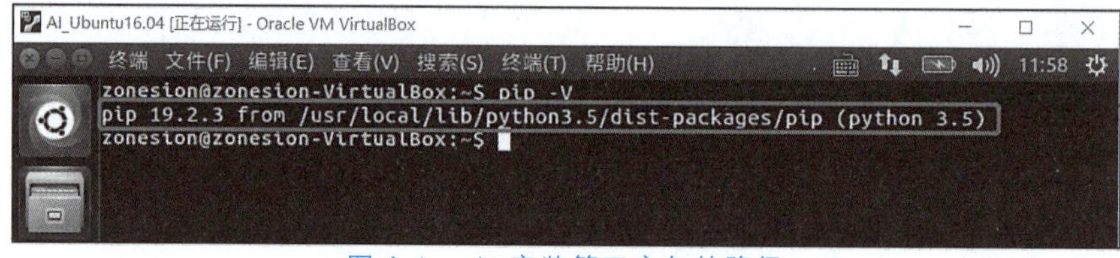

图 A-1　pip 安装第三方包的路径

6. 运行 Python

有 3 种方式可以运行 Python。

(1) 交互式解释器。可以通过命令行窗口进入 Python 并在交互式解释器中编写 Python 代码。用户可以在 UNIX、DOS 或任何提供了命令行或者 shell 的系统中进行 Python 编码工作。

```
$ python3
Python 3.5.2 (default, Nov 27 2017, 18:23:56)
[GCC 5.4.0 20160609] on linux2
Type "help", "copyright", "credits" or "license" for more information.
```

表 A-2 为 Python 命令行选项。

表 A-2 Python 命令行选项

选　　项	描　　述
-d	在解析时显示调试信息
-O	生成优化代码(.pyo 文件)
-S	启动时不引入查找 Python 路径的位置
-V	输出 Python 版本号
-X	从 1.6 版本之后基于内建的异常(仅仅用于字符串)已过时
-c cmd	执行 Python 脚本,并将运行结果作为字符串 cmd 的值
file	以给定的 Python 文件执行 Python 脚本

(2) 脚本文件运行方式:

```
$python3 somefile.py
hello, world!
```

(3) 命令行运行方式:

```
$python3 -c 'print("hello, world!")'
hello, world!
```

7. 安装 Jupyter Notebook

在命令行中执行以下命令:

```
$ pip install jupyter notebook
```

完成 Jupyter Notebook 的安装后,运行以下命令打开 Jupyter Notebook:

```
$ jupyter notebook
```

命令行后台输出如图 A-2 所示。

```
PS C:\Users\Administrator\Desktop> jupyter-notebook.exe
[I 13:01:38.682 NotebookApp] Writing notebook server cookie secret to C:\Users\Administrator\AppData\Roaming\jupyter\runtime\notebook_cookie_secret
[I 13:01:39.138 NotebookApp] Serving notebooks from local directory: C:\Users\Administrator\Desktop
[I 13:01:39.138 NotebookApp] The Jupyter Notebook is running at:
[I 13:01:39.139 NotebookApp] http://localhost:8888/?token=07c6383f2e109d9174503cc2e0be61e4347ec83f69d567ed
[I 13:01:39.139 NotebookApp]  or http://127.0.0.1:8888/?token=07c6383f2e109d9174503cc2e0be61e4347ec83f69d567ed
[I 13:01:39.139 NotebookApp] Use Control-C to stop this server and shut down all kernels (twice to skip confirmation).
[C 13:01:39.145 NotebookApp]

    To access the notebook, open this file in a browser:
        file:///C:/Users/Administrator/AppData/Roaming/jupyter/runtime/nbserver-9848-open.html
    Or copy and paste one of these URLs:
        http://localhost:8888/?token=07c6383f2e109d9174503cc2e0be61e4347ec83f69d567ed
     or http://127.0.0.1:8888/?token=07c6383f2e109d9174503cc2e0be61e4347ec83f69d567ed
```

图 A-2 打开 Jupyter Notebook 后命令行后台输出

同时系统会自动打开浏览器,转入 Jupyter Notebook 首页,如图 A-3 所示。

图 A-3 Jupyter Notebook 首页

单击右上角的 new 下拉列表框，选择需要的 Python 后台运行环境，如图 A-4 所示。

图 A-4　选择 Python 后台运行环境

此时即可进入新的 Jupyter Notebook 交互开发环境，如图 A-5 所示。

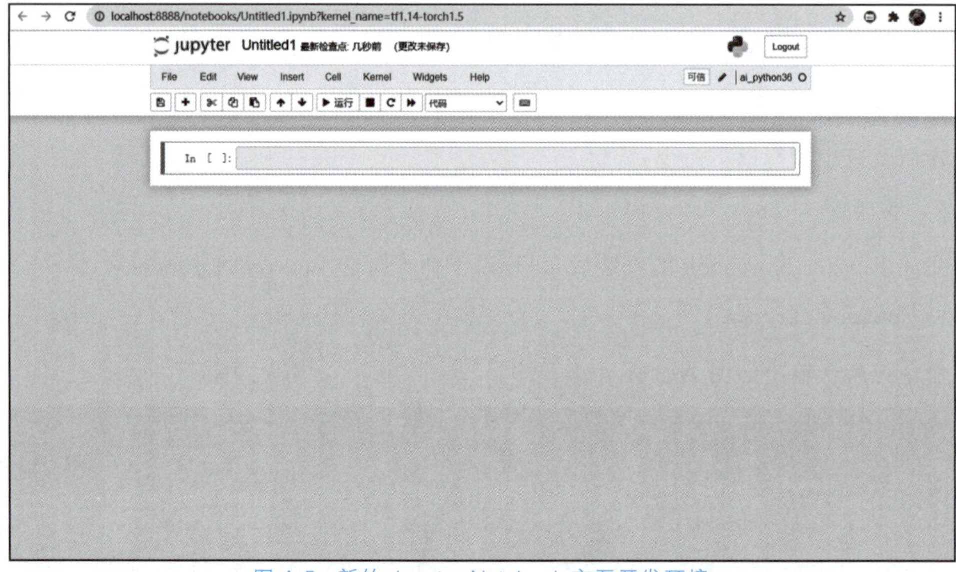

图 A-5　新的 Jupyter Notebook 交互开发环境

附录 B　安装图数据库 Neo4j

Neo4j 是基于 Java 语言编写的图形数据库。图是一组节点和连接这些节点的关系。图数据库也称为图数据库管理系统（Graph Database Management System，GDBMS）。Neo4j 是一种流行的图数据库。

1. 安装 JDK 1.8

下载 jdk-8u281-windows-x64.exe 文件，双击该文件开始安装 JDK，如图 B-1 所示。

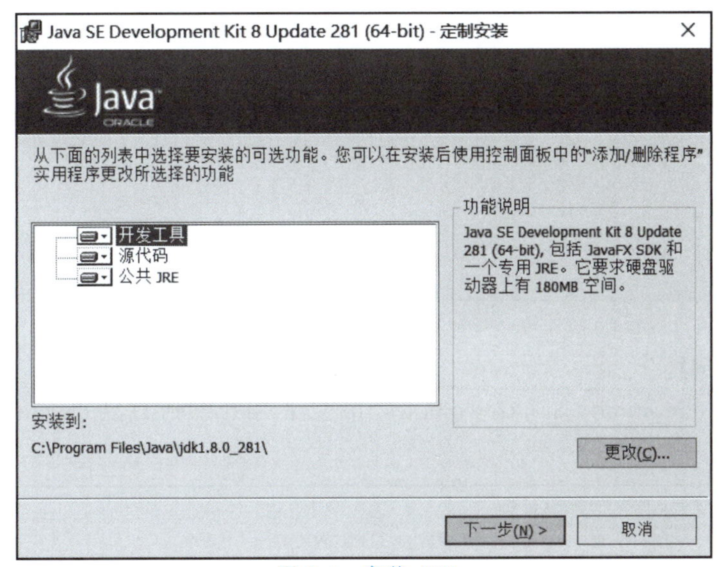

图 B-1　安装 JDK

单击"更改"按钮，将"安装到："下面的目录修改为 C:/Java/jdk1.8.0_281/，然后单击"下一步"按钮开始安装，安装成功提示如图 B-2 所示。

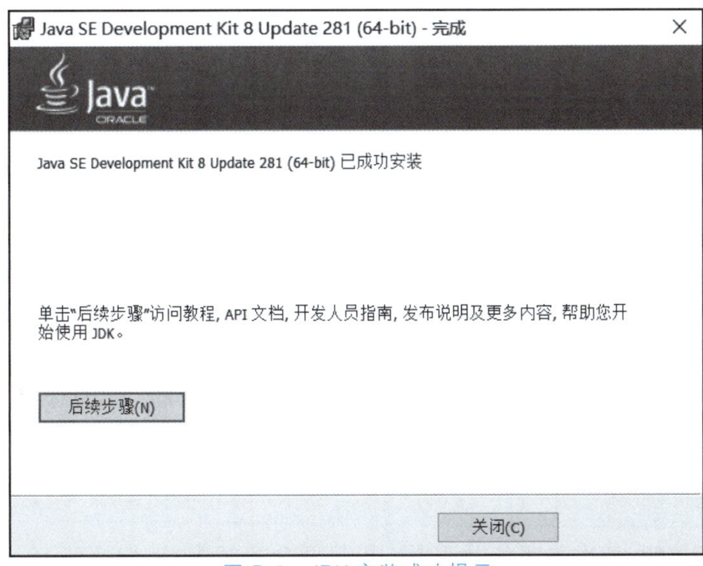

图 B-2　JDK 安装成功提示

安装完成后，在命令行输入以下命令：

```
java -version
```

系统显示如图 B-3 所示，表示 JDK1.8 安装成功。

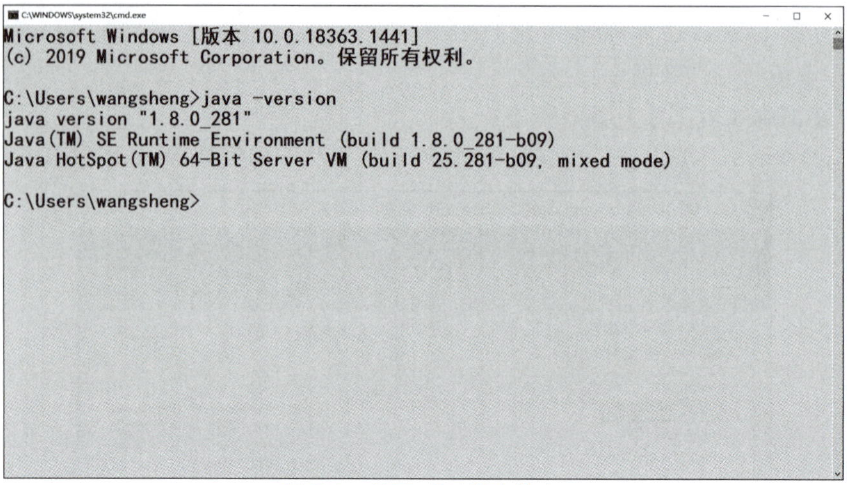

```
C:\WINDOWS\system32\cmd.exe
Microsoft Windows [版本 10.0.18363.1441]
(c) 2019 Microsoft Corporation。保留所有权利。

C:\Users\wangsheng>java -version
java version "1.8.0_281"
Java(TM) SE Runtime Environment (build 1.8.0_281-b09)
Java HotSpot(TM) 64-Bit Server VM (build 25.281-b09, mixed mode)

C:\Users\wangsheng>
```

图 B-3　显示 JDK 版本信息

2. 安装 Neo4j

下载 neo4j-community-3.5.27-windows.zip 文件，解压缩到 D 盘 development 目录，如图 B-4 所示。

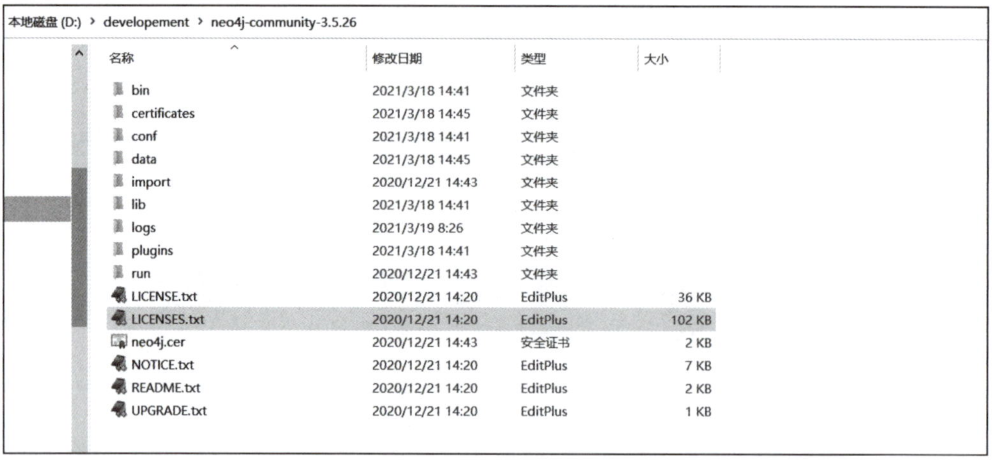

本地磁盘 (D:) › developement › neo4j-community-3.5.26

名称	修改日期	类型	大小
bin	2021/3/18 14:41	文件夹	
certificates	2021/3/18 14:45	文件夹	
conf	2021/3/18 14:41	文件夹	
data	2021/3/18 14:45	文件夹	
import	2020/12/21 14:43	文件夹	
lib	2021/3/18 14:41	文件夹	
logs	2021/3/19 8:26	文件夹	
plugins	2021/3/18 14:41	文件夹	
run	2020/12/21 14:43	文件夹	
LICENSE.txt	2020/12/21 14:20	EditPlus	36 KB
LICENSES.txt	2020/12/21 14:20	EditPlus	102 KB
neo4j.cer	2020/12/21 14:43	安全证书	2 KB
NOTICE.txt	2020/12/21 14:20	EditPlus	7 KB
README.txt	2020/12/21 14:20	EditPlus	2 KB
UPGRADE.txt	2020/12/21 14:20	EditPlus	1 KB

图 B-4　将 Neo4j 安装文件解压

接下来配置环境变量。右击桌面“我的计算机”，在快捷菜单中选择“属性”→“高级系统设置”命令，打开“系统设置”对话框，如图 B-5 所示。

单击“环境变量”按钮，然后在弹出的“环境变量”对话框中选择系统变量列表中的“Path.”，再单击“编辑”按钮，如图 B-6 所示。

在随后弹出的“编辑环境变量”对话框中，单击“新建”按钮，增加 Neo4j 的路径，如图 B-7 所示。

单击“确定”按钮，依次关闭各对话框。再打开命令行窗口，切换到 D:/developement/neo4j-community-3.5.26/bin 目录，输入以下命令，完成 Neo4j 服务安装并启动 Neo4j 图数

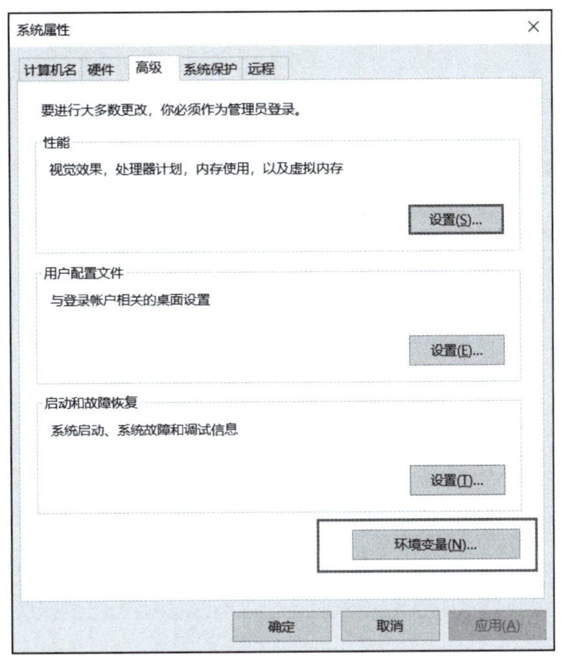

图 B-5 “系统设置”对话框

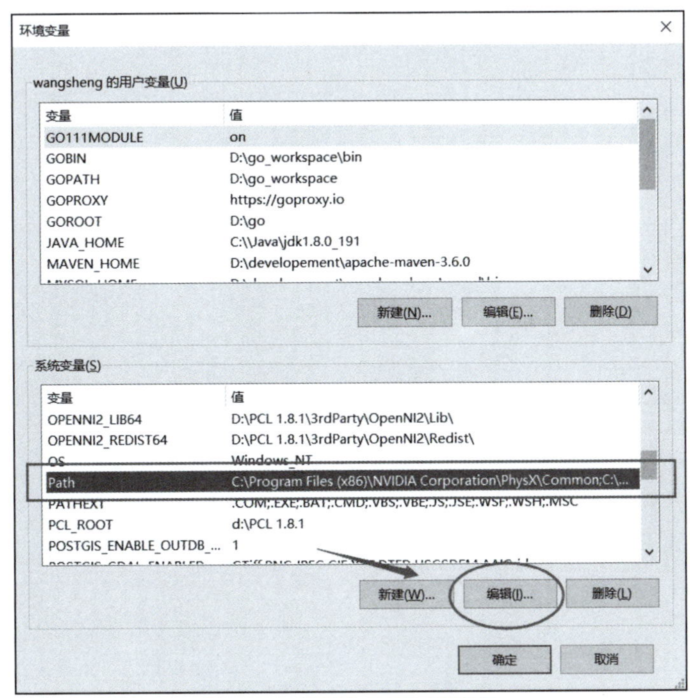

图 B-6 “环境变量”对话框

据库：

```
neo4j install-service
neo4j start
```

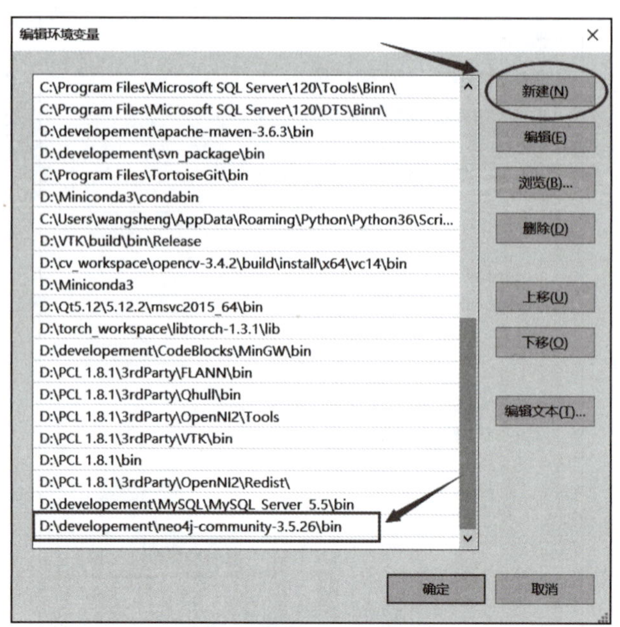

图 B-7　增加 Neo4j 的路径

附录C AI+智能分拣实训平台简介和使用方法

AI+智能分拣实训平台基于机器视觉技术和机器人智能控制技术实现了工业机械臂的智能识别和分拣应用场景。AI+智能分拣实训平台外观和主要组成部分见图8-8。

利用该平台可以掌握智能制造和智能物流领域各种机器人的机器视觉和机械臂控制技术。该平台特性如下：基于嵌入式平台实现了边缘计算智能；实现了基于深度学习的目标物体识别；机械臂能够精准定位和抓取目标；机械臂控制算法可扩展，可采用强化学习控制机械臂。

C.1 AI+智能分拣实训平台简介

1. 硬件资源

AI+智能分拣实训平台硬件主要由边缘计算网关、桌面级四自由度机械臂、高清USB摄像头、主体结构4部分构成，根据用户实际需求可进行定制。

(1) 智能边缘计算网关采用高性能ARM CPU&GPU架构嵌入式边缘计算处理器，集成了Linux、Python、机器学习、深度学习、ROS等运行环境，可以满足人工智能视觉、语言、机器控制等算法、硬件、应用的开发和学习。

(2) 桌面级四自由度机械臂采用铝合金材质，使用步进电机及减速器式驱动，并使用12位磁编码器，动作精准，最大末端运动速度达100mm/s，能够快速进行目标抓取，能够满足人工智能相关应用的开发和学习需要。

(3) 500万像素的高清摄像头具有高速自动对焦、自动曝光、自动增益、自动白平衡等功能，分辨率最高支持2592×1944，帧率最高达30帧/秒，视角达到75°并且使用USB免驱设计，可以满足人工智能综合实训的实验实践需求。

(4) 主体结构是AI+智能分拣实训平台的核心部分之一，它包含了整个平台的承载结构和机械组件。主体结构采用优质的铝合金材料，具有坚固耐用、稳定性好等特点。它的设计考虑了实用性和美观性，可以有效地支撑整个平台的运行和使用。此外，主体结构还包括平台上的各种接口和连接器，方便用户进行调试和实验。

2. 软件资源

AI+智能分拣实训平台内置丰富的软件资源，方便用户进行课程教学、项目开发、售后服务等，具体如下：

(1) 智联平台。该平台内置AI智联中间件引擎，集成AI系统运行环境、图像/视频算法库、神经网络算法库、智能硬件资源库，提供算法、模型、应用耦合的开发框架，实现了算法、模型、硬件、应用的模块化统一接口，能够快速替换任意模块进行AI智联网应用开发。

(2) 应用引擎。该平台内置Python Django Web引擎，提供智联网Web应用服务。同时，为了解决Web应用的部署和远程调用问题，为每个AI+智能分拣实训平台分配了二级域名。

(3) 网络融合服务。该平台内置智联网多网协议网关服务，支持ZigBee、LoRa、LoRaWAN、BLE、WiFi、NB-IoT、LTE等传感网接入，为异构网络提供认证服务、数据接入、地址解析、数据推送和网络配置服务。

（4）远程协助服务。该平台内置 SSH 服务和 VNC 服务，支持终端的调试和桌面的远程调用，同时为远程访问提供二级域名及端口，可供多用户基于互联网远程登录该平台，方便工程师异地远程进行软件调试、部署及故障跟踪。

（5）内网穿透服务。为了解决高校内网的网络中心和防火墙等限制，实现摄像头等局域网设备远程调用和编程，该平台内置内网穿透服务，为 USB 摄像头和 IP 摄像头分配唯一的访问域名及编程接口，无须进行复杂的内网端口配置及网络权限申请即可远程调用。

3. 课程资源

AI+智能分拣实训平台提供企业级教材和相关教学资源，能够满足机器视觉、自然语言、嵌入式 Linux、人工智能中间件、人工智能应用实训等课程的实验和实训需求。

C.2 智能边缘计算网关连接

智能边缘计算网关提供了远程协助服务，供客服人员或其他技术人员远程登录智能边缘计算网关，检查各应用模块运行状况，监测各节点网络连接情况，从而大幅减轻了传统实验设备的调试和技术支持难度。智能边缘计算网关的远程协助功能具体操作如下。

1. 通过 SSH 连接

用户可以使用 SSH 工具 MobaXterm 连接到该平台(说明：需确保智能边缘计算网关通过 WiFi 或有线连接到互联网)。操作如下：

（1）打开 MobaXterm，其主界面如图 C-1 所示。

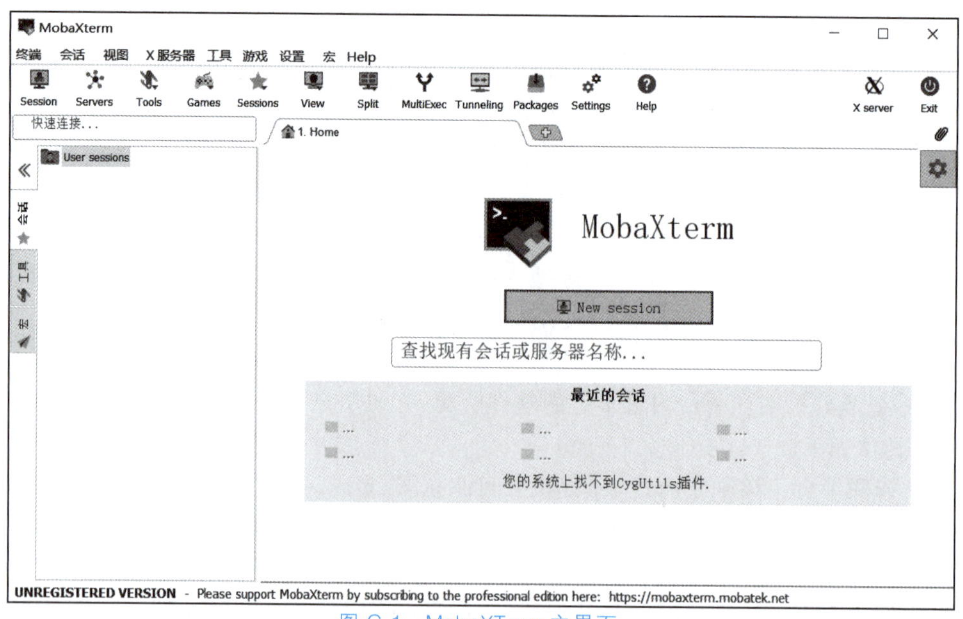

图 C-1 MobaXTerm 主界面

（2）单击 New Session 按钮，启动一个新会话，如图 C-2 所示。

在图 C-2 中输入远程主机 ngrok.zhiyun360.com，并输入指定用户名 zonesion 和端口号 14116。

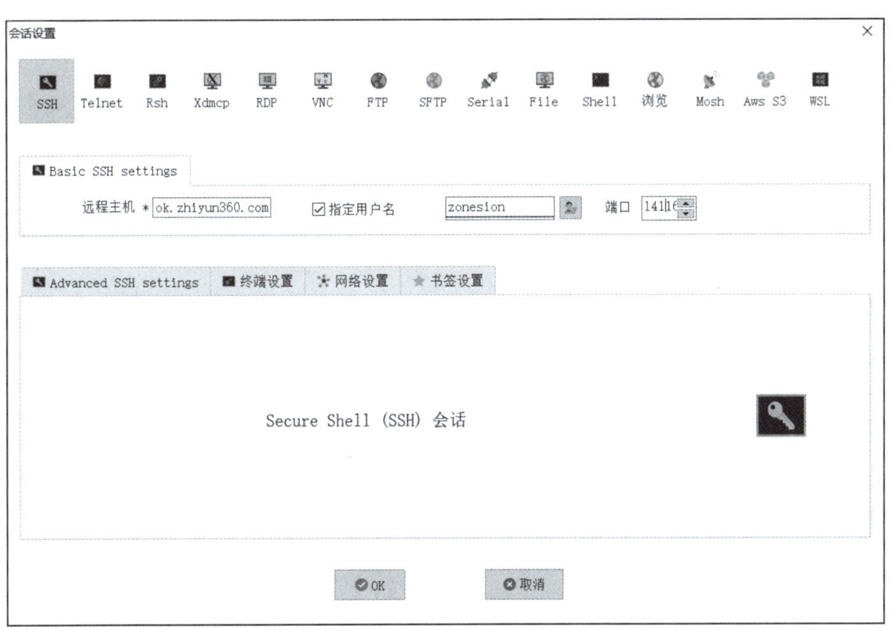

图 C-2 启动一个新会话

注意： 远程协助的默认账号是 zonesion，密码是 123456。远程协助的端口号断网重连后会更新。如果 SSH 连接不上，可以刷新智能边缘计算网关的远程协助页面，使用更新后的端口号重新连接。

连接智能边缘计算网关后的界面如图 C-3 所示。

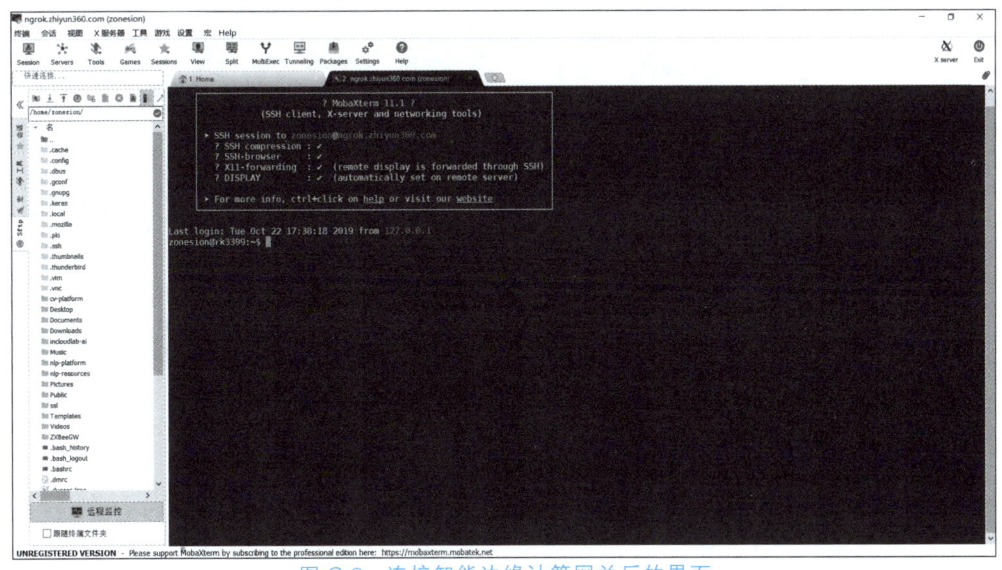

图 C-3 连接智能边缘计算网关后的界面

可以使用 Linux 的各种命令进行操作，如图 C-4 所示。

2. 上传和下载文件

用户使用 MobaXterm 远程协助工具通过 SSH 方式登录到智能边缘计算网关后，可以将本地数据文件或模型文件等上传到智能边缘计算网关，也可以从智能边缘计算网关下载相关文件。具体操作如下：

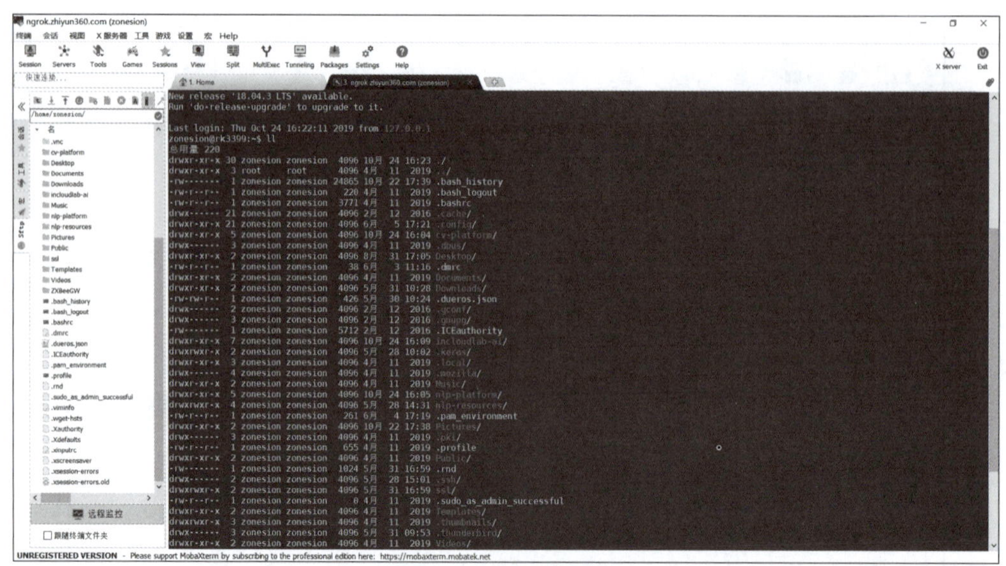

图 C-4　Linux 命令操作示例

(1) 上传文件。单击工具栏中的上传工具按钮，如图 C-5 所示。

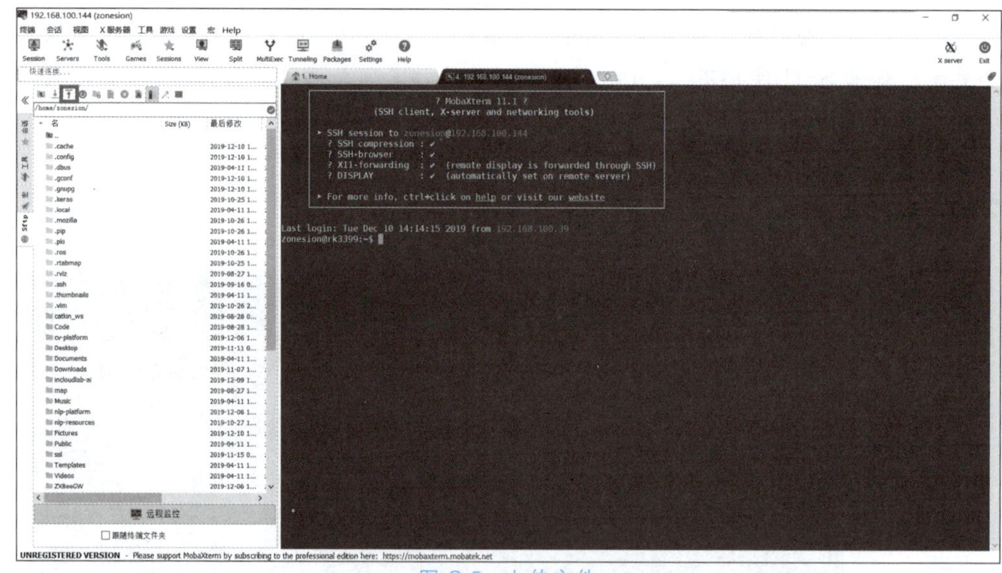

图 C-5　上传文件

此时会弹出选择上传文件的对话框，如图 C-6 所示。

选择需要上传的文件后，单击“打开”按钮，文件就上传到智能边缘计算网关的目录中，如图 C-7 所示。

(2) 下载智能边缘计算网关中的文件到本机，如图 C-8 所示。

在左侧的目录中选择需要下载的文件，然后单击工具栏中的下载工具图标，即可弹出选择路径的对话框，如图 C-9 所示。

选择好路径后，单击 OK 按钮，即可开始下载。下载完成后，文件就保存在本机中，如图 C-10 所示。

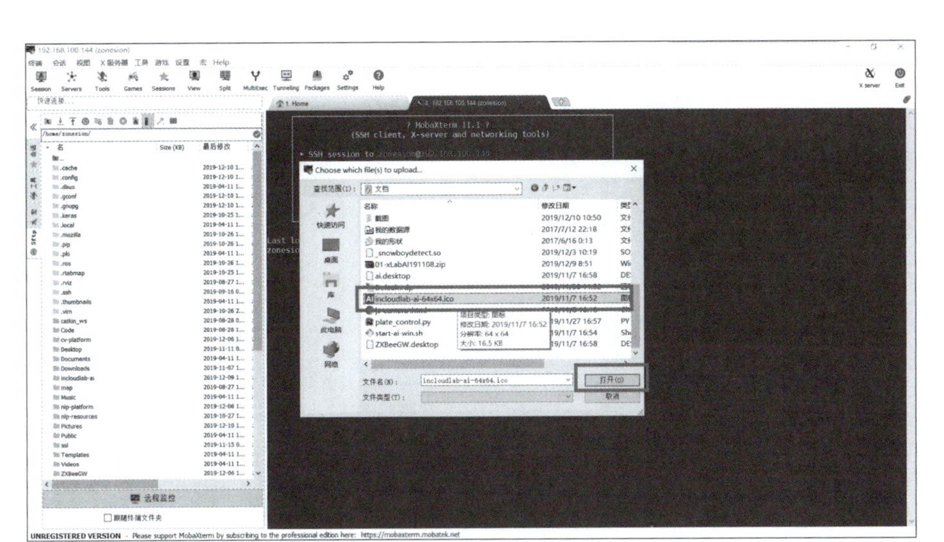

图 C-6 选择上传文件的对话框

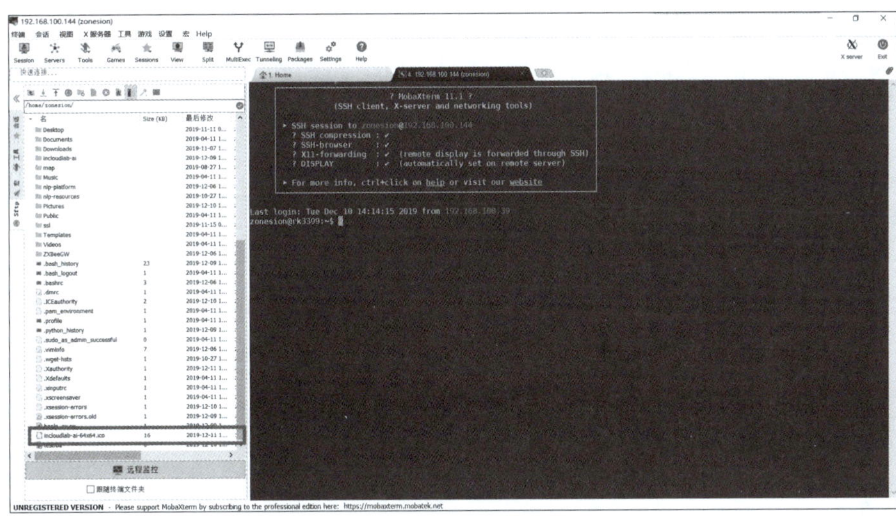

图 C-7 文件上传到智能边缘计算网关

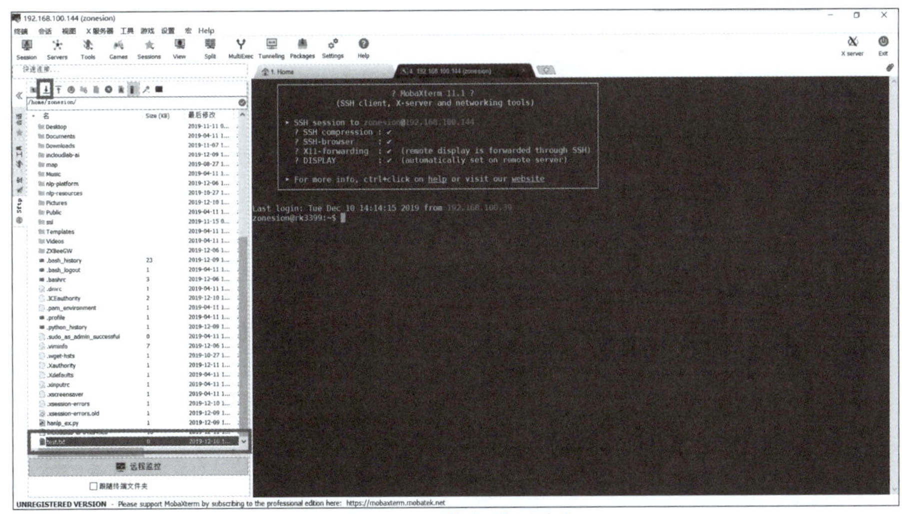

图 C-8 下载文件到本机

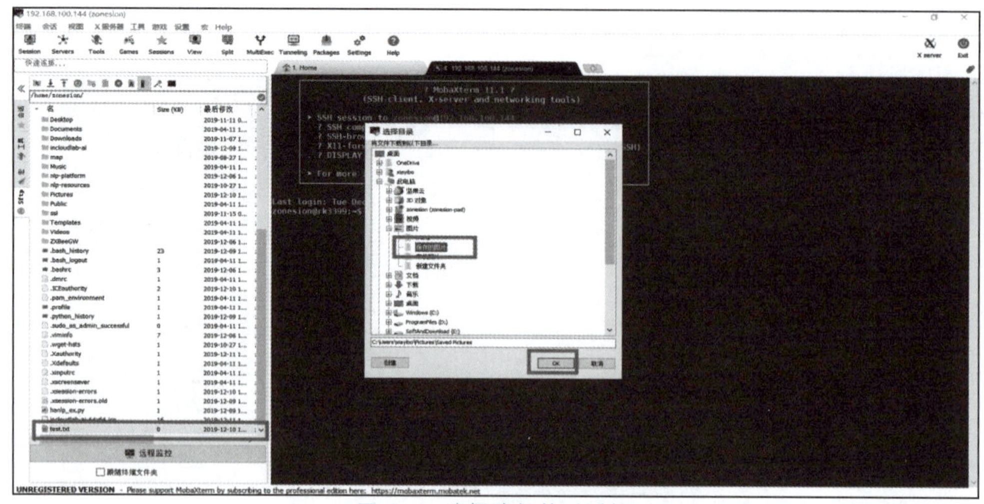

图 C-9　选择路径的对话框

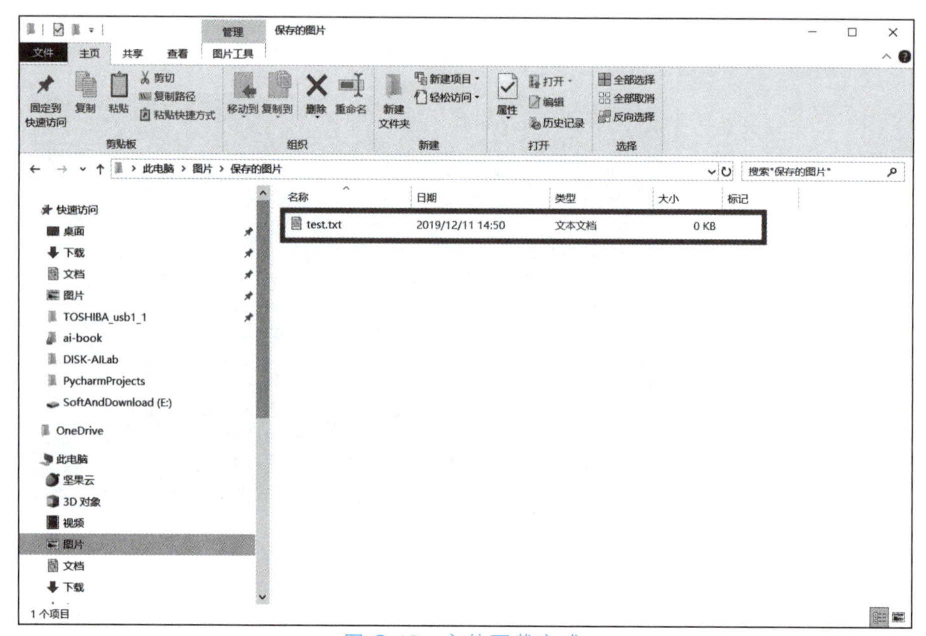

图 C-10　文件下载完成

3. 通过 VNC 连接智能边缘计算

可以通过 MobaXterm 远程协助工具连接到智能边缘计算网关的桌面，具体操作如下：

(1) 打开 MobaXterm。

(2) 单击 New Session 按钮，创建一个新的 VNC 会话，弹出的“会话设置”对话框如图 C-11 所示。

(3) 输入远程 VNC 的地址和端口，单击 OK 按钮启动新的 VNC 会话，如图 C-12 所示。

(4) 通过 VNC 成功连接智能边缘计算网关，如图 C-13 所示。

VNC 连接完成，就可以进行智能边缘计算网关的桌面操作了。

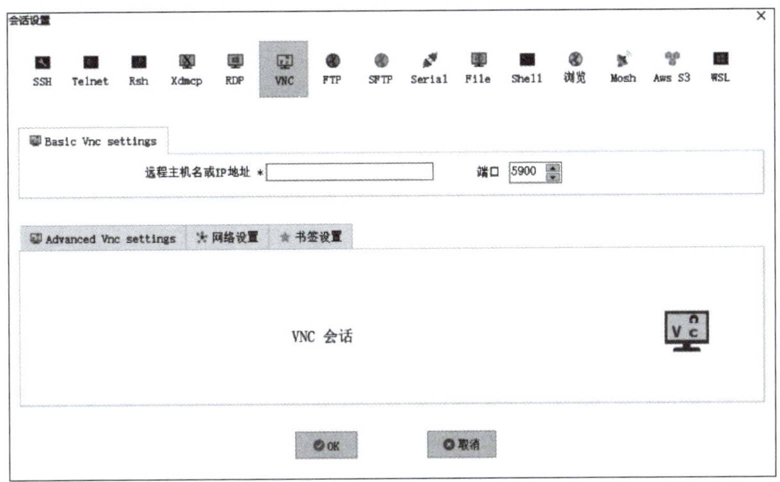

图 C-11 “会话设置”对话框

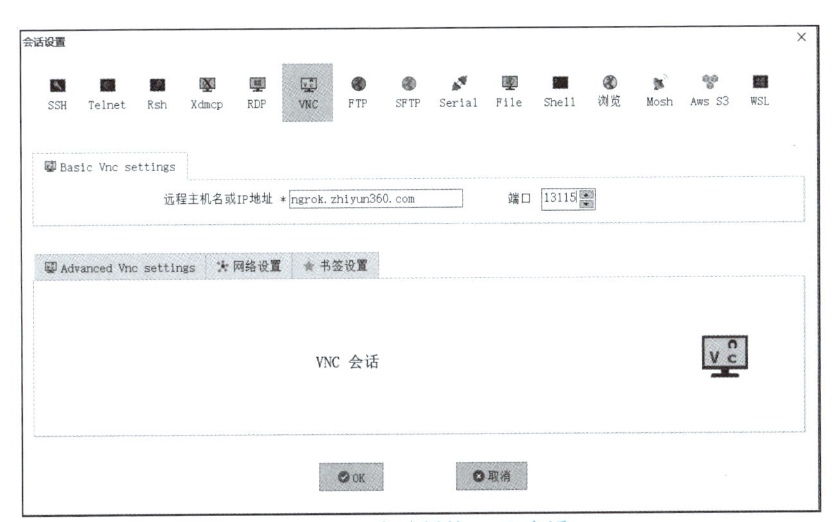

图 C-12 启动新的 VNC 会话

图 C-13 通过 VNC 成功连接智能边缘计算网关

图书资源支持

感谢您一直以来对清华版图书的支持和爱护。为了配合本书的使用，本书提供配套的资源，有需求的读者请扫描下方的"书圈"微信公众号二维码，在图书专区下载，也可以拨打电话或发送电子邮件咨询。

如果您在使用本书的过程中遇到了什么问题，或者有相关图书出版计划，也请您发邮件告诉我们，以便我们更好地为您服务。

我们的联系方式：

清华大学出版社计算机与信息分社网站：https://www.shuimushuhui.com/

地　　址：北京市海淀区双清路学研大厦 A 座 714

邮　　编：100084

电　　话：010-83470236　010-83470237

客服邮箱：2301891038@qq.com

QQ：2301891038（请写明您的单位和姓名）

资源下载：关注公众号"书圈"下载配套资源。

资源下载、样书申请

书圈

图书案例

清华计算机学堂

观看课程直播